U0186080

茶学应用型教材

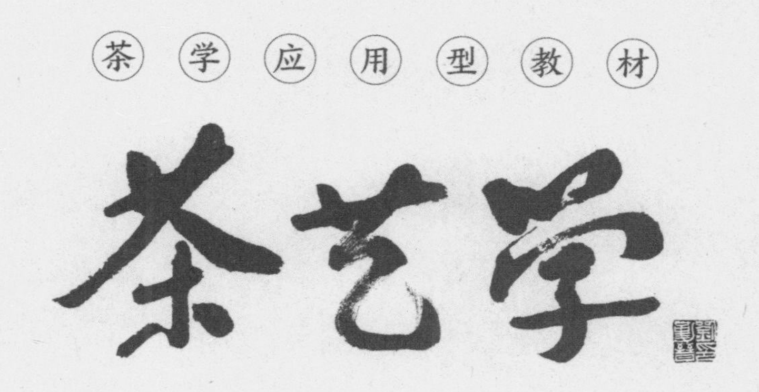

茶艺学

主　编　王　丽
副主编　邓婷婷
编　者（按姓氏笔画排序）
王　丽（武夷学院）
王　芳（宁德师范学院）
邓婷婷（福建农林大学）
叶国盛（南京师范大学、武夷学院）
张娴静（厦门海洋职业技术学院）
陈　静（宁德职业技术学院）
周琼琼（河南农业大学）
程艳斐（漳州科技职业学院）

復旦大學出版社

客来敬茶礼为先

——代序

中国传统儒学认为："圣人言礼，止是欲人全其天理。孔子以礼教人，实止欲人为仁，盖内外交修，斯为学之全功也。"（刘沅《十三经恒解·子问》）内外交修，是指在学习进步中要注意个人伦理道德和行为举止的全方位修行，无论祭祀中的茶礼还是人际交往中的茶艺、茶道，都要遵循这一基本原则。茶起源于中国，茶艺也是中国传统礼仪重要组成部分之一。

茶艺经长时期的停滞后，于20世纪70—80年代由中国台湾地区的茶文化专家引入大陆，此后在大陆遍地开花，并以具有规范仪式感的艺术形式推动着我国茶文化事业的发展。茶艺师也成为国家正式的职业，各类院校、培训机构开设茶艺课程，茶艺成为国人修身养性、促进精神文明建设的重要推动力，也带动了茶产业转型升级。

饮茶有利于身体健康，也有利于爱茶之人将"啜苦咽甘"的饮茶体验融入日常生活。唐人陆羽把饮茶与人的精神品格之养成相结合，首创"精行俭德"的茶道思想；宋代借茶"祛襟涤滞，致清导和"；明清时期以超然物外为审美取向，借饮茶慰藉孤独与失意。现代茶艺的各种形态无不渗透着中国传统文化的精髓，成为构建和谐社会与人际关系的社会基础之一。茶艺这种行为艺术所具有的东方文化特色也深刻反映在全部行茶规范中，非常有利于大学生的思想品德教育和社会文明的发展。

武夷学院茶与食品学院王丽老师主编的《茶艺学》教材，结合大学生的特点和新时代对茶艺发展的需求，理论和实践相融合，总结了近些年大学生茶艺技能大赛和当今茶事活动对茶艺师技能的要求，十分符合教学规律和大学生的认知。内容充分贯彻素质教育的方针，有利于培养大学生的创新能力和职业素养，增强文化自信。书中还列出了中英对照的专业术语，对常用茶艺术语进行翻译，有助于茶艺及茶文化的对外交流。

王丽老师是我退休后在武夷学院任特聘教授期间指导的青年教师之一，有着多年茶艺教学实践的经历，多次带领学生参加大学生茶艺技能竞赛并获奖。她自己也曾在2019年第四届全国茶艺职业技能竞赛福建省选拔赛中获得教师组第一名，并获得"福建省技术能手"的称号；同年参加2019中国技能大赛"武夷山大红袍杯"第四届全国茶艺职业技能竞赛，获得银奖。她善于总结和刻苦钻研，并将多年对茶艺的心得融入教材，教材内容丰富，结构合理，图文并茂，行文流畅。

相信该书的出版能给热爱茶艺和茶文化的同仁们带来全新的认识与收获。应本书主编之约，为序，以答读者。

刘勤晋

2022年4月12日于西南大学

前 言

中国是世界茶和茶文化的发源地，在漫长的历史长河中，茶以不同的形式融入人们的生活。唐代韦应物曾在《喜园中茶生》一诗中赞茶曰："洁性不可污，为饮涤尘烦。"这片小小的叶子不仅可以用来解渴除烦，陶冶情操，修身养性，还承载着文明古国、礼仪之邦的丰富文化内涵。

《论语》中提到："不学礼，无以立。"《礼记》中也说："礼之所尊，尊其义也。""礼"是中华传统文化的突出精神，是社会交往之道，也是日常生活的准则。

茶在长期的利用和演变中，同儒家学派的礼仪文化相互渗透，在茶艺待客和冲泡程序中，表现出特定的礼仪规范。礼仪要求内外兼修，正所谓"德诚于中，礼形于外"。茶艺是一种艺术化的生活美学，来源于生活而又高于生活，对茶艺的学习可以使茶艺师不断提高自身的道德修养，培养优雅的仪表风度、得体大方的举止，具有很好的教育作用。

2022年11月29日，茶艺作为"中国传统制茶技艺及其相关习俗"的44个子项目之一，被列入联合国教科文组织人类非物质文化遗产代表作名录。向世界展示中华民族的创造力和文化多样性，传达着茶和天下、包容并蓄的理念。

本书基于茶文化史料，梳理了茶道、茶艺的历史，全面、系统地展示茶艺的基础理论和实践操作，深入解析了创新茶艺、茶席、茶会的设计与实践案例。书中还增加了常见茶艺冲泡流程的英文翻译，有利于茶艺和茶文化的对外传播和国际交流。本书在内容上配以详细彩图与视频，依据茶艺师职业岗位的典型工作任务，对接茶艺师国家职业技能标准，注重结合茶叶行业发展的新要求、新知识和新标准，融思想性、艺术性、实践性、创新性、教育性为一体，体现了以过程为导向的课程体系和行业发展要求，在产学融合中提升学生的专业技能。本书旨在强化学生在"做中学，学中做"的能力，实现以茶明理、以茶行礼，引领学生遵循健康雅致的生活方式，加强大学生的文化素质教育和民族文化的传承与创新，践行茶道精神的教育意义与立德树人的根本教学任务，更具有弘扬中国茶文化、树立文化自信和培养高素质应用型人才的重要意义。

本书是适用于本科茶学专业教学的应用型教材，也可作为针对非茶专业学生开展通识和文化素质教育的特色教材，或者茶艺培训的专门教材。

本教材具体分工如下：王丽策划教材选题与拟定编写框架，进行配图与统稿；王丽、叶国盛编写第一章；王丽编写绪论、第二章、第三章、第四章第四节、第七章第三节和第四节部分创新茶艺作品，以及附录；王芳编写第四章第一、二、三节；周琼琼、王丽编写第五章第一、二、六节；王丽、张娴静、陈静编写第五章第三、四、五、七、八节；邓婷婷编写第二章第四节、第六章、第七章和第十章；程艳斐编写第八章和第九章。

本书编写得到武夷学院茶与食品学院领导及刘勤晋教授的大力帮助，刘教授是我在武夷学院工作时的指导老师，在教学和工作上言传身教、指点迷津，并为拙作欣然作序，给予我极大的鼓舞。本书图片由王丽负责拍摄、整理，部分图片由常玉玺同门和武夷学院赵昱澄、何敬一同学拍摄，部分调饮茶图片由大闽食品（漳州）有限公司研发部陈毅祯提供，茶席图片大部分拍摄于学生设计的茶席作品、各类茶席设计赛以及茶艺大赛，部分茶器图片拍摄于武夷山千颂茶庐，部分茶席和茶空间图片由福建省茶艺师协会、重庆舍予茶社和无锡若然亭茶业有限公司提供，创新茶艺视频全部选自全国大学生茶艺技能竞赛中武夷学院代表队和福建农林大学代表队的优秀获奖作品。感谢参与拍摄的武夷学院周晨薇、梁若斯、郑靖文、王子龙、罗祥宗、谢佳怡、陈冰宁同学。周晨薇、邱佳雄、詹文惠、蔡莲瑶同学也参与了部分资料的整理，谨此一并申谢。

由于编者水平有限，书中不妥之处，敬请读者批评指正，以订正补益。

编　者

2022 年 3 月于武夷山

目　录

绪　论

本章提要

茶艺学在中华优秀传统文化的基础上又广泛吸收和借鉴了其他艺术形式，并扩展到文学、艺术等领域，形成了一门独具特色的新兴文理交叉的学科门类。茶艺是饮茶活动过程中形成的文化现象，其过程体现形式和精神的相互统一，同时也是我国历史悠久的中华优秀传统文化的载体。茶艺为高校开设的茶学专业必修课，本章绪论主要探讨茶艺的学科特性与功能、学习任务与方法。

第一节　茶艺学的学科特性

中国古代并没有“茶艺”这一称呼，茶艺的形成有一个历史的过程，经过长期的实践、积累、演变才逐渐成熟定型。从史学角度看，中国茶艺萌芽于晋朝，酝酿于南北朝，发展于中唐，成熟于宋明时期，并与中国哲学思想精髓相融合。茶艺是茶文化的重要组成部分，也是现代人陶冶情操、修身养性、净化心灵的一个重要途径。

一、茶艺的特性

茶艺的具体内容包含技艺、礼法和精神内涵三个部分。技艺是指泡茶和饮茶的技巧；

礼法是指茶艺活动中遵循的礼仪和规范；精神内涵是茶艺的指导和方向。关于茶艺的特性，可以从以下三个方面来理解。

（一）茶艺是一种职业技能

随着中国茶艺的提出并不断发展，茶艺师已成为一种新兴的职业，于1999年正式被列入《中华人民共和国职业分类大典》。2002年6月，国家制定了《茶艺师国家职业标准》，明确了茶艺师的职业技能要求，按照该标准，本职业岗位共分设五个等级，包括初级茶艺师（国家职业资格五级）、中级茶艺师（国家职业资格四级）、高级茶艺师（国家职业资格三级）、茶艺技师（国家职业资格二级）和高级茶艺技师（国家职业资格一级）。2006年11月，婺源茶艺被列为省级非物质文化遗产。2008年6月7日，潮州工夫茶艺作为茶艺的代表入选第二批国家级非物质文化遗产名录。2019年1月，人社部颁布了重新修订的《国家职业技能标准——茶艺师》，2002年11月29日，又被列入联合国教科文组织人类非物质文化遗产代表作名录。2020年9月30日，茶艺师工种从国家职业资格目录中退出。茶艺师的相关标准名称由“国家职业资格标准”修订为“国家职业技能标准”，人才评价体系由行业施行，政府主管部门监管，从以政府信用为担保转向以行业信用为担保，这种竞争性的提升在一定程度上更能促进人才技能水平的提升。在现代茶艺全面发展的热潮中，各类型的茶艺培训、国际茶事活动、全国性和地方性的茶艺比赛如火如荼地举办，如全国大学生茶艺技能大赛、中国技能大赛“全国茶艺职业技能竞赛”、海峡两岸大学生茶艺技能大赛、中华人民共和国茶艺职业技能大赛、中华茶奥会茶艺技能大赛等全国茶艺技能大赛的开展，为大学生提供了展示自我的平台，也为中国茶文化的发展注入了新鲜的力量，为茶产业选拔和培养了一大批优秀的茶艺技能人才。

（二）茶艺是一种生活方式

茶艺是关于茶的艺术，是在茶道精神指导下的生活艺术。现代茶艺多姿多彩，充满生活情趣，既包括备器、择水、取火、候汤、习茶的技艺，也包括品茗环境、仪容仪态、奉茶礼节、品饮情趣等，对于丰富我们的生活、提高我们的生活品位有积极的影响。茶艺的魅力还在于，人们将“啜苦咽甘”的饮茶体验投射到生活与生命之中，精益求精地泡制一杯茶，徐徐感受其苦涩后的甘甜，感悟人生的哲理。应对茶艺分类深入研究，不断发展创新，走下表演舞台，进入千家万户，提升品饮境界，赋予茶以更强的灵性和美感。

（三）茶艺是一种综合艺术

茶艺是综合性的艺术，茶艺在融合中华民族优秀文化的基础上又广泛吸收和借鉴了其他艺术形式，它与文学、绘画、书法、音乐、陶艺、瓷艺、服装、插花、建筑、艺术等相结合，形成了具有浓厚民族特色的中国茶文化。现代茶艺所达到的境界对于茶艺的要求是严苛的，故构成现代茶艺的整个要素也应是精益求精的。关于现代茶艺演示形式，不应限定什么“规范式”，艺术是无止境的，要行云流水、顺应自然。只要不违背茶艺之术、茶性之理、泡茶和品茶的程式，茶艺就可以不断地去创新。当然，创新的源泉可以从中国传统茶艺中去挖掘，可以从民俗茶艺中去提升，也可以从其他艺术领域去借鉴。

二、茶艺学的学科特性

茶学是园艺学的分支学科，是研究茶叶的学问，包含茶的自然科学、社会科学和人文科学。茶文化属于人文和社会科学，是茶学的分支学科。在茶文化中，饮茶文化是主体，茶艺和茶道又是饮茶文化的主体，是茶文化的基础和组成部分，也是茶学的子学科之一，无论其内涵还是外延均小于茶文化。

（一）茶艺学与茶文化学的关系

茶文化是人们在发现和利用茶的过程中，以茶为载体，所形成的各种文化形态的总称。茶文化内涵博大精深，历史悠久，文化底蕴深厚，并与宗教结缘。它的形成是茶与文化的有机融合，广义上可分为茶的自然科学和人文科学两方面，体现了一定时期的物质文明和精神文明。它不仅包括茶艺，还包括茶的历史、茶的艺术作品等所有以茶为载体衍生出来的制度文化、行为文化、心态文化和物质文化。

茶艺是茶文化的基础和载体，是饮茶活动过程中形成的文化现象，体现了形式和精神的相互统一，包括茶叶品评技法和艺术操作手段的鉴赏，以及品茗美好环境的领略等整个过程。茶艺属于茶文化类课程中的一门骨干课程，一般作为茶学类专业的必修课，以及大学文化素质教育的公选课。

（二）茶艺学与茶科学的关系

茶在中国很早就被认识和利用，以及种植和采制。茶的自然科学以茶树栽培与育种、茶叶品质与加工、茶叶审评与检验等基础理论研究为主，已形成独立的体系。茶产业的发展离不开茶文化，茶文化的研究也离不开茶的科学基础。茶的自然科学在茶文化专业的知识结构中，重点是了解人们饮茶的生活方式，满足人们饮茶生活的需求，包括对健康的需求，这就要求茶叶生产能够满足饮茶生活方式。茶艺在引领饮茶方式的同时，也要求了解茶叶的生产要素，从而涉及茶自然科学，使得茶科学也带上强烈的人文气息。

（三）茶艺学与茶叶经营学的关系

茶是一种经济作物，并且迅速发展成国际贸易的重要商品。自从 1940 年复旦大学茶叶组成立茶叶专业，茶叶贸易就列入主要课程。20 世纪 80 年代，各校茶叶系大多开有经济类贸易的学科。文化竞争力成为现代经济的核心生长点，“经济搭台、文化唱戏”直接产生经济效益。应用茶艺传播手段，可以塑造茶业的文化形象，建构茶叶品牌的核心文化，推广科学而进步的饮茶方式，在饮茶生活中体会中国传统文化的哲学精神，茶艺成为一种最有效的传达媒介。

三、茶艺的功能

茶艺是我国历史悠久的传统艺术，它兼具科学性、艺术性、文学性和实用性的特点。中国茶艺的功能是多方面的，概括起来有以下四个方面。

（一）以茶为美，弘扬传统文化

茶文化是在自然物质的基础上产生的，又随着茶叶生产的发展、科学的进步、社会的前进而不断发展创新的。茶艺是我国传统文化的重要组成部分，蕴含着丰富的传统文化思想中的精髓，包含了非常深刻的哲学理念，是我国传统文化的代表。随着现代社会经济、文化和科技的发展，现代茶艺的流派各具特色，不同地域和民族的茶艺如百花竞放，茶艺事业欣欣向荣，展现出以和为美、以礼为美、以气质为美、以修养为美的美学品性，同时也透露出真、善、美的人文特征和东方特有的和谐意蕴。茶艺重在发现美、展示美、传达美，感悟美，以美学的精神构建诗意的生活方式，在宣传普及茶文化方面起到了非常重要的作用，是传承民族传统文化的重要手段。

（二）以茶知礼，提升人文素养

礼仪素养是指人们在礼仪意识、行为习惯、沟通表达等方面进行自我修炼所达到的程度和境界。礼仪素养反映出一个人的学识、修养、品格、风度，是人格的外在体现。“礼”能使人行为规范，树立人格，卓然自立于社会群体之中。孔子曰：“兴于诗，立于礼，成于乐。”孔子要求学生不仅要讲究个人的修养，而且要有全面、广泛的知识和技能，把礼作为立身的根基。朱熹虽然是理学家，也非常重视“礼”的政治意义和社会教化功能，他的《家礼》和《仪礼经传通解》，为后人留下了丰富的礼学著作。他以茶修身、以茶励志、以茶喻理，使得茶文化与儒家思想进一步相互渗透。

茶是礼仪的使者，可以融洽人际关系。在种种茶艺表演里，均有礼仪的规范。茶艺活动是培养学生礼仪素养有效的载体。整个茶艺活动之中始终贯穿鞠躬礼、伸掌礼、叩手礼、寓意礼、奉茶礼、注目礼、端坐礼等主要的礼节，能教育学生在茶艺活动中“循礼法、行仁义、谦恭和、净高雅”，并在自律中逐渐消除不良的行为习惯，使礼仪素养由他律到自律，进而内化为自觉的行动。俗话说“满杯酒七分茶，余下三分是交情”，在茶艺表演当中，无不体现着对于观礼客人的尊崇。在实践中可以不断以茶养身，以道养心，借助茶感悟苦辣酸甜的人生，使心灵得到净化。

（三）以茶示艺，服务茶业经济

现代茶艺与历史记载的茶艺已有了很大的不同，茶艺是为了沏好一杯茶汤而存在的艺术，通过对茶汤的观照，实现茶的人格化和时空的艺术化。现代化技术带来了茶艺结构中茶叶、茶具及其他要素的发展，也改变了人们对传统销售的看法。茶叶要提升产品的核心竞争力，就要开拓创新，探索新型的营销模式。把茶文化融入现代人的时尚生活，是促进茶叶生产和销售的有效手段，最直接最有效的当属推广茶艺。茶叶的品质需要靠茶艺冲泡来彰显，茶的品牌魅力需要通过茶艺展示和讲解来传达。茶艺中的美学对于茶馆装修、新产品开发、茶叶包装、茶文化研学等具有很好的指导作用。可以借助博大精深的茶文化提供各种增值服务，提升茶叶的附加值，有效推动茶叶销售。

（四）以茶修身，构建和谐社会

茶历来被中国古代文人视为修身立德的饮品，茶艺可以使人内心宁静、检行修德，提升自身的习性，提高内在的修养。陆羽首次在《茶经》中提出“茶之为用，味至寒，为饮，最宜精行俭德之人”，将茶与人格修养结合起来。唐代诗人韦应物《喜园中茶生》诗中说茶：“洁性不可污，为饮涤尘烦，此物信灵味……得与幽人言。”茶道以茶艺为载体，传达茶道中的“清、寂、廉、美、静、俭、和”等思想。裴汶在《茶述》中说：“其性精清，其味浩洁，其用涤烦，其功致和。参百品而不混，越众饮而独高。”当今社会，各种文化相互碰撞与交融，给人们的思想、信念、心态带来强烈的冲击。茶艺中具有的清淡平和、宁静自然的人生态度，以及热爱祖国、无私奉献、勤俭节约、诚实守信的传统美德，正是抵制各种个人主义、拜金主义等不良思想的有效武器。通过茶艺活动，可以提高个人道德品质和文化修养，净化思想意识，提高道德水准，增强民族自信，促进社会精神文明建设的发展。

第二节　茶艺学的任务和学习方法

茶艺承载了诸多中国传统的文化元素，是民族文化、区域文化的集中体现。随着茶文化的发展，以及国家茶艺师职业工种的颁布和茶艺师职业资格认证的推行，越来越多的人开始修习茶艺。

一、茶艺学的研究任务

茶艺学是一门应用型学科，是茶文化类课程中的一门骨干课程，一般作为中国高等院校茶学专业开设的专业核心课和大学生文化素质教育的选修课，也是高校旅游、酒店管理、文秘等专业学生提升综合素质、拓宽就业渠道的重要课程，同时也成为茶艺从业人员必修的课程。

按照人力资源和社会保障部对劳动能力的界定，茶艺学课程培养的能力属于岗位职业能力的范畴，对于学生职业能力的培养起着重要的作用。茶艺学课程的基本任务是：结合茶艺师职业技能岗位的要求，通过课堂基础理论知识的讲授和任务引领型的茶艺实践技能的练习，使学生了解中国茶道的历史演变；系统地学习茶艺的基础知识和基本原理，理解茶艺的基本要素及其美学表现；熟练掌握六大茶类及花茶、调饮茶等茶类的冲泡技艺；学会欣赏茶艺和创编茶艺；具有茶艺服务、茶空间布置、茶艺策划和举办茶会的管理技能和相关专业知识，具备中、高级茶艺师的基本素质和知识技能水平。同时，通过对课程中的真善美道德修养和创新思维元素充分挖掘，使学生熟悉中国茶艺文化的历史和精髓，树立传统文化的意识，增强自信心和自豪感，培养爱国、爱家、爱生活的人文情怀，以清俭朴实、淡雅逸越的茶道精神，激励和塑造吃苦耐劳与无私奉献的职业精神，树立正确的人生观、价值观和世界观。

二、茶艺的学习方法

（一）注重理论，强化实践

茶艺是一门理论和实践相结合的课程，以实践技能为主。在学习过程中提倡知行合一，既要注重理论的学习，也要在教学中实践。只有通过不断的训练，才能掌握熟练的冲泡技巧，展示茶艺的艺术美。茶艺作为一种独特的文化现象，要想健康发展与传承，在发展过程中表现出的审美价值与艺术活动就不能脱离社会生活和实践。我们应秉承思辨的科学态度，在深刻理解茶文化内涵的基础上，正确传达茶艺，并在日常生活之中时时践行。

（二）广猎经史，提升修养

茶艺是一门综合的艺术，集中国美学、文学、音乐、书画、插花等文化艺术于一体，融合了中华传统文化艺术的诸多方面。因此，要想学好中国茶艺这门课程，在学好专业课程的基础上，还要广泛涉猎中国传统文化艺术，以艺术的视角去认识专业知识，以追求美、发现美的思维去感受知识，提升自身的艺术修养，才能触类旁通，从而掌握好中国茶艺。

（三）继承传统，发展创新

茶艺是为茶汤服务的，最根本、最核心的任务在于泡好一杯茶，呈现一杯完美的茶汤。

创新是茶艺发展的动力和源泉，茶艺发展至今，仍要继续前行，就要讲究创意和设计，融入新时期的新理念、新形式和新载体。在保证茶汤“真香灵味”的前提下“烹而啜之，以遂其自然之性也”(朱权《茶谱》)，遵循茶道精神内涵，在继承茶艺优秀传统的基础上进行创新，创造出茶艺的新形式、新内容和新成果。

思考题

1. 中国茶艺具有哪些特性？
2. 中国茶艺的研究内容与学习任务是什么？
3. 茶艺学科与其他学科的关系？
4. 学习茶艺应采取什么态度和方法？

第一章　茶道概述

本章提要

茶道精神是茶文化的核心价值观和灵魂，是指导茶文化活动的最高原则。茶道起源于我国唐代，陆羽撰写《茶经》并提倡茶道，开启人们科学用茶的历史。自汉唐开始，中国茶道文化对外传播，并在融入各国人民的生活方式时衍生出属于他们的饮茶文化。随着我国茶产业的健康发展，中国茶文化与茶道精神得以弘扬和发展。本章主要从历史文献和考古学、民族学、民俗学诸学科提供的历史资料和研究成果，梳理中国茶道的历史沿革，探讨茶道的概念。旨在引导爱茶之士了解茶道的历史和博大精深的内涵，为中华茶道及人文美学价值奠定基础。

第一节　中国茶道的概念

“茶道”起源于中国，早在唐代就已出现“茶道”一词，然而其内涵一直被持续讨论。茶道是产生于特定时代的综合性文化，带着极其重要的儒释道等流派的思想，成为中国茶文化最基本的思想精髓和美学哲学基础。

一、“茶道”词源

“茶道”以语言文字乃至艺术所难以喻及的深意，存于古茶诗词的字里行间。“茶道”一词的出现，最早见于唐代诗僧皎然的《饮茶歌诮崔石使君》诗：“孰知茶道全尔真，唯有丹丘得如此。”诗中以具体的茶事，即煮饮剡溪茗为背景，描述饮茶后的感受，通过层层渲染，引情入事。一句“三饮便得道，何须苦心破烦恼”，将饮茶上升到“道”的精神境界，体现了作为精神因素的茶道之本义。全诗如下：“越人遗我剡溪茗，采得金牙爨金鼎。素瓷雪色缥沫香，何似诸仙琼蕊浆。一饮涤昏寐，情来朗爽满天地。再饮清我神，忽如飞雨洒轻尘。三饮便得道，何须苦心破烦恼。此物清高世莫知，世人饮酒多自欺。愁看毕卓瓮间夜，笑向陶潜篱下时。崔侯啜之意不已，狂歌一曲惊人耳。孰知茶道全尔真，唯有丹丘得如此。”

同时“茶道”一词，在与皎然差不多同时期的封演《封氏闻见记》中亦有记载：“楚人陆鸿渐为茶论，说茶之功效，并煎茶炙茶之法，造茶具二十四事，以都统笼贮之。远近倾慕，好事者家藏一副。有常伯熊者，又因鸿渐之论广润色之。于是茶道大行。”文中的“茶道”，意指饮茶的技艺与方法，体现在一定的形式之中。

唐代以前，饮茶之始是“食饮同宗”。晚唐诗人皮日休在《茶中杂咏》诗序中称：“自周以降及于国朝茶事，竟陵子陆季疵言之详矣。然季疵以前称茗饮者，必浑以烹之，与夫瀹蔬而啜者无异也。”在陆羽以前，喝茶就和煮菜喝汤一样，茶道处于蒙昧状态。

至唐代中期，陆羽《茶经》言茶之功效并煎茶、炙茶之法，造茶具二十四器，于是茶道大行。在唐代饮茶群体中，最重要、影响最大的，当推以陆羽和皎然为首、以湖州一带为中心的江南文士饮茶群体。陆羽是我国茶文化的奠基者，也是中华茶道的创始人，《茶经》一书贯穿了和谐、中庸、淡泊的思想内容，强调饮茶自修内省。文中虽未见到“茶道”一词，但他科学、系统地为茶写经，确立了茶道的表现形式与富有哲理的茶道精神，即他的“陆氏茶”以及“精行俭德”的思想。皎然则以文学的语言论茶，把茶道提升到只有像丹丘子这样的神仙才能够理解和懂得的艺术境界，两者相得益彰。此后茶道大兴，传播到全国各大寺院，直至宫廷。

唐代僧侣通过种茶、制茶而精于茶技，士大夫们则创造性地发挥，把茶的知识艺术化、理论化。当时的茶道思想集儒释道诸家精华而成，主张以茶修德、以茶行道。将饮茶上升到“道”的精神层面，是唐代文人普遍追求的饮茶境界。

因此，饮茶不仅是一个物质过程，更重要的是一种精神享受和直觉体悟的过程。茶道将当时社会条件下所倡导的道德和行为规范寓于饮茶活动，以茶为媒介，修身养性，陶冶情操，增进友谊，学习礼法，品味人生与参禅悟道，在茶事中自我修养，养成茶人品格，达到精神上的享受和人格上的完善，直至天人合一的最高境界。

二、茶道的内涵

“道”为中华哲学独有的哲学思想，在我国古籍中，对“道”一词早有详尽解读。其本义是道路，后来引申为做事的途径、方法、本源、本体、规律、原理和原则等等。茶道为茶文化的内在核心，包括品饮之道和思想内涵两方面，融合了儒释道诸家精华而成。《论语·里仁》云：“富与贵，是人之所欲也；不以其道得之，不处也。”这是说“道”具有伦理道德层面上的方法之意。道家思想则视“道”为宇宙本源和万物起点。《道德经》云：“道可道，非常道；名可名，非常名。无名天地之始，有名万物之母。”大意是说：道，可以说，可以名，又不是我们所说的一般有名有象的事物，因为那不是永恒的道。大道产生于天地之先，是开辟天地之始；大道产生于万物之前，是生育万物之母。所以这个“道”，难以彻底讲述出来，只可以直观体验。《道德经》又云：“道生一，一生二，二生三，三生万物。”“天道运而无所积，故万物成。”以上说明我国古代先贤对“道”的解释，既可释为方法、技艺或才能，也可视为思想体系或普遍规律。同时也说明，“道”不是口头上的空谈，而是实际的存在。

中国茶道崇尚自然，不重形式，以中国传统文化为依托，由品茗体验升华为茶道，不像日本茶道具有严格的仪式和浓厚的宗教色彩。中国茶道就是通过饮茶过程，引导个体在美的享受过程中走向提升品格修养以实现全人类和谐安乐之道。吴觉农先生在《茶经述评》中认为：“茶道是把茶视为珍贵、高尚的饮料，饮茶是一种精神上的享受，是一种艺术，或是一种修身养性的手段。”庄晚芳先生在《中国茶史散论》中认为，茶道就是一种通过饮茶的方式，对人们进行礼法教育、道德修养的仪式。陈香白先生认为茶道包括“七义一心，即茶艺、茶德、茶礼、茶理、茶情、茶学说、茶道为七义，和为一心”。著名茶文化专家、无我茶会创始人蔡荣章教授指出：茶道的核心在茶，茶汤是茶道的灵魂，也是茶道表现的核心。

《中国茶叶大辞典》对“茶道”有较为成熟的解释：“茶道，以吃茶为契机的综合文化活动。起自中国，传到海外，并在域外形成日本茶道、韩国茶礼等。……茶道基于儒家的治世机缘，倚于佛家的淡泊节操，洋溢道家的浪漫理想，借品茗倡导清和、俭约、廉洁、求真、求美的高雅精神。”所以，茶道的表现形式与内容不是单一的，而是多类型的。对任何单一类型的茶道进行释义，其概念都是片面的，只有从中寻找出规律性的、共性的、典型的、本质的东西，才能比较完整地阐述茶道的概念。

三、中国茶道的基本精神

茶道是茶文化的核心，是茶文化的灵魂，是指导茶文化活动的最高原则。陆羽把饮茶作为提升自我品德修养、陶冶情操的手段和方法，凝练了中国茶道精神，他在《茶经》中提出：“茶之为用，味至寒，为饮，最宜精行俭德之人。”其中的“精行俭德”成为中国茶道的要义。宋徽宗在《大观茶论》中提出饮茶“祛襟涤滞，致清导和。冲淡闲洁，韵高致静”的“清、和”的茶道思想。中国茶道精神与民族精神、民族性格和文化特性相一致，以儒家思想为核心，融道家“天人合一”的理念、儒家“中和”的思想和“茶禅一味”的禅宗精神为一体，内涵更为丰富。茶道基本精神概括起来为“和、敬、清、真”。

“和”是中国茶道的哲学思想的核心，是茶道的灵魂，有中和、和谐、和睦、温和而谦恭、天人物和等意。和而阴阳相调，和而五行共生，和乃中庸之道，和乃“天人合一”。儒家阐释“中庸和谐”，佛家讲求“和光同尘”，道家追求“自然无为之和”。将深奥的哲学道理融入一杯淡淡的茶中，用一颗自然朴实的心去感悟人生的道理。

“敬”是万物之本，敬事爱物是中国茶道为人的基本准则。敬乃中国的待客之道，对人尊敬，对己谨慎，为茶人生活和茶事活动必备的心态和境界。在茶道之中要体现规范、庄重与虔敬，这是对自然、社会与道德主体的尊重。敬中有礼，茶道过程中的礼仪规范无不体现对客人的平等与尊重，公开与透明。

“清”是指“清洁”“清廉”“清静”“清寂”，物洁人清。茶艺的真谛不仅要求事物外表之清洁，更要求心境之清寂、宁静、明廉、知耻。清可守节雅志。

“真”是“本真、本原、自然”，真理之真，真知之真。中国茶艺讲究，在茶事活动中一切要以自然为美，以朴实为美，道法自然，返璞归真。饮茶的真谛在于启发智慧与良知，使人生活得淡泊明志、俭德行事，臻于真、善、美的境界，表现为自己的心性得到完全解放，使自己的心境清静、恬淡、寂寞、无为，不虚假，体悟自然之性，升华到“无我”的天人之境。

总之，随着时代的发展与变迁，茶道的内涵有了进一步的丰富与发展。中国茶道的内涵和基本精神定位必将为中国茶道精神在新时代的创造性转化和创新性发展奠定思想基础。

（一）“茶圣”陆羽及其茶道精髓

1. 陆羽其人

陆羽（733—804），字鸿渐，一字季疵，自称桑苎翁，又号东岗子，复州竟陵（今湖北天门）人，是我国中唐时期著名的文学家、书法家和诗人。他博学多才，喜与名僧高士来往，善诗文，编撰人物志、地方记。其后专注茶叶，对茶树栽培、育种及加工技术进行过广泛细致的考察，并擅长烹茶品茗，逐渐精于茶道。他深入茶区考察，并搜集文献资料，撰写了世界第一部茶学专著——《茶经》，对中国茶业和世界茶业发展做出了卓越贡献，因而被后世尊崇为“茶圣”。

2. 陆羽《茶经》及其茶道思想

《茶经》共分三卷，十章，共七千余字（见图 1-1）。卷上分《一之源》《二之具》《三之造》，卷中为《四之器》，卷下分《五之煮》《六之饮》《七之事》《八之出》《九之略》《十之图》。

卷上《一之源》言茶之本源、植物性状、名字称谓、生长环境、种茶方式，以及茶饮

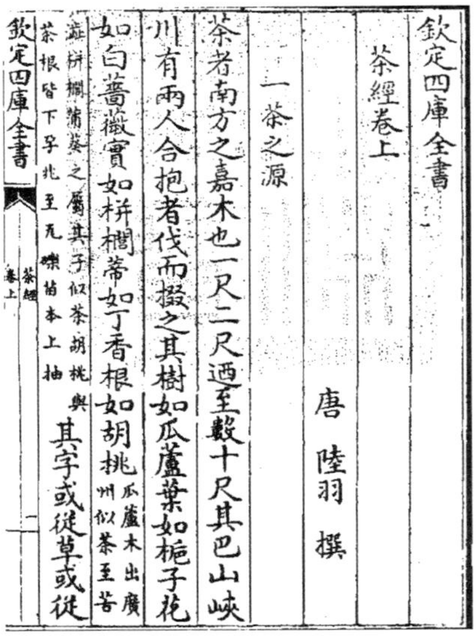

欽定四庫全書
茶經卷上
唐 陸羽 撰
一之源
茶者南方之嘉木也一尺二尺迺至數十尺其巴山峽川有兩人合抱者伐而掇之其樹如瓜蘆葉如梔子花如白薔薇實如栟櫚蒂如丁香根如胡桃瓜蘆木出廣州似茶至苦澀栟櫚蒲葵之屬其子似茶胡桃與茶根皆下孕兆至瓦礫苗木上抽其字或從草或從
欽定四庫全書 茶經 卷上

图 1-1 〔唐〕陆羽《茶经》

的功用和精行俭德之性，既点明了茶树的原产地，又指出了茶树的优良品质。同时，陆羽客观而辩证地认识到茶叶“采不时，造不精，杂以卉莽，饮之成疾”，以及“知人参为累，则茶累尽矣”。《二之具》叙采制茶叶的用具尺寸、质地和用途，其用具多以竹、木、铁、石为之，就地取材，以便利、实用为主。《三之造》论采制茶叶的适宜季节、时间、天气状况，以及对原料茶叶的选择、制茶的七道工序、成品茶叶的品质鉴别等。还特别指出茶叶品质鉴别的难处与态度，所谓“皆言嘉及皆言不嘉者，鉴之上也”，体现了全面、客观看待问题的思想。

卷中《四之器》记煮饮茶的全部器具，体现着陆羽以“经”命茶的思想，风炉、鍑、夹、漉水囊、碗等器具的材质使用与形制设计科学、讲究。其中，风炉三足上刻的古文云“坎上巽下离于中”“体均五行去百疾”“圣唐灭胡明年铸”，则具体体现出陆羽五行协谐的和谐思想、入世济世的儒家理想及对社会安定和平的渴望。陆羽在关注世事的同时，又满怀山林之志，是典型的中国传统人文情怀。

卷下《五之煮》介绍煮茶程式及注意事项，包括炙茶碾茶、用火择水、水沸程度、培育汤花、坐客碗数、乘热速饮等方面。《六之饮》强调茶饮的历史意义由来已久，认为杂以葱、姜、枣、橘皮、茱萸、薄荷诸物的茶，为“沟渠间弃水”，提倡清饮。同时，认为真饮茶者只有排除克服饮茶所有的“九难”，即“一曰造，二曰别，三曰器，四曰火，五曰水，六曰炙，七曰末，八曰煮，九曰饮”，才能领略茶饮的奥妙真谛。《七之事》详列历史人物的饮茶事、茶用、茶药方、茶诗文以及图经等文献对茶事的记载。其中，提到陆纳、桓温等人，以茶为素业，倡导俭德。这样的古风与茶道精神，于今更有很大的践行意义。《八之出》列举当时全国各地的茶产，分为山南、淮南、浙西、剑南、浙东、黔中、江南、岭南等地，可谓遍及中国南方大部分地区，并品第其品质高下。对不甚了解的茶区，如思、播、夷、鄂、袁、吉、福、建、韶、象等十一州，则诚实地称“未详”，言“往往得之，其味极佳”，显示了他言必有据的客观态度。《九之略》列举了在野寺山园、瞰泉临涧诸种饮茶环境下种种可以省略不用的制茶、煮茶、饮茶的用具，再次体现陆羽的林泉之志。同时，陆羽也强调“但城邑之中，王公之门，二十四器阙一，则茶废矣”，说只有完整使用全套茶具，体味其中存在的思想规范，茶道才能存而不废。《十之图》讲要用绢素书写《茶经》，张挂在平常可以看得到的地方，营造一种文化氛围，使其内容目击而存、烂熟于胸。

《茶经》是世界上第一部茶的专著，全面、深入、系统地记载了中国古代发现和利用茶的历史，阐明中国是世界上茶树的原产地，为中国茶道奠定了理论基础。宋人陈师道《茶经序》云：“夫茶之著书自羽始，其用于世亦自羽始，羽诚有功于茶者也。”杨之水在《两宋茶事》中说："饮茶当然不自陆羽始，但自陆羽和陆羽的《茶经》出，茶便有了标格，或曰品味。《茶经》强调的是茶之清与洁，与之相应的，是从采摘、制作直至饮用，一应器具的清与洁。"

《茶经》详细介绍早期蒸青绿茶工艺流程中所需的十五种工具的名称、规格和使用方法，总结了采制茶的原则，阐述了茶叶初制工艺和成品饼茶的外形与鉴别。陆羽开创了中国蒸青绿茶规范制造与审评的新时期。

陆羽在《茶经》中总结了当时的煮饮法，并提炼其内在精神，是中国"茶道"的雏形，是饮茶史上的一次飞跃，是茶由粗放煮饮向精烹细品方向转变的标志。陆羽的茶道使得饮茶之道在具体的物质文化基础上，拓展了审美思维的空间，融入了精神与道德的关怀，提倡俭德哲学，提出了审美的追求。此后的茶道演变，无论是宋代士大夫的点茶、斗茶，寺院茶仪的禅修，明清文人的雅集，日本茶道的和敬清寂，都因陆羽的启示，而开创自成体系的饮茶维度。

《茶经》所倡导的"精行俭德"思想，充满中国古代儒释道诸家的哲学思想和生态智慧，为中国几千年来茶的可持续发展与推广，奠定了深厚的思想文化基础。

（二）当代茶人精神

1. 当代茶圣：吴觉农

吴觉农（1897—1989），浙江上虞丰惠人，原名荣堂，因立志要献身农业（茶业），故改名"觉农"（见图 1-2）。他是中国当代茶业复兴、发展的奠基人，被誉为"当代茶圣"。著有《中国茶业问题》《中国茶业复兴计划》《中国地方志茶叶历史资料选辑》《茶经述评》等。他是我国投身现代茶科学的第一人，也是开拓祖国茶业的引路人，他以实际行动、锐意进取规划"华茶复兴"前景蓝图。

图 1-2　当代茶圣：吴觉农

抗日战争爆发后，他又立足茶业实体运行开展抗日救国运动，积极履行以茶换军火的易货贸易；他在福建武夷山麓首创了茶叶研究所、茶业改良场、茶叶精制加工厂和全国性茶叶总公司，协助筹建了我国第一个高等院校茶学专业并任负责人，为发展我国茶叶事业做出了卓越贡献。

他最早论述了中国是茶树的原产地，在他的实践和理论探索基础上，形成了中国特有的茶学思想，他在《茶经述评》中指出，茶道是"把茶视为珍贵、高尚的饮料，饮茶是一种精神上的享受，是一种艺术，或是一种修身养性的手段"。

20 世纪 80 年代，吴觉农弟子、著名茶学家钱樑就以先生的风范提出为后人所推崇的

“茶人精神”激励后人。他在《漫谈“茶人”和“茶人精神”》一文中指出：“茶不论生长的环境是僻山还是偏野，也不管酷暑严寒，从不顾自身给养的厚薄，每逢春回大地时，尽情抽发新芽，任人采用，周而复始地为人类作出无私的奉献，直到生命的尽头。人因爱茶及茶的品性而自喻。如今，茶人，由茶的生产流通或科学教育工作者，到茶文化及所有事茶之人，并拓展到受茶的内涵与精神启发的爱茶人。茶人不仅是种称谓，还是一种牵挂、追求与境界。”吴觉农在晚年也以“茶人”自称，他认为茶如君子，醇厚馨香而又恬淡无华，作为茶人值得自豪。他的座右铭是：“不求功名利禄、升官发财，不慕高堂华屋、锦衣美食，不沉溺于声色犬马、灯红酒绿，勤勤恳恳，埋头苦干，清廉自守，无私奉献，具有君子的操守。”这应为当代茶人奉为追求的高尚境界。

2. 庄晚芳：廉美和敬

庄晚芳（1908—1996），福建惠安人，农学家、茶学家、茶学教育家，曾用名庄骥、庄友、挽风、茗叟等。1934 年毕业于南京中央大学农艺系，我国茶树栽培学科的奠基人之一，著有《中国的茶叶》《茶作学》《茶树生物学》《中国茶史散论》等（见图 1-3）。

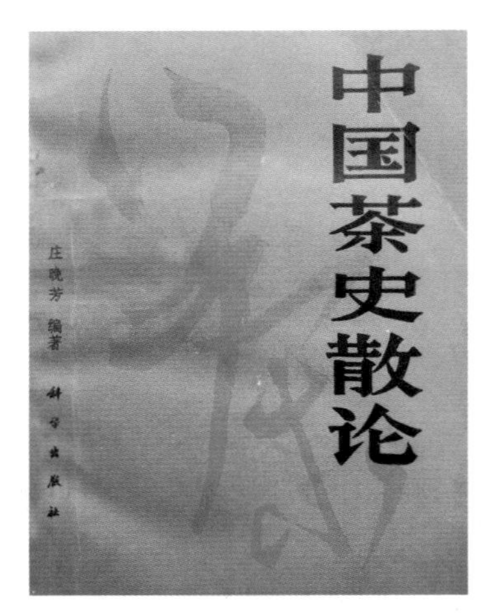

图 1-3　庄晚芳编著作品

1990 年，他主张“发扬茶德，妥用茶艺，为茶人修养之道”，提出中国茶德为“廉、美、和、敬”，进一步阐释为“廉俭育德、美真康乐，和诚处世，敬爱为人”。其具体含义是：“廉”是廉洁、简朴，通过廉洁和简朴的生活方式来增强德行修养；“美”是率真、真诚，以真诚之心待人，以率真之心待事，保持本心，是为最美；“和”是和谐、和睦，处理人际关系要以和为贵；“敬”是敬爱、尊敬，尊敬不只是对人，还包括对事，只有对人尊敬，才能收获别人的尊敬。其中，“和”是核心，“敬”是方法，“真”是基础，“美”是目标。在这里，茶德与茶道相辅相成，互为表里。

图 1-4　张天福与“九·一八”揉茶机

3. 张天福：俭清和静

张天福（1910—2017），福建福州人，茶学家、制茶和审评专家。1932 年毕业于南京金陵大学农学院。撰有《改良福建茶业与职业教育的实施》《福建茶业复兴计划》《发展西南五省茶业》《大力恢复和发展茶叶生产》《福建茶史考》《福建乌龙茶》等；设计出“九·一八”揉茶机，摆脱了以脚揉茶的落后生产方式，体现了他的爱国主义情怀（见图1-4）。

他深研中外茶艺、茶道、茶礼，集古今茶文化大成，继承与发展了中国传统道德文化，提倡“俭、清、和、静”的中国茶礼，得到全国茶学界与茶业界的认同。俭，即节俭朴素；清，即清正廉洁；和，即和睦处世；静，即恬淡安静。这四个字既是文化礼俗，又是对人的素质的要求。它表达的社会内容和伦理道德，是中华民族历来提倡的高尚的人生观和正宗的处世哲学，体现了中华民族的传统美德，在儒释道的思想体系和行为准则中都有具体的表现。

第二节　中国茶道的源流

中国饮茶历史悠久，自唐代陆羽提出煎茶法以来，行茶仪式开始规范化和程式化。宋代对饮茶方式和器具进行了精简，改为清饮法，饮茶的艺术性进一步提高。明代随着制茶方式的变革，饮茶方式改为小壶置茶、沸水直接冲瀹；清代出现了更为精致的工夫茶泡法，对器具和冲泡方法均极为讲究。

一、唐以前的煮茶法——茶道的萌芽期

人类发现和利用茶，已有四五千年的历史，早期人们的饮茶多为烹煮饮法。西汉王褒《僮约》中有记载：“烹茶尽具，餔已盖藏。”《桐君录》有：“又巴东别有真茗茶，煎饮令人不眠。”晋郭璞《尔雅注疏》称：“树小如栀子，冬生，叶可煮作羹饮。”这些皆是说茶之烹饮。

开始注重饮茶程式和意境的最早文字记载，可以追溯到西晋杜育的《荈赋》：“灵山惟岳，奇产所钟。瞻彼卷阿，实曰夕阳。厥生荈草，弥谷被岗。承丰壤之滋润，受甘霖之霄降。月惟初秋，农功少休，结偶同旅，是采是求。水则岷方之注，挹彼清流。器择陶简，出自东隅；酌之以匏，取式公刘。惟兹初成，沫沉华浮，焕如积雪，晔若春敷。若乃淳染真辰，色殨青霜，□□□□，白黄若虚。调神和内，倦解慵除。”[1]

《荈赋》是文学史上第一篇以茶为题材的赋文，文中从茶树的生长环境开始描写，进而写采摘，写品茗的自然风光、佳友，写秉承天地钟爱，为沃土甘霖、灵秀之气所孕育的名茶，写岷江清流之烹茶用水、产自东瓯的精品茶具：如先贤公刘那样，分茶用具是用葫

[1] □□□□处乃古籍中原文佚失。

芦剖开做的；茶汤的华沫像白雪般明亮洁白，像春花般灿烂。赋文最后道出了“调神和内，倦解慵除”的饮茶之功。这些说明当时煮茶已形成一定规范，奠定了传统茶艺所需的取水、择器、烹煮、观赏汤色、功效等基本的茶艺要素，发展了饮茶活动的审美艺术，并以此来涵育人的修养，可以看作中国茶艺的萌芽。

二、唐代煎茶法——茶道的形成期

唐代是饮茶文化兴起的时期，也是中国茶道的草创时期。这一时期饮茶的特点是行茶仪式的规范化和程序化，具体表现是煎茶法的盛行。

封演在《封氏闻见记》中记载：“楚人陆鸿渐为茶论，说茶之功效，并煎茶炙茶之法。造茶具二十四事，以都统笼贮之。远近倾慕，好事者家藏一副。有常伯熊者，又因鸿渐之论广润色之。于是茶道大行，王公朝士无不饮者。”（见图 1-5）这里的“茶道”当属陆羽煎茶之道，这是中国茶艺的雏形。

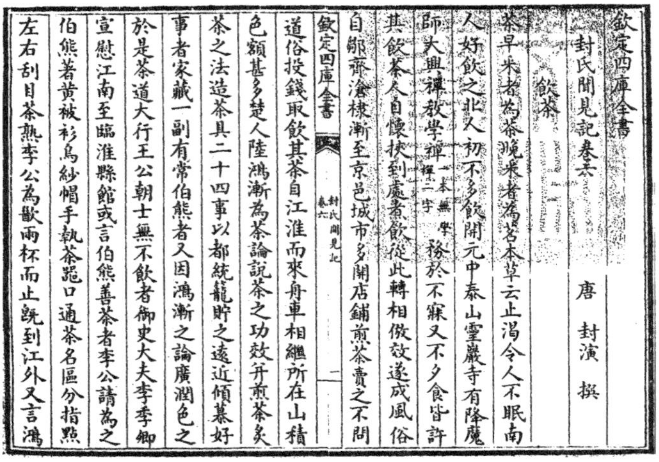

欽定四庫全書
封氏聞見記卷六
飲茶　唐　封演　撰
茶早采者為茶晚采者為茗本草云止渴令人不眠南
人好飲之北人初不多飲開元中泰山靈巖寺有降魔
師大興禪教學禪（一本無學字）務於不寐又不夕食皆許
其飲茶人自懷挾到處煮飲從此轉相倣效遂成風俗
自鄒齊滄棣漸至京邑城市多開店鋪煎茶賣之不問
道俗投錢取飲其茶自江淮而來舟車相繼所在山積
欽定四庫全書　封氏聞見記 卷六
色額甚多楚人陸鴻漸為茶論說茶之功效并煎茶炙
茶之法造茶具二十四事以都統籠貯之遠近傾慕好
事者家藏一副有常伯熊者又因鴻漸之論廣潤色之
於是茶道大行王公朝士無不飲者御史大夫李季卿
宣慰江南至臨淮縣館或言伯熊善茶者李公請為之
伯熊著黃被衫烏紗帽手執茶器口通茶名區分指點
左右刮目茶熟李公為歠兩杯而止既到江外又言鴻

图 1-5 〔唐〕封演《封氏闻见记》

（一）煎茶法的产生

唐代以前，盛行的是把姜、葱、枣、橘皮、薄荷等一并与茶共煮的煮茶法，陆羽并不认可这一茶俗，故推行他的“陆氏茶”，提倡清饮。他以科学的逻辑语言谈茶，提出了与之相区别的煎茶法，并结合前人经验，提出与之配套的品水、煮水之法和辨器之法，满足茶人对“珍鲜馥烈”的追求，逐渐将饮茶上升到美学的高度，形成了一种带有表演性的技艺。《茶经》以其较大的影响力，使得茶道艺术演示程序广为流传。

唐代除了陆氏茶道外，《封氏闻见记》中还记载了一个“善茶者”常伯熊，常伯熊对陆羽煎茶之论“广润色之”，“伯熊著黄被衫、乌纱帽，手执茶器，口通茶名，区分指点，左右刮目”，“于是茶道大行，王公朝士无不饮者”。常伯熊表演时更注重服装、程序和解说，他强调的是茶道的艺术性、表演性和观赏性。陆羽与常伯熊，前者注重茶之道，后者注重茶之艺。

唐代茶诗对煎茶法有很多描述。刘禹锡《西山兰若试茶歌》中的“骤雨松声入鼎来，白云满碗花徘徊”讲煎茶候汤的声辨与汤花。白居易爱茶，写了多首煎茶诗，如：《睡后茶兴忆杨同州》中有：“白瓷瓯甚洁，红炉炭方炽。沫下曲尘香，花浮鱼眼沸。”《谢李六郎中寄新蜀茶》中有：“汤添勺水煎鱼眼，末下刀圭搅曲尘。”《山泉煎茶有怀》中有：“坐酌泠泠水，看煎瑟瑟尘。”这些诗句讲煎茶茶器、水沸与煎茶茶末。元稹《一言至七言诗·茶》云：“铫煎黄蕊色，碗转曲尘花。”卢仝《走笔谢孟谏议寄新茶》云：“碧云引风吹不断，白花浮光凝碗面。”李群玉《龙山人惠石廪方及团茶》云：“珪璧相压叠，积芳莫能加。碾成黄金粉，轻嫩如松花。红炉爨霜枝，越儿斟井华。滩声起鱼眼，满鼎漂清霞。”这描述的煎茶之法与汤花沫饽。

（二）煎茶的程序

煎茶法的程序分为备茶和煮水育华两个阶段。备茶又包括炙茶、碾茶、罗茶；煮水育华的煎茶程序分择水、候汤、育华、酌茶、啜饮。

1. 备器

陆羽在《四之器》中详细地记述了煎茶的二十四器，分别如下：生火用具，包括风炉（灰承）、筥、炭檛、火筴；烤茶、碾茶、罗茶、量茶用具，包括夹、纸囊、碾（拂末）、罗合、则；煮茶用器，包括鍑（交床）、竹筴；盛水、滤水、取水、分茶用具，包括水方、漉水囊、熟盂、瓢；盛盐、取盐用具，包括鹾簋（揭）；饮茶用具，包括碗，以越窑的青瓷茶碗为上，青瓷茶碗有益茶色，体现了当时的审美规范；清洁用具，包括涤方、滓方、巾、札；盛贮和陈列用具，包括畚、具列、都篮。

同时，陆羽在《九之略》中也提到，如果在“松间石上”“瞰泉临涧”的室外幽静环境煮茶，则可省略一些茶器，说明随品饮环境的改变，茶事活动也应灵活调整。

2. 炙茶

唐代茶叶的类型有粗茶、散茶、饼茶、末茶。煎茶一般用的是饼茶，需要先将饼茶炙烤，碾磨成粉。炙茶一方面是为了提香，另一方面是为了烘干茶饼，便于碾茶。炙茶后的茶饼要趁热放入剡溪纸囊，以免香泄。

3. 碾茶、罗茶

将炙烤过的茶饼碾磨碎后用罗合筛分，经罗合筛后的茶末颗粒均匀、细碎。细碎程度有一定的要求：“末之上者，其屑如细米。末之下者，其屑如菱角。”磨得好的茶末像细米，不好的像菱角。

4. 择水

水质对茶汤影响较大，陆羽注重煎茶用水的选择。择水的标准是“山水上，江水中，井水下”，并且山水应选“乳泉、石池慢流者上”，讲究水的清、洁、活。

5. 生火

炙茶、煮水、育华时均需要生火，生火的材料优先选用无异味的木炭，其次是桑、槐、桐、枥等火力较大的“劲薪”，而柏、桂等含有油脂的木材，或沾染了腥膻油腻气味的“劳薪”之材，则不能选。

6. 候汤、育华

育华时的水沸是煎茶的关键步骤，陆羽在判断煮水标准时采用“声辨”和“形辨”的方法。皮日休《煮茶》云：“时看蟹目溅，乍见鱼鳞起。”煮水时遵循“三沸”程度。一沸时“鱼目泡”“微有声”：加适量的盐调味，并除去浮在表面、状似“黑云母”的水膜，否则“饮之则其味不正”。二沸时“如涌泉连珠”，先从釜中舀出一瓢水置于熟盂中，再用竹筴在沸水中边搅边投入碾好的茶末。唐代煎茶煮水一升，用茶方寸匕[1]，换成现在的茶叶重量约为 4～5 g。三沸时气泡“腾波鼓浪”，此时加入二沸所取之水，救沸以“育其华”。茶汤煮好后应停止加热，因为“以上水老不可食”。煮好的茶汤细轻者称“花”，像青萍、枣花和晴天的浮云；薄者称“沫”，像绿钱浮在水面、菊英落在杯中；厚者称“饽”，是用煮过一次的茶末煮的，茶汤表面的泡沫如白雪般洁白。

7. 酌茶

“凡酌，置诸碗、令沫饽均”，分茶的时候应使沫饽均匀。如果是鍑煮茶，则用瓢将茶汤均匀酌分入碗；如果用有流的“铫”煎茶，则可直接倒出茶汤，如元稹有“铫煎黄蕊色，碗转曲尘花”之句。一般煮水一升，酌分五碗，少则三碗，多至五碗，若十人以上，则需煮两锅。

8. 啜饮

茶汤煎好后要趁热连饮，因为“重浊凝其下，精华浮其上”。热的时候精华浮在上面，若茶冷了，精华会随热气散失。品茶时第一次舀出的茶汤，叫“隽永”，好茶也，有时将这隽永之茶放在熟盂中，“以备育华救沸之用”。其后第一、第二、第三碗的茶汤差些。第四、五碗外，若不是特别渴，就不要饮用了。

（三）煮茶的技巧

1. 煮茶要素

陆羽讲：“茶有九难，一曰造，二曰别，三曰器，四曰火，五曰水，六曰炙，七曰末，八曰煮，九曰饮。阴采夜焙，非造也；嚼味嗅香，非别也；膻鼎腥瓯，非器也；膏薪庖炭，非火也；飞湍壅潦，非水也；外熟内生，非炙也；碧粉缥尘，非末也；操艰搅遽，非煮也；

---

[1]《备急千金要方》卷一：“方寸匕者，作匕正方一寸，抄散，取不落为度。”方寸匕为汉唐时常用于量取散剂的量具。但关于其量值的研究结论目前尚未统一。至于一方寸匕药末的重量，按照《中药大辞典》的说法，一方寸匕药物的体积约为 2.74 cm^3，植物药的重量约为 1 g，矿物药的重量约为 2 g。《中药辞海》认为，一方寸匕药物的重量合今 6～9 g，是《中药大辞典》所说重量的数倍。有文献记载，一方寸匕的内容物，其体积与 10 枚梧桐子体积相等，按照这个观点去推断，一方寸匕植物性质的药物体积为 4.3 cm^3，重量为 4～5 g。据此可大致推断茶叶的重量。

夏兴冬废，非饮也。”这是说茶叶从采制、鉴别、择器、生火取材、煮茶用水、炙烤茶饼、煮茶育华到品饮的过程，要做好其中任何一件都是不容易的。只有按照《茶经》所论述的规范去做，才能尽得饮茶的奥妙。

2. 饮茶人数

饮茶时对客数与碗数有要求，品饮时要求人数不宜多，因为“茶性俭，不宜广”。“夫珍鲜馥烈者，其碗数三。次之者，碗数五。若坐客数至五，行三碗；至七，行五碗；若六人已下，不约碗数，但阙一人而已，其隽永补所阙人。”煮 1 L 的茶一般味道鲜美的是头三碗，最多斟到第五碗。如果是五个人，就酌分三碗，七个人就酌分五碗传着喝，六人以下就不必估计碗数。

煎茶法注重茶艺的科学性与精神性，确立了行茶的规范程式与富有哲理的“精行俭德”的茶道精神，奠定了中国茶道的基础，开创了品茶由粗放煮饮向精细品茶方向转变的先河。

（四）《茶经·五之煮》煮茶原文摘录[1]

凡炙茶，慎勿于风烬间炙，熛焰如钻，使炎凉不均。持以逼火，屡其翻正，候炮（普教反）。出培塿，状虾蟆背，然后去火五寸。卷而舒，则本其始又炙之。若火干者，以气熟止；日干者，以柔止。

其始，若茶之至嫩者，蒸罢热捣，叶烂而牙笋存焉。假以力者，持千钧杵亦不之烂。如漆科珠，壮士接之，不能驻其指。及就，则似无穰骨也。炙之，则其节若倪倪，如婴儿之臂耳。既而承热用纸囊贮之，精华之气无所散越。候寒末之。（末之上者，其屑如细米。末之下者，其屑如菱角。）

其火，用炭，次用劲薪。（谓桑、槐、桐、枥之类也。）其炭，曾经燔炙，为膻腻所及，及膏木、败器，不用之。（膏木为柏、桂、桧也。败器，谓朽废器也。）古人有劳薪之味，信哉。

其水，用山水上，江水中，井水下。（《荈赋》所谓：“水则岷方之注，挹彼清流。”）其山水，拣乳泉、石池慢流者上。其瀑涌湍漱，勿食之，久食令人有颈疾。又多别流于山谷者，澄浸不泄，自火天至霜郊以前，或潜龙蓄毒于其间，饮者可决之，以流其恶，使新泉涓涓然，酌之。其江水，取去人远者。井，取汲多者。

其沸，如鱼目，微有声，为一沸。缘边如涌泉连珠，为二沸。腾波鼓浪，为三沸。已上水老，不可食也。初沸，则水合量，调之以盐味，谓弃其啜余，（啜，尝也，市税反，又市悦反。）无乃䀋𪉸而钟其一味乎？（上古暂反，下吐滥反。无味也。）第二沸出水一瓢，以竹筴环激汤心，则量末当中心而下，有顷，势若奔涛溅沫，以所出水止之，而育其华也。

凡酌，置诸碗，令沫饽均。（《字书》并《本草》，饽，均茗沫也。蒲笏反。）沫饽，汤之华

[1] 摘录版本参考中国农业出版社 2015 年刘勤晋、李远华、叶国盛编著的《茶经导读》，同时据中华书局 2021 年沈冬梅校注的《茶经校注》有所考订。文中括号内标注的为古籍底本中的小注。

也。华之薄者曰沫，厚者曰饽，细轻者曰花。如枣花漂漂然于环池之上；又如回潭曲渚青萍之始生；又如晴天爽朗，有浮云鳞然。其沫者，若绿钱浮于水渭；又如菊英堕于鐏俎之中。饽者，以滓煮之，及沸，则重华累沫，皤皤然若积雪耳。《荈赋》所谓“焕如积雪，烨若春藪”，有之。

第一煮水沸，而弃其沫，之上有水膜，如黑云母，饮之则其味不正。其第一者为隽永，（徐县、全县二反。至美者曰隽永。隽，味也。永，长也。味长曰隽永。《汉书》：蒯通著《隽永》二十篇也。）或留熟盂以贮之，以备育华救沸之用。诸第一与第二、第三碗次之。第四、第五碗外，非渴甚莫之饮。凡煮水一升，酌分五碗，（碗数少至三，多至五。若人多至十，加两炉。）乘热连饮之，以重浊凝其下，精英浮其上。如冷，则精英随气而竭。饮啜不消，亦然矣。

茶性俭，不宜广，广则其味黯澹，且如一满碗，啜半而味寡，况其广乎！其色缃也，其馨𩡌也。（香至美曰其味甘𩡌。𩡌，音使。）其味甘，槚也；不甘而苦，荈也；啜苦咽甘，茶也。

三、宋代点茶法——茶道的兴盛期

宋代茶文化发展鼎盛，饮茶之风盛行。这一时期饮茶技艺高超，具艺术美感，形成了“游艺化的分茶”和斗茶的盛行，是中国茶艺高度发展的时期。

（一）点茶法的特点

宋代饮茶方式在唐代煎茶程序的基础上进行了精简与优化。与唐代加盐调味、置茶于锅（鍑）的煎茶方式不同，点茶法是将团茶或草茶经过碾研成末后，置于茶盏，以汤瓶边点注沸水，边以茶匙或茶筅击拂而后品饮的清饮方式。点茶法对茶品提出更高的要求，以白茶为极品，饼茶的制作越来越小巧精细，宋人对团饼茶命名更具艺术性，命名中使用了大量的自然意象，如“玉”“雪”“云”“春”等，为点茶活动的审美增添了诸多韵味，如“密云龙”“龙团胜雪”等。点茶的成败要看“汤花和汤色”，以汤色白、汤花咬盏时间持久为胜（见图 1–6）。为了更好地衬托汤色、提升斗茶的美学价值，宋代茶盏选用黑釉瓷具，以“建盏”为上品（见图 1–7）。

宋人点茶注重环境，并以茶会友，以茶践行，常见于诗句中。陆游《同何元立蔡肩吾至东丁院汲泉煮茶》云：“旋置风炉清樾下，它年奇事记三人。”这是在树荫之下喝茶。杨万里《舟泊吴江》写道：“自汲松江桥下水，垂虹亭上试新茶。”这是在泉边溪上饮茶。南宋诗人杜耒《寒夜》诗中有云：“寒夜客来茶当酒，竹炉汤沸火初红。寻常一样窗前月，才有梅花便不同。”这是讲以茶待客。苏轼《西江月·茶词》中有：“龙焙今年绝品，谷帘自古珍泉。雪芽双井散神仙。苗裔来从北苑。”这是以茶赠与友人。

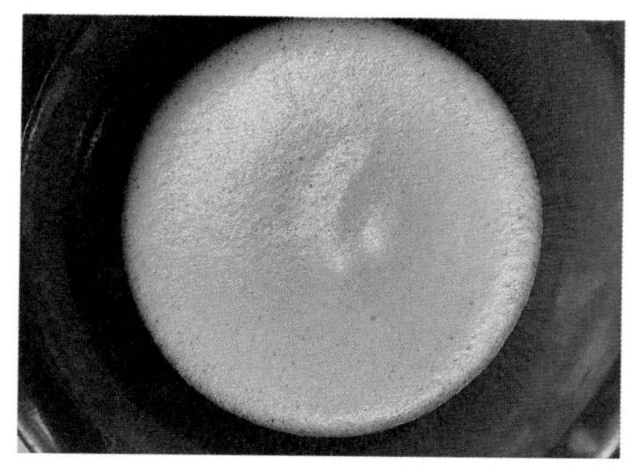

图 1-6　武夷岩茶肉桂的点茶汤花

图 1-7　建盏和茶筅

（二）点茶法的程序

关于点茶的方法，在蔡襄的《茶录》和宋徽宗的《大观茶论》中均有详细的记载，蔡襄和宋徽宗是宋代茶文化的有力推动者，他们以兼容并蓄的精神传承并发展了点茶艺术。可以说，他们的著作为后世研究宋代点茶文化提供了可靠的资料。点茶法的主要程序包括备器、炙茶、碾茶、罗茶、候汤、熁盏、置茶、注水、点茶。其中关键的步骤在于候汤和击拂。

1. 备器

点茶主要用具为黑釉茶盏和茶筅。蔡襄在《茶录》中论述："茶色白，宜黑盏，建安所造者绀黑，纹如兔毫。"宋代首推黑釉盏，又以建窑兔毫盏为最。在点茶前，还应备齐如下器具：注水时用的茶瓶（汤瓶）；碎茶用的砧椎；炙茶用的茶钤；碾茶时用的茶碾（茶磨）；筛茶时用的茶罗；清理茶末的茶帚，以及清洁茶器用的茶巾；煮水用的风炉；盛放茶器用的都篮等。

2. 炙茶

炙茶是针对陈年旧茶而言的，因为"茶或经年，则香色味皆陈"。在研磨之前，通常先用沸水冲洗茶饼并刮去油膏，再用微火烤干，然后碎碾。如果是当年新茶，则不用此说。

3. 碎茶、碾茶、罗茶

茶饼先用绢纸包裹，用砧椎敲碎，然后入碾，碾后用罗筛茶。最后筛过的茶末越细越好，如果茶罗孔径太粗，筛出的茶末就会粗大，水不易浸透，就不易与水相溶。所以，要求茶罗十分细密。

4. 候汤

候汤就是掌握点茶用水的煮沸程度，它是点茶成败、优劣的关键。

宋人点茶亦讲究水质，论水以"轻清甘洁为美"。唐人煮茶用鍑，水沸程度可以目测。宋代煮水用汤瓶，因为瓶口很小，看不到气泡，所以只能凭其声音来辨别沸腾程度。煮水过老和过嫩都会影响茶汤的滋味和点茶的效果，所以蔡襄认为"候汤最难"。一般煮水也讲究三沸，称一沸为“砌虫万蝉”，二沸为“千车捆载”，三沸为“松风涧水”。

5. 熁盏

准备点茶时，必须先把茶盏烤热。如果茶盏是冷的，饽沫就无法漂浮。

6. 置茶、调膏

先将茶末置入茶盏，加少许沸水调成糊状。

7. 注水、点茶

边注汤边用茶筅击拂。待汤面变白，汤花细碎、均匀时提筅出盏。斗茶时静候汤面水痕变化，较慢出现水痕者为胜。点茶时应注意投茶量，蔡襄在《茶录》中写道：“茶少汤多，则云脚散；汤少茶多，则粥面聚。钞茶一钱匕，先注汤调令极匀，又添注入环回击拂。”一般每碗茶取一钱匕（合今 2 g 多）的茶末量，放入茶碗后，先注汤调至非常均匀的茶膏，然后再注水击拂。“汤上盏可四分则止，视其面色鲜白，著盏无水痕为绝佳。”加水离盏口大约四分即可停止注水，这时候茶色看上去鲜亮纯白，汤花咬盏，不易出现水痕者为最上等。

8. 饮茶

持盏品饮。

（三）点茶的发展

宋代茶道成熟，更加注重饮茶过程的艺术性。在点茶法的基础上，还发展出了斗茶和分茶等游艺活动，极大地丰富和增加了点茶的趣味性和美感体验。

1. 斗茶

斗茶，古时又称“斗茗”“茗战”，始于五代，兴于唐，盛于宋（见图 1-8）。北苑茶的进贡推动了斗茶风气的兴起。斗茶是古人品评茶叶品质优劣和点茶技艺高下的一种方式，具有很强的胜负色彩，富于趣味性和挑战性。范仲淹《和章岷从事斗茶歌》中称：“斗茶味兮轻醍醐，斗茶香兮薄兰芷。其间品第胡能欺，十目视而十手指。胜若登仙不可攀，输同降将无穷耻。”这生动形象地描绘了当年民间斗茶的激烈情形。

图 1-8 〔宋〕佚名《斗茶图》

斗茶强调的是视觉感受和审美。斗茶的汤色以纯白为上，青白为次，灰白次之，黄白又次之。斗茶的茶品多选用优质茶叶，以建安白茶为斗茶第一品；斗茶之茶也讲究以“新”为贵，研磨要够细、匀，点汤、击拂恰到好处，汤花、饽沫就匀细，能够“咬盏”，久聚不散。蔡襄在《茶录》中说：“建安斗试，以水痕先者为负，耐久者为胜，故较胜负之说，曰相去一水、两水。”一场胜负称为“一水”。

斗茶既是茶叶品质的竞比，也是运筅击拂技巧的竞比。苏轼在《送南屏谦师并引》中写道：“道人晓出南屏山，来试点茶三昧手。忽惊午盏兔毛斑，打作春瓮鹅儿酒。”苏轼对点茶高手南屏谦师高度赞誉，“三昧手”就成了点茶技艺高超的代名词。《大观茶论》中对点茶的技法要求极高，点茶注水的次数要达到六至七次，每次注水的量、角度、方向都有不同要求。从汤面初始的“色泽渐开，珠玑磊落”“粟文蟹眼，泛然杂起”“云雾渐生，霭然凝雪”“乳点勃然”，终到“乳雾汹涌，溢盏而起，周回凝而不动，谓之咬盏，宜匀其轻清浮合者饮之”，称为“七汤”点茶法。

2. 分茶

分茶作为一种饮茶方式，有两层含义。一是指酌分茶汤入碗，唐代煮茶用鍑，煮好后即用瓢“分酌入碗”。宋代则换成了大汤甓，在大汤甓中点茶，然后再分舀小盏饮茶。二是指在点茶基础上形成的一种游艺性的分茶技艺，运用汤瓶和茶匙在茶汤表面幻化出禽兽虫鱼花草等各种图案的物象，即分茶。茶百戏亦为其中一种，始见于陶谷《清异录·荈茗录》：“茶至唐而始盛，近世有下汤运匕，别施妙诀，使汤纹水脉成物象者，禽兽、虫鱼、花草之属，纤巧如画，但须臾即就散灭。此茶之变也。时人谓之茶百戏。”茶百戏即在斗茶的汤面上“下汤运匕”，使汤面呈现出各种各样的图案，饮茶的艺术性得到更进一步的提升（见图 1-9）。

图 1-9　武夷水仙茶汤（汤戏）

分茶在宋人诗词中不乏其例，如陆游、李清照、杨万里、苏轼都喜爱分茶。陆游《临安春雨初霁》中描述了分茶：“矮纸斜行闲作草，晴窗细乳戏分茶。”李清照《转调满庭芳》云：“当年曾胜赏，生香薰袖，活火分茶。”杨万里《澹庵坐上观显上人分茶》：“分茶何似煎茶好，煎茶不似分茶巧。”

此外，宋代还借助茶这一天然的饮品修身养性、教化民风，达到致清导和的目的。宋徽宗赵佶在《大观茶论》中说茶能够“祛襟涤滞，致清导和”“冲淡闲洁，韵高致静”。

（四）点茶法原文摘录

1. 蔡襄《茶录》[1]

上篇　论茶

色

茶色贵白，而饼茶多以珍膏油（去声）其面，故有青黄紫黑之异。善别茶者，正如相工

[1] 摘录版本参考福建教育出版社 2022 年叶国盛所著《武夷茶文献辑校》，同时据上海古籍出版社 2017 年宋一明译注的《茶经译注》中《茶录》部分有所考订。文中括号内标注的为古籍底本中的小注。

之视人气色也。隐然察之于内，以肉理实润者为上。既已末之，黄白者受水昏重，青白者受水鲜明，故建安人斗试，以青白胜黄白。

香

茶有真香，而入贡者微以龙脑和膏，欲助其香。建安民间试茶皆不入香，恐夺其真。若烹点之际，又杂珍果香草，其夺益甚，正当不用。

味

茶味主于甘滑，惟北苑凤凰山连属诸焙所产者味佳。隔溪诸山，虽及时加意制作，色味皆重，莫能及也。又有水泉不甘，能损茶味。前世之论水品者以此。

藏茶

茶宜箬叶而畏香药，喜温燥而忌湿冷。故收藏之家，以箬叶封裹入焙中，两三日一次，用火常如人体温，温则御湿润。若火多，则茶焦不可食。

炙茶

茶或经年，则香色味皆陈。于净器中以沸汤渍之，刮去膏油，一两重乃止，以钤箝之，微火炙干，然后碎碾。若当年新茶，则不用此说。

碾茶

碾茶先以净纸密裹，椎碎，然后熟碾。其大要，旋碾则色白，或经宿则色已昏矣。

罗茶

罗细则茶浮，粗则水浮。

候汤

候汤最难。未熟则沫浮，过熟则茶沉，前世谓之蟹眼者，过熟汤也。沉瓶中煮之不可辩，故曰候汤最难。

熁盏

凡欲点茶。先须熁盏令热，冷则茶不浮。

点茶

茶少汤多，则云脚散；汤少茶多，则粥面聚。（建人谓之云脚、粥面。）钞茶一钱匕，先注汤调令极匀，又添注之，环回击拂。汤上盏可四分则止。视其面色鲜白，着盏无水痕为绝佳。建安斗试，以水痕先者为负，耐久者为胜。故较胜负之说，曰相去一水、两水。

下篇　论茶器

茶焙

茶焙编竹为之，裹以箬叶，盖其上，以收火也。隔其中，以有容也。纳火其下，去茶尺许，常温温然，所以养茶色香味也。

茶笼

茶不入焙者，宜密封裹，以箬笼盛之，置高处，不近湿气。

砧椎

砧椎盖以碎茶。砧以木为之，椎或金或铁，取于便用。

茶钤

茶钤屈金铁为之，用以炙茶。

茶碾

茶碾以银或铁为之。黄金性柔，铜及碖石皆能生鉎，不入用。

茶罗

茶罗以绝细为佳。罗底用蜀东川鹅溪画绢之密者，投汤中揉洗以幂之。

茶盏

茶色白，宜黑盏，建安所造者绀黑，纹如兔毫，其杯微厚，熁之久热难冷，最为要用。出他处者，或薄或色紫，皆不及也。其青白盏，斗试家自不用。

茶匙

茶匙要重，击拂有力。黄金为上，人间以银、铁为之。竹者轻，建茶不取。

汤瓶

瓶要小者易候汤，又点茶注汤有准。黄金为上。人间以银、铁或瓷石为之。

2. 宋徽宗《大观茶论》涉及茶道部分原文摘录[1]

罗碾

碾以银为上，熟铁次之，生铁者非淘拣捶磨所成，间有黑屑藏于隙穴，害茶之色尤甚。凡碾为制，槽欲深而峻，轮欲锐而薄。槽深而峻，则底有准而茶常聚；轮锐而薄，则运边中而槽不戛。罗欲细而面紧，则绢不泥而常透。碾必力而速，不欲久，恐铁之害色；罗必轻而平，不厌数，庶已细者不耗。惟再罗则入汤轻泛，粥面光凝，尽茶之色。

盏

盏色贵青黑，玉毫条达者为上，取其焕发茶采色也。底必差深而微宽，底深则茶宜立作，易于取乳；宽则运筅旋彻，不碍击拂。然须度茶之多少，用盏之小大，盏高茶少则掩蔽茶色，茶多盏小则受汤不尽。盏惟热，则茶发立耐久。

筅

茶筅以箸竹老者为之。身欲厚重，筅欲疏劲，本欲壮而末必眇，当如剑脊之状。盖身厚重，则操之有力而易于运用。筅疏劲如剑脊，则击拂虽过而浮沫不生。

瓶

瓶宜金银，大小之制，惟久所裁。然注汤利害，独瓶之口嘴而已。嘴之口欲差大而宛直，则注汤力紧而不散；嘴之末欲圆小而峻削，则用汤有节而不滴沥。盖汤力紧则发速有节而不滴沥，则茶面不破。

[1] 摘录版本参考福建教育出版社 2022 年叶国盛所著《武夷茶文献辑校》，同时据中华书局 2019 年沈冬梅、李涓编著的《大观茶论》有所考订。

杓

杓之大小，当以可受一盏茶为量，过一盏则必归其余，不及则必取其不足。倾勺烦数，茶必冰矣。

水

水以轻清甘洁为美。轻甘乃水之自然，独为难得。古人第水，虽曰中泠、惠山为上，然人相去之远近，似不常得。但当取山泉之清洁者。其次，则井水之常汲者为可用。若江河之水，则鱼鳖之鲜腥，泥泞之污，虽轻甘无取。凡用汤以鱼目蟹眼连绎并跃为度，过老则以少新水投之，就火顷刻而后用。

点

点茶不一，而调膏继刻，以汤注之，手重筅轻，无粟文蟹眼者，谓之静面点。盖击拂无力，茶不发立，水乳未浃，又复增汤，色泽不尽，英华沦散，茶无立作矣。有随汤击拂，手筅俱重，粟文泛泛，谓之一发点。盖用汤已过，指腕不圆，粥面未凝，茶色已尽，云雾虽泛，水脚易生。妙于此者，量茶受汤，调如融胶。环注盏畔，勿使侵茶。势不欲猛，先须搅动茶膏，渐加击拂，手轻筅重，指绕腕旋，上下透彻，如酵蘖之起面，疏星皎月，灿然而生，则茶之根本立矣。第二汤自茶面注之，周匝一线，急注急止，茶面不动，击拂既力，色泽渐开，珠玑磊落。三汤多寡如前，击拂渐贵轻匀，周环旋复，表里洞彻，粟文蟹眼，泛然杂起，茶之色十已得其六七。四汤尚啬，筅欲转稍宽而勿速，其真精华彩，既已焕发，云雾渐生。五汤乃可少纵，筅欲轻匀而透达。如发立未尽，则击以作之。发立太过，则拂以敛之，然后霭然凝雪，茶色尽矣。六汤以观立作，乳点勃然，则以筅着底，缓绕拂动而已。七汤以分轻清浊重，相稀稠得中，可欲则止。乳雾汹涌，溢盏而起，周回凝而不动，谓之咬盏。宜匀其轻清浮合者饮之。《桐君录》曰："茗有饽，饮之宜人。"虽多，不为过也。

味

夫茶以味为上。甘香重滑，为味之全，惟北苑、壑源之品兼之。其味醇而乏风骨者，蒸压太过也。茶枪乃条之始萌者，木性酸，枪过长则初甘重而终微鏁涩。茶旗乃叶之方敷者，叶味苦，旗过老则初虽留舌而饮彻及甘矣。此则芽胯有之，若夫卓绝之品，真香灵味，自然不同。

香

茶有真香，非龙麝可拟。要须蒸及熟而压之，及干而研，研及细而造，则诸美具足。入盏则馨香四达，秋爽洒然。或蒸气如桃仁夹杂，则其气酸烈而恶。

色

点茶之色，以纯白为上，青白为次，灰白次之，黄白又次之。天时得于上，人力尽于下，茶必纯白。天时暴暄，萌芽狂长，采造留积，虽白而黄矣。青白者蒸压微生，灰白者蒸压过熟。压膏不尽，则色青暗。焙火太烈，则色昏赤。

四、明代瀹茶法——茶道的转型期

明代饮茶风气鼎盛，是中国茶文化发展的第三个阶段，也是中国茶道的转型期，这一时期茶道的主要表现是制茶方式变革、散茶的兴起和“瀹茶法”的出现。

（一）泡茶法的特点

其实早在唐代，泡茶法就已出现。《茶经·六之饮》中述有：“饮有粗茶、散茶、末茶、饼茶者，乃斫、乃熬、乃炀、乃舂。贮于瓶缶之中，以汤沃焉，谓之痷茶。”这里的“痷”即以热水浸泡的意思，只是痷茶在唐代并不流行。宋代的点茶，从形式上看，也是沸水冲点茶末的清饮法，与泡茶法极为相似。到宋末元初，杭州龙井一带已开始使用撮泡法，撮泡法的具体操作是直接投茶入瓯，用沸水冲点。明万历二十一年（1593）陈师《茶考》记载：“杭俗，烹茶用细茗置茶瓯，以沸汤点之，名为‘撮泡’。”撮泡是泡茶法的鼻祖。

随着朱元璋“罢团兴散”制度的颁布，茶叶加工改为炒制散茶，茶叶的种类也较为多样化，泡饮散茶能使人品尝到茶的自然香气与滋味。饮用方式在唐代煎茶和宋代点茶的基础上改为即冲即饮的瀹茶法，即用茶壶容茶，冲入沸水，再用小瓯品茶，茶道追求极尽简洁。泡茶改用容量较小的茶壶，饮茶注重白瓷小杯。文震亨《长物志》中指出紫砂壶的优质特性：“茶壶以砂者为上，盖既不夺香，又无熟汤气。”

张源《茶录》对壶泡法进行了全面论述，还详尽介绍了多种投茶方式；许次纾《茶疏》也对饮茶环境做了详细的要求与介绍。万历年间沈德符《万历野获编·补遗卷一》声称：“今人惟取初萌之精者，汲泉置鼎，一瀹便啜，遂开千古茗饮之宗”。

（二）泡茶法的流程

张源的《茶录》、许次纾的《茶疏》详细介绍了壶泡法，他们共同奠定了茶艺的理论基础，归纳起来泡茶的步骤包括备器、择水、候汤、温壶、泡茶、分茶、啜饮这些程序。

1. 备器

煮水用砂铫，生火用茗炉，泡茶宜小壶，品饮宜白瓷瓯。白瓷品茗杯以江西景德镇的为好，茶壶以宜兴紫砂或朱泥茶壶为上，并且壶以小为贵。

许次纾《茶疏》、冯可宾《岕茶笺》均提出，茶壶宜小不宜大，小则香聚，大则香气涣散。周高起《阳羡茗壶系》还提出壶宜浅不宜深，壶盖宜盎不宜砥，才能泡出滋味和香气均佳的茶水。

2. 择水

明代茶人对泡茶之水极为讲究，并将品水艺术化、系统化。

田艺蘅《煮泉小品》、徐献忠《水品》、张源《茶录》、罗廪《茶解》、许次纾《茶疏》中，都有对于择水、贮水、养水、品水的论述。归纳起来，择水的标准讲求轻、清、洁、洌、甘、活。

3. 候汤

待炉火通红，茶铫始上，水一入铫，便须急煮，水要纯熟为宜。张源提出一套辨汤的方法，从声辨、形辨和气辨来区别，黄龙德《茶说》中说："未熟则茶浮于上，谓之婴儿汤，而香则不能出。过熟则茶沉于下，谓之百寿汤，而味则多滞。善候汤者，必活火急扇，水面若乳珠，其声若松涛，此正汤候也。"罗廪《茶解》认为，如"松涛涧水"后移瓶去火，少待沸止而瀹之。

4. 温壶

泡茶前要求温壶烫盏。

张源《茶录》、程用宾《茶录》、冯可宾《岕茶笺》中均有记载，取沸水少许倒入壶、盏，烫壶后倒出。

5. 投茶冲泡

量壶投茶，加入沸水冲泡。

"投茶有序，毋失其宜。"张源将投茶方式分上投、中投和下投。投茶量视壶的容量大小斟酌而定，避免因投茶过多或过少而造成"味苦香沉"或"色清气寡"。如三人以下，一炉水即可；如五六人，则需要烧两炉水，汤方调适。如果自斟自饮，可用半升左右的茶壶，投茶五分。

6. 分茶

品饮杯宜小，以白瓷为上，便于观看汤色。根据壶的大小选择适当的杯数。一般一壶配四只左右的茶杯。

7. 啜饮

品饮不宜迟，迟则茶汤的韵味会丧失。宜趁热品饮，旋注旋饮，利于感知茶叶的香气和滋味。"茶须徐啜"，饮茶时："腮颐连握，舌齿再嚼。既吞且啧，载玩载哦，方觉隽永。"

明代茶道追求简洁，但更强调水质、茶具、茶叶俱佳，并要求："造时精，藏时燥，泡时洁。精、燥、洁，茶道尽矣。"

（三）泡茶法的环境

明代饮茶，要求饮茶环境的清幽雅静，对空间有了更进一步的要求。品饮时要求"以客少为贵，客众则喧，喧则雅趣乏矣"（张源《茶录》），追求"一人得神，二人得趣，三人得味，七八人是名施茶"（黄庭坚《黄山谷集》），也追求志同道合的茶友，许次纾《茶疏》中描写了"惟素心同调，彼此畅适，清言雄辩，脱略形骸，始可呼童篝火，酌水点汤"。诸如此类的饮茶场景，在沈周《品茶图》、文徵明《茶事图》《惠山茶会图》（见图 1-10）、陈洪绶《品茶图》《停琴品茗图》中，皆有生动的刻画。文徵明《茶事图》更有题诗，与画面相映衬："碧山深处绝纤埃，面面轩窗对水开。谷雨乍过茶事好，鼎汤初沸有朋来。"

图1-10 〔明〕文徵明《惠山茶会图》

（四）泡茶法原文摘录

1. 张源《茶录》涉及泡茶道部分原文[1]

火候

烹茶旨要，火候为先。炉火通红，茶瓢始上。扇起要轻疾，待有声，稍稍重疾，斯文武之候也。过于文，则水性柔，柔则水为茶降；过于武，则火性烈，烈则茶为水制。皆不足于中和，非茶家要旨也。

汤辨

汤有三大辨、十五小辨：一曰形辨，二曰声辨，三曰气辨。形为内辨，声为外辨，气为捷辨。如虾眼、蟹眼、鱼眼连珠，皆为萌汤，直至涌沸如腾波鼓浪，水气全消，方是纯熟。如初声、转声、振声、骤声，皆为萌汤，直至无声，方是纯熟。如气浮一缕、二缕、三四缕及缕乱不分，氤氲乱绕，皆为萌汤，直至气直冲贯，方是纯熟。

汤用老嫩

蔡君谟汤用嫩而不用老，盖因古人制茶，造则必碾，碾则必磨，磨则必罗，则茶为飘尘飞粉矣。于是和剂，印作龙凤团，则见汤而茶神便浮，此用嫩而不用老也。今时制茶，不假罗磨，全具元体，此汤须纯熟，元神始发也。故曰汤须五沸，茶奏三奇。

泡法

探汤纯熟便取起。先注少许壶中，祛荡冷气，倾出，然后投茶。茶多寡宜酌，不可过中失正。茶重则味苦香沉，水胜则色清气寡。两壶后，又用冷水荡涤，使壶凉洁。不则减茶香矣。确熟，则茶神不健；壶清，则水性常灵。稍俟茶水冲和，然后分酾布饮。酾不宜早，饮不宜迟。早则茶神未发，迟则妙馥先消。

投茶

投茶有序，毋失其宜。先茶后汤，曰下投；汤半下茶，复以汤满，曰中投；先汤后茶，曰上投。春、秋中投，夏上投，冬下投。

[1] 摘录版本参考上海大学出版社2022年郑培凯、朱自振主编的《中国茶书》明朝卷。

饮茶

饮茶以客少为贵，客众则喧，喧则雅趣乏矣。独啜曰神，二客曰胜，三四曰趣，五六曰泛，七八曰施。

香

茶有真香，有兰香，有清香，有纯香。表里如一曰纯香，不生不熟曰清香，火候均停曰兰香，雨前神具曰真香。更有含香、漏香、浮香、问香，此皆不正之气。

色

茶以青翠为胜，涛以蓝白为佳。黄黑红昏俱不入品。雪涛为上，翠涛为中，黄涛为下。新泉活火，煮茗玄工，玉茗冰涛，当杯绝技。

味

味以甘润为上，苦涩为下。

点染失真

茶自有真香，有真色，有真味。一经点染，便失其真。如水中著咸，茶中著料，碗中著果，皆失真也。

茶变不可用

茶始造则青翠，收藏不法，一变至绿，再变至黄，三变至黑，四变至白。食之则寒胃，甚至瘠气成积。

品泉

茶者水之神，水者茶之体。非真水莫显其神，非精茶曷窥其体。山顶泉清而轻，山下泉清而重，石中泉清而甘，砂中泉清而洌，土中泉淡而白。流于黄石为佳，泻出青石无用。流动者愈于安静，负阴者胜于向阳。真源无味，真水无香。

井水不宜茶

《茶经》云：山水上，江水次，井水最下矣。第一方不近江，山卒无泉水。惟当多积梅雨，其味甘和，乃长养万物之水。雪水虽清，性感重阴，寒人脾胃，不宜多积。

贮水

贮水瓮，须置阴庭中，覆以纱帛，使承星露之气，则英灵不散，神气常存。假令压以木石，封以纸箬，曝于日下，则外耗其神，内闭其气，水神敝矣。饮茶，惟贵乎茶鲜水灵。茶失其鲜，水失其灵，则与沟渠水何异。

茶具

桑苎翁煮茶用银瓢，谓过于奢侈。后用瓷器，又不能持久，卒归于银。愚意银者宜贮朱楼华屋，若山斋茅舍，惟用锡瓢，亦无损于香、色、味也。但铜铁忌之。

茶盏

盏以雪白者为上，蓝白者不损茶色，次之。

拭盏布

饮茶前后，俱用细麻布拭盏，其他易秽，不宜用。

分茶盒

以锡为之。从大坛中分用，用尽再取。

茶道

造时精，藏时燥，泡时洁；精、燥、洁，茶道尽矣。

2. 许次纾《茶疏》谈及饮茶部分摘录[1]

择水

精茗蕴香，借水而发，无水不可与论茶也。古人品水，以金山中泠为第一泉，第二或曰庐山康王谷第一。庐山余未之到，金山顶上井，亦恐非中泠古泉。陵谷变迁，已当湮没。不然，何其漓薄不堪酌也？今时品水，必首惠泉，甘鲜膏腴，致足贵也。往日渡黄河，始忧其浊，舟人以法澄过，饮而甘之，尤宜煮茶，不下惠泉。黄河之水，来自天上，浊者土色也。澄之既净，香味自发。余尝言有名山则有佳茶，兹又言有名山必有佳泉。相提而论，恐非臆说。余所经行，吾两浙、两都、齐、鲁、楚、粤、豫章、滇、黔，皆尝稍涉其山川，味其水泉，发源长远，而潭沚澄澈者，水必甘美。即江河溪涧之水，遇澄潭大泽，味咸甘冽。唯波涛湍急，瀑布飞泉，或舟楫多处，则苦浊不堪。盖云伤劳，岂其恒性？凡春夏水长则减，秋冬水落则美。

贮水

甘泉旋汲用之斯良，丙舍在城，夫岂易得？理宜多汲，贮大瓮中。但忌新器，为其火气未退，易于败水，亦易生虫。久用则善，最嫌他用。水性忌木，松杉为甚。木桶贮水，其害滋甚，挈瓶为佳耳。贮水瓮口，厚箬泥固，用时旋开。泉水不易，以梅雨水代之。

舀水

舀水必用瓷瓯。轻轻出瓮，缓倾铫中。勿令淋漓瓮内，致败水味，切须记之。

煮水器

金乃水母，锡备柔刚，味不咸涩，作铫最良。铫中必穿其心，令透火气。沸速则鲜嫩风逸，沸迟则老熟昏钝，兼有汤气，慎之，慎之。茶滋于水，水藉乎器，汤成于火，四者相须，缺一则废。

火候

火必以坚木炭为上。然木性未尽，尚有余烟，烟气入汤，汤必无用。故先烧令红，去其烟焰，兼取性力猛炽，水乃易沸。既红之后，乃授水器，仍急扇之，愈速愈妙，毋令停手。停过之汤，宁弃而再烹。

烹点

未曾汲水，先备茶具。必洁必燥，开口以待。盖或仰放，或置瓷盂，勿竟覆之案上。漆气食气，皆能败茶。先握茶手中，俟汤既入壶，随手投茶汤，以盖覆定。三呼吸时，次

[1] 摘录版本参考上海大学出版社2022年郑培凯、朱自振主编的《中国茶书》明朝卷，同时据上海古籍出版社2017年宋一明译注的《茶经译注》中《茶疏》部分有所考订。

满倾盂内，重投壶内，用以动荡香韵，兼色不沉滞。更三呼吸顷，以定其浮薄，然后泻以供客。则乳嫩清滑，馥郁鼻端。病可令起，疲可令爽，吟坛发其逸思，谈席涤其玄襟。

秤量

茶注宜小，不宜甚大。小则香气氤氲，大则易于散漫。大约及半升，是为适可。独自斟酌，愈小愈佳。容水半升者，量茶五分，其余以是增减。

汤候

水一入铫，便须急煮。候有松声，即去盖，以消息其老嫩。蟹眼之后，水有微涛，是为当时。大涛鼎沸，旋至无声，是为过时。过则汤老而香散，决不堪用。

瓯注

茶瓯，古取建窑兔毛花者，亦斗碾茶用之宜耳。其在今日，纯白为佳，兼贵于小。定窑最贵，不易得矣。宣、成、嘉靖，俱有名窑，近日仿造，间亦可用。次用真正回青，必拣圆整，勿用呰窳。

茶注，以不受他气者为良，故首银次锡。上品真锡，力大不减，慎勿杂以黑铅。虽可清水，却能夺味。其次，内外有油瓷壶亦可，必如柴、汝、宣、成之类，然后为佳。然滚水骤浇，旧瓷易裂，可惜也。近日饶州所造，极不堪用。往时龚春茶壶，近日时彬所制，大为时人宝惜。盖皆以粗砂制之，正取砂无土气耳。随手造作，颇极精工，顾烧时必须火力极足，方可出窑。然火候少过，壶又多碎坏者，以是益加贵重。火力不到者，如以生砂注水，土气满鼻，不中用也。较之锡器，尚减三分。砂性微渗，又不用油，香不窜发，易冷易馊，仅堪供玩耳。其余细砂，及造自他匠手者，质恶制劣，尤有土气，绝能败味，勿用，勿用。

荡涤

汤铫瓯注，最宜燥洁。每日晨兴，必以沸汤荡涤，用极熟黄麻巾帨向内拭干，以竹编架覆而庋之燥处，烹时随意取用。修事既毕，汤铫拭去余沥，仍覆原处。每注茶甫尽，随以竹箸尽去残叶，以需次用。瓯中残沉，必倾去之，以俟再斟。如或存之，夺香败味。人必一杯，毋劳传递。再巡之后，清水涤之为佳。

饮啜

一壶之茶，只堪再巡。初巡鲜美，再则甘醇，三巡意欲尽矣。余尝与冯开之戏论茶候，以初巡为停停袅袅十三余，再巡为碧玉破瓜年，三巡以来，绿叶成阴矣。开之大以为然。所以茶注欲小，小则再巡已终，宁使余芬剩馥尚留叶中，犹堪饭后供啜嗽之用，未遂弃之可也。若巨器屡巡，满中泻饮，待停少温，或求浓苦，何异农匠作劳，但需涓滴？何论品尝，何知风味乎？

论客

宾朋杂沓，止堪交错觥筹，乍会泛交，仅须常品酬酢。惟素心同调，彼此畅适，清言雄辩，脱略形骸，始可呼童篝火，酌水点汤。量客多少，为役之烦简。三人以下，止热一炉；如五六人，便当两鼎炉。用一童，汤方调适。若还兼作，恐有参差。客若众多，姑且罢火，不妨中茶投果，出自内局。

茶所

小斋之外，别置茶寮。高燥明爽，勿令闭塞。壁边列置两炉，炉以小雪洞覆之，止开一面，用省灰尘腾散。寮前置一几，以顿茶注、茶盂。为临时供具，别置一几，以顿他器。旁列一架，巾帨悬之，见用之时，即置房中。斟酌之后，旋加以盖，毋受尘污，使损水力。炭宜远置，勿令近炉，尤宜多办，宿干易炽。炉少去壁，灰宜频扫。总之以慎火防热，此为最急。

洗茶

岕茶摘自山麓，山多浮沙，随雨辄下，即着于叶中。烹时不洗去沙土，最能败茶。必先盥手令洁，次用半沸水，扇扬稍和，洗之。水不沸，则水气不尽，反能败茶；毋得过劳，以损其力。沙土既去，急于手中挤令极干，另以深口瓷合贮之，抖散待用。洗必躬亲，非可摄代。凡汤之冷热，茶之燥湿，缓急之节，顿置之宜，以意消息，他人未必解事。

童子

煎茶烧香，总是清事，不妨躬自执劳。然对客谈谐，岂能亲莅？宜教两童司之。器必晨涤，手令时盥，爪可净剔，火宜常宿，最宜饮之时，为举火之候。又当先白主人，然后修事。酌过数行，亦宜少辍，果饵间供。别进浓沉，不妨中品充之。盖食饮相须，不可偏废，甘醲杂陈，又谁能鉴赏也？举酒命觞，理宜停罢。或鼻中出火，耳后生风，亦宜以甘露浇之。各取大盂，撮点雨前细玉，正自不俗。

饮时

心手闲适　披咏疲倦　意绪棼乱　听歌闻曲　歌罢曲终　杜门避事　鼓琴看画　夜深共语　明窗净几　洞房阿阁　宾主款狎　佳客小姬　访友初归　风日晴和　轻阴微雨　小桥画舫　茂林修竹　课花责鸟　荷亭避暑　小院焚香　酒阑人散　儿辈斋馆　清幽寺院　名泉怪石

宜辍

作字，观剧，发书柬，大雨雪，长筵大席，翻阅卷帙，人事忙迫，及与上宜饮时相反事。

不宜用

恶水　敝器　铜匙　铜铫　木桶　柴薪　麸炭　粗童　恶婢　不洁巾帨　各色果实香药

不宜近

阴室　厨房　市喧　小儿啼　野性人　童奴相哄　酷热斋舍

良友

清风明月　纸帐楮衾　竹床石枕　名花琪树

出游

士人登山临水，必命壶觞，乃茗碗薰炉置而不问，是徒游于豪举，未托素交也。余欲特制游装，备诸器具，精茗名香，同行异室。茶罂一，注二，铫一，小瓯四，洗一，瓷合一，铜炉一，小面洗一，巾副之，附以香奁、小炉、香囊、匕箸，此为半肩。薄瓮贮水三十斤，为半肩足矣。

权宜

出游远地，茶不可少。恐地产不佳，而人鲜好事，不得不随身自将。瓦器重难，又不得不寄贮竹箁。茶甫出瓮，焙之。竹器晒干，以箬厚贴，实茶其中。所到之处，即先焙新好瓦瓶，出茶焙燥，贮之瓶中。虽风味不无少减，而气与味尚存。若舟航出入，及非车马修途，仍用瓦缶。毋得但利轻赍，致损灵质。

虎林水

杭两山之水，以虎跑泉为上。芳冽甘腴，极可贵重。佳者乃在香积厨中土泉，故有土气，人不能辨。其次若龙井、珍珠、锡杖、韬光、幽淙、灵峰，皆有佳泉，堪供汲煮。及诸山溪涧澄流，并可斟酌。独水乐一洞，跌荡过劳，味遂漓薄。玉泉往时颇佳，近以纸局坏之矣。

宜节

茶宜常饮，不宜多饮。常饮则心肺清凉，烦郁顿释；多饮则微伤脾肾，或泄或寒。盖脾土原润，肾又水乡，宜燥宜温，多或非利也。古人饮水饮汤，后人始易以茶，即饮汤之意。但令色香味备，意已独至，何必过多，反失清冽乎？且茶叶过多，亦损脾肾，与过饮同病。俗人知戒多饮，而不知慎多费，余故备论之。

五、清代工夫茶道——茶道的兴盛期

清代是茶文化和茶艺发展的兴盛期，这一时期的特点是饮茶种类的丰富和冲泡技巧的精进，主要表现是工夫茶泡法的兴起。工夫茶泡法，即小壶泡法，尤适宜明清时期发展起来的乌龙茶。

（一）工夫茶的特点

散茶的出现，使茶叶的种类更加多样化。明末清初，乌龙茶出现后，我国六大茶类已经齐全。清中叶到鸦片战争前，茶叶出口大增，茶叶产量达到古代生产的顶峰。清代沿袭明代瀹茶法的基础上，形成了更为讲究的饮茶风尚。

最早关于工夫茶品饮的记载大概就是乾隆年间的袁枚了，他70岁高龄时游武夷，在《随园食单·茶·武夷茶》中写道：“余向不喜武夷茶，嫌其浓苦如饮药。然丙午秋，余游武夷到曼亭峰、天游寺诸处，僧道争以茶献。杯小如胡桃，壶小如香橼，每斟无一两，上口不忍遽咽，先嗅其香，再试其味，徐徐咀嚼而体贴之，果然清芬扑鼻，舌有余甘。一杯之后，再试一二杯，令人释躁平矜，怡情悦性。始觉龙井虽清而味薄矣，阳羡虽佳而韵逊矣，颇有玉与水晶品格不同之故，故武夷享天下盛名，真乃不忝，且可以瀹至三次，而其味犹未尽。”这是最早关于武夷工夫茶泡法的详细描写。小壶冲泡、小杯品饮武夷茶，使袁枚感受到了茶汤香醇回甘的特征，改变了他对武夷茶的印象。后来他写《试茶》诗："道人作色夸茶好，瓷壶袖出弹丸小。一杯啜尽一杯添，笑杀饮人如饮鸟。……我震其名愈加意，细咽欲寻味外味。杯中已竭香未消，舌上徐停甘果至。"

（二）工夫茶的要素

闽南、潮汕一带也流行工夫茶泡茶法。清人高继珩《蝶阶外史》记"工夫茶"，闽中最盛："壶皆宜兴沙质，龚春、时大彬，不一式。每茶一壶，需炉铫三候汤，初沸蟹眼，再沸鱼眼，至联珠沸则熟矣。""第一铫水熟，注空壶中，荡之泼去；第二铫水已熟，预用器置茗叶，分两若干，立下壶中，注水，覆以盖，置壶铜盘内；第三铫水又熟，从壶顶灌之周四面，则茶香发矣。瓯如黄酒卮，客至每人一瓯，含其涓滴咀嚼而玩味之。若一鼓而牛饮，即以为不知味。"其茶用武夷茶，器用炉、铫、宜兴紫砂壶、铜盘、茶瓯等。

工夫茶泡法的基本冲泡程序有治器、候汤、涤壶、纳茶、冲点、淋壶、斟茶、品茶等。

图 1-11　清代掇球紫砂壶

清代俞蛟在《梦厂杂著·潮嘉风月·工夫茶》里讲工夫茶的烹饮之法，"器具更为精致""杯盘极工致""壶出宜兴佳""杯小"（见图1-11）。冲泡时先将泉水贮铛，用细炭煎至初沸，水烧开后，先用沸水烫壶，而后"投闽茶于壶内冲之，盖定，复遍浇其上"，饮时"斟而呷之"。这种工夫茶的冲泡及品饮精致讲究，极大地丰富了我国茶文化的内容，形成一种新型的冲泡形式，可以说工夫茶道是我国饮茶方式发展到较高水平的产物。

到了清代晚期，特别是鸦片战争后，中国沦为半殖民地半封建社会，经济凋敝，百业不兴。在民不聊生的社会背景下，大多数人无心茶事，对于饮茶自不会过多讲究。饮茶由唐宋以来文人为主导的茶文化潮流向平民转变，中国传统的茶道开始走向衰落乃至失传，但茶却走入千家万户，深入人民大众，与人们的日常生活紧密结合，成为开门七件事之一。这一时期的茶馆业得到发展，并成为三教九流的聚会场所，饮茶变为解渴的生理需求，融入伦常观念及生活习俗。

（三）工夫茶的泡法原文摘录

俞蛟《梦厂杂著·潮嘉风月·工夫茶》摘录[1]

工夫茶烹治之法，本诸陆羽《茶经》。而器具更为精致，炉形如截筒，高经一尺二三

[1] 摘录版本参考福建教育出版社2022年叶国盛所著《武夷茶文献辑校》。

寸，以细白泥为之。壶出宜兴窑者最佳，圆体扁腹，努嘴曲柄，大者可受半升许。杯盘则花瓷居多，内外写山水人物，极工致，类非近代物，然无款志，制自何年，不能考也。炉及壶盘各一，惟杯之数，则视客之多寡。杯小而盘如满月，此外尚有瓦铛、棕垫、纸扇、竹夹，制皆朴雅。壶盘与杯，旧而佳者，贵如拱璧。寻常舟中，不易得也。先将泉水贮铛，用细炭煎至初沸，投闽茶于壶内，冲之。盖定，复遍浇其上，然后斟而细呷之，气味芳烈，较嚼梅花，更为清绝，非拇战轰饮者得领其风味。余见万花主人于程江月儿舟中，题《吃茶诗》云："宴罢归来月满阑，褪衣独坐兴阑珊。左家娇女风流甚，为我除烦煮凤团。小鼎繁声逗响泉，篷窗夜静话联蝉。一杯细啜清于雪，不羡蒙山活火煎。"蜀茶久不至矣，今舟中所尚者，惟武夷。极佳者每斤需白镪二枚。六篷船中，食用之奢，可想见焉。

六、现代茶道的复兴

清末民初饮茶方式简易化，省去复杂的茶具，取而代之的是壶与盖碗。由于茶叶贸易的发展，茶具也随着茶叶出口到西方，中国茶被世界所了解。中华人民共和国成立后，茶叶生产得到重视，茶产业持续快速发展，也推动了茶文化事业的兴旺发达。

而今，茶的饮用方式更为多元化，泡饮为主流，而烹煮、调饮、萃取、速溶等古、今方式，仍是茶饮生活的重要方面。饮茶环境也有了多元的面貌。现代人们对品茶环境的要求更为讲究，器具更为精美丰富，对茶可清心、养生、雅志的功能，亦有更深刻的体会。

第三节　中国茶道的传播

茶与茶道发源于中国，并向世界传播，融合他国国情与风俗，演绎出不同的文化形态。日本茶道、韩国茶礼、英国下午茶是中华茶道传播的典型样态。

一、日本茶道

隋文帝杨坚在位年间（581—604），日本圣德太子摄政时期，中国向日本传播文化、艺术和佛教，也将茶传到日本。

（一）日本茶道历史

唐德宗贞元年间，公元804年，日本高僧最澄禅师到天台山国清寺留学。805年，他在回国时带去茶籽，栽种于日本近江国（今滋贺县）比睿山麓（今大津市坂本）日吉神社旁。其后，茶与茶文化的交流源源不断。至南宋开庆元年（1259），日僧南浦绍明到浙江余杭径山寺修行，学习并研究该寺禅院茶礼。1267年归国时，他带回了径山寺一套茶台子和七部中国茶典。回国后，他一边弘扬佛法，一边将“径山茶宴”发展成为体现禅道核心的修身养性之日本茶道雏形。据日本有关研究介绍，七部中国茶典中，有一部为禅宗杨歧派传人刘元甫在湖北黄梅五祖山松涛庵使用的《茶堂清规》，刘元甫为杨歧派二祖白云守端弟子，他从成都大慈寺带回这部“清规”，首提“和、静、清、寂”的茶道四谛主张。

名僧村田珠光（1423—1502）根据南浦绍明带回的茶典，结合武士礼节和能乐程式，为日本茶道制定了和、敬、清、寂的茶仪。珠光将日本茶道与禅宗思想巧妙融合，倡导自然、简单、质朴的茶道风格，他强调，茶仪核心是参加者可以借此发现“存在于缺憾之中的美”。形式上避免对称，则能使参与者“变缺憾为完美”。他认为不完全的美是一种更高境界的美，亦是禅宗思想的精髓所在。他提出“茶禅一味”的观点，将茶道精神与禅学主张相通，主张追求精神境界的提纯和升华，对日本茶道的发展影响深远。

武野绍鸥（1504—1555）进一步发展了日本茶道，他编写了茶道的基本规则，将日本歌道中“淡泊之美”的思想引入茶道，对村田珠光的茶道进行了补充和完善，为茶道的进一步“日本化”做出了贡献，从而使他的弟子千利休（1522—1591）得以改进寺院茶道仪式。千利休的贡献是通过茶道仪式及环境布置、茶器搭配、主客行为等规范了和谐、互敬、纯净和安详的茶事准则。千利休提倡简朴的“寂静、古雅”以及珍惜一生中只有一次的相逢之意的“一期一会”精神，创立了千利休流草庵风茶法，摒除了村田珠光时代以后加入的繁文缛节，使茶道摆脱了物质因素的束缚，完成了饮茶向茶道的升华。千利休把茶道规则解释为“四规七则”，他认为“和、敬、清、寂”这四个字就是茶道的根本和精髓。千利休的子孙后代对千家的茶道进行了整理、扩充，开辟了表千家、里千家、武者小路千家等二十多个不同的流派。

（二）日本茶道精神

日本人认为的茶道精神，正是千利休所提出的“四规”，即“和、敬、清、寂”。释义如下所述。

“和”即调和，有和谐和和悦两种含义，它是支配茶道整个过程的精神。“和谐”指的是形式方面，“和悦”则表示内在的感情。提倡平等和谐，指的是主人与客人、客人与客人之间的和睦，自然环境与人的和谐。

“敬”是主客之间的平等与相互尊敬，指尊敬长辈、敬爱朋友，互相真诚谦恭、有礼有节地交往；主张人们要抛弃所有外在的形式，不管地位高低都要相敬如宾，这样才能在品茶中悟出“敬”的真正含意以及人生的真谛。

“清”即清洁、整齐，指环境与心灵的清净无瑕，茶室茶具的干净、整洁、幽寂，饮茶者心灵的洁白、心平气和；茶室中的一切都必须清洁，不能有一点灰尘，水也一定要清。

当然，茶道中的“清”更多是指人心的清净。

“寂”是日本茶道的最高美学境界，指的是茶事上闲寂幽雅的恬静气氛，要求茶人凝神沉思、抛却欲望。“和、敬”是处理人际关系的准则，是主人与客人交往时应具备的态度和礼仪规范。“清、寂”是饮茶时的心境和空灵静寂的意境。

茶道除“四规”外，还要遵循“七则”。“七则”即接待客人时的准备工作，包括提前将茶备好、提前将生火的炭放好、茶室温度应保持适宜、茶室插花应自然清新、赴约茶会要守时、无论下雨与否都要备好雨具、时刻把客人放在心上等等，处处皆体现了替人着想的用心。茶道有烦琐的规程、规范的动作，一般在茶室中进行。宾客入座后，由茶师生火、煮水、冲茶或抹茶，然后依次献给宾客，是茶道仪式的主要部分。客人须双手接茶，先致谢，再轻品、慢饮。品茶又分“轮饮”和“单饮”。轮饮是指客人轮流品尝一碗茶，单饮是宾客每人单独品饮一碗茶。品饮时要三转茶碗，品饮后还要对各种茶具进行鉴赏，赞美一番。最后，客人向主人行跪拜礼、告别，主人热情相送。

日本茶道崇尚自然，茶道的内容常常会随着季节的变化而变化。由于日本饮用的是抹茶，滋味较苦，为了减少浓茶对于胃黏膜的刺激，饮茶前会先吃一种专门佐茶的点心，也可称为茶果子，是和果子的一部分，也是最精致并富有精神内涵的一种点心。茶果子的味道清淡，不会掩盖抹茶的味道，同时分量不要太大，以两口吃完、直径尺寸在 5.5 cm 左右为宜。茶果子不仅营养价值高、味道好，还小巧精致、造型典雅，给人以美感。盛装的器具朴素精致，有助茶趣。

日本还有一种跟茶事有关的饮食，称“怀石”。“怀石”最早是说僧人坐禅时，将暖石包裹毛巾揣在怀里，以抵抗腹中的饥饿感。这里的怀石料理是指在茶事中吃的饭，一般为一汤三菜，色彩素雅，崇尚简素，用器讲究。日本茶道中的茶果子是在客人们吃完怀石料理后食用的，它采用了以甜为主的味道，可以中和茶汤的苦感。

日本茶道是在“日常茶饭事”的基础上发展起来的，它将日常生活与宗教、哲学、伦理和美学联系起来，把书画、建筑、工艺、烹饪、宗教、礼法等一同融入茶事，通过茶会来陶冶性情，培养审美观和道德观。正如桑田忠亲说的：“茶道已从单纯的趣味、娱乐，前进为表现日本人日常生活文化的规范和理想。茶道，是日常生活中的艺术，是生活起居的礼节，也是社交的规范。”日本茶道成为一门综合性的文化艺术活动，成为日本文化的结晶，代表日本传统文化体系。意大利学者马里奥·佩德凯斯认为：“茶道是外国人了解日本文化的一个窗口。”

二、韩国茶礼

（一）韩国茶礼精神

韩国的饮茶习俗最早是由留学中国的僧侣引入韩国的，早期饮茶者多数为僧道中人，茶汤被视为一种神秘的饮料，应用于韩国的佛教相关礼仪。其起源于罗汉三宝献茶或为去世的法师做祭礼时的献茶礼塔或浮屠，逐渐形成佛教茶礼。行茶礼时，念茶偈。朝鲜时代僧侣的饮品是茶，见人要敬茶，学习之余要喝茶，佛功结束后要喝茶。

高丽时代是韩国茶文化发展的兴盛时期，茶作为贵重礼物，皇帝常将它赐给大臣和百姓。韩国“茶礼”精神是“清、敬、和、乐”，受中国儒家礼治思想影响甚大，在“茶礼”中融合了儒家的中庸思想，形成了草衣禅师创建的“中正”精神。草衣禅师（1786—1866），俗姓张，名意恂，法号草衣。他15岁出家于大兴寺，精通禅与教，著有《禅问词（辞）辩漫语》和《震墨祖师遗迹考》等著作。24岁师承江镇茶山丁若镛门下，研修儒学和诗道，与同时代的石学文人或文士交往，留下了《一枝庵诗荣》《文学盘若集》，其中有一二十首茶诗。52岁完成《东茶颂》，为饮茶风俗的繁荣做出很大贡献。1822年，在全南道海南郡三山面的头轮山上创建“一枝庵”茶室，在那里种茶、制茶、评茶、写茶、行茶礼，提出了“神体”“健灵”“中正”“相和”的草衣茶思想，倡导“中正”茶礼精神，要求茶人在凡事上不可过度或不及，认为虚荣、性情暴躁或偏激都不符合“中正”精神。“中正”精神成为人与人交往中的生活准则。在《东茶颂》中，草衣禅师把做茶之事比喻为儒家伦理化的生命，即好茶、好水按适当比例冲泡好，然后就得“中道”。后来，他的思想被归结为“清、敬、和、乐”或者“和、敬、俭、真”的韩国茶礼精神。主张人与人相处和睦、互帮互助，不仅体现了儒家“仁和”观点，还体现了道家“道法自然”的价值观。

（二）韩国茶礼类型

韩国茶礼又称茶仪，是指茶事活动中的礼仪、法则。它是将中国古代的饮茶习俗，与禅宗文化、儒家与道教的伦理道德以及韩国传统礼节融为一体发展而成的，是民众共同遵守的传统风俗。早在一千多年前的新罗时期，茶礼就被用在了朝廷的宗庙祭礼和佛教仪式中。高丽时期，朝鲜半岛的茶礼已贯彻于朝廷、官府、僧俗等各个阶层。

韩国茶礼是高度仪式化的茶文化，特别讲究茶礼仪式。韩国茶礼仪式种类繁多，各具特色，可分为仪典茶礼和生活茶礼两大类。

1. 仪典茶礼

仪典茶礼是指在各种仪式、仪典中举行的茶礼。每年5月25日，韩国都会举行茶文化祝祭，其内容主要包括传统茶礼表演、成人茶礼、高丽五行茶礼、陆羽品茶汤等。

礼仪教育是韩国用儒家思想教化国民的重要方式。成人茶礼就是通过茶礼仪式，对刚满20岁的青年男女进行传统文化和礼仪教育的一种茶事活动，用以培养青年人的社会义务感和责任感。

高丽五行茶礼是为纪念“茶圣炎帝神农氏”而举行的一种茶祭仪式。其中，五行蕴含着中国古代的哲学思想，主要体现在以下方面：五行包括五行茶礼，即献茶、进茶、饮茶、吃茶、饮福；五方，即东、南、西、北、中；五色，即青、白、赤、黑、黄；五味，即甘、酸、苦、辛、咸；五行，即土、木、火、金、水；五常，即仁、义、礼、智、信；五色茶，即黄茶、绿茶、红茶、白茶、黑茶。五行茶礼要设置祭坛、五色幕、屏风、伺党、神农氏神位和茶具，参与者多达50余人，气势庄严，规模宏大。整个茶祭活动包括入场时的茶礼诗朗诵、武士剑术表演、献烛、献香、献花等，10位妇人茶礼行者表演沏茶、献茶，献茶时祭主宣读祭文。祭奠神位毕，再由茶礼行者向来宾敬茶并献茶食，最后祭主宣布祭礼毕，整个茶祭结束。

五行茶礼是国家级的茶礼仪式，表现了高丽茶法、宇宙真理及五行哲理，是高丽时代茶文化的再现，充满了独特的民族风情。

2. 生活茶礼

生活茶礼是指日常生活中用于接待宾客的茶礼，按名茶的类型可分为末茶礼、饼茶礼、钱茶礼和叶茶礼。其中以叶茶礼最为常见，分为迎宾、温具、沏茶、品茶等步骤，类似于中国的泡茶法。

（1）迎宾。迎宾时要至门口恭迎并引路，进入茶室向来宾再次表示欢迎，再入座。入座时主人坐东面西，客人坐西面东。

（2）温具。沏茶前，先将盖在茶具上的红盖布折叠、整理，并放置于右侧的退水器（水盂）后面，然后打开壶盖放置于盖置上，用开水依次烫洗茶壶、茶杯。茶杯烫洗时先从第一排的三杯开始。

（3）沏茶。右手拿起茶叶罐并递至左手，然后右手开盖，用茶匙将茶叶取出并置于壶中。投茶时，采用春秋用中投、夏季用上投、冬季用下投的投茶方式。一般投茶量为一杯茶投一匙茶叶。茶汤泡好后按从右至左的顺序将茶汤分三次注入茶杯。

（4）品茶。将杯托放于左手，再端杯放杯托上，然后右手端杯托，左手把衣袖，将茶端奉至宾客面前。品茶时向来宾说“请喝茶”，回礼后双方开始品茶。品茶时，可以备清淡的糕饼、水果等，用以佐茶。

（5）收具。收杯、整理茶具。打开红盖布，盖于茶具上。

现如今的韩国茶礼蕴含着丰富的人文精神，提倡奉献和礼让，对于协调人际关系、提高国民的文化素养具有重要的作用。

中日韩三国茶道，都与本国的民族文化密切相关，都将本土的民族精神体现在茶事活动中，以茶为载体的茶道实体活动体现出“以和为贵”的为人处世之道、“天人和合”的崇尚自然之路、“和善待客”的礼仪规矩之道。“和”字既体现了儒家精髓的从善知礼、和睦共处、互敬互爱，又表现了禅宗的清心真诚、修身度性、简洁朴实。

三、英国下午茶

（一）英国下午茶历史

英国饮茶始于17世纪中叶，公元1637年，英国首次直接从中国运去茶叶。1662年，葡萄牙凯瑟琳公主嫁与英皇查理二世，并将饮茶风尚带入皇室，起到了“上行下效”的传播效果，饮茶之风迅速形成。1663年，在皇后出嫁周年之际，诗人沃勒（1606—1687）贺诗中写道："花神宠秋色，嫦娥矜月桂。月桂与秋色，难与茶媲美。"英式下午茶的流行还与贝德福德公爵夫人安娜·玛利亚（Anna Maria）的提倡直接有关。18世纪初，英国只吃早餐和晚餐，晚餐的时间大概在晚上7：00～8：30，为了缓解从下午四点左右就开始的饥饿感，安娜夫人便吩咐仆人准备精致的面包、奶油以及上好的红茶果腹。她不但在王宫式的会客厅布置了茶室，邀请贵族共赴茶会，还特别请人制作高雅素美的银茶具、瓷器柜、小型移动式茶车等，呈现出了"安妮式"的艺术风格。下午茶随即蔚然成风，并且很快由上层阶级向社会全面普及，成为英国的一种生活形态。一首英国民谣这么唱："当钟敲响四下时，世上的一切都应为茶而停。"

喝茶成为最主要的社交活动，它改变了英国社会的节奏和用餐的本质。在上层和中层社会，早餐此前是一个重头戏，要摄入肉和啤酒，现在早餐饮食变得清淡起来，只吃面包、蛋糕、果脯，以及喝热饮品，尤其是茶。有很多例子证明了茶对于西方人的重要性："关于茶对这个国家的民众的社会影响，好处几乎说不完。它教化了粗野暴躁的家庭；让酗酒者不至于发生不测；对于许多可能面临极为凄凉境遇的母亲来说，茶则给她们提供了继续活下去的乐观平和的心态。"对于普通大众来说："这不是很多人认为的他们生性节俭或愚蠢，而是痛苦的亲身体验告诉他们，只有茶能帮助他们忍受生活的艰辛。"[1]在第一次和第二次世界大战中，茶扮演了非常重要的作用，它为士兵补充体力，提振精神，安东尼·伯吉斯（Anthony Burgess）就断言："没有茶水，英国不可能打赢那场战争。"

（二）英国下午茶茶俗

时至今日，随着生活节奏的加快，下午茶的礼仪已简化很多，但是正确的泡茶方式、精致的茶具、丰盛的茶点、优雅的环境依旧被视为喝茶的传统。

（1）时间。正式的英式下午茶一般在下午四点进行。

（2）礼仪。出席下午茶须着正装，男士着燕尾服，戴礼帽，手持长伞（英国天气多变，带伞可以应对突变的天气，所以长伞成了绅士的象征）。女生须着洋装礼服或专门的茶袍，戴帽子出席。

（3）泡茶。女主人会拿出最好的细瓷杯或银质茶具招待客人，并且着正装亲自泡茶，不得已才由女佣协助，以示对客人的尊重，又可显示女主人的优雅和才艺。这也是提升社交能力的重要手段。

下午茶的专用茶有小种红茶、祁门红茶、大吉岭与伯爵茶、锡兰茶等传统口味的原味茶。在泡茶方式上，常见的是原味红茶或加奶红茶。具体操作是，在银质或瓷壶里闷泡茶叶，然后将滤网放在瓷杯上，再将茶水倒入瓷杯。品饮时一般先喝一两口清茶，再加入牛奶、糖和蜂蜜等，按照竖直方向搅拌，但不能将茶杯敲得叮当响。搅拌后将银勺优雅地从

[1]［英］艾伦·麦克法兰，［英］艾丽斯·麦克法兰．绿色黄金：茶叶帝国[M]．扈喜林，译．北京：社会科学文献出版社，2016.

杯中拿出，放置在杯托上。品茶时，用手指端杯的手柄，而不是手指穿过手柄。若直接喝奶茶，则先加牛奶再加茶。

（4）点心。正式的下午茶点心用三层点心瓷盘盛装，第一层放咸味的三明治，第二层放传统英式点心松饼或司康饼，第三层放蛋糕及水果塔。一般由下往上吃，口味由轻到重，不能调换顺序。

除了上述几个国家之外，现在全世界有 60 多个国家种茶，饮茶习俗已遍及世界 100 多个国家。寻根溯源，世界各国最初所饮的茶、引种的茶树，以及饮茶方法、茶树栽培和加工技术、茶风茶俗、茶礼茶道等，包括“茶”的发音，都源于中国。中国茶文化同世界各国人民的生活方式、风土人情乃至宗教意识相融合，衍生出世界各民族各具特色的茶文化。

思考题

1. 茶道的基本含义是什么？
2. 中国茶道的基本精神是什么？
3. 请论述中国茶道与儒释道之间的关系。
4. 请谈谈陆羽及《茶经》对当今茶道与茶艺的影响和启示。
5. 请简述唐代煎茶法的流程和技术要点。
6. 请简述宋代点茶法的流程和特点。
7. 工夫茶茶艺的技术要点是什么？
8. 日本茶道的“四规七则”指的是什么？

补充链接

扫码进行练习 1-1：中级茶艺师理论题库 1

第二章　茶艺概述

本章提要

茶艺的发展经历了唐代煎茶法、宋代点茶法、明清瀹茶法到现代泡茶的发展历程。在茶艺的发展中，尽显茶艺的风格和特色，以及茶人对饮茶方式的美学探索。现代是茶文化的复兴时期，也是茶艺的成熟期，茶艺流派众多，不断丰富着我国的传统文化。精彩的茶艺表演不仅带给人们视觉上和感官上的享受，在整个茶艺活动中体现的文化内涵和精神追求，也是现代人陶冶情操、修身养性、净化心灵的一个重要途径。

第一节　茶艺的概念

研究茶艺的概念，就要分析其源与流。所谓“源”，是指茶艺的发展历史，决定了茶艺的发展条件和方向；所谓“流”，是指茶艺的创新与发展，在发展中发掘茶艺的独特性及其贡献。本节主要从“源”和“流”两个方面分析茶艺的内涵与概念。

一、“茶艺”词源

中国茶的艺术萌芽于晋，发源于唐，成熟于宋，改革于明，极盛于清，可谓有相当的历史渊源，自成一系统。茶艺起源于中国，但是古代并没有明确地提出“茶艺”的概念。

“茶艺”一词最初由中国台湾地区的茶文化界于20世纪70年代提出并使用。为了弘扬茶文化和推广饮茶的风气，中国台湾地区率先兴起复兴茶文化的浪潮。1977年，以中国台湾地区娄子匡教授为首的一批民俗界人士，在继承传统饮茶文化的同时，以注入人文精神为主旨，把中国的品茗艺术与日本“茶道”相区别，以“茶艺”称之。1978年，中国台湾地区分别成立了“台北市茶艺协会”和“高雄市茶艺协会”。直到1982年成立“中华茶艺协会”，“茶艺”这一概念被正式推出，现已被海峡两岸茶文化界所认同、接受，此后成为专用名词，得到广泛认可，并被赋予新的内涵。

当代茶艺馆发展初期，大致是从20世纪70年代末到90年代末为一个发展阶段。公认最早的是接受过西方文化教育的台湾管寿龄女士，1977年在其经营出售国画和瓷器等中国传统文化艺术品的画廊里，提供比较讲究的茶饮，营造具有传统文化艺术氛围的“茶艺馆”，被看作首家茶艺馆的诞生。此后，茶艺馆如雨后春笋般出现在中国台湾地区的大街小巷，至1990年，中国台湾地区已有1 000多家，形成了一个新兴的行业。后来，各地华人聚居地相继开办门类丰富、相对专业的茶艺中心，更多的是对中国传统文化的一种“复合性”的传播方式。

早期中国大陆的茶艺馆具有代表性的有专业的民间茶人团体，如1985年在杭州植物园落成的“茶人之家”，并将茶艺培训列入了常规工作内容，其主要目标和方式就是推广茶艺；1987年，北京落成文化型茶艺馆“老舍茶馆”。但以“茶艺”二字命名的茶艺馆，是1990年福建博物馆设立的“福建茶艺馆”，在当时中国大陆是第一家。此后，上海、北京、杭州、厦门、广州等地相继出现了茶艺馆，1991年上海成立第一家茶艺馆“宋园茶艺馆”，1996年北京成立第一个茶艺培训班“五福茶艺馆”。茶艺馆的类型和经营内容更加多样化，并传播到许多其他城市。

二、茶艺的定义

茶艺从提出到使用至今，人们对于茶艺有着不同的理解和认识。关于茶艺的定义，茶文化界众说纷纭，并无统一而明确的定义。就茶文化界对茶艺定义的现状看，概括来讲，主要分为从广义上和狭义上对茶艺进行定义。广义上的茶艺概念范围很广，几乎成了茶文化、茶学的同义词。我们这里所讲的是狭义上的茶艺，是人们在纯、雅、礼、和的根本精神下，超越时空的限制，在行茶的过程中，感受茶艺的物质和精神美的境界。传统的茶艺，是用辩证统一的自然观和人的自身体验，从灵与肉的交互感受中辨别有关问题，所以在技艺当中，既包含着中国古代朴素的辩证唯物主义思想，又包含了人们主观的审美情趣和精神寄托。茶艺是茶文化的一部分，应使其概念独立出来，正确解读其内涵。在对名称界定的时候，应以科学准确、简洁鲜明的语言进行表述。《中国茶叶大辞典》中对茶艺的界定如下：“茶艺是指泡茶与饮茶的技艺。中国茶艺常见种类有文人茶艺、禅师茶艺、宫廷茶艺、平民茶艺等。各类茶艺因参与人员、情操观念和客观条件的差异，对茶叶要求、茶具选择、环境布置、茶点选用都各具特色。”这一定义把茶艺的范围界定在泡茶和饮茶的范畴。

总结前人对茶艺的理解，概括来说，茶艺就是一门研究泡茶技艺和品茶艺术的学问。它是以人、茶、水、境、器、艺为媒介，集音乐、艺术、服饰、美学及空间设计于一体，通过一套规范的艺术操作展现饮茶活动，从中表达崇高的审美情趣和精神内涵的学科。

茶艺作为中国传统艺术的典型代表之一，是茶文化的重要表现形式，是在茶道精神的指导下进行的茶事实践活动，是中国历代饮茶方式演变并传承至今的载体。就形式而言，茶艺包括选茗、择水、备器、冲泡、品饮等茶叶品评技法和艺术操作手法的鉴赏；就意境而言，品茶还讲究人品与环境的协调，讲究清风、明月、松吟、竹韵、梅开、雪霁等种种妙趣和意境。茶艺是茶文化的动态展示，是一门实用的生活艺术，其过程体现了形式和精神的相互统一，是传达情感、表现生活的宝贵艺术遗产，有其独特的价值体现。

第二节　茶艺的分类

中国茶艺不仅有着深厚的历史文化积淀，体现独具特色的饮茶文化发展踪迹，也是现代和传统茶文化的见证，具有很高的历史价值，在漫长的历史发展中形成了各具特色的茶艺类型。目前我国茶艺发展较快，对于茶艺的分类，尚无统一的标准。常见的分类方法有以参与的主体分类、以茶叶类型分类、以表现形式分类、以冲泡器具分类、以冲泡方法分类等。随着茶文化的发展和对茶艺研究的深入，茶艺在命名和表演内容上也表现出更多的文化内涵与特色。

一、以茶为主体分类

我国的茶类较为丰富，以冲泡茶叶的类型来分，可分为绿茶茶艺、黄茶茶艺、红茶茶艺、乌龙茶茶艺、白茶茶艺、黑茶茶艺和花茶茶艺等。由于茶品的不同，其品质特征也不同，加上原料采摘老嫩程度不同，在冲泡茶叶时对冲泡水温、冲泡器具和冲泡方法的要求也各不相同。在六大茶类茶艺的基础上，针对不同的茶品还可细分为武夷岩茶茶艺、西湖龙井茶艺、金骏眉茶艺、茉莉花茶茶艺等。同一种茶类因为老嫩程度不同，可选择的冲泡方法也不尽相同，如绿茶根据老嫩程度和对冲泡水温的要求不同，又分为上投法、中投法和下投法。

二、按民俗和地域分类

千里不同风，百里不同俗。我国是一个多民族国家，由于地域环境和历史文化的不同，形成了各具特色的饮茶习俗，如藏族酥油茶，蒙古族奶茶，维吾尔族香茶，白族三道茶，客家擂茶，傣族竹筒香茶，回族罐罐茶，撒拉族“三炮台”，纳西族盐巴茶和龙虎斗，侗族、瑶族打油茶，景颇族腌茶，基诺族凉拌茶，等等。清饮、调饮不拘一格，民族风情浓郁。

汉族人饮茶大多崇尚清饮，虽然方式有别，但在择水、选茶、配器及冲泡方式上，仍有通行的成规。如四川盖碗茶，北京大碗茶，广州早茶，潮汕、台湾、闽南工夫茶等，呈现出百花齐放的繁盛局面。

茶在传入各国后，与当地传统风俗相结合，在异域他乡形成独具风格的国外茶俗活动，如日本茶道、韩国茶礼、英式下午茶、美国冰茶、俄罗斯茶炊习俗、马来西亚拉茶、泰国腌茶、新加坡肉骨茶、土耳其薄荷茶、英国什锦茶、埃及甜茶、北非薄荷茶、南美马黛茶等，以其独特的风格形式闻名于世，彰显了茶文化的魅力。

三、按冲泡方法分类

按照茶类冲泡时加入调味与否，可分为清饮法和调饮法。

（一）清饮法

清饮法就是在冲泡或烹煮茶汤时不加入任何调料，直接品尝茶汤本真茶味的一种饮用方法。清饮茶时，能充分品味茶汤的色香味形，续水至淡而无味时弃去，目前我国汉族人多采用此种饮法。

唐代以前的饮茶，多为加香料调味烹煮后饮用，茶圣陆羽的《茶经》提倡要喝真茶，感受茶的真香真味，认为加入了调料的茶“斯沟渠间弃水”；宋徽宗赵佶在《大观茶论》中也说“茶有真香，非龙麝可拟”，认为茶有未经人为、本真自然的香味，不是龙涎脑和麝香的香味可以比拟的，不应再往里面加入别的物质，从而确定了茶饮的审美基调。到了明代，汉民族的饮茶主流就变成了清饮。特别是名特优茶，一定要清饮才能领略其独特风味，享受到饮茶奇趣。正如苏东坡所言“从来佳茗似佳人”，黄庭坚也咏茶称：“味浓香永。醉乡路，成佳境。恰如灯下故人，万里归来对影。口不能言，心下快活自省。”

（二）调饮法

调饮法即在茶汤中加入糖或盐等调味品，并佐以牛奶、蜂蜜、干果等配料，调和后一同饮用的方法。唐代以前的饮茶法多为加入盐、香料等调味品的煮饮法。随着制茶工艺的革新、散茶的创制，饮茶法也逐渐改为泡饮，并在泡好的茶汤中加入糖、牛奶、芝麻、松子仁等佐料。这种方法后来逐渐传向各少数民族地区和欧美各国，并成为他们的饮茶习俗。

调饮法因地区和民族的不同而呈现出复杂多样的特点，根据调味品的不同，可分为咸味、甜味，或可咸也可甜。其中最具代表性的咸味调饮法有西藏的酥油茶和内蒙古、新疆的奶茶等；甜味调饮法有宁夏的“三泡台”；可咸也可甜的饮茶法有居住在四川、云南一带山区少数民族的擂茶、打油茶等。“调饮”除了解渴与提神外，还有营养和悦味等功能。比如，国外的牛奶红茶，在欧洲、南亚、大洋洲、东南非、北美最为普遍。以英国最为典型，通称“英式饮茶法”，他们每日从早到晚饮四五次，以饮“下午茶”最为隆重，喝茶吃点心、聊天，成为一种便捷的社交方式。销茶大国俄罗斯寒带地区的人们多用俄式茶炊煮水泡茶，茶汤中加果酱、蜂蜜、奶油或甜酒调饮，可增加热量御寒。

四、按表现形式分类

按照茶艺的表现形式来分，可分为表演型茶艺、品饮型茶艺和营销型茶艺。

（一）表演型茶艺

表演型茶艺是由一个或多个茶艺师，通过艺术的手法、科学的程序演示泡茶技巧，表现某一特定的主题，使人们在精心营造的优雅氛围中，得到美的享受和熏陶。

茶艺表演是有一定程式的，早期的表演程式侧重于器具、茶叶与冲泡方法的介绍，可以看作推广普及型。例如，在表演开始时，茶艺师会先对茶具一一介绍：“这是盖碗，又称三才杯，其中盖为天、杯为人、托为地，象征着天地人和之意。”这种茶艺缺乏艺术加工，直白、浅显，缺少内涵和美感。经过多年的实践，表演型茶艺开始融入文化因素、传统审美和现代美学等思想内涵，经过茶艺师的艺术加工，在一定的茶空间中，运用辨水、选具、涤器、投茶等技巧，通过神态、气质、动作来呈现泡茶、品茶过程的美好意境，传达茶道的思想，体现形式和精神相融合的综合技艺，给观众带来视觉和精神上的双重体验和感悟。

然而，我们也清醒地发现，随着茶文化的复兴繁盛，当今的创新型表演茶艺也因鱼龙混杂、乱象横生而屡受诟病，让广大爱茶者无所适从。我们常常见到许多缺乏文化内涵的创新茶艺表演，融合歌舞、戏曲、变脸等元素，热闹非凡，喧宾夺主，极尽夸张之能事，以至于茶退居于后，成了配角，茶汤也成了可有可无、可喝可不喝的鸡肋，与茶的“清、静、雅、和”的思想相去甚远，很难将茶的精神体现出来。须知，茶艺是一门生活艺术，绝不是一门表演艺术。创新茶艺，只能在立足于一杯好的茶汤的基础上，以主题的创新、内涵的创新、茶席的创新、泡法的创新为辅，要在传统文化与现代文化的落差中寻找完美的折中点，用理性的艺术语言勾勒出富有“创艺”的作品，并用中国茶艺之“意”和“艺”，内省修行、心神合一，完成对美好生活的再现。

（二）品饮型茶艺

品饮型茶艺又叫待客型茶艺、生活型茶艺，一般是由茶艺师或主人与嘉宾围坐在茶席前，一同鉴茶、闻香和品茗。品饮型茶艺更侧重于品茗体验，客人可以参与其中，品鉴交流、切磋茶艺和斗茶，在闲适虚静的心境下真正品尝茶的滋味，释放情感，获得美好的心理感受，感悟茶中所蕴含的味外之味。品饮型茶艺综合了各种艺术，融入时尚元素，使茶艺走下表演的舞台，走进人们的日常生活。这就要求泡茶者能根据茶叶的特性掌握合适的冲泡器具、投茶量、浸泡时间和茶水比等各因素，将茶汤最优质的一面呈现，并且能够与宾客交流分享，相互切磋，给宾客提供美好的品茗体验。

品饮型茶艺不需要融入过多表演的动作，在冲泡过程当中忌带上表演型茶艺的色彩，讲话和动作都不可矫揉造作，服饰化妆不可过于浓艳，表情忌夸张，要像主人接待亲友一样亲切自然。中国素有“客来敬茶”的习俗，品饮型茶艺融在日常生活中，要能体现中国茶的待客之道。

（三）营销型茶艺

营销型茶艺是指茶企为了展示企业文化，通过茶叶的冲泡技艺宣传促销茶叶、茶具、茶文化及相关茶产品而进行的茶艺活动，一般是在茶馆、茶店和茶庄园进行。这种茶艺的程序和解说词往往根据产品和品牌文化设定，目的在于推广茶叶和宣传企业文化。同时还要求茶艺师诚恳自信，有亲和力，并具备丰富的茶叶商品知识、茶叶市场学知识、消费心理学知识以及与人沟通的技巧，对自己经销的商品有充分的了解，在推广产品时能够做到“看人泡茶、看人讲茶”，能根据客人的年龄、性别、生活方式、文化程度和兴趣爱好直观地向客人展示茶，巧妙地介绍茶、冲泡茶，展示出茶叶商品的保障因素（如茶的色香味韵）和魅力因素，以及诚恳、热情、周到的服务，激发客人的购买欲望，产生“即兴购买”的冲动，甚至“惠顾购买”的心理。

目前，饮茶越来越年轻化。喝茶正成为年轻人的一种新潮流。新生代的年轻人对事物的认知变得愈发客观化、科学化，对生活品质的要求也愈发严格起来。现代花式冲泡法令人眼花缭乱，营销型茶艺应能根据市场多元化的饮茶需求，探索出符合年轻人的新式饮茶，让不同年龄阶段的人都可以用自己喜欢的方式喝茶。不管是传统工夫茶还是现代炫酷的调饮，重要的都是了解现代年轻人的特点、身体状况、体质等，采取“对症喝茶”的方式，处理顾客的各种“个性化”要求，懂得与人协调、交流，能创造性地解决问题，主动地服务，以适应市场需求的变化。

五、按冲泡器具分类

在泡茶茶艺中，以冲泡茶叶的主器具不同进行分类，可分为壶泡法、盖碗泡法和玻璃杯泡法。

（一）壶泡法

壶泡法就是在小茶壶中置茶，沸水冲泡，将过滤后的茶汤斟到品茗杯（盏）中饮用；茶壶以小为贵，小则香气氤氲，大则易于涣散。大约及半升，是为适可。若独自斟酌，则愈小愈好。茶壶作为主泡器具，容量大约为 400 mL，通常配 3～6 只杯子，可冲泡 3～10 道，冲泡次数跟冲泡茶品相关。

图 2–1　小壶小杯泡法

清代以后，武夷山乌龙茶得以发展，壶泡法又分化出专属乌龙茶小壶小杯的工夫茶艺（见图 2–1）。袁枚在《随园食单》中记述了武夷茶的品饮："杯小如胡桃，壶小如香橼，每斟无一两，上口不忍遽咽，先嗅其香，再试其味，徐徐咀嚼而体贴之。"

（二）盖碗泡法

盖碗泡法是指以三才盖碗为主泡器，进行冲泡与品饮的饮茶法。盖碗，又叫盖杯，由杯盖、杯身和杯托三部分组成，又称为"三才碗"。真正意义上的三才盖碗出现在清康熙时期，雍正年间盛行。早期，盖碗是作为个人品饮的茶器，即冲泡和品饮功能合二为一，泡茶后直接饮用。这种冲泡方法一般用在品饮滋味相对清淡的绿茶、花茶时使用，如四川的盖碗茶。甘肃的三炮台茶俗，也采用此法。后来，由于工夫茶艺的需要，衍生出新式的盖碗泡法，盖碗变成了"主泡器"，搭配盅、杯，成了另一种形式的茶器组合。

国标上，乌龙茶的审评也采用盖碗审评法（见图 2–2）。以盖碗作为主泡器使用时，便

图 2–2　盖碗分杯品饮法

于闻香观色，而且置茶、去渣、清洗上也比茶壶方便，较受人们欢迎。在武夷山当地，每年举行的武夷岩茶斗茶赛，以及武夷岩茶的日常品鉴时，尤其善用盖碗冲泡法。

（三）玻璃杯泡法

玻璃杯泡法就是将茶叶投放到玻璃杯中，冲泡沸水后待茶汤滋味浸出即可直接以杯饮用。明代人称之为“撮泡”，撮茶入杯而泡。

玻璃杯泡茶时，宜选用无花无色的透明玻璃杯，便于充分欣赏茶的外形、内质和独特造型，适于品饮细嫩的名优绿茶、黄茶、白茶等，也可用于工艺花茶的冲泡，通过透明的玻璃杯可以充分领略各种茶的天然风韵，充分欣赏汤色和茶芽的浮沉、舒展、舞动的情景（见图 2-3、图 2-4）。

图 2-3　玻璃杯泡黄茶

图 2-4　玻璃杯泡花茶

六、按比赛项目分类

各协会、团体、部门等茶业机构举办了各种类型的茶艺赛事活动，这些赛事内容不断丰富，规模不断扩大，对于加快茶艺高技能人才培养，引导茶叶行业广大从业人员钻研业务、敬业爱岗，促进茶艺从业人员整体技能水平的提高，引导中华茶艺向科学、健康的方向发展，起了重要的推动作用。按茶艺比赛内容可分为规定茶艺、创新茶艺、茶汤质量比拼、茶席设计等。

（一）规定茶艺

规定茶艺是指由组委会提供茶叶、用水、器具，选手按照抽取的茶类在规定的时间内选配相应的器具组合，并在规定的时间、场合完成布席，按照茶类指定的冲泡程序，完成茶汤冲泡的整个过程。规定茶艺里的茶、水、火、器、境，都是统一安排好的，不需要表演的主题和个性化的展示，注重操作规范和程序。重点考查的是茶艺师的基本功，即茶艺礼仪、仪容仪表、茶艺动作的演示艺术、茶汤质量等方面。在 2010—2021 年连续三届的中国技能大赛全国茶艺职业技能竞赛以及2010—2018年连续四届全国大学生茶艺技能竞赛中（见图2-5），规定茶艺列为选手参赛必考项目。

图2-5　2016年第三届全国（本科院校）大学生茶艺技能竞赛规定茶艺比赛项目（左一：林婉如）

（二）创新茶艺

创新茶艺是相对规定茶艺而言的自创茶艺，重在考察茶艺师的茶艺技能、思想境界、气质神韵、审美情趣、艺术修养等方面。创新茶艺重在艺术创造，主要考查茶艺作品的原创性、思想的文化性、演绎者的个人修养以及对茶汤品质的把握与呈现，这给了茶艺师们更多自主发挥与创造的空间。按参与的个体可分为个人创新茶艺和团体创新茶艺。自2010年以来，从全国到地方，茶文化活动方兴未艾，创新茶艺也是花样翻新、层出不穷，涌现了大批高质量的优秀作品。国家茶艺职业技能竞赛创新茶艺赛项从创意、仪表仪容、茶艺礼仪、演示艺术、茶汤质量、文本解说、时间等维度，去综合考量个人和团体自创茶艺的水平（见图2-6）。

图2-6　2014年第二届全国（本科院校）大学生茶艺技能竞赛个人创新赛二等奖作品《且待》（表演者：陈美南）

（三）茶汤质量比拼

茶汤质量比拼是指选手从参赛茶样中抽取一款茶样，在规定时间内完成器具搭配和至少三泡茶汤的冲泡与品鉴。冲泡时不需要设置主题与意境，但要与裁判有适当的语言交流，旨在营造一个轻松愉悦的饮茶氛围。在冲泡过程中，应保证三泡茶汤的滋味相对稳定，不能有较大落差，并对冲泡的茶汤进行恰当的介绍，重在考查茶艺师科学泡茶、善于沟通、临场应变的能力（见图 2-7）。

图 2-7　2021 年海峡两岸大学生职业技能大赛茶艺赛项，茶汤质量比拼项目（表演者：陈芳雅）

（四）茶席设计

茶席设计是指选手选定某一冲泡茶品，以茶器为主构成要素，通过茶席、茶器、铺垫、插花等艺术品来表达某一主题的艺术设计。茶席设计赛项强调茶席主题与艺术呈现的原创性、主题的突出与情感的表达、实用性和艺术性的统一，考量茶席的主题与创意、器具配置、色彩搭配、文案表达、背景等因素。

第三节　茶艺的特点

茶艺是以中国传统文化为精神指导，融合了儒释道三家思想内涵，既要注重茶的冲泡技艺，又要注重茶的品饮艺术，同时也注重茶道精神的内省。概括起来，茶艺主要具有技能性、内涵性、艺术性和制度性四个特征。

一、茶艺的技能性

从饮茶本身来讲，影响茶汤冲泡质量的人、茶、水、境、器、艺六个方面是饮茶活动的基本构成要素。陆羽在《茶经》中已详细描述煎茶的技能和程式，其严格的程式规定，在于茶艺技能的精进与规范、严谨与缜密。茶艺发展至今，茶艺的技能性、操作性强，易于模仿，但恐难以突破常规，并且没有统一的标准与规范，自成一家，说服力不强。在人们注重审美的今天，一味追求茶艺的技能性，恐怕难以服众。在沿袭传统茶艺流程的基础上进行创新，在科学严谨的茶艺程式中注入新时代的审美特性，展现出简单大气、精致利落和科学合理的行为规范。于不变中求万变，能够根据茶的特性和艺术性的审美需要融入个性风格，在茶艺的规范程式中加入更多的自由发挥，为茶艺的健康发展融入更多创新元素。

二、茶艺的艺术性

艺术来源于生活，而高于生活，茶艺的艺术性在于内涵美与形式美的统一，通过茶艺的展示艺术和饮茶活动而达到心理和精神世界双重升华的目的。茶艺的艺术性体现在茶空间布置、茶艺程序编排、茶艺表演者的素养和茶艺的文化内涵上，四者缺一不可。

茶空间布置包含饮茶的氛围营造、茶席的设计和布置。早在宋时，“点茶、焚香、插花、挂画”就被并称为“生活四艺”，这也是现代人追求的生活美学。茶空间布置涉及书法、绘画、音乐、美学、设计、装饰等各种生活艺术。通过意境营造赋予茶空间一定的文化内涵和艺术感染力，提升整个茶会主题的文化品位、艺术气息及审美情趣。中国茶艺之美，主要体现为自然、朴素、简洁、清雅，因而在茶室营造时，要体现返璞归真、自然简朴的风格。茶艺程序规范了茶艺表演的动作结构和过程，强调了表演的主题和内容，一套完整的茶艺程序编排，不仅具有科学性和艺术性，而且也是茶道精神的载体。茶艺表演者的个人素养和气质尤为重要，它是茶艺表演最直观的表现，能充分展现表演者的形体语言和文化素养。在表演的同时给观看者以熏陶，这对茶文化的传播功不可没。茶艺的美不仅注重外在的形式演绎，更要有一定的文化内涵，它是茶艺的生命和灵魂，也是一场茶艺表演成败的关键。

三、茶艺的内涵性

茶作为一种淡泊的饮品，带给人的是一种心理的净化和品行的修炼。封演《封氏闻见记》云：“开元中，泰山灵岩寺有降魔师大兴禅教，学禅务于不寐，又不夕食，皆许其饮茶，人自怀挟，到处煮饮，从此转相仿效，遂成风俗。”这说明茶助禅修行。自古以来，茶与儒释道是分不开的，茶文化也契合中国传统文化的思想。茶艺的思想性是以中国传统文化的哲学思想为核心，借助茶来研究人与自然、人与生活、人与社会之间的关系与规律。茶道为茶艺的精神指导，同时茶道还要借助茶艺技能、茶艺艺术和茶艺程序来完成。茶艺表演不仅能带给人赏心悦目的精神享受，同时也是普及、繁荣传统茶文化和培养民族精神的载体。

四、茶艺的制度性

茶艺的制度性体现在茶艺的程式化和礼仪化。陆羽在《茶经》中赋予了饮茶的规定程式，“二十四器阙一，则茶废矣”，指明了茶艺的程序规范。“人无礼，无以立。”礼仪贯穿在整个茶艺中。在日本，茶道程式化更加严谨、缜密，推为“国礼”。饮茶行为的程式化演化为一种社会行为的规范与制度，表现在社交生活中的以茶待客和宗教活动中的献茶。南宋朱熹在《家礼》中对茶礼程式做了详细记载，规定每个家庭必须掌握的平常祭祀礼节，因其频繁而被称为“通礼”。现在人们仍用“清茶四果”“三茶六酒”祭天谢地，期望得到神灵的保佑。茶艺所表达的饮茶行为的制度性，从动作、器具的具体规范到约定俗成的社会规范，充分体现出意识形态在茶艺的形成和发展中的重要作用。茶艺不仅在引导社会文化走向方面有很大影响，还使饮茶升华成为标志中国文化高度发展的代表性生活方式。

第四节　茶艺的要素

茶艺是由泡茶的主体在一定的环境条件下所进行的选茶、备器、择水、冲泡、品饮等艺术活动。明代许次疏在《茶疏》中说：“茶滋于水，水藉乎器，汤成于火。”茶、水、器、火构成茶艺的四项基本要素，再加上泡茶的主体“人”和茶艺活动的场所“境”，共六个要素。因此，一套完整的茶艺，只有茶、水、器、人、艺、境六个要素的完美组合才可使茶艺达到尽善尽美的超凡境界。

一、茶艺的核心——茶

茶是茶艺的核心和根本。中国人饮茶，注重品鉴茶叶的色香味，以及由此带来的品饮感悟和体验。作家林清玄就说过：“喝茶的最高境界就是把‘茶’字拆开，人在草木间，达到天人合一的境界。”茶类的不同，也决定了茶艺的择器、冲泡和品饮方式的差异。我国茶类品种丰富，清代就已出现了六大茶类。目前，依据加工方式及多酚类物质的氧化程度不同，茶叶分为绿茶、黄茶、白茶、乌龙茶（青茶）、黑茶和红茶。发展至今，还有再加工茶类的花茶、紧压茶、萃取茶等，以及非茶之茶（类茶）。茶叶品质一般可以通过赏外形、看汤色、闻香气、尝滋味来确定。不同的茶类在色、香、味、形上的差异较大，带给人们不同的审美体验（见表2-1）。

表2-1 我国茶叶分类

茶类	分类	品名	品质特征
绿茶	炒青绿茶	眉茶（屯绿、特珍等）、珠茶（平水珠茶）、细嫩炒青（碧螺春、龙井等）、大方、甘露、松针	清汤绿叶
	烘青绿茶	普通烘青（浙烘青、徽烘青）、细嫩烘青（黄山毛峰、太平猴魁等）	
	晒青绿茶	川青、滇青、陕青、黔青、桂青等	
	蒸青绿茶	煎茶、玉露等	
红茶	小种红茶	正山小种、烟小种	红汤红叶
	工夫红茶	闽红（坦洋工夫、白琳工夫、政和工夫）、祁红、滇红、川红	
	红碎茶	叶茶、碎茶、片茶、末茶	
乌龙茶	闽北乌龙	大红袍、武夷水仙、武夷肉桂、闽北水仙、矮脚乌龙等	香高味醇
	闽南乌龙	铁观音、白芽奇兰、永春佛手、闽南水仙、黄金桂、漳平水仙等	
	广东乌龙	凤凰单丛、凤凰水仙、岭头单丛等	
	台湾乌龙	冻顶乌龙、台湾包种、东方美人、青心乌龙、金萱等	
白茶	白芽茶	白毫银针等	味鲜汤清
	白叶茶	白牡丹、贡眉等	
黄茶	黄芽茶	蒙顶黄芽、君山银针等	黄汤黄叶
	黄小茶	北港毛尖、沩山毛尖、平阳黄汤、远安鹿苑等	
	黄大茶	霍山黄大茶、广东大叶青等	
黑茶	湖南黑茶	安化黑茶等	陈香味浓
	湖北老青茶	蒲圻老青砖等	
	四川边茶	南路边茶、西路边茶等	
	滇桂黑茶	普洱茶、六堡茶等	
	陕西黑茶	泾渭茯茶等	

唐代杜牧在《题茶山》中写道："山实东南秀，茶称瑞草魁。"瑞草是传说中的仙草，将茶称为"瑞草魁"，说明茶之美。苏东坡在诗《次韵曹辅寄壑源试焙新芽》中也赞誉"从来佳茗似佳人"，并以拟人手法写《叶嘉传》，赞美茶之品性"风味恬淡，清白可爱"。中国茶的美，不仅美在外形，还美在内质。概括起来，有茶名之美、茶形之美、茶色之美、茶香之美、茶味之美等方面。

（一）茶名之美

我国茶树品种繁多，采制方法多样，是世界上茶叶种类最多的国家。茶名也很有特色，茶的命名凝聚了茶叶工作者对茶的深情厚意，饱含了对茶的审美情趣。从命名上看可分为五大类。

1. 以地名加茶树植物学名称命名

这类茶从名字上即可知道该茶的品种和产地：如西湖龙井，即产地为浙江西湖地区的龙井群体小叶种；武夷肉桂，即产地为福建武夷山的省级优良中叶类晚生种肉桂；安溪铁观音，即产地为福建安溪的国家级良种铁观音；类似还有闽北水仙、云南普洱茶、永春佛手、漳平水仙等等。

2. 以地名加茶叶的形状特征命名

这类茶的命名包括茶叶的产地和茶叶的形状特征，例如：六安瓜片，产于安徽六安，形态如瓜子，是唯一各等级茶类都是由全叶片制备而成的绿茶；君山银针，产于湖南岳阳洞庭湖中的君山，属于黄茶，其形细如针；黄山毛峰，产于安徽省黄山（徽州）一带，新制茶叶白毫披身，芽尖峰芒；古丈毛尖，产于湖南武陵山区古丈县，采摘芽茶或一芽一叶初展芽头制成的绿茶；类似还有湄潭翠芽、平水珠茶、安化松针、寿州黄芽等等。

3. 地名加诗意的描述来命名

这类茶为地名加上富有美好想象的意境来命名，例如：庐山云雾，产地是江西庐山，云雾是描述云雾缭绕的种植环境；敬亭绿雪，产于安徽省宣城市北敬亭山，有诗评价此茶“形似雀舌露白毫，翠绿匀嫩香气高，滋味醇和沁肺腑，沸泉明瓷雪花飘”；舒城兰花，产于安徽舒城，芽叶相连似兰草，内质香气成兰花香型；恩施玉露，产于湖北省恩施市，汤色嫩绿明亮，如玉露；类似还有日铸雪芽、南京雨花茶、顾渚紫笋、蒙顶石花等。

4. 以美妙动人的传说或典故命名

这类茶的命名都有着很好的传说或典故，如碧螺春、大红袍、铁罗汉、水金龟、白鸡冠、半天夭、绿牡丹、文君嫩绿、昭君毛尖等。大红袍的传说很好，讲一个穷秀才赶考途中病倒在武夷山，被天心寺方丈以茶相救，后中状元谢恩的故事。碧螺春则讲的是康熙皇帝赐名的故事，康熙皇帝品尝了这种汤色碧绿、卷曲如螺的名茶，倍加赞赏，但觉得“吓煞人香”其名不雅，于是题名“碧螺春”。

5. 其他统统可归为此种

有的具有浓厚的宗教色彩，如千佛岩茶、普陀佛茶、福寿茶、五子登科茶、金佛、佛手等；有的以吉祥物命名，如太平猴魁、银猴等；有的以采茶时令命名，从茶名上能看到采摘的季节，如谷雨春、不知春、明（清明）前、骑火、明后、雨（谷雨）前、雨后、夏茶、六月白、秋香、白露茶、冬片等等。从这些茶名当中，我们可以欣赏茶的色、香、味、形之美，以及感受名山名泉的美，有的茶名甚至带我们进入奇妙的境界。

（二）茶形之美

图 2-8　从正上方顺时针依次为信阳毛尖、碧螺春、霍山黄芽、黄山毛峰、六安瓜片、安吉白茶，中间为天平猴魁的干茶外形

我国茶类丰富，不同茶类的加工方式差异较大，制成的茶叶干茶外形也是各有千秋（见图 2-8）。品茶时欣赏茶叶的外形美，是品茶艺术的延伸，是品茶者的赏心乐事之一。在茶叶大家庭中，茶叶的外形可谓千姿百态，形形色色的茶叶，似珠，似花，似针，似眉，似碗，似螺，似片。

绿茶、黄茶、红茶、白茶等多属于芽茶类，一般都是由细嫩的茶芽精制而成。以绿茶为例，就可细分为光扁平直的扁形茶、细紧圆直的针形茶、紧结如螺的螺形茶、弯秀似眉的眉形茶、芽壮成朵的兰花形茶、单芽扁平的雀舌形茶、圆如珍珠的珠形茶、片状略卷的片形茶、细紧弯曲的曲形茶，以及卷曲成环的环形茶等。乌龙茶属于叶茶，一般要到长出驻芽后的一芽三叶开面采摘，所以成品茶显得“粗枝大叶”。但乌龙茶也有自身之美，如安溪铁观音有“青蒂绿腹蜻蜓头”“美如观音重如铁”之说，武夷岩茶有“绿叶红镶边”之美称。

对于茶叶的外形美，审评师的专业术语有针形、显毫、匀齐、细嫩、紧秀、紧结、浑圆、圆结、挺秀等。文士茶人们更是妙笔生花，苏东坡形容当时龙凤团茶的形状为“天上小团月”。清代乾隆把茶芽形容为“润心莲”，并说“眼想青芽鼻想香”，足见这个爱茶的皇帝很有审美的想象力。

武夷山是茶的名丛王国，仅清代咸丰年间（1851—1861）记载的名茶就有 830 多种，根据茶叶的外观形状和色泽，为武夷岩茶起了不少形象而生动的茶名，如白瑞香、东篱菊、孔雀尾、素心兰、金丁香、金观音、醉西施、绿牡丹、瓶中梅、金蝴蝶、佛手莲、珍珠球、老君眉、瓜子金、绣花针、胭脂米、玉美人、金锁匙、岩中兰、迎春柳等。

（三）茶色之美

茶叶的色泽包括干茶的茶色、茶汤的汤色（见图 2-9）以及叶底的色泽（见图 2-10）三个方面，在茶艺表演中主要鉴赏干茶色泽和汤色之美。因为多酚类物质的氧化程度不同，茶类的干茶和汤色也不同。在审评上，茶叶色泽的专用术语有嫩绿、黄绿、浅黄、深黄、橙黄、黄亮、金黄、红艳、红亮、红明、浅红、深红、棕红、暗红、黑褐、棕褐、红褐、姜黄等。鉴赏茶的汤色宜用内壁洁白的素瓷杯或晶莹剔透的玻璃杯。在光的折射作用下，杯中茶汤会幻出色彩不同的美丽光环。人们把色泽艳丽醉人的茶汤比作“流霞”，把色泽清淡的茶汤比作“玉乳”，把色彩变幻莫测的茶汤形容成“烟”。宋代丞相晏殊形容茶

图 2-9 从左至右依次为铁观音、武夷岩茶、东方美人茶汤色

图 2-10 从左至右依次为信阳毛尖、霍山黄芽、碧螺春、六安瓜片

的颜色之美为“稽山新茗绿如烟”。唐代李郢形容饼茶为“金饼拍成和雨露，玉尘煎出照烟霞”。清代乾隆皇帝有诗云“竹鼎小试烹玉乳”。唐代徐夤在《尚书惠蜡面茶》一诗中写道“金槽和碾沉香末，冰碗轻涵翠缕烟”。唐代皮日休在《茶中杂咏·煮茶》中描写作“饽恐生烟翠”。

（四）茶香之美

茶叶的香气物质是茶叶中挥发性物质的总称，是决定茶叶品质的重要因素之一。茶叶中已发现有约700种香气化合物，各类茶的香气成分及含量各不相同。不同芳香物质以不同的浓度组合，表现出的香气风味也不同，即便是同一种芳香物质，浓度不同，嗅觉表现出来的香型也不一样。按照评茶专业术语，茶香有的甜润馥郁，有的清幽淡雅，有的高爽持久，有的鲜灵沁心。按性质分类，分清香、高香、浓香、幽香、纯香、毫香、嫩香、甜香、火香、陈香等；按香型分类，分花香型和果香型。花香又分为兰花香、桂花香等；果香分为水蜜桃香、板栗香、木瓜香等；有的茶则兼具花香和果香。按香气的表现，分为馥郁、高爽、持久、浓郁、浓烈、纯正、纯和、平和等。

对于茶香的鉴赏一般至少要“三闻”：一是闻干茶的香气；二是闻冲泡后茶汤的本香；三是闻茶香的持久性。闻香的办法也有三种：一是从氤氲上升的水汽中闻香；二是闻杯盖上的留香；三是用闻香杯或品茗杯慢慢地细闻杯底留香。茶香会随着温度的变化而变化，这些物质有的在高温下才挥发，有的在较低的温度即可挥发，所以闻茶香既要热闻、温闻，又要冷闻，这样才能全面地感受到茶香之美。

茶香的丰富与缥缈引得文人竞相讴歌。苏东坡在《次韵曹辅寄壑源试焙新芽》中赞美团茶：“仙山灵草湿行云，洗遍香肌粉未匀。”温庭筠在《西陵道士茶歌》中写道：“疏香皓齿有余味，更觉鹤心通杳冥。”古代文人视兰香为“王者之香”，并用兰香来比喻茶香。唐代李德裕在《忆平泉杂咏·忆茗芽》中赞美茶香：“松花飘鼎泛，兰气入瓯轻。”宋代王禹偁《龙凤茶》称：“香于九畹芳兰气，圆似三秋皓月轮。”范仲淹在《和章岷从事斗茶歌》

中称赞茶香曰："斗茶香兮薄兰芷。"宋代李德载《阳春曲·赠茶肆》诗中称："茶烟一缕轻轻飏，搅动兰膏四座香。"清代高士奇在《武夷茶》中赞武夷茶香似玫瑰："擎来各样银瓶小，香夺玫瑰晓露鲜。"关于武夷茶的香，当地最常引用的是清代梁章钜"香清甘活"四个字来概括武夷岩茶的茶性。武夷岩茶的茶香分为焙火香、本香和陈香。焙火香即武夷岩茶精制过程中，因焙火形成的独特香气；本香即武夷岩茶内质表现的香气，又可分为花香型、果香型、乳香型、蜜香型、混合型等；陈香即武夷岩茶经过长期科学储存产生的使人感到愉悦的香气。我国"茶叶泰斗"张天福老先生认为，武夷岩茶的本香是品种香、地域香、栽培香和工艺香的综合表现。

（五）茶味之美

茶的滋味主要有"苦、涩、甘、鲜、活"。苦是指茶汤入口，舌根感到类似奎宁的一种不适味道；涩是指茶汤入口有一股不适的麻舌之感；甘是指茶汤入口回味甜美；鲜是指茶汤的滋味清爽宜人；活是指品茶时感受到舒适、美妙、生津的感觉。在此基础上，审评师们对茶的滋味描述有鲜爽、浓烈、浓厚、浓醇、醇爽、鲜醇、醇厚、回甘、醇正等赞言。品鉴茶的天然之味主要靠舌头，因为味蕾在舌头的各部位分布不均，一般人的舌尖对咸味敏感，舌面对甜味敏感，舌侧对酸涩敏感，舌根对苦味敏感，所以在品茗时应小口细品，让茶汤在口腔内缓缓流动，使茶汤与舌头各部分的味蕾充分接触，以便精细而正确地感知与判断茶味。

茶如人生，亦有百味。苏东坡在《叶嘉传》中拟人化地把茶称为叶嘉先生，并写道："叶嘉真清白之士也，其气飘然，若浮云矣。……始吾见嘉，未甚好焉，久味其言，令人爱之。"黄庭坚在《品令·茶词》中形容茶"味浓香永"。范仲淹称"斗茶味兮轻醍醐"。苏轼在《和钱安道寄惠建茶》诗中赞建茶："森然可爱不可慢，骨清肉腻和且正。"宋徽宗在《大观茶论》中描述武夷茶："夫茶以味为上。甘香重滑，为味之全，惟北苑、壑源之品兼之。"乾隆皇帝也在《冬夜煎茶》诗中赞武夷茶："就中武夷品最佳，气味清和兼骨鲠。"

二、水为茶之母

郑板桥曾写有一副茶联："从来名士能评水，自古高僧爱斗茶。"这生动地说明了"评水"是茶艺的一项基本功。水为茶汤品质呈现的介质和基础，正如许次纾在《茶疏》中所言："精茗蕴香，借水而发，无水不可与茶论也。"明代张源在《茶录》中也写道："茶者，水之神也；水者，茶之体也。非真水莫显其神，非精茶曷窥其体。"这些都说明了水质对泡茶的重要性。

（一）古人对择水的认识

历代茶人对烹煎或泡茶之水都很重视。明代张大复在《梅花草堂笔谈》中写道："茶性必发于水，八分之茶，遇十分之水，茶亦十分矣；八分之水，试十分之茶，茶只八分耳。”可见，茶性借水而发，水质的优劣与茶汤品质密切相关。古人择水最重视的是水源，最早的记载见于西晋时期杜育的《荈赋》：“水则岷方之注，挹彼清流。”这是说煮茶要使用岷山清澈的流水，岷山乃长江的源头，即岷江的支流白龙江的发源地。陆羽在《茶经》中也论宜茶用水：“其水，用山水上，江水中，井水下。其山水，拣乳泉、石池慢流者上。”陆羽对山水、江水和井水进行了优劣排序。在陆羽的影响下，历代茶人对煮茶择水的研究更加精进，出现了一系列论水的专著，如唐代张又新的《煎茶水记》，宋代欧阳修的《大明水记》、叶清臣的《述煮茶水品》，明代许次纾的《茶疏》、徐献忠的《水品》、田艺蘅的《煮泉小品》，清代汤蠹仙的《泉谱》等。归纳起来，古代对泡茶择水的标准大致分为三种：一是水源，水源以活为贵；二是净度和滋味，水要色清味甘；三是水质，水的比重以轻为好。

（二）水质对茶汤的影响

古人关于茶水关系的精辟论述也为现代科学研究所证明。由于水中所含的矿物质与茶叶中的茶黄素、茶红素等呈色物质容易产生化学反应，所以水质的软硬清浊对茶汤的色泽明亮度、滋味鲜爽度都有至关重要的影响。

根据水中所含的矿物质成分不同，天然水可分为硬水和软水两种。凡水中钙、镁离子含量大于 8 mg/L 的称为硬水，含量小于 8 mg/L 的称为软水。硬水又分为暂时硬水和永久硬水。暂时硬水经高温煮沸后，所含的碳酸氢钙和碳酸氢镁经高温分解，生成不溶性的碳酸盐沉淀下来，即变成了软水。这种沉淀也是水壶里形成“水垢”的原因。永久硬水经过煮沸处理也不能软化，用来泡茶，就会使茶汤变色，失去鲜爽味，又苦又涩，所以永久硬水不适合泡茶。

水的硬度影响水的 pH 值，而 pH 值又影响茶汤色泽。当 pH 值小于 5 时，对汤色影响较小；当 pH 大于 5 时，汤色加深；当 pH 达到 7 时，红茶中的茶黄素会自动氧化使茶汤发暗，滋味也失去鲜爽性。所以，泡茶之水以中性及偏酸性为好。水的硬度对茶叶内含物质的浸出率也有显著影响。软水中含其他溶质少，茶叶有效成分的浸出率就高，故茶味浓。硬水含有较多的钙、镁离子和矿物质。高含量的钙会与多酚类物质结合，抑制茶多酚的溶解和浸出；镁离子含量高，则会使茶汤滋味变淡；硫离子含量多，会使茶汤滋味变涩；自来水中氯离子含量较多的话，会使多酚类氧化，影响茶叶的汤色；如果自来水在水管中滞留过久，铁离子含量也会升高，导致茶汤多酚类物质氧化，颜色变黑发暗，甚至会浮起一层“锈油”，使茶汤有苦涩味。由此可见，泡茶用水以选择软水为宜（见表 2-2）。

表 2-2　常见离子对茶汤滋味的影响

离子	含量	对茶汤滋味的影响
氯	高于 0.5 mg/L	有明显的氯气味，不愉悦
铁	高于 0.4 mg/L	茶汤呈黑褐色，滋味变淡
锰	高于 0.5 mg/L	茶汤呈黑褐色，滋味变苦
铝	高于 0.2 mg/L	滋味变苦
钙	高于 2 mg/L	滋味变涩
镁	高于 2 mg/L	滋味变淡
铅	高于 0.4 mg/L	滋味淡薄有酸味、涩味，超过 1 g/L 有毒
硫酸盐	高于 6 mg/L	有涩味
氯化钠	高于 200 mg/L	有盐味，茶汤带涩

（三）现代人择水的标准

宋徽宗赵佶在《大观茶论》中对泡茶用水做了全面概括：“水以轻清甘洁为美。轻甘乃水之自然，独为难得……当取山泉之清洁者。其次，则井水之常汲者为可用。”这基本囊括了古代对泡茶用水的选择。总结古人的经验，现代人选择宜茶之水，可以概括为五个字：清、轻、甘、冽、活。

清是对浊而言，要求水澄净、透明、清澈无异物、无沉淀物，最能显出茶的本色，故清澄明澈之水称为“宜茶灵水”。

轻是对重而言，好水质地轻，即软水。宋徽宗皇帝认为，好水“质地轻，浮于水”，劣水“质地重，沉于下”。软水适合沏茶，用软水冲泡，茶汤明亮，香气清高而醇口。

甘指水味，要求入口甘甜。宋代蔡襄在《茶录》中指出：“水泉不甘，能损茶叶。”凡甘泉之水皆有清凉感。宋代诗人杨万里有“下山汲井得甘冷”之句，古人品水味，尤崇甘冷或甘冽。

冽是指水在口中有清凉的感觉，因为寒冽之水多出于地层深处的泉脉之中，受污染少，泡出的茶汤滋味纯正。古人所说的“冽”一般指冰水和雪水。水在结晶过程中，杂质下沉，结晶的水相对而言比较纯净，其茶汤滋味尤佳。

活是对止而言，要求水源要活，有流动，因为流动的水不腐，没有异味，细菌不易繁殖，同时活水有自然净化作用，氧气含量也高，泡出的茶汤鲜爽可口。宋代唐庚的《斗茶记》指出：“水不问江井，要之贵活。”这强调用水要清冽、活。

（四）泡茶用水的分类

梳理古人择水的方法，可将自然界中的水源分为：降落的天然水，有雨水、雪水、露水、霜等；流动的地表水，有泉水、溪水、江河水、湖泊水、井水等。

随着现代科技的进步，在古人择水方法的基础上，现代人对水质进行了一定的处理，经过处理后的水叫再加工水，分为纯净水、矿泉水、自来水等。

1. 降落水

雪水、露水和刚下的雨水都属于软水，被古人誉为“天泉”。在古代人的眼中，“天泉”不曾受过污染，是世间最洁净、清冽的水，被当作泡茶的上品。

图 2-11　雪水泡茶

（1）雪水。雪水是较纯净的软水，泡茶味佳，古人早有尝试（见图 2-11）。白居易《晚起》诗中说“融雪煎香茗”。辛弃疾《六幺令（用陆氏事，送玉山令陆德隆侍亲东归吴中）》云“细写《茶经》煮香雪。”元代谢宗可在《雪煎茶》诗中写道：“夜扫寒英煮绿尘，松风入鼎更清新。”曹雪芹在《红楼梦》第二十三回“西厢记妙词通戏语，牡丹亭艳曲警芳心”一章《冬夜即事》诗中写道：“却喜侍儿知试茗，扫将新雪及时烹。”这些都是说雪水泡茶之事。雪水使用时多用旧年陈水，因其放后味更甘甜。清代袁枚《随园食单》道：“然天泉水、雪水力能藏之。水新则味辣，陈则味甘。”清末震钧在《天咫偶闻》中也说：“（天泉）然清则有之，冽犹未也。雪水味清，然有土气，以洁瓮储之，经年始可饮。”宋代李之仪《济上闲居》云：“丹灶鹤归休炷火，茶瓯客访旋敲冰。”可见，古人在泡茶用水上用尽了心思。

（2）露水。《本草从新》中称赞露水：“甘平，止消渴，宜煎润肺之药；秋露造酒最清冽；百花上露，令人好颜色。”乾隆皇帝尤爱用荷叶上的露水烹茶，并写下了《荷露烹茶》诗：“平湖几里风香荷，荷花叶上露珠多。瓶罍收取供煮茗，山庄韵事真无过。惠山竹垆仿易得，山僧但识寒泉脉。泉生于地露生天，霄壤宁堪较功德。冬有雪水夏露珠，取之不尽仙浆腴。越瓯吴荚聊浇书，非慕炼玉烧丹炉，金茎汉武何为乎？”

（3）雨水。雨水也较为洁净，但因季节不同，水质也有很大差异。明代屠隆在《考槃余事・择水》中认为：“天泉，秋水为上，梅水次之。秋水白而冽，梅水白而甘，甘则茶味稍夺，冽则茶味独全，故秋水较差胜之。春冬二水，春胜于冬，皆以和风甘雨，得天地之正施者为妙。唯夏月暴雨不宜，或因风雷所致，实天之流怒也。”总结来说就是泡茶以秋雨最好，春雨次之，冬雨第三，夏季暴雨最差。秋季，天高气爽，尘埃较少，雨水清冽，泡茶滋味爽口回甘；梅雨季节，阴雨连绵，微生物易于滋长，泡茶品质较次；夏季雷雨，常伴飞砂走石，水质不净，泡茶茶汤浑浊。

2. 地表水

（1）泉水。明代陈继儒的《试茶》认为：“泉从石出情宜冽，茶自峰生味更圆。”苏轼在《惠山谒钱道人烹小龙团登绝顶望太湖》诗中用惠山泉试茶："独携天上小团月，来试人间第二泉。"这些都是讲用泉水泡茶。

一般说来，在自然界天然水中，泉水最符合泡茶用水的标准，也较贴合审评和品茗艺术。陆羽认为"乳泉、石池慢流者上"，即生态环境好、由矿物岩层滤出的泉水为上，因为泉水多源于山岩谷壑，经过沙石岩土的层层过滤，清澈洁净、滋味甘美，能助茶性；同时，泉水含有较多的二氧化碳，水质爽口，并在二氧化碳的作用下，溶解了钠、钾、钙、铝等几十种元素，使水质营养丰富、清爽甘冽。我国的泉水资源极为丰富，其中比较著名的就有百余处之多，如镇江中泠泉、无锡惠山泉、苏州观音泉、杭州虎跑泉和济南趵突泉，号称"中国五大名泉"。名泉往往伴有传说或名人逸事以及诗词歌赋，具有浓郁的文化色彩，增强品茗艺术的审美情趣。用当地的泉水泡当地的名茶，是最理想不过的了，"龙井茶"和"虎跑水"，被称为杭州"双绝"。唐代张又新也在《煎茶水记》中说："夫茶烹于所产处，无不佳也。盖水土之宜。"他还将当时的泉水，分为20个品次。

由于水源和流经区域不同，泉水中的溶解物、含盐量与硬度等均有很大差异，泉水的品质差异也较大。明代张源在《茶录》中有论述："山顶泉清而轻，山下泉清而重，石中泉清而甘，砂中泉清而洌，土中清泉淡而白，流于黄石为佳，泻出青石无用，流动者愈于安静，负阴者胜于向阳，真源无味，真水如香。"当泉水不易获取时，古人也有办法。清代陆廷灿在《续茶经》中引用朱国祯《涌幢小品》中的经验，寻常水处理后也一样能达到泉水的品质："家居苦泉水难得，自以意取寻常水煮滚，入大瓷缸，置庭中避日色。俟夜天色皎洁，开缸受露，凡三夕，其清澈底。积垢二三寸，亟取出，以坛盛之。烹茶与惠泉无异。"

（2）江河湖水。泡茶用水虽以泉水为佳，但溪水、江水与河水等长年流动之水，用来沏茶也不逊色。宋代杨万里曾在《舟泊吴江》诗中描绘船家用江水泡茶的情景，诗云："江湖便是老生涯，佳处何妨且泊家，自汲松江桥下水，垂虹亭上试新茶。"白居易在《萧员外寄新蜀茶》诗中曰："蜀茶寄到但惊新，渭水煎来始觉珍。"这些都是讲用江水煎茶。明代许次纾在《茶疏》中说："黄河之水，来自天上，浊者土色也。澄之既净，香味自发。"这说明有些江河之水，尽管浑浊度高，但澄清之后，仍可饮用。《茶经》中写道："其江水，取去人远者。"江河湖水属于地表水，通常靠近城镇之处，江（河）水易受污染，要到远离人烟的地方去取。如今环境污染较为普遍，以致许多江河湖水需要经过净化处理后才可饮用。

（3）井水。井水属地下水，一般来说，深层地下水有耐水层的保护，有些是从砂岩中涌出的清泉，水质好，污染少，水质洁净，而且终年长流不息，取之泡茶，香味俱佳。陆游《闲咏》诗中说："买菊穿苔种，怀茶就井煎。"元代洪希文《煮土茶歌》云："莆中苦茶出土产，乡味自汲井水煎。"这些都说明用井水不错。如果用井水煮茶，要"取汲多者"，多人取用，井水才活。浅层地下水易被地面污染，水质较差，所以深井水比浅井水好。对于矿物质含量高的泉水、江水和井水等暂时硬水，泡茶时一定要充分煮沸才可使用。

3. 再加工水

（1）自来水。自来水一般都是经过人工净化、消毒处理过的江（河）水或湖水。凡达到我国卫生部制定的饮用水标准的自来水，都适于泡茶。但有时经过净化的自来水，水中含有较多的氯气，在水管中滞留较久的话还含有较多的铁质，泡茶前最好先经过处理再用来泡茶。

简易的处理方法有：①静置除氯。可将自来水贮于陶缸中，静置一昼夜，待氯气自然散逸后，再用来煮沸泡茶，才能发挥茶叶的色香味。②煮沸后开盖。将自来水煮沸后，打开壶盖，让水中氯气挥发掉即可。③净水器过滤。让自来水通过树脂层，将氯气和钙、镁等矿物质离子除去，变成去离子水后用以泡茶。经过处理后的自来水也是比较理想的泡茶用水。

（2）纯净水。随着现代科学的进步，采用多层过滤和反渗透技术，可以将一般的饮用水变成不含有任何杂质的纯净水，并使水的酸碱度达到中性。用这种水泡茶，不仅净度好、透明度高，沏出的茶汤晶莹澄澈，而且香气滋味纯正，无异杂味，鲜醇爽口。

（五）宜茶名泉

1. 古人口中第一泉

（1）江西九江谷帘泉——茶圣口中第一泉（唐代陆羽）。江西九江庐山康王谷的谷帘泉被陆羽赞为天下第一泉，声誉倍增，驰名四海。当地的“云雾茶，谷帘泉”被称为珠璧之美。朱熹曾作《康王谷水帘》一首云：“追薪爨绝品，瀹茗浇穷愁。敬酹古陆子，何年复来游。”

（2）镇江金山中泠泉——扬子江心第一泉（唐代刘伯刍）。中泠泉亦称南零水、中零水、中濡水，位于镇江西北、长江南岸、金山以西的石弹山脚下。原在扬子江心，是万里长江中独一无二的泉眼，因为长江水深流急，汲取不易。苏东坡有诗云：“中泠南畔石盘陀，古来出没随涛波。”据传打泉水需要在正午之时将带盖的铜瓶子用绳子放入泉中后，迅速拉开盖子，才能汲到真正的泉水。

（3）北京玉泉山玉泉——乾隆御赐第一泉（清代乾隆）。玉泉位于北京颐和园以西的玉泉山南麓，以“水清而碧，澄洁如玉”而得名。明代诗人王英曾赋诗形容它“山下泉流似玉虹，清泠不与众泉同”。据记载，玉泉山水曾作为明、清两代的皇宫饮用水。经过乾隆皇帝的大力推崇，玉泉山水作为“天下第一泉”，名声日盛，渐渐与镇江的中泠泉齐名。

（4）山东济南趵突泉——大明湖畔第一泉（清代乾隆）。趵突泉现位于山东省济南市（别称“泉城”）趵突泉公园，位居济南“七十二名泉”之首。趵突泉三窟并发，浪花雪舞，声若闷雷，势如鼎沸。赵孟頫赞曰：“云雾润蒸华不注，波涛声震大明湖。”“趵突”不仅字面古雅，而且音义兼顾。以“趵突”形容泉水“跳跃”之状、喷腾不息之势；同时又模拟泉水喷涌时的“卜嘟”声，可谓绝妙绝佳。

（5）四川峨眉玉液泉——峨眉神水第一泉（清代邢丽江）。玉液泉位于四川省峨眉山大峨寺的神水阁前，四周风光清幽深秀，古有“饮水诧得仙”之句，故称为“神水”，又名“甘泉”。水质清澈晶莹，如琼浆玉液一般，故名玉液泉。此泉水中含有微量的氡、氧化硅等多种矿物质，泉水鲜美，对人体有保健作用。

2. 天下第二泉——无锡惠山泉（陆子泉）

惠山泉原称“漪澜泉”，又称“冰泉”，位于无锡惠山寺南侧锡惠公园内，泉水无色透明，含矿物质少，水质优良，甘美适口。此泉共分上、中、下三池，传说为唐朝无锡县令敬澄于大历元年至十二年（766—777）所开凿。人间灵液，清鉴肌骨，含漱开神，茶得此水，皆尽芳味。相传唐武宗时，宰相李德裕很爱惠山泉水，曾令地方官使用坛封装，驰马传递数千里，从江苏运到陕西，供他煎茶。因此，唐朝诗人皮日休曾将此事和杨贵妃驿递荔枝之事相比联，作诗讥讽：“丞相长思煮茗时，郡侯催发只忧迟。吴关去国三千里，莫笑杨妃爱荔枝。”到了宋朝，二泉水的声誉更高。苏东坡向人推荐：“雪芽为我求阳羡，乳水君应饷惠山。”又写道：“独携天上小团月，来试人间第二泉。”中国民间音乐家阿炳（华彦钧）曾作《二泉映月》二胡名曲，曲调悠扬，如泣如诉，更使二泉美名远播天下。

3. 其他名泉

国内还有其他地区的一些名泉，如江苏苏州观音泉（又叫“陆羽泉”或“陆羽井”，被陆羽评为天下第三泉），江苏扬州大明寺泉（被刘伯刍评为天下第五泉），浙江杭州虎跑泉（素称天下第三泉）、西湖龙井泉、飞来峰玉女泉、凤林寺君子泉、宝山子午泉、灵隐山烹茗井（因白居易曾用来烹茶得名）、双溪东坡泉（被苏东坡寻泉时无意发现而命名），浙江余杭安平泉，山东济南珍珠泉（被乾隆评为天下第三泉），山东淄博灵泉，河北邢台百泉，河南辉县百泉、柏岩淮水泉，安徽怀远白乳泉，建安北苑御茶园中御泉，湖北兰溪兰溪泉（被陆羽评为天下第三泉）、秭归香溪泉（李白、杜甫、陆游都品尝过此泉水）、兴山昭君井，湖南洞庭柳毅泉，四川丹巴神泉，贵阳黔灵山圣泉，云南大理蝴蝶泉、西部白泉。还有以陆羽命名的泉或井，有江西上饶“陆羽泉”（又称“胭脂井”）、湖北天门“文学泉”（又称“陆子井”）、浙江余杭“苎翁泉”（又称“陆家井”）。

（六）泡茶煮水的火候

古人对泡茶水温十分讲究，他们认为泡茶烧水以大火煮沸为宜，不宜文火慢煮。用这样的水泡茶，茶汤香味皆佳。陆羽在《茶经》中通过声辨和形辨判断水的沸腾程度：“其沸，如鱼目，微有声，为一沸。缘边如涌泉连珠，为二沸。腾波鼓浪，为三沸。已上水老，不可食也。”张源《茶录》指出：“如初声、转声、振声、骤声，皆为萌汤，直至无声，方是纯熟。”古人将沸腾过久的水称为“水老”，将未煮沸的水称为“水嫩”，水嫩和水老都不利于茶叶的冲泡。这是因为：水嫩的水温不够，茶叶中有效成分不易浸出，香味低，滋味淡薄，而且茶浮水面，饮用不便；水老，溶于水中的二氧化碳挥发殆尽，会使茶汤颜色不鲜明，茶叶失去鲜爽滋味。所以，煮水需要控制火候。一般来说，泡茶时将水烧开煮沸即可，不可反复煮沸。用现煮开水泡茶，才能保证茶汤的清爽与甘醇，香气更清晰。

泡茶水温的选择与控制与茶叶性质、泡茶器具和环境季节等因素有关。高级绿茶，特别是各种芽叶细嫩的名优绿茶，一般以 85℃左右为宜，高温会破坏绿茶中的营养成分，影响茶汤的色泽和口感。对于刚烧开的水，降低水温的方法有：水开后打开壶盖散热，待水汽平息；注水时适当提高水壶，让水细流，促进散热；冲泡时，不宜加盖冲泡，避免焖茶；或将开水倒入茶海，稍冷片刻再冲泡。乌龙茶和普洱茶，因为采摘原料较为成熟，则须用沸水冲泡，有时为了保持和提高壶温，还要在冲泡前用开水烫热茶具，冲泡后在壶外淋开水。

三、器为茶之父

茶具，在南宋以前又称茶器或茗器，现指茶叶冲泡品饮过程中所用的一切器具。随着茶叶的生产、饮茶习惯的演变，茶具也在不断地发展变化，成为历史发展长河中饮茶最重要的载体。我国历史上出现的茶具种类繁多，功能和审美兼具，丰富着茶文化的内涵。

（一）茶器的历史演变

从原始社会到汉晋之前，并没有专有的茶器，茶器与食器、酒器通用。古书记载，最早的茶具为“椀”，魏晋南北朝古墓中发现了这种木制的“椀”。西汉出现了釉陶茶具，西汉辞赋家王褒《僮约》中“烹荼尽具……武阳买荼”的记载，是中国最早提到“茶具”的史料。西晋杜育《荈赋》讲：“器择陶拣，出自东瓯。”陆羽《茶经・七之事》中引《广陵耆老传》：“有老姥每旦独提一器茗，往市鬻之。”陆羽在《茶经》中皆称烹饮器具为“茶器”，称茶叶的采制工具为茶具。到南宋，审安老人《茶具图赞》中改称烹点器具为茶具，并沿用至今。

1. 唐代茶具

唐代是我国茶具艺术发展相对兴盛的时期，饮茶的器具以陶瓷茶具为主，形成了“南青北白”两大系统，“南青”以浙江龙泉的越窑青瓷为代表，“北白”以河北内丘、临城境内的邢窑白瓷为代表。邢窑白瓷曾风靡一时，唐代李肇在《唐国史补》中说“内丘白瓷瓯，端溪紫石砚，天下无贵贱通用之”，可见其生产规模之大、影响之远。皮日休作《茶瓯》诗赞道：“邢客与越人，皆能造兹器，圆似月魂堕，轻如云魄起，枣花势旋眼，苹沫香沾齿，松下时一看，支公亦如此。”

陆羽在《茶经・四之器》中论述了品茶的碗：“越州上……越州瓷、岳瓷皆青，青则益茶。”其中认为越窑的青瓷较易衬茶色。后来还出现了专用于皇家瓷器烧制的秘色瓷，秘色瓷为越窑青瓷中的特制瓷器，因釉料配方保密而得名。其特殊的釉料配方能产生瓷器外表如冰似玉的美学效果，成为青瓷中的上乘之作。同时，贵族内也出现了金、银、铜、锡等金属制作的茶具，此外，还有玉器和水晶玛瑙器具。在唐代法门寺地宫出土的茶具中，有琉璃茶盏和一套唐代宫廷使用的金银茶具（见图 2-12）。

2. 宋代茶具

宋代茶事活动盛行，也是我国陶瓷工艺和美学发展的重要时期，宋代“尚青”的审美标准以及对禅宗美学的极力推崇使得茶器无论在审美还是工艺水平上都得到了巨大的发展。继唐代“南青北白”的格局后出现了两大体系：一是青瓷系；二是黑釉盏系。

鎏金银茶碾

鎏金银盐台

鎏金银茶罗

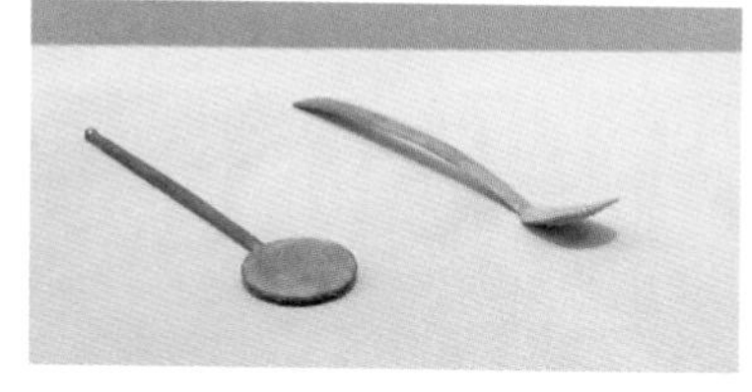

银香匙、鎏金银则

鎏金银龟盒

玻璃茶托、茶盏

图 2-12 陕西法门寺博物馆藏品

宋代五大名窑争奇斗艳，分别为汝窑、官窑、哥窑、钧窑、定窑，除定窑烧制白瓷外，其他四个窑场皆产青瓷。五大名窑中，官窑由官府直接管辖，生产的瓷器多为素面，没有华美的雕饰、涂绘，风格大气。钧窑除青瓷外还有天青、蓝灰、玫瑰紫、月白等多种釉色的瓷器。哥窑与众不同之处在于它的开片极美，金丝铁线是其最大的特色。汝窑釉色卵白、鸭蛋青，“汁水莹厚如堆脂”，釉面开细纹片，即蟹爪纹。陆游《老学庵笔记》说：“故都时定器不入禁中，惟用汝器，以定器有芒也。”定窑最开始是为北宋宫廷服务的御用瓷器窑场，在五大名窑中是唯一一个烧制白瓷的。定窑白瓷偏暖黄色，看起来温润恬静，常装饰多种精致的印花、刻花，这些也是定窑能显赫天下的原因，苏轼在《试院煎茶》中有“定州花瓷琢红玉”的诗句。

由于饮茶方式和审美趣味的变化，宋代饮茶尤重黑釉盏。蔡襄在《茶录》中论述：“茶色白，宜黑盏，建安所造者绀黑，纹如兔毫，其杯微厚，熁之久热难冷，最为要用。出他处者，或薄，或色紫，皆不及也。其青白盏，斗试家自不用。”盏也作“琖”，小杯，是一种比碗小的器皿，故亦称碗，宋代文献亦称为瓯。黑釉盏又以建窑兔毫盏为最，其釉色黑青，盏底有放射状条纹，银光闪现，异常美观。兔毫纹有黄、白两色，称金、银兔毫；用兔毫盏点茶，黑白相映，易于观察茶面白色泡沫汤花，故名重一时（见图 2-13）。苏轼《送南屏谦师》诗云：“道人晓出南屏山，来试点茶三昧手。忽惊午盏兔毫斑，打作春瓮鹅儿酒。”黄庭坚《西江月·茶》

图 2-13 建窑兔毫盏，藏于武夷山博物馆

云："兔褐金丝宝碗，松风蟹眼新汤。"这些都是咏兔毫盏的名句。另外，宋代皇帝将"建盏茶器"作为赐品，《宋史·礼志》载："皇帝御紫宸殿，六参官起居北使……是日赐茶器名果。"从中可见宋代"茶器"的名贵。有的建盏釉面结晶呈油滴状，称鹧鸪斑；也有少数窑变花釉，在油滴结晶周围出现蓝色光泽，这种茶盏传到日本，都以"天目碗"称之，如"曜变天目""油滴天目"等，现都成为日本的国宝，非常珍贵。

宋代茶盏多用盏托。宋代程大昌的《演繁露》中记载："托始于唐，前世无有也。崔宁女饮茶，病盏热熨指，取碟子融蜡象盏足大小而环结其中，置盏于蜡，无所倾侧，因命工髹漆为之。宁喜其为，名之曰托。遂行于世。"自茶托出现以来，一直是茶人喜爱的茶器，不论饮茶方式怎样变化，但有碗、盏、杯等，皆可用托。茶托的材质有金银铜铁、瓷器、漆器等，造型也是花样百出。瓷盏托始见于东晋，南北朝开始流行。宋代茶盏为宽口小足型，而且宋代点茶要七次点汤击拂乃成，盏足太小，稳定性弱，配以盏托使用则增强了稳定性，没有倾倒之虞，可放心点茶。宋代审安老人《茶具图赞》中就有"漆雕秘阁"："承之，易持，古台老人。"这说的就是雕花漆器茶盏托，它是用来"承"托茶盏的，不易烫手，故"易持"。宋代漆盏托多为朱红色，精美的盏托不仅避免了烫手，还增添了茗饮的情趣。

3. 元代青花瓷

元代在茶的加工、饮法和器具上，是一个上承唐宋、下启明清的过渡时期。元代茶器的特点是以青白釉茶具为多，江西景德镇的青花瓷以其白瓷缀青纹、古朴典雅又清丽恬静的风格而声名鹊起，素有"白如玉，薄如纸，明如镜，声如磬"的美誉，不仅受国内珍爱，而且远销国外。

元代瓷器在器型、釉色等方面为明、清两代的发展奠定了基础（见图 2-14）。元代茶壶的变化主要在于壶的流子（嘴）上。宋代流子多在肩部，元代则移至腹部。国外对这种壶十分推崇，特别是日本，因"茶汤之祖"珠光氏特别喜爱这种茶具，所以在日本，青花茶具又定名为"珠光青瓷"。

图 2-14　元代青花瓷器

4. 明代茶具

明代饮茶方式的变革使得茶具在品种数量上比唐宋时期大为减少，并为现代的饮茶器具奠定了基础。茶具的变化表现在两方面：一是出现了小茶壶；二是茶盏的形和色有了较大变化。

明朝中期始，茶的烹点之法大异于前。许次纾《茶疏》云："先握茶手中，俟汤既入壶，随手投茶汤。以盖覆定。"以茶壶泡茶，再将茶汤倒入茶杯饮用，成为明代的饮茶风尚。散茶饮用时需要先浸泡，使茶的香味散发显溢，故而有盖的茶壶也就应时而生了。明代崇尚紫砂或瓷质的小壶。文震亨《长物志》云："壶以砂者为上，盖既不夺香，又无熟汤气。”张谦德《茶经》说：“茶性狭，壶过大则香不聚，容一两升足矣。”自时大彬起，一反旧制，制作紫砂小壶。冯可宾在《岕茶笺》中对紫砂小壶的盛行趋势做了说明：“茶壶，窑器为上……以小为贵，每一客，壶一把，任其自斟自饮，方为得趣。何也？壶小则香不涣散，味不耽搁。”周高起《阳羡茗壶系》说：“壶供真茶，正在新泉活火，旋瀹旋啜，以尽色声香味之蕴，故壶宜小不宜大，宜浅不宜深，壶盖宜盎不宜砥，汤力茗香，俾得团结氤氲。”紫砂壶首推宜兴，吴骞《阳羡名陶录》记载：“宜兴有茶壶，澄泥为之……精美绝伦，四方皆争购之。”《桃溪客语》也说：“阳羡瓷壶自明季始盛，上者至金玉等价。”明代紫砂壶简洁、浑厚、朴素、大气，素面素心是其文化核心。用点、线、面来表现，特别注重实用功能，体现明快的观赏效果。

明代紫砂壶名工辈出，最著名的有“四大家”，即董翰、赵梁、元畅、时鹏，以及“三大妙手”，即时大彬、李仲芳、徐友泉。许次纾的《茶疏》记载：“往时龚春茶壶，近日时彬所制，大为时人宝惜。”龚春所制茶壶如图 2–15 所示。

图 2–15　明代龚春“树瘿壶”（中国国家博物馆藏）

明代茶盏瓷色又有变化，由黑釉盏（碗）变为白瓷或青花瓷茶盏。屠隆《考槃余事》云：“宣庙时有茶盏，料精式雅，质厚难冷，莹白如玉，可试茶色，最为要用。蔡君谟取建盏，其色绀黑，似不宜用。”许次纾在《茶疏》中说：“其（茶瓯）在今日，纯白为佳，兼贵于小。定窑最贵，不易得矣。”明代的白瓷有非常高的艺术价值，永乐年间生产的白瓷，史称“甜白”，也叫“填白”，是一种半脱胎瓷器，胎质细腻洁白，胎壁极薄，釉层晶莹肥厚。白瓷茶盏造型美观，比例匀称，在茶具发展史上占有重要的位置。这一时期，江西景德镇的白瓷茶具和青花瓷茶具、江苏宜兴的紫砂茶具都获得了极大的发展。江西景德镇成为全国著名的“制瓷中心”，产量最多，规模也最宏大。除青花瓷继续大量烧制并进一步提高质量外，釉上彩瓷、成化斗彩、青花五彩等开始问世。

5. 清代茶具

清代，六大茶类已经出现，饮茶方式与茶具种类基本沿袭明代规范，茶具制作工艺有了进一步发展，清代茶具以“景瓷宜陶”最为著名。康熙、乾隆时期的瓷器最为繁荣，器物的造型、釉色、制作工艺、纹饰、品种等都达到了顶峰。康熙时出现的盖碗最负盛名，并被延续发展沿用至今。江西景德镇除继续烧制青花瓷、五彩瓷茶具外，还创制粉彩、珐琅彩（见图 2–16）两种釉上彩。清代宜兴的紫砂茶具在继承传统的基础上，也在不断创新。清代制壶大家陈鸣远、陈子畦等发展了塑蛙塑瓜、松竹梅兰、金镶银钳、漆描线妆，更具观赏性。清中县令陈曼生，在紫砂上黔书刻画，创作出了“曼生十八式”，开创了以书文诗画缀于紫砂的先河（见图 2–17）。

图 2-16　珐琅彩盖碗

图 2-17　陈曼生合欢壶

紫砂壶是清代品饮乌龙茶工夫茶艺的必备茶具，并且在泡茶上显示出了独特的优势。清代袁枚《随园食单》云："余向不喜武夷茶，嫌其浓苦如饮药。然丙午秋，余游武夷到曼亭峰、天游寺诸处。僧道争以茶献。杯小如胡桃，壶小如香橼，每斟无一两，上口不忍遽咽，先嗅其香，再试其味，徐徐咀嚼而体贴之，果然清芬扑鼻，舌有余甘。一杯之后，再试一二杯，令人释躁平矜，怡情悦性。始觉龙井虽清而味薄矣，阳羡虽佳而韵逊矣，颇有玉与水晶品格不同之故，故武夷享尽天下盛名，真乃不忝，且可瀹至三次，而其味犹未尽。"俞蛟《梦厂杂记・潮嘉风月・工夫茶》记载"壶出宜兴窑者最佳"。民国时期翁辉东《潮州茶经・工夫茶》也说："茶壶，俗名冲罐，以江苏宜兴朱砂泥制者为佳。"连横《茗谈》中更说："台人品茶，与中土异，而与漳、泉、潮相同……茗必武夷，壶必孟臣，杯必若深，三者为品茶之要，非此不足自豪，且不足待客。"由此可见紫砂壶具在工夫茶艺中的显赫地位。此外，福建福州的脱胎漆器（见图 2-18）、四川的竹编茶具（见图 2-19）等茶器也在这一时期问世。

图 2-18　脱胎漆器

图 2-19　竹编茶具

明清时期的瓷器在器型、釉色、纹样上都非常丰富多彩，达到中国历代瓷器制造的顶峰，在我国瓷器发展史上有着极其重要的地位。纹饰作为瓷器装饰中必不可少的一部分，也取得了相当大的成就，它真实地反映了明清时期人们的物质文化生活，以及当时人们的审美情趣。

6. 现代茶具

现代茶具的种类繁多，造型优美，除具实用价值外，也有颇高的艺术价值。现代茶具精简了许多，但是类别多样，功能上主要以品饮和储存为主。茶具的选用因人们的品饮习惯、个人喜好等的不同而异。茶具材质十分丰富，常见的有陶瓷、金属、玻璃、搪瓷（见图 2-20）、玉石（见图 2-21）等。茶具的种类、风格、形态、颜色、功能等随着年代的变化而变化，使得茶器与茶相得益彰，在功能和造型上推陈出新，更加符合现代人对使用功能、审美功能的需求。现代茶具无论在色彩搭配还是在实用性能上，均有着和谐的美感，体现了人与自然和谐共生的生态美学思想。

图 2-20 搪瓷茶具

图 2-21 玉石茶具

（二）茶器的分类

由于中国历代制茶和饮茶的方法不同，所以茶器也随年代有所变化。按材质来分，可分为陶器、瓷器、玻璃、竹木、金属、漆器、搪瓷、玉器、水晶玛瑙等茶具；按用途来分，可以分为煮水器具、泡茶器具、辅助器具等。

1. 按材质分类

（1）陶土茶具。陶土茶具中享有盛誉的是宜兴紫砂茶具，早在北宋初期就已经兴起，随着散茶的出现，在明代大为流行。紫砂是用一种含铁量较高、黏土质粉砂岩的自然特殊矿土，分紫泥、本山绿泥和红泥，经 1 100℃～1 180℃的温度烧制而成。

① 紫砂壶的特点。紫砂茶具胎质致密，硬度、密度低于瓷器，不透光，具有一定的透气性、吸附性、保温性；传热缓慢，泡茶不烫手，骤冷骤热不会胀裂；既不渗漏，又有较高的气孔密度，热天盛茶不易酸馊。壶壁的双重气孔结构，使胎体易吸茶汁，蕴蓄茶味，用来冲泡粗老茶叶，对滋育茶汤大有益处，而且其造型美观大方，质地淳朴古雅，呈现特有的肌理美感，相比瓷壶给人以冰冷之感，紫砂给人以温暖可人之触感。

② 紫砂壶的造型分类。紫砂壶按不同的形态特征分为光货、花货和筋囊货。

光货也称为“几何体造型”（见图 2-22），由各种不同的曲弧线或直线构成圆器、方器。圆器柔括朴玉、曲折圆润，显示出一种活泼柔顺的美感。方器则线面平整、轮廓分明，表现明快挺秀的阳刚之美。几何体造型设计上多要求：壶嘴、壶钮、壶把要在一条直线上，壶口、壶嘴和壶把位于同一个水平面上；壶把、壶嘴和整个壶身要达到和谐平衡，具有整体和谐的美感。紫砂光货素器具有质朴裸胎之美，材质素朴而率真，具有良好的表现力。在光货中有一种容量多为 100～150 mL 的水平壶，以圆器造型为多，多用

图 2-22 光货

于冲泡乌龙茶。

花货造型也称塑器、自然形体。主要是模仿自然界动植物的自然形态，如花果、动物，用浮雕、半浮雕、堆雕等造型设计成仿生形态的茶壶，讲求“巧形、巧色、巧工”的配合，方才惟妙惟肖、形象逼真，如常见的南瓜壶（见图 2-23）、梅桩壶（见图 2-24）、寿桃壶等。评价花货作品，应探究其“形、神、气、态、韵、精、功”等多种艺术效果。

图 2-23 南瓜壶

图 2-24 梅桩壶

筋囊货造型（见图 2-25）也叫筋纹货、筋囊器、筋瓤器、筋纹形体。艺人们将自然界中的花卉、瓜果、天象等自然形态分为若干等分，把生动流畅的筋纹纳入结构严谨的设计当中，要求上下对应、左右对称，口盖衔接严密，纹理清晰流畅，体现一种秩序、节奏之美。其造型设计的重点是在俯视角度下追求平面形态上的变化。

图 2-25 筋囊货

另外，还有类似雕塑作品的紫砂壶，从外观上看是一个具有艺术性的紫砂雕塑品，在适当的部位设计壶嘴、壶把、壶盖等等，具有泡茶功能。

③ 紫砂壶的选用。紫砂壶的主要构成有壶身、壶盖、壶把、壶流、壶钮等。从操作

上看，要符合人体工学的特点，如壶把的位置高低、大小粗细应与手形相适应，以便于使用。从功能上看，要求紫砂茶具的造型端拿便利，出水流畅，倒茶收水不流涎。从实用性上看，要能充分展现茶的品质特征。一般而言，壶身扁、壶口大、胎质疏松的壶散热较快，可冲泡绿茶、花茶等采摘原料细嫩的茶叶，不至于烫坏茶叶；壶身高、壶口小、胎质致密的壶散热较慢，可冲泡红茶，使茶香更甜醇、滋味更醇厚；泡乌龙茶，宜选用肚大、口小、壶深的小壶，壶小香气不涣散，香聚而滋味佳；泡普洱茶、陈年乌龙茶，多选用口阔腹扁、胎质疏松的小壶，以利于去除杂味，茶香浓郁持久。

从紫砂壶呈现的气韵角度来看：古拙的壶适合泡重滋味的发酵度稍高的乌龙茶（如武夷岩茶）、普洱茶、红茶等；清趣的壶适合泡重香气的绿茶、发酵度稍低的乌龙茶等；壶盖高、壶唇薄的小壶冲泡重香气的乌龙茶，其壶盖的聚香功能类似于闻香杯之功效，利于揭盖闻壶盖的香气。

（2）瓷器。瓷器是中国传统文明的一面旗帜，瓷器与中国茶的匹配让中国茶传播到全球各地。瓷器的发明和使用迟于陶器，具有传热较慢、保温适中的特点，不会与茶发生任何化学反应，沏茶能获得较好的色、香、味，造型美观、质感丰富、装饰自然，具有较高的欣赏价值，而且性价比高，较受大家欢迎。瓷器烧制时因含铁量与烧成气氛的不同，形成不同的釉色，分为白瓷、青瓷和黑瓷。

① 青瓷茶具。青瓷茶具（见图 2-26）始于晋代，主要产地为浙江龙泉，龙泉青瓷传统上分“哥窑”与“弟窑”。“哥窑”为宋代五大名窑之一，以瑰丽、古朴的纹片为装饰，胎薄如纸，釉厚如玉，釉面布满纹片，紫口铁足，胎色灰黑，其釉层饱满、莹洁，裂纹无意而自然，交相辉映，更显古朴典雅。“弟窑”胎白釉青，晶莹滋润，胜似翡翠。青瓷釉层丰润，釉色青碧，以粉青、梅子青为最，豆青次之，被誉为民窑之巨擘，有“青如玉、明如镜、声如磬”之美誉。唐代诗人陆龟蒙在《秘色越器》诗中赞美青瓷：“九秋风露越窑开，夺得千峰翠色来。”现代的龙泉青瓷在继承和仿古的基础上，更有新的突破，有紫铜色釉、高温黑色釉、虎斑色釉、赫色釉、茶叶末色釉、乌金釉和天青釉等。青瓷在唐代饮茶时因衬茶色较受推崇。

图 2-26　五代时期青瓷盏托、青釉带盖瓷柱子（藏于洛阳博物馆）

② 白瓷茶具。白瓷又称白釉瓷，是一种瓷胎洁白、釉质透明的瓷器，是由瓷胎（或化妆土）中含有含量极低的氧化铁（Fe_2O_3）的透明釉，在 1 000℃以上的高温一次烧制而成。白瓷自北朝晚期出现，历隋至唐发展成熟，早在唐代就有“假玉器”之称。万历朝前后，纯白薄胎的瓷器得到更大发展。白瓷是继青瓷之后，制瓷技术上的又一重大突破，是

我国陶瓷史上的一个重要里程碑。它是我国传统的釉下青花、影青、釉里红、五彩、斗彩、粉彩等彩瓷的基础。白瓷以江西景德镇最为著名，其次如湖南醴陵、河北唐山、安徽祁门、福建德化的白瓷茶具等也各具特色。白瓷因其色白，有利茶色，加之造型精巧、装饰典雅，颇具欣赏价值，堪称饮茶器皿中之珍品，自明代起，一直成为人们品茶的首选。

③ 黑瓷茶具。黑釉瓷器最早出现在东汉时期的浙江上虞，宋代发展到巅峰。宋代点茶、斗茶之风盛行，为黑瓷茶具的崛起创造了条件。宋人衡量斗茶优胜有两条评判标准：一是斗色，看汤花色泽和均匀度，以鲜白为上；二是斗水痕，看汤花咬盏的持久度、沫饽持续时间长短，以“盏无水痕”为佳。黑瓷茶盏最能衬托茶色，而且瓷质厚重，保温性能较好，故为斗茶行家所珍爱。

（3）玻璃茶具。玻璃，我国古代称之为琉璃，实是一种有色半透明的矿物质，一般是用含石英的砂子、石灰石、纯碱等混合后，在高温下熔化、成形，再经冷却后制成，有水晶玻璃、无色玻璃、玉色玻璃、金星玻璃、乳浊玻璃等多种分类。陕西扶风法门寺地宫出土的由唐僖宗供奉的素面淡黄色琉璃茶盏和素面淡黄色琉璃茶托，是地道的中国琉璃茶具，虽然造型原始、装饰简朴、透明度低，但却表明我国的琉璃茶具在唐代时已经起步，在当时堪称珍贵之物。

近代，随着玻璃工业的崛起，玻璃茶具快速兴起（见图 2-27）。玻璃质地通透，光泽夺目，可塑性大。用玻璃制成的茶具形态各异，加之价格低廉、使用方便，深受茶人好评。玻璃茶具多为无色，也有用有色玻璃或套色玻璃的，用这种材料制成的茶具，能给人以色泽鲜艳、光彩照人之感。花草茶的流行使玻璃茶具在年轻时尚饮茶族中备受欢迎。玻璃茶具最大的特点是具有透明可视性，茶汤的色泽、茶叶的舒展以及在整个冲泡过程中的上下浮动等，均可一览无余，可以说是一种动态的艺术欣赏。透明的玻璃茶杯是观赏茶叶形态变化的最佳器皿，特别是冲泡各类名优绿茶，茶杯晶莹剔透，杯中轻雾缥缈、澄清碧绿，芽叶朵朵，亭亭玉立，观之赏心悦目，别有风趣。但玻璃茶具的缺点包括传热太快、不耐冷热、容易破碎、比陶瓷烫手、不透气、不易保温等。

图 2-27　玻璃茶具

（4）竹木茶具。一般产茶的地方往往产竹，历史上的广大农村及茶区都有使用竹或木碗泡茶的。竹木茶具自然雅致，具有清寂谦恭、直而有节的文化精神，历来为中国文人所推崇。

竹木茶具（见图 2-28）价廉物美，经济实惠，又具有艺术性，但现代已很少使用；用木罐、竹罐装茶，则仍然随处可见，特别是福建省武夷山等地的乌龙茶木盒，在盒上绘制山水图案，制作精细，别具一格。还有一种是竹编茶具，由内胎和外套组成，内胎多为陶瓷器具，外套用精选慈竹，不但色调和谐，美观大方，而且能保护内胎，减少损坏；同时，泡茶时不易烫手，并富含艺术欣赏价值。因此，多数人购置竹编茶具，不在其用，而重在摆设和收藏。

图 2-28　竹木茶具

（5）金属茶具。金属茶具是指由金、银、铜、锡等金属材料制作而成的茶具。金属茶具因造价昂贵，一般百姓极少使用。例如，陕西省法门寺地宫中发掘出大批唐朝宫廷文物，内有银质鎏金烹茶用具。这种茶具虽有实用价值，但更具工艺品的功用。至于金属作为泡茶用具，一般行家评价并不高。如明朝张谦德所著《茶经》，就把瓷茶壶列为上等，金、银壶列为次等，铜、锡壶则属下等，为斗茶行家所不屑采用。到了现代，金属泡茶具已基本上消失。但是作为煮茶器、烧水壶以及储茶罐，金属茶具常出现在泡茶桌上。例如：铁制、银制烧水壶，具有软化水质的效果；锡质储茶罐，密封性好，能防潮防异味，耐氧化（见图 2-29）。

图 2-29　锡罐

（6）漆器茶具。漆器茶具（见图 2-30）始于清代，较有名的有北京雕漆茶具、福州脱胎茶具、江西鄱阳等地生产的脱胎漆器等，具有独特的艺术魅力。尤以福建福州生产的脱胎漆器茶具多姿多彩，有宝砂闪光、金丝玛瑙、釉变金丝、仿古瓷、雕填、高雕和嵌白银等品种，具有轻巧美观，色泽光亮，能耐温、耐酸碱的特点。除具实用价值外，还有很高的艺术欣赏价值，常为鉴赏家所收藏。

中国历史上还有用玉石、水晶、玛瑙等材料制作茶具的，但总体来说，在茶具史上仅居很次要的地位，因为这些器具制作困难、价格高昂，并无多大实用价值，主要作为摆设和收藏。

图 2-30　漆器茶具

2. 按用途分

按照茶具的实用功能，常用的茶具可分为备水器具、泡饮器具、辅助器具等。

（1）备水器具。备水器具指装水、烧水所用到的器具，如储水器、烧水器和开水壶等（见图 2–31）。

风炉和陶壶　银壶　玻璃壶　铁壶　铜壶

图 2–31　各种备水器具

① 储水器即装净水的器皿。现代人为了追求好水泡好茶，往往接当地山泉水，放入茶室瓷缸储存备用，或是购买市售桶装纯净水或天然水。

② 烧水器即泡茶的煮水器，古代称风炉。种类繁多，目前常见的有炭炉、电陶炉、酒精炉、电热水壶、电磁炉等。现在户外饮茶常用茗炉，是一种小型的可用酒精或燃气加热的煮水器，可将茶壶置于其上当场烧煮沸水，操作简单，携带方便。选用要点为茶具配套和谐、煮水无异味。

③ 开水壶即烧水时盛水的器具，材质上可以分为不锈钢壶、陶壶，银壶、铁壶等。

（2）泡饮器具。泡饮器具是指泡茶、分茶和品饮的器具。

① 泡茶器具主要指用以投茶冲泡的器具。目前常用的泡茶器具有壶、盖碗、玻璃杯等。

② 分茶器具，将冲泡好的茶汤分到品茗杯中，设计上与泡茶器具配对，相辅相成。分

茶的器具称为茶海，又叫茶盅、公道杯，用以盛放过滤的茶汤，起到均匀茶汤浓度的作用。茶海上放滤网可滤去倒茶时随之流出的茶渣。

③ 品饮器具，指品茶、饮茶所用的器具，包括品茗杯、闻香杯等（见图 2-32）。

闻香杯、品茗杯

品茗杯倒扣闻香杯上

翻杯

图 2-32 品饮器具

品茗杯：直接品饮茶汤的杯子。品茗杯的形式多样，品茶时宜用小杯。

闻香杯：用于品鉴茶汤香气的杯子。外形细长，呈直筒状。

（3）辅助器具。辅助器具指在茶艺表演过程中，辅助完成茶叶冲泡的器具，包括储茶器、量茶器、投茶器、洁茶器、茶道组、奉茶盘等。

① 储茶器，主要是茶叶罐。

茶叶罐：用来贮藏茶叶（见图 2-33）。由于茶叶遇到光会氧化变色、吸潮，所以茶叶罐多为密封避光防潮的瓷瓶或金属罐。

图 2-33 茶叶罐

② 量茶器，主要是茶则。

茶则：最早可追溯到陆羽的《茶经》，“则者，量也，准也，度也”。茶则主要用来从茶叶罐中取茶、量茶。

③ 投茶器，主要包括茶荷和茶匙。

茶荷：盛放干茶，还可观茶形、看多寡、闻干香（见图 2-34）。常见的有陶瓷、竹制、玻璃、银、锡等材质，可根据茶席主题需要选择合适的茶荷。当没有茶荷时，也可选用质地较硬的白纸折成茶荷形状使用，这在潮汕工夫茶中较为常用。

茶匙：投茶时拨茶入壶（碗），一般搭配茶荷使用。

④ 洁茶器，主要包括茶盘、壶承、茶巾、水盂、杯托、盖置等（见图 2-35）。

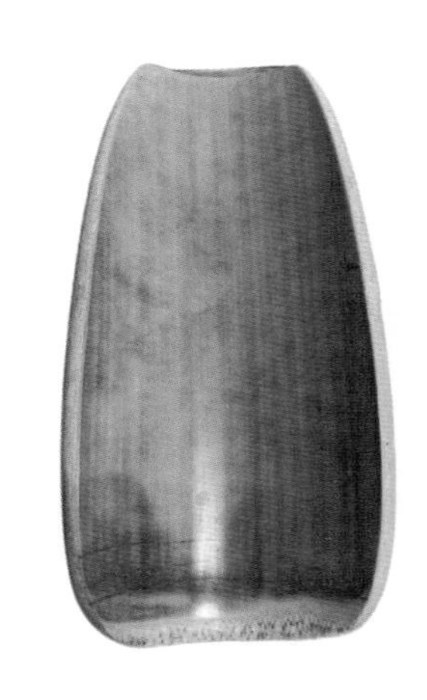

图 2-34　茶荷与茶则

茶盘　壶承　茶巾

水盂　杯托　盖置

图 2-35　洁茶器

茶盘：又叫茶船，用来盛放全套茶具，底部还可盛放废水，保持桌面的整洁。其选材金木竹陶皆可，以陶瓷茶盘最为古朴典雅，金属茶盘最为简便耐用，竹木茶盘最为清雅相宜。现在泡茶时一般采用干泡法，茶盘的功能逐渐丧失，取而代之的是壶承，近年来因茶席布境造境等美学考虑而广为人知。

壶承：主要是作为承载包容主泡茶器的容器。20 世纪 80 年代，因干泡法而生。工夫茶泡茶，多讲究淋壶，壶承用以承载茶壶，并能盛接淋壶之水。除放置茶壶外，也可放盖碗，可以避免往盖碗里注水时不慎倒多的水沿碗壁流下，以及盖碗往公道杯倒入茶汤后茶汤沿碗壁流下沾湿席布。壶承上一般放置壶垫，用于隔开壶与壶承，既可以保护泡茶器具，也可以避免因碰撞发出响声影响气氛。壶垫有织布、丝瓜瓤等材质。

茶巾：用以清洁、擦拭茶壶、茶海底部残留的水滴，也用于吸附茶席上的滴水。陆羽在《茶经》中写道：“巾，以绝布为之。长二尺，作二枚互用之，以洁诸器。”现代的茶巾一般用素面棉麻细布，最好与茶席布同色，不宜太显眼为佳。明代程用宾的《茶录》记述：“拭具布，用细麻布有三妙：曰耐秽，曰避臭，曰易干。”

水盂（茶盂、水方）：用于盛接洗杯、烫杯之废弃茶水。

杯托：承放茶杯的小托盘，可避免茶汤烫手和烫坏桌子。

盖置：用来放置茶壶盖、盖碗盖、水壶盖的小器物。注水或投茶时，打开的壶盖或碗盖直接放在席面或者反口朝上都不太卫生，还有可能从桌面滚落。盖置在席上只是小配角，却从细微处反映出席主的用心。盖置材质上可以采用竹木、陶瓷、石制或玻璃等。

⑤ 茶道组。茶夹、茶漏、茶针，连同茶匙、茶则，以及收纳的茶筒，合称茶道组（见图 2-36），又叫“茶道六君子”，是茶艺中不可缺少的一部分。

茶夹：夹取品茗杯用来洗杯或奉茶，还可将茶渣从壶、杯中夹出。

茶漏（斗）：放于壶口，导茶入壶，防止茶叶散落壶外。

茶针：用于疏通壶嘴，防止茶渣堵塞壶嘴内网。

⑥ 奉茶盘，即奉茶时用的托盘。

当同时奉两杯及以上茶汤或茶点茶果时，要配合奉茶盘端出。奉茶盘的材质有竹木、漆器等。

图 2-36　茶道组

（三）茶具的配置

“良具益茶，恶器损味”，在茶艺活动中，器具的选用是否得当不仅直接影响泡茶的体验，还会影响茶汤的品质。古人说：“工欲善其事，必先利其器。”茶艺操作前，茶具的搭配是茶艺的重要组成部分。明代许次纾《茶疏》中说：“茶滋于水，水藉乎器，汤成于火。四者相须，缺一则废。”茶具在选配时，应遵循实用性与艺术性的融合，实用性决定艺术性，艺术性服务实用性，在满足茶叶冲泡需求的同时，又能兼具艺术欣赏价值，两者相得益彰。

1. 根据茶类配置茶具

不同的茶类具有不同的品质特征。好的茶具既能激发茶香、蕴藏茶味，又能增益茶汤之美，增加审美情趣。一般来说，绿茶、黄茶宜选用质地致密、易于散热、孔隙度小、不易吸香的透明玻璃杯，或青瓷、白瓷、青花瓷盖碗。名优绿茶和黄茶采摘原料较为细嫩，一般为单芽或一芽一二叶，冲泡过程中芽叶浮沉，茶姿优美。玻璃茶具利于香气清扬又便于观汤色，还可以欣赏茶叶在杯中舒展的茶姿以及上下沉浮的“茶舞”；白瓷、青花瓷杯便于蓄香看汤色；青瓷在唐代品饮蒸青绿茶时较为流行，有利于茶色。工艺花茶、花草茶芽叶舒展后也很美观，也宜选择透明玻璃杯冲泡。

红茶适合选用白瓷、红釉瓷或其他暖色瓷的盖碗、盖杯，紫砂壶或瓷壶，玻璃盖碗或玻璃壶。白瓷色泽洁白，能反映出茶汤色泽，泡茶能获得较好的色香味；暖色釉可以更好地搭配红色，更显红茶茶汤红艳清香；玻璃茶具则能更好地观看红茶汤色。

白茶适合选用白瓷或黑瓷，以利于观看汤色，陈年老白茶则适合选用紫砂壶或玻璃壶、陶壶煮饮，以利于激发茶味。

茉莉花茶适合青花瓷盖碗、瓷壶质盖碗、玻璃杯，因茉莉花茶重在品茶香，而有盖子的茶具有利于香气的保持。

乌龙茶、普洱茶以及陈茶适合紫砂壶或白瓷盖碗。紫砂质地紧密，器色显得朴实自然，又具有特殊的气孔结构，保温性能好，利于香气和滋味的孕育，而白瓷利于观看汤色。

2. 茶具组合的审美效果

清代袁枚在《随园食单》器具须知中说：“古语云，‘美食不如美器’。斯语是也。”这是说古人的器用之道，追求饮器、食器的审美意境。在选择泡茶用具时，除了满足其实用性外，还应选择带有艺术欣赏性的茶具，品茗和赏器相得益彰，增加品茗意趣。

茶具的审美效果包括茶具的外形、体积、色泽、装饰等方面。色泽包括茶具的釉色和装饰图案的颜色，又分为冷色调与暖色调。冷色调包括蓝、绿、青、白、灰、黑等色，暖色调包括黄、橙、红、棕等色。在选用茶具时，选配的原则是要与茶叶相配，茶具色泽以内壁白色者为好，能真实反映茶汤色泽与明亮度，并与壶、盅、杯的色彩搭配，再辅以茶船、茶托、盖置，力求浑然一体、天衣无缝。同时也应关照茶席铺垫、背景、表演者服饰等色彩和式样的和谐统一。善于运用对比、呼应等手法，大胆实践，勇于创新，创作出更具艺术审美力的茶具组合。

四、茶艺的主体——人

人是茶艺中最基本的要素。在茶艺诸要素中，茶由人制，境由人创，水由人鉴，器由人选，程序由人编排演示。所以，茶艺的过程离不开人的因素。同时，人也是茶艺中最美的要素，姣好的容貌、得体的服饰、优雅的动作、典雅的气质，举手投足间散发着茶的幽香。人之美主要体现在茶艺师的仪表、仪态和风度，以及行茶过程中的礼节和动作，举手投足间诠释着“廉、美、和、敬”之茶德。

（一）仪表

仪表是一个综合概念，包括容貌、姿态、服饰等各个方面，是构成个体交际“第一印象”的基本因素。追求仪表美，一是要注意按照美的规律进行锻炼和适当的修饰打扮，二是要注意自身的内在修养，包括道德品质、性格气质和文化素质的修养。人的外在美在很大程度上是内在心灵美的自然流露。

1. 仪容

仪容通常是指一个人的容貌、发饰和形体。整齐的发型、干净的面容、自然的表情、得体的着装是个人仪表的基本要素，在个人整体形象中居于显著地位。

发型整齐利落。发型原则上要适合自己的脸型和气质，要按泡茶时的要求进行梳理，不能染发。如果是短发，要求在低头时，以头发不落下挡住视线为宜；如果是长发，泡茶时应将头发束起。男性的头发应修剪到前不挡眼、侧不遮耳。

妆容淡雅得体（见图 2-37）。妆容在礼仪中起着重要作用，是树立良好个人形象的首要条件。面部化妆起到修饰五官的作用，应体现自然、清新、大方的美。茶艺师在泡茶时，可化淡妆；切记不要浓抹脂粉，也不要喷洒味道浓烈的香水；面部要注意护理、保养，保持清新健康的肤色。

图 2-37　茶艺师淡雅的妆容（表演者：毕焕分）

手部干净简洁。手是泡茶时主要操作的部位，平时应注意手的适时保养，指甲要修剪整齐、保持干净，不留长指甲，不涂颜色，随时保持清洁。泡茶时，手部不能涂抹味道强烈的护手霜，不要佩戴太“出色”的夸张饰物，泡茶前应先净手。在品茶聊天的时候，手势不宜过多，动作不宜过大，不可做掏鼻孔、剔牙、摆弄衣服、整理物件、抓头摸脸和搓手等动作。

表情自然大方。表情是人际交往中相互交流的重要形式之一。茶艺师泡茶时，面部表情要平和放松，自始至终面带微笑。目光坦然、自信、和善、乐观，心态平和。

2. 服饰

茶艺表演作为一种展示艺术，其服饰从款式、材质到纹饰乃至色彩都应不同于日常穿着，又要区别于舞台装束。适宜的服饰能体现茶艺表演的主题，是茶席的延伸，对营造和丰富表演氛围有着重要的作用。茶艺的主题和形式丰富多彩，有雍容华贵的宫廷茶艺、庄严肃穆的宗教茶艺、清雅高洁的文士茶艺、欢愉喜庆的民俗茶艺等。服色的图纹也绚烂多姿，这就为茶艺表演服饰带来了巨大的发挥空间。总体来说，中国茶艺服饰不论在服色还是图纹上都应代表本民族的精神思想，展现出丰富的文化内涵。

服饰的选择与设计应以中式为宜，可以是宽松的棉麻服饰、优雅得体的旗袍、少数民族服饰以及专门定制的茶人服饰等（见图 2-38）。总体上服饰应以整洁得体、优雅大方为主，突出和体现传统文化元素，如：中式大襟，立领、盘扣、改良旗袍，传统刺绣、蜡染图案；中国少数民族服饰，如苗族、藏族、白族、满族等民族的传统服饰和各具特色的民族服饰品、首饰等；体现“天人合一”哲学思想的中国宽衣大袍式的服装式样。但是，所有服饰在设计时袖口不宜过宽，否则会撞到茶具或沾到茶水，给人一种拖拉、不卫生的感觉。

图 2-38　茶艺师得体的服饰（表演者：陆铮）

（1）服饰的款式。我国服饰在各个朝代都有不同的款式形制，品类之多，不胜枚举。其中，汉服、唐服、旗袍等最具民族特色，最宜与茶搭配。

汉服：主要指明清以前以华夏礼仪文化为中心不断发展演变的汉族传统服饰体系，是世界上最为华美、历史最悠久的民族服饰之一，几千年来被万邦推崇，具有灵动飘逸、潇洒出尘、宽博大气的特征，十分契合茶艺服饰用料简朴自然，款式宽松得体、含蓄委婉，颜色典雅清新的要求。

唐服：款式上，唐服依旧沿袭了宽大的风格。袒胸、露臂、披纱（或罗、帛）、大袖、长裙是唐代女性服饰的典型特征，将女性身形曲线展露无遗，给人以美的观感。半臂服利于演示者上肢活动，使动作能够轻松自在、灵活自如。到唐中后期，仅做一件衣服就需要六幅布帛，这种舒适、包容的款式也值得茶艺服饰借鉴。

旗袍：自唐至明，多以长袍为外衣，衣袖十分宽大。到了清代，服饰渐渐趋于服帖。男子着长袍马褂，汉族妇女着上衣下裙，满族妇女则着旗袍、长袍。现今仍引领时尚的旗袍，就是以当时满族女装为原形，经汉人吸收西方服饰样式不断改进定型而成的。旗袍在我国服装史上有着举足轻重的地位，民国时还曾被定为礼服。近代，旗袍大量吸收了西方制衣技巧，并在平等、人本、自由思想的影响下，追求自然简约和自由随意，集传统和时尚、生活与艺术为一体，在各类茶艺中被大量应用，是茶席服饰的首选。

得体的服饰不仅符合时代的审美发展，也是展现茶艺形象美的前提。要合理地吸收与借鉴古代的服饰款式，加以改良与设计，并与茶艺的主题相融合。当然不能一味地简单使用传统服饰，与时代脱节，显得不伦不类、生硬刻板。

（2）服饰的材质。孔子说："麻冕，礼也；今也纯，俭，吾从众。"孔子这种崇尚简约、节省的穿衣思想，对茶席服饰的裁制工艺和用料选择有着重大的影响。汉代，因丝、麻纤维的纺绩、织造和印染工艺技术发达，裁制服饰以纱、绡、绢、锦、布、帛等材料为主；隋唐两代，上衣广泛使用麻布，而裙料常用丝绸。唐代是丝织技术发展的鼎盛时期，服装里常用的丝织品仅在《唐六典》卷二十二关于织染署的记载中就有十种："一曰布，二曰绢，三曰絁，四曰纱，五曰绫，六曰罗，七曰锦，八曰绮，九曰䌷，十曰褐。"现代，茶服用料也多是具有自然美之特质的棉、麻、丝绸等。

随着人们的生态环保意识愈发强烈，出现了生态茶服的概念，强调服饰用料安全无害的同时，还注重塑造松软、舒适、回归自然的触感，体现"人在草木间""天人合一"的服饰理念（见图 2–39）。

图 2–39　服饰的材质（无锡若然亭茶业有限公司供图）

（3）服饰的纹饰。素雅的茶服在现代人的生活中逐渐成为一种新的风尚，表现为古朴的款式、纯粹单一的色彩，这也体现了茶道精神中"俭德"的思想。有时为了表现特定主题，也需要对衣着稍加装饰，以体现呼应和点缀的效果。例如，表现民俗或乡村题材的服饰，可以选择蜡染的棉布衣衫或民族服饰，服饰的特色纹案最能表现主题，起到点睛之笔。孔子说："质胜文则野，文胜质则史，文质彬彬，然后君子。"当然，茶艺服饰也不能装饰过度、喧宾夺主，要做到材质和纹饰的相辅相成、和谐统一。

（4）服饰的色彩。托尔斯泰说："朴素是美的必要条件。"茶艺师在泡茶时，服装要求整洁素雅，不宜太鲜艳，要与茶类、茶席主题相匹配。

儒家提倡在青、赤、黄、白、黑五色及其衍生色彩中寻求和谐统一的"中和之美"；道家则认为"五色令人目盲，五音令人耳聋，五味令人口爽，驰骋畋猎令人心发狂"，提倡"虚空""知白守黑""忘色""朴素而天下莫能与之争美"的色彩观。两家观念互相补充调和，可作为茶艺服饰的色彩审美观念。古往今来，国人饮茶最讲究礼仪、规矩，却不分贵贱，因茶"最宜精行俭德之人"。除在极尽奢华的宫廷茶会中着华丽礼服外，茶艺中常避讳锦衣华服，讲究质朴淡雅、浑然天成之色。

得当的服装不仅可以展现茶艺表演者良好的精神风貌，还契合节目主题所表达的意境，对于营造舞台效果起到锦上添花的作用。茶艺节目《盛世闽茶，茗扬万里》（见图 2-40）的中方男主泡身着白色中式衬衫，搭配浅蓝色长开衫，举手投足间尽显中国茶人的儒雅稳重；俄方男主泡身着具有民族特色的红色服装，入场时头戴白色毡帽，腰系灰色织纹腰带，其异域身份在登场时一目了然；三位女副泡身着藕粉色偏襟上衣搭配白色纱裙，素雅端庄；解说表演者亦身着同款式衣裙，但选择水绿色上衣用以区分角色。女士编发造型优雅古典，佩戴同色系的玉石挂坠和耳饰，踱步间轻盈灵动。

图 2-40　根据茶艺主题配置茶艺服饰

（二）仪态

仪态也叫礼仪、姿态，包括举止动作、神态表情和坐、立、行等姿态，美的姿态比相貌更能表现出人的精神气质。古人讲的"坐如钟、站如松、行如风"便是对人的姿势美的精辟概括。

1. 优雅的举止

举止是指人的动作和表情。它反映一个人的素质、道德修养和文化水平，关系到一个人形象的塑造，甚至会影响国家和民族的形象。从容潇洒的动作给人以清新明快的感觉，端庄含蓄的行为给人以深沉稳健的印象，坦率的微笑则使人赏心悦目。一个人的个性很容易在泡茶的过程中表露出来，茶艺师在泡茶时应将各种动作组合的韵律感表现出来，也可以借助姿态动作来修正，将泡茶的动作融入与客人的交流。

2. 优美的姿态

姿态是身体呈现的样子。从中国传统的审美角度来看，人们推崇姿态的美高于容貌之美。古典诗词文献中形容绝代佳人，用“一顾倾人城，再顾倾人国”的句子，茶艺表演中的姿态也比容貌重要，需要从坐、立、跪、行等几种基本姿势练起。

（1）挺拔的站姿。优美而典雅的站姿是体现茶艺服务人员仪表美的起点和基础。茶艺服务人员站立时，身体要端正，挺胸收腹提臀，眼睛平视，下巴微收，双肩放松，嘴巴微闭，面带微笑，平和自然。女性通常要求双脚并拢、身体挺直，右手在上双手虎口交握，置于小腹前；男性通常要求双脚分开同肩宽，右手握空拳，左手托起，双手置于小腹部。

（2）端庄的坐姿。古人凡事讲“正”，讲中和之气。“故始有礼仪之正，方可有心气之正也。”人们端坐也是对自身内在的一种修养，正确的坐姿要求是“坐如钟”，即坐相要像钟一样端正，给人一种优雅端庄的印象。茶艺师入座时，要轻、稳、缓，坐凳的三分之一至二分之一处，上身挺直，挺胸收腹，头正肩平，重心垂直向下或稍向前倾，腰背挺直，眼可平视或略垂视，面部表情自然，身体端正舒展，精神饱满，面带微笑。泡茶时，肩部不能因为操作动作的改变而左右倾斜。

女性坐立时，双腿、双脚并拢，可正坐，也可两腿并拢偏向一侧斜伸；右手在上，双手虎口交握，置放小腹前或面前桌沿，或轻搭在茶巾上。

男性双腿分开同肩宽，双脚垂直地面放置，不能跷二郎腿，也不能抖动；双手分开同肩宽，微握空拳，置于桌沿或搭在腿部。

此外，还有一种最能体现中国文明端庄肃穆、宁静谦恭等礼仪风范的跪坐姿势。跪坐时，膝盖跪于坐垫上，臀部放于脚踝，女性双手交握置于小腹上，男性双手放于膝上，端庄大气。坐立时，女性如穿裙子，可双手顺势将裙摆拢一下，以免走光；男性如穿长袍，可将长袍后摆撩一下，以免坐到后摆上。

（3）流畅的走姿。走姿以站姿为基础，要求稳健、轻盈。行走中上身要求正直，目光平视，面带微笑；肩部放松，挺胸收腹。女性双手可交握置于小腹前，也可自然下垂于身体两侧；男性也可右手握空拳，左手托起，或双臂下垂于身体两侧，随走动步伐自然摆动。

在茶艺表演中，走姿应随着主题内容而变化。进场时，随着音乐声起，按照音乐的节奏控制步幅和速度。奉茶时，先起立站定，弯腰端起奉茶盘后，走到来宾面前转身正面相对，在距来宾席位一米之遥行礼，然后上前一步奉茶。离开时应先退后一步再侧身转弯，不要当着宾客掉头就走。表演结束，礼毕后退场，速度可适当放快，但总体节奏还是要控制，不论哪一种走姿，都要让茶客感到优美高雅，体态轻盈、稳健。

（三）礼仪

《礼记·冠义》中提到："凡人之所以为人者，礼义也。""礼"代表着中国文化的总体特征，也是其区别于其他文化的根本所在。我国自古以来被称为"礼仪之邦"。从礼乐文明的形成到儒家学派的创立，"礼"始终是思想家探讨的核心话题之一。孔子说："不学礼，无以立。"荀子也认为："人无礼则不生，事无礼则不成，国家无礼则不宁。"这些都说明"礼"的重要性。礼是一种制度，也是日常生活的准则。礼仪要求内外兼修，正所谓"德诚于中，礼形于外"。礼仪规范渗透在生活的方方面面，也体现在茶艺中。

1. 鞠躬礼

鞠躬礼是中国一种古老而文明的传统礼节，主要表达"弯身行礼，以示恭敬"。行礼动作应柔和连贯，本着适度的原则、谦和的心态，怀着真诚的敬意，去表达内心深处的敬意。正确使用鞠躬礼，须注意以下三个问题。

首先，鞠躬有先后。鞠躬通常是在相对的两个或两部分人之间进行的，虽然双方可以同时向对方行鞠躬礼，但更多的时候是有先有后的。《礼记·曲礼下》中记载："大夫士相见，虽贵贱不敌，主人敬客，则先拜客；客敬主人，则先拜主人。"一般来说，应该是辈分、地位、职务较低的一方先向辈分、地位、职务较高的一方鞠躬，然后才是反过来鞠躬。

其次，受礼须回礼。无论什么人，在接受对方的鞠躬礼后，都应该有所回应。如果受礼之后不回礼，甚至视若无睹，则是对施礼者的不尊重、藐视和轻视。

最后，鞠躬有深浅。这是指鞠躬时弯曲身体的角度。一般来说，弯曲身体角度的大小主要与表达情意的轻重程度和礼仪者的地位高低有关。

茶艺中的鞠躬礼一般用于迎宾、送客以及茶艺表演的开始和结束时。鞠躬礼有站式、坐式和跪式三种，根据鞠躬的弯腰程度可分为真礼、行礼和草礼。

（1）站式鞠躬礼。行鞠躬礼时以站姿为准备，两脚要并拢，男生双手垂于大腿两侧，女生可以右手轻握左手，置于小腹前。上半身平直弯腰（男生可将两手平贴大腿徐徐下滑），弯腰至所需程度后稍作停顿，再慢慢直起上身（男生将手沿腿部上提，女生手部始终不动），恢复至站姿，表情放松、自然。鞠躬时要求头部与上身保持直线，俯下和起身的速度要一致，动作轻松自然，不僵硬，切忌只低头不弯腰，或只弯腰不低头，也不可行礼速度太快，显得草率应付，有失礼节。根据弯腰的程度可分为真礼、半礼和草礼。

① 真礼：弯腰约90°，双手贴着两大腿下滑，手指尖触及膝盖上沿为止。

② 半礼：弯腰约60°，男生双手至大腿中部即可，女生保持站姿手势不变。

③ 草礼：弯腰约30°，男生双手呈八字，靠大腿根部，将身体稍作前倾，女生双手交握小腹前。

（2）坐式鞠躬礼。以坐姿为基础行鞠躬礼，男生双手平放大腿上，女生双手交握置于小腹，或男生双手分开同肩宽，女生双手交握置于茶桌边缘。上身平直前倾，掌心向下，顺着大腿伸至双膝。礼毕后缓缓起身，恢复坐姿，并面带笑容。俯下和起身的速度同站姿鞠躬礼。根据弯腰的程度，也可分为三种。

① 真礼：上身前倾约 45°，双手平扶膝盖。

② 半礼：上身前倾约 30°，男生双手至大腿中部即可，女生手势不变。

③ 草礼：上身前倾约 15°，男生双手呈八字，放于大腿根部，女生手势不变。

（3）跪式鞠躬礼。以跪姿为基础行鞠躬礼，背、颈部保持平直，上半身向前倾斜，双手呈八字，掌心向下，指尖相对，顺着大腿滑向双膝，到位后缓缓起身，恢复跪姿。

① 真礼：双手从膝上渐渐滑下，全手掌着地，两手指尖斜相对，身体倾至胸部与膝间只剩一个拳头的距离，切忌只低头不弯腰或只弯腰不低头。

② 半礼：上身前倾，以两手仅前半掌着地即可。

③ 草礼：上身前倾，以双手置于双膝，指尖触地即可。

2. 伸掌礼、注目礼、点头礼

伸掌礼是沏茶活动中用得较多的示意礼，尤其在敬奉物品时，将手自然侧斜伸掌于敬奉的物品旁，意为“请”“谢谢”。伸掌礼的姿势是手指并拢，手掌略向内凹。行伸掌礼时要注意手腕含蓄用力，不要晃动。

注目礼即眼睛庄重而专注地看着对方。行注目礼时，身体立正，挺胸抬头，目视前方，双手自然下垂放在身体两侧。行礼时应精神饱满，不能懒懒散散、嘻嘻哈哈，不能倚靠他物，不能把手放在兜里或插在腰间。

点头礼即点头致意，一般与注目礼、伸手礼同时使用。

伸掌礼用左、右手均可，当两人相对时，均可伸出右手掌相互致意。若侧对奉茶，向左边敬茶时应伸右手，向右边敬茶时应伸左手，同时欠身、点头、微笑、行注目礼，动作协调，一气呵成。客人亦行点头礼示意茶艺师，表示“谢谢”。

3. 叩手礼

叩手礼又称“叩指礼”，即以食指和中指并拢弯曲，轻叩桌面两三下来行礼，以示感谢。相传叩手礼来源于乾隆微服私访的传说，与古时的叩首行礼有关。这里以“手”代“首”，两指弯曲表下跪状，以示感谢，常用于奉茶时的答谢。

有些地方的习俗中，当长辈为晚辈或上级为下级斟茶时，晚辈和下级必须双指行叩手礼；而晚辈为长辈、下级为上级斟茶时，长辈和上级可单指行叩手礼；平辈之间斟茶时，双指、单指均可。

4. 奉茶礼

奉茶礼源于古代给位尊者呈献物品的一种礼节。《礼记·曲礼下》云：“凡奉者当心，提者当带。”孔颖达疏：“奉之者谓仰手当心奉持其物。”在茶艺中，奉茶礼是指把泡好的茶水双手举至胸前并奉给品饮者，按长幼尊卑顺序进行。

奉茶时，双水捧茶托或奉茶盘，送到客人面前时，面带微笑地注视着对方，并轻声说

“请用茶”。如正对客人，应将茶奉至客人正对面。如若从客人左侧奉茶，则用左手奉茶，右手辅助左手；如从右侧奉茶，则用右手奉茶，左手辅助右手。这样才不至于妨碍到客人。

奉茶时，不要距离客人太近，会给人造成压迫感；也不要距离太远，不然会不宜端取。奉茶盘端拿的高度以胸、腹之间的位置为宜。奉茶时，最好能双手端起杯托奉茶。当奉茶盘没法放置必须单手端起时，应将一手平托奉茶盘底部，保持茶盘的平稳，避免茶汤洒出。

补充链接

扫码看补充材料 2-1：更多茶礼资料

5. 茶艺中的寓意礼

茶艺演示动作的规范性在于传达对茶艺的正确认识。茶艺是一门生活艺术，而不是舞台艺术。因此，在茶艺演示中，以操作手法表现礼节的地方很多，应尽量体现中国传统的待客礼节。表示尊敬的礼节和仪式、恭敬的言语、恭敬的动作等，应始终贯穿于整个茶道活动，宾主之间互敬互重、欢美和谐。

寓意礼是在长期的茶事活动中形成的带有特殊意味的礼节，是通过各种动作所表示的对客人的敬意。

（1）冲泡动作的寓意礼。冲泡时采用“凤凰三点头”的注水手法，即手提水壶高冲低斟反复三次至所需水量，马上提腕旋转收水，寓意是向客人三鞠躬，以示欢迎。

回转注水、斟茶、烫壶等动作：如果是单手回旋，则左手以顺时针方向、右手以逆时针方向向内回转，类似于招呼手势“来、来、来”，寓意是对客人表示欢迎的意思；若反方向操作，则表示挥手往外赶的意思，寓意是请客人离开。

斟茶礼：中国有“酒满敬人，茶满欺人”的说法，斟茶时只斟七分满，再添三分真情意。茶倒七分满表示虚心接纳他人的意见，留有三分的情意。太满的话，容易烫伤客人，也不利于端杯品饮。

叩手礼：主人为客人分茶时，客人可用食指和中指微弯曲，轻扣桌面两三下，以示谢意。

（2）茶席物品摆放的寓意礼。要注意茶具的字画和茶壶壶嘴两个方面。

茶具的字画：当茶具只有一侧有图案时，有图案的一面应迎向宾客，表示对客人的欢迎与尊重。

茶壶壶嘴：放置茶壶时，壶嘴不能正对客人，否则表示请客人离开。

（3）茶桌上的其他礼节。孟子说："恭敬之心，礼也。"又说："爱人者，人恒爱之；敬人者，人恒敬之。"古希腊哲人赫拉克利特也说："礼貌是有教养的人的第二个太阳。"礼仪是社会交往中律己敬人的行为规范，体现了人与人之间对秩序规则的遵循、对生命与自然的尊重，是个人修养的体现，贯穿在茶艺的每一步程序中。

分茶时先客后主、先尊后卑、先长后幼：头泡茶汤分茶时，应遵照先尊长后卑幼的顺序，先奉给客人，最后再自己品饮，以示对客人的尊敬。

无茶色：茶叶多次冲泡后，颜色会越来越淡，这时应及时换茶，如果主人没有及时换茶，就寓示着对客人的冷淡，有逐客之意。

新客换茶：宾主喝茶时，中间有新客到来，主人应立即换茶，同时将泡好的茶先斟给新客品饮，否则认为是怠慢客人。

在茶事活动中，还有一些其他方面的礼仪，能充分地表达品茶氛围与品茶者的良好情操。

鼓掌：掌声是宾客间相互认可、赞赏、鼓励、祝愿的一种表现方式。

迎来送往：表达主人对客人的尊敬，体现出主人好客之道。当遇到迎面而来的宾客，应礼让，主动站立一旁。与宾客同向行走时，不能抢行；在引领宾客时，应在宾客的左前方二三步的距离，随宾客同时行进。

致谢：中国人讲究礼尚往来，无论是到他处做客，还是受礼，都会有致谢的表达形式。

（四）茶艺师的表情、动作要求

表情是一个人内心的情感在面部的表达。人有喜怒哀乐，是有感情的，但表情要与各种场合所呈现的气氛相适应，或庄严，或喜庆，或悲伤，或平静。茶艺师应注意内心的情感表露，需要一定控制，表情不应有大起落，需要有分寸。目光平视、平和，看向客人时亲切、诚挚；表情安详、轻松，面带微笑；营造一种友好、和谐的气氛。说话时嘴不乱动，声音要平静，头、颈要挺直，头部不可偏侧，不大声喘气；站姿要表现人的德行，站立时不依不靠，不嬉戏逗闹。习茶者注重日常的坐立行为，做到举止稳重、端庄。

茶事活动中的动作尽可能地圆润、柔和、自然、顺畅。如取拿物品时或单手操作时，遵循双手均"向内"的方向。在动作的节奏上要舒缓有致、张弛有力、沉着稳重，动作幅度不宜过大、夸张、扭捏做作，避免做双手交叉的动作，给人以杂乱之感。整体操作要给人一种宁静雅致的美感。

（五）茶艺师服务语言的要求

说话是一门艺术，生意场上有"金口玉言"，文化界有"点睛之笔""破题之语"，生活中常有"生死荣辱系于一言"。荀子在《荀子·荣辱》中也讲："故与人善言，暖于布帛；伤人之言，深于矛戟。"这些都说明语言在社交中的重要性。

茶艺师在茶艺服务中要做到谈吐文雅、语气亲切、语调轻柔、态度诚恳，使用礼貌用语，讲究语言艺术，营造出一种轻松和谐温馨的品茶氛围。茶叶泡饮过程中的语言美包括语言规范和语言艺术两个层次。

1. 语言规范

语言规范是语言美的最基本要求，在沏茶服务中，语言规范可归纳为两个方面。

① 出言有礼。与宾客对话时，要面带微笑，注意力集中，举止大方，谈吐得体，不卑不亢。要讲敬语、谦语、雅语，避免出现不尊重宾客的蔑视语或污辱性的语言、缺乏耐心的烦躁语、不文明的口头语、自以为是或刁难他人的斗气语，不得模仿他人的语言语调和谈话。

② 语调语速。茶艺人员在交流时，应用简练的语言。声调要自然、清晰、柔和、亲切，不装腔作势；音量适度，语速适中，语气正确，以免对方听不清。

2. 语言艺术

我国著名美学家朱光潜先生在《谈美书简》中曾说过："话说得好就会如实地达意，使听者感到舒适，发生美感，这样的说话就成了艺术。"

培养优美而令人愉悦的谈吐是说话艺术的一个重要方面。一般包括：①做一个真诚的倾听者；②谈论对方最感兴趣的话题；③让对方感到自己很重要。④说话时面带微笑；⑤学会使用友善的方式说话；⑥站在对方的立场说话。

"话有三说，巧说为妙。"泡茶时的语言艺术一定要做到"达意""舒适"。口头语言之美若辅以身体语言之美，如手势、眼神、脸部表情的配合，则能让人感受到情真意切。

（六）风度

风度是指人的言谈、举止、姿态、精神、气质、品格在社会生活中形成并表现出来的具有审美价值的外在形态。它是外在的、动态的，也是具有美感的。它包括神态表情、仪表礼节、行为态度和言辞谈吐，反映一个人的道德、品格、性格气质、学识修养、处世态度等。它偏重修养，重在内涵，贵在内在美的自然流露。如果说一个人的自然美、服饰美是外在美的话，那么风度则是性格和气质内在美的反映。美的风度是培养起来的，培养风度可以从以下三个方面着手。

1. 风度美是内在美与外在美的有机统一

英国哲学家培根在《培根随笔》中论读书时说过："读史使人明智，读诗使人灵秀，数学使人周密，科学使人深刻，伦理学使人庄重，逻辑修辞之学使人善辩：凡有所学，皆成性格。"不断学习中华传统文化知识，多阅读美学书籍，多学习儒、释、道文化精华，加强美的熏陶和修养，是形成风度美的重要因素。古人说："腹有诗书气自华。"一个有深度教养和坚定信念的人，自然能表现出美的风度来。

2. 风度美是共性与个性的有机统一

每个人都有自己的个性特点，就一个人的性格来说，既有先天因素，又有后天因素。有人说："江山易改，秉性难移。"改变一个人的性格并非易事，但只要正确认识自己的性格，就可以自觉地进行锻炼、培养，扬长避短，在交流、学习中模仿、思考、感悟、超越，从而形成自己的独特风格。变不好的性格为良好的性格，风度美往往也就在其中了。

3. 风度美是自然与修饰的有机统一

自然表现与外在修饰浑然一体，才能充分体现风度之美。风度美表现在外表，而发自内心。美学专家指出，内在美与本身的教养和经历密切相关，一个有深厚教养和坚定信仰的人，无形中便会体现出一种美的风度。

作为泡茶的主体，茶艺师需具有较强的语言表达能力，一定的人际交往能力，一定的形体知觉能力，较敏锐的嗅觉、色觉、味觉，以及一定的美学鉴赏能力。在日常生活与习茶实践中，应将茶艺的文化内涵和人文精神展示出来，自觉地培养自身的美的心灵，规范言行，传播传统文化，促进社会稳定和谐。

五、艺

艺，指茶艺的冲泡技艺和操作程序。“美”是艺的核心，“巧”是艺的水平。艺之美体现在茶艺师的神韵美、服装美和动作美；艺之巧体现在茶艺的技艺上，巧选茶、巧用水和巧操作。所谓的克数法及秒数法只能泡出不犯错的茶汤，而更精湛的技艺因器因茶因地因时因人而异。艺的要求具体体现在茶艺程序的编排、茶艺表演的动作以及茶艺的冲泡技艺等方面。

（一）茶艺程序的编排

茶艺程序主要有煮水、备器、备茶、温壶（杯）、置茶、冲泡、奉茶、品饮、收具等过程，可根据茶叶的种类或场合的不同进行编排。编排茶艺时，应遵循符合茶性、动作连贯流畅、遵循茶道内涵三大原则。

1. 符合茶性

茶类不同，冲泡的技术要点就不同。在编排程序时，应根据茶类的特点设计冲泡程序。例如：绿茶需要醒茶，在程序中应设置温润泡，同时由于泡饮同杯，还需要采用高冲水或“凤凰三点头”的注水法以激发茶味；用紫砂壶冲泡乌龙茶时，由于乌龙茶需要高温激发茶香，则可增加淋壶的步骤以提高壶温。因此，只有顺应了茶性，才能更好地将茶叶的色香味充分表现出来。

2. 动作连贯流畅

茶艺程序的演示要借助动作完成，动作并不单是泡茶，而且是一套符合人体工学的逻辑训练。行茶过程要连续贯通、顺利流畅，看起来自然大方、恰到好处，各个环节动作应规范、细腻、到位，无停顿、多余或不合理之动作。左手做左手的事，右手做右手的事，每一步都经过设计与安排，以无冗余、利他、视觉美为原则进行分工，准确把握个性，掌握尺度，用极简的方式去完成程序。

3. 遵循茶道内涵

茶艺表演需要借助茶席、服装等道具来呈现，并通过解说来表意，目的在于输出一种文化和思想。程序的设计和解说应能充分挖掘文化内涵，在茶道精神的指导下，上升到一定的思想高度，引起观者的共鸣和心理共振。

（二）泡茶要素的把握

泡好一杯茶，冲泡技术是关键。技术的要点在于对泡茶要素的掌握。泡茶的要素包括投茶量、冲泡水温、冲泡时间和次数等。

1. 投茶量

投茶量是指泡茶时茶叶的用量。它直接关系到茶汤滋味的浓淡、香气的高低和茶汤色泽的深浅，从而影响茶汤的感官品质。通常在冲泡器具一定的情况下，常用茶水比来描述投茶量的多少。茶水比是指投茶量与加入水量的比例。如审评时，国标上绿茶、红茶、白茶、黄茶、花茶一般要求茶水比在1∶50～1∶60，即每放3 g左右茶叶，加沸水150～180 mL。对于细嫩的绿茶、红茶、白茶、黄茶、花茶等茶叶，内含物丰富，氨基酸含量较高，多酚等苦涩味物质含量相对较少，采用上述茶水比冲泡的茶汤浓度较为适口。而对于普通的绿茶、红茶、白茶、黄茶、花茶，由于原料成熟度高，多酚类物质的含量也较多，可适当降低茶水比，如采用1∶60～1∶70，可使茶汤口感更醇和。普洱茶分生普和熟普，生普冲泡可参照绿茶冲泡的茶水比。熟普因经陈放，滋味较为醇和，如果采摘原料较为成熟，冲泡可参考绿茶茶水比，也可适当提高投茶量。乌龙茶采摘原料较为成熟，在冲泡上对茶汤的香气和滋味要求较高，还比较注重耐泡度，茶水比可适当放大，以1∶15～1∶22为宜，即5 g茶叶，冲入110 mL左右的沸水。武夷岩茶注重岩韵，投茶量可达8～10 g。

当然，投茶量还应根据茶类、茶叶等级、泡茶用具的大小、个人饮茶习惯适时进行调整。初饮茶者喜饮淡茶，可减少投茶量；老茶客喜饮浓茶，可加大投茶量。在一天的不同时段饮茶，浓淡也应调整，如空腹和睡前饮茶宜淡茶，饭后不宜马上饮茶，如需饮用则宜淡茶。

2. 冲泡水温

冲泡水温是影响茶叶色香味的重要因素。水温不同，茶叶中内含物的浸出量和浸出速率也不同。冲泡水温越高，茶叶内含物溶出量越大，这是因为高温加快了分子的热运动，使内含物浸出率升高；水温过低，则茶叶内含成分浸出较慢，茶叶浮而不沉，香气成分也不能充分发挥出来，造成茶汤色泽浅淡、香低味薄。水温的控制是对茶汤口感的极致追求，能充分提高茶香、引茶味、润茶色。茶叶老嫩程度不同，级别不同，冲泡水温也不相同。绿茶、黄茶采摘原料细嫩，所需水温适当低些；乌龙茶采摘原料相对成熟，如武夷岩茶，在冲泡时则必须用现煮的开水。调制冰茶时，水温也不宜高，用50℃～60℃的温开水冲泡即可，可减少茶叶中大分子物质的浸出，避免加冰时出现沉淀。

目前，市面上也比较流行冷泡法，即在冲泡时不用热水或沸水，而是将茶叶浸泡在常温的纯净水中1～12小时，使茶叶的香气成分与可溶性物质缓慢溶出；亦可放置在冷水或冰水中，减少高温对内含物的破坏，得到鲜爽的茶汤口感。研究表明，冷泡的绿茶茶汤内含物质丰富，汤色清澈透亮，滋味清爽，香气清新怡人，不会出现热泡太久出现的水闷气，同时苦涩感降低。

3. 冲泡时间和次数

冲泡时间指的是茶叶被水浸泡的时间。冲泡时间与茶汤的色泽、滋味的浓淡爽涩和冲泡次数关系密切。一般浸泡时间短，内含物的浸出速率就会变低，茶叶溶出物少，茶汤滋味淡薄，冲泡的次数就会增加；浸泡时间适宜，一些水溶性较强的物质包括氨基酸、简单儿茶素、咖啡碱、可溶性糖等溶出较多，茶汤滋味较甜醇鲜爽；随着浸泡时间延长，内含物浸出更多，茶汤滋味苦涩味增强，茶汤亮度降低，浸泡次数就会相应减少。研究表明，冲泡温度和茶水比一定的情况下，茶叶中水浸出物的含量随着冲泡时间的延长而增加，浸出速率呈现先升高，然后到达顶峰，最后再下降的规律。随着冲泡次数的增加，浸泡时间应适当延长。

茶叶冲泡的时间和次数差异很大，与茶叶种类、泡茶水温、用茶数量和饮茶习惯等都有关系，不可一概而论。一般而言，凡用茶量较大、水温较高、茶叶原料较细嫩的，冲泡时间可相对缩短；反之，用茶量小、水温偏低、茶叶较粗老的，冲泡时间可相对延长。以茶汤浓度适口为标准，掌握适宜的冲泡时间，才能充分体现茶叶的品质。

六、境

心由境造，境由人造，幽静的环境对于品茶来说是必不可少的。唐代诗人王昌龄在《诗格》中说："处身于境，视境于心。莹然掌中，然后用思，了然境象，故得形似。"饮茶讲究环境清幽、意境清雅、人境得宜、心境闲适。

（一）环境

环境是指从事茶事活动的空间场所。因品茶场所的不同，分室内环境和室外环境。室外背景上有更多的自由空间，选择的角度与对象也相对广泛。从历代古画中看，多以自然景物为空间背景，如宋代刘松年《博古图》中的松树、元代《童子侍茶图》中的竹子、明代丁云鹏《玉川煮茶图》中的树木与假山等（见图2-41）。

图2-41 〔明〕丁云鹏《玉川煮茶图》

室内背景虽然有一定的空间约束，选择的角度与对象也相对减少，却拥有更多的创造空间，而且光影效果和审美效果往往优于室外，虚实相生，光影变幻。如丰子恺的《新月》，就是利用茶席后揭帘的窗子作为背景，特别是正巧垂挂在窗子左上角的一弯新月，构成一个极有意境的自然背景。

1. 室外环境

历代茶人都比较注重品茗的幽雅情趣，追求自然、闲适古朴的饮茶环境。唐代诗人钱起《与赵莒茶宴》就有："竹下忘言对紫茶，全胜羽客醉流霞。"顾况在《茶赋》中说："杏树桃花之深洞，竹林草堂之古寺。"鲍君徽与友人的东亭茶宴，选择在"幽篁引沼新抽翠，芳槿低檐欲吐红"的清雅美景里。灵一在《与元居士青山潭饮茶》诗中，把茶境描述得更具禅意："野泉烟火白云间，坐饮香茶爱此山。岩下维舟不忍去，青溪流水暮潺潺。"竹林、花下、清泉、溪畔，都是唐人品茶的好去处。

宋代陆游《夜饮即事》诗中"更作茶瓯清绝梦，小窗横幅画江南"一句，描写的是江南的青山隐隐、碧水迢迢、粉墙花影、草木盈窗，一个清绝有画意的品茶背景。欧阳修在《尝新茶呈圣俞》诗中言道"泉甘器洁天色好，坐中拣择客亦嘉"，可谓品茶的最佳组合。

明代人们对品茶环境更为讲究，朱权在《茶谱》中写道："或会于泉石之间，或处于松竹之下，或对皓月清风，或坐明窗静牖，乃与客清谈款话，探虚玄而参造化，清心神而出尘表。"徐渭在《徐文长秘集》中也讲饮茶环境："品茶宜精舍、宜云林……宜永昼清谈、宜寒宵兀坐、宜松月下、宜花鸟间、宜清流白石、宜绿藓苍苔、宜素手汲泉、宜红妆扫雪、宜船头吹火、宜竹里飘烟。"字里行间流露的都是飘逸闲适、清幽淡雅的意境。许次纾在《茶疏・饮时》中也提出了许多品茶二十四宜的幽雅环境："心手闲适，披咏疲倦，意绪纷乱，听歌闻曲，歌罢曲终，杜门避事，鼓琴看画，夜深共语，明窗净几，洞房阿阁，宾主款狎，佳客小姬，访友初归，风日晴和，轻阴微雨，小桥画舫，茂林修竹，课花责鸟，荷亭避暑，小院焚香，酒阑人散，儿辈斋馆，清幽寺观，名泉怪石。"从中可见饮茶环境的清雅。

品茶已体现为一种艺术修养，升华为一种精神境界。在清风明月、寒松翠竹、溪流清泉中，企盼"平生于物原无取，消受山中水一杯"的境界。

2. 室内环境

局限于都市的逼仄，如果不能像郑板桥那样"买尽青山当画屏"，我们就要学会开动脑筋，自己动手，去创造可行、可望、可赏、可居的茶境。

饮茶的室内环境要求窗明几净、古朴简素、舒适雅致、气氛温馨，设以琴台，挂以书画，配以美器，再摆上几盆绿植或其他时令花卉、盆景等，都是饮茶的绝好环境。葛绍体的茶诗写道："自占一窗明，小炉春意生。茶分香味薄，梅插小枝横。"与杜耒的"才有梅花便不同"心有灵犀。秦少游也有窗下喝茶的习惯："松然明鼎窗。"可见，宋人非常注重利用窗户的渗透，沟通茶室内外的风景。明代文震亨在《长物志・茶寮》中写道："构一斗室，相傍山斋，内设茶具，教一童专主茶役，以供长日清谈，寒宵兀坐，幽人首务，不可少废者。”

（二）意境

品茗是雅事，古代文人品茗环境讲究情调气氛，琴、棋、书、画之“四艺助茶”。在茶艺活动中，琴与字画是不可缺少的元素，它对于渲染气氛、营造优雅舒适的环境、培养高尚的情操起着至关重要的作用。

1. 音乐

唐代周昉的《调琴啜茗图》，以工笔重彩描绘了唐代宫廷贵妇品茗听琴的悠闲生活，说明饮茶伴有音乐的娱乐生活至少在当时的上流社会中已经出现。历史上，不仅帝王、贵族以饮茶、听乐、观舞为生活享受，一般文人、学士也有此雅兴并别有趣闻。白居易喜欢弹琴和饮茶，曾作《琴茶》诗：“琴里知闻唯渌水，茶中故旧是蒙山。”宋代梅尧臣《依韵和邵不疑以雨止烹茶观画听琴之会》诗云“弹琴阅古画，煮茗仍有期”，亦为茶、琴、画一体的表现。茶艺作为传统文化的代表，给人以安静典雅的感觉，选用民乐更能体现民族特色。茶事活动中，常用的音乐有古琴曲、古筝曲、琵琶曲、二胡曲、小提琴曲、钢琴曲等曲目。现代茶艺的创新发展进一步推动了茶艺背景音乐的多元化发展。

（1）古典名曲音乐。我国古典名曲优雅深邃、韵味悠长，是传统音乐的精髓。在茶艺活动中，可根据茶叶属性、茶艺主题、茶事活动的内容进行有针对性的选择。借助古典名曲营造安静祥和的氛围，与茶艺典雅柔美的动作相互配合，使茶艺参与者感受其中蕴含的自然魅力与人文内涵。常见的古典名曲有悠扬流畅、意境深远绵长的古琴名曲，如《高山流水》《阳关三叠》《雁落平沙》等，也有节奏轻快、悠扬舒缓的古筝曲《高山流水》《渔舟唱晚》，柔和沉稳的笙箫、古琴等演奏的曲目《春江花月夜》《洞庭秋思》等。

在选择背景音乐时，可以根据茶类来配乐。绿茶清新自然，香气高扬，味道鲜醇，可以选择节奏明快、悠扬活泼的古筝曲和笛子，如《平湖秋月》《高山流水》，以及潮州名曲《出水莲》等。红茶汤色红艳、滋味醇厚，给人以温馨甜蜜之感，可以选择抒情的曲目，如《梅花三弄》。乌龙茶香高味醇，特别是武夷岩茶，具有岩骨花香，韵味悠长，需要慢慢回味，可以选择曲调平缓优美、意蕴深远的古琴和古筝曲目，如《高山流水》《关山月》《云水禅心》等。花茶具有花的芬芳和茶叶的醇厚，两者相得益彰，可以选择舒缓的古筝曲《茉莉芬芳》，尽享茉莉花的幽香。

（2）创新茶艺音乐。近代作家为凸显茶艺主题，为茶艺表演谱写了一些专门的曲目。首先，有利用传统乐器为茶艺表演谱写的专门曲目，如《闲情听茶》《香飘云水间》《听壶》，以及古琴曲《禅茶一味》等，还有专门以茶为题材的歌曲，如浙江、江西、福建等地区的《采茶舞曲》《请茶歌》《采茶灯》等。其次，有古今中外多种乐器相结合、将乐器演奏的不同风格类型进行结合（如古琴与洞箫、笛等结合）的深远虚静的创新曲目，如《茶禅一味》《莲心不染》《静水流深》《古琴禅修》等。最后，有将不同的曲目根据茶艺表演的过程需要，进行重新组合、剪辑而成的背景音乐，如可按开场、冲泡过程、奉茶品饮三个部分进行，层层递进，引人入胜，升华主题。钢琴曲在创作过程中融入了丰富的人文观念和人文情怀，与茶艺表演需要展现的价值理念和情感内涵有契合之处。在茶艺表演时，也可以选择钢琴曲目，如中国著名新世纪音乐家林海的《远方的寂静》《夜空的寂静》等。

（3）无声音乐。与有声音乐相比，茶艺也可以用无声背景音乐。正如白居易在《琵琶行》中所写，“此时无声胜有声”。茶艺中适当的留白，给人更多的遐想空间。日本茶道中就很少用背景音乐，无声的表演也更加契合“和、敬、清、寂”的茶道精神。当然，无声也不是绝对的，静候煮水时的汤沸声、雨打芭蕉、山涧流水、风吹竹林、虫唱鸟鸣、松涛飞瀑等等，都是极美的音乐，也可以称为“大自然的箫声”，它们可以抚慰人们的灵魂，使人徜徉于无限的自然之中，达到“天人合一”的境界。南宋大诗人陆游就有《听雪为客置茶果》诗：“青灯耿窗户，设茗听雪落。不饤栗与梨，犹能烹鸭脚。”诗中的鸭脚即银杏，别名白果，诗文是说点着油灯，与客人一边饮茶吃果子，一边听雪落的声音。二人以静听雪声为乐，品茗助兴，又别有一番情趣。

此外，可以根据茶艺主题选配相应的音乐。例如：宗教茶艺可以选择宗教音乐；民俗茶艺根据民族类别、文化特点可以选择本民族特色的音乐，如维吾尔族茶艺中，一般会使用其特有的传统乐器如热瓦普、都塔尔等来演奏当地民族乐曲《商队》《放牧人》等，加上表演者独特的民族服饰和舞姿，配以民族传统乐器的演奏，为观众展示其独特的民族文化魅力。此外，还可将茶与音乐、歌舞相结合，发展茶文化中的音乐、戏曲和歌舞艺术。

2. 挂画

挂画又称挂轴，是悬挂在茶空间背景中书与画的统称，书以汉字书法为主，画以中国画为主。挂画的作用主要是为了营造意境，烘托茶会活动和茶席主题（见图 2-42）。

图 2-42　茶室挂画

挂画最早的内容涉及茶的知识，挂于茶会座位旁。陆羽在《茶经·十之图》中，就曾提倡将《茶经》的内容写出来，说：“以绢素或四幅或六幅，分布写之，陈诸座隅，则茶之源、之具、之造、之器、之煮、之饮、之事、之出、之略，目击而存。”到宋代，挂画改以诗、词、字、画的卷轴为主，并作为“生活四艺”之一，出现在茶肆及社会生活之中。

我国茶席中的挂轴从一开始就受陆羽的影响，主要以茶事为表现内容。后来更多的是表达某种人生境界、人生态度和人生情趣，以乐生的观念来看待茶事、表现茶事，如以各代诗家文豪们关于品茗意境、品茗感受的诗文为内容，以挂轴、单条、屏条、扇面等方式陈设于茶席中。挂轴中，也有反映宗教方面内容的，儒释道的儒训、禅语、道义都有所体现，如“茶禅一味”“清心”“静心”“吃茶去”等。

挂画的位置宜选在茶室正位为佳，张挂的字画宜少不宜多。茶室挂轴的内容除了书法也可以是中国诗画，可以根据茶室名称、风格及主人的兴趣爱好而定。其绘画内容多姿多彩，既有用简约笔法，抽象予以暗示，也有工笔浓彩描以花草虫鱼。最常见的是“岁寒三友”松、竹、梅及水墨山水。中国茶人崇尚自然、热爱生活的特点也同样反映在这些绘画内容之中。

挂画在日本茶道中被认为是第一重要的道具。“当客人走进茶室后，首先要跪坐在壁龛前，向挂轴行礼，向书写挂轴的伟人表示敬意。看挂轴便知茶事的主题。”（滕军《日本茶道文化概论》）日本茶道崇拜禅僧的墨迹，因此挂轴的内容以文字简练的佛语、禅意为主，如“吃茶去”“随处做主”“空是色”“无一物”“和敬清寂”“心外无别法”“行亦禅坐亦禅”“一期一会”“日日是好日”“无”等。

3. 插花

插花是指人们以自然界中具有观赏价值的根、茎、叶、花、果、枯木、藤条为素材，根据造型艺术原理，通过摆插进行创作和构思而表现其活力和自然美、表达一定主题和意境、体现茶道精神的造型艺术（见图 2–43）。

图 2–43　插花《春》

东方的插花艺术起源于中国。早在 1 500 年前的六朝时期，《南史》中就有“有献莲华供佛者，众僧以铜罂盛水，渍其茎，欲华不萎”的记载。

早在宋代，点茶、挂画、插花、焚香就已成为“四艺”。至明代，茶席中插花已十分普遍（见图 2–44、图 2–45）。明代文学家袁宏道在《瓶史》中写道：“茗赏者上也，谈赏者次也，酒赏者下也。”这说明当时茶与插花已有非同一般的关系。袁宏道还在《戏题黄道元瓶花斋》中写道：“朝看一瓶花，暮看一瓶花，花枝虽浅淡，幸可托贫家。一枝两枝正，三枝四枝斜；宜直不宜曲，斗清不斗奢。傍佛扬枝水，入碗酪奴茶。以此颜君斋，一倍添妍华。”寥寥几句，一下子点出了古代文人对茶席中插花的精神追求。

图 2–44　〔明〕陈洪绶《停琴啜茗图》

（1）插花的特点。插花作品具有注重意境美、选材简洁明朗、造型贴近自然等特点。构图上追求线条美，强调形、神、情、理、韵的统一。

图 2-45　明代茶席插花

首先，注重意境美。插花时，要顺应自然，不必翻来覆去地修整，要尊重花枝所呈现的自然意境。插花作品应清新淡雅，富有诗情画意，强调形、神、情、理、韵的统一，与茶室书画融为一体，耐人寻味。

其次，茶席插花选材力求简洁，花材数量不宜多。花材色彩搭配上不宜超过三种颜色，插花时应该考虑怎样才能把花的自然本色表现出来，而且还要使其拥有令人回味无穷的余韵。

再次，造型上传承东方式插花的特点，以线条美来表现其主题。通过线条的粗细、曲直、刚柔、疏密，表现简洁、飘逸、瘦硬、粗犷的造型。

最后，亲近自然，表现自然美。茶席插花继承中国传统插花的特点，注重自然情境，着力表现花材自然的形式美和色彩美。顺其自然之势，曲直、仰俯巧妙配合，宛若天成（见图 2-46）。千利休茶道法则中，有一条便是"插花要如同开在原野中"，以体现自然之真。

（2）插花的造型。茶席插花属于东方插花范畴，具有自然美、意境美的基本特点。虽然在造型上并无固定的形制，但也应掌握基本的构成学原理，作为造型依据。

① 三主枝的插花造型。首先，以三主枝定出基本框架，每种花材以不对称均衡布置，整体作品空间布局通常满足上中下、左中右、前中后三组层次，通常重心点在花材基部。三主枝高度以黄金比例 1∶0.618 为依据，第一主枝为花器高加宽之和的 1.5 倍左右，第二主

枝为第一主枝的 2/3 左右，第三主枝为第一主枝的 1/3 左右。宽度、深度依空间布局而定，通常满足锥体空间，其夹角在 30°～90°（见图 2-47）。

图 2-46　插花《栀子花开》

图 2-47　插花《荷桃》

② 一枝花的造型。一枝花的插法简单明了，尽得自然天趣，透露出古代插花美学的准则（见图 2-48）。宜选择古朴奇特、枝梢柔美袅娜的枝条，插花时还要先审视花枝与插花器是否匹配。明代陈洪绶的《瓶花图》中有题款诗：“相呼看红叶，林下醉秋华。折得一枝归，与君称寿华。”张谦德在《瓶花谱》里讲：“瓷器以各式古壶、胆瓶、尊、觚、一枝瓶为书室中妙品。”其中“折得一枝归”和“一枝瓶”说明了构图简洁的一枝花造型在文人插花中很常见。越是简单的线条，越难去表现和处理。宋代梅窗有《咏梅》诗：“藓花浮晕浅，浅晕浮花藓。清对一枝瓶，瓶枝一对清。”诗人梅窗在一枝瓶里插一枝花时，注意到了绿色的苔藓与粉红色的梅花在颜色上形成的红绿对比。一枝梅花，在一枝瓶里疏影横斜，倍加清雅，瓶与枝互相映衬，各具风采。

图 2-48　一枝花

③ 两枝花的插法。两种枝条，通过上下插花的方式，也能达到“虽由人作，宛若天成”的一枝花的艺术效果；也可彼此相向组合，采用左高右低或者右高左低的方式，形成不对称的均衡美。

插花时要尊重花草树木的生长规律和自然的形态。清代陈淏子《花镜》里说：“折花之法，不可乱攀，须择其木之丛杂处，取初放有致之枝；或一二种，比枝配色，不冗不孤，稍有画意者，方剪而燔其折处插之，则滋不下泄，花可耐久。”陈淏子强调的“初放有致之枝”，是最容易呈现画意的理想花材。

茶席的插花要切合茶席的构思和主题。插花的形式可从传统绘画的构图中去寻找灵感。茶席插花妙在精神和韵致，注重内在的学养与涅槃妙心。所以，古人有“潇洒最宜三二点，好花清影不须多”之句。

（3）茶席插花的色彩配置原理。茶席插花格高境雅，在色彩的搭配上遵循意境美法则。通常以低彩度搭配，注意对比要温和。茶席插花的色彩不仅能美化整个茶席，还可以表现茶的内在特质。

① 花色应与整体协调统一。通常茶席的色彩由茶桌、茶席布、茶具、茶汤、插花等各元素的色彩共同组成。从更宏观的色彩上来讲，还可延伸到茶人服、灯光、空间背景色等环境方面的色彩。

一般来说，从整个茶席出发来确立茶席插花的色彩，才能使其更好地服务于茶席。插花花色应与茶席整体色系协调统一。这里说的协调统一并非一定选用同一色系，可以选用同类色、邻近色，也可以选用对比色、互补色，注意比例，只要整体协调就行。如茶席色彩过于素淡，可选用艳丽的花色，适当地给茶席提提精神。但要注意艳丽的花，要选择花朵小、色泽沉稳典雅的花，以减少色彩的分量。艳丽的花宜搭配枯木萎枝使用。枯与荣、浓与淡的强烈对比，对于主题的烘托有时会出现意想不到的效果。

② 插花自身的色彩调和。所谓插花的色彩调和，就是要缓冲花材之间色彩的对立矛盾，在不同中求相同。通过不同色彩的花材相互配置，相邻花材的色彩能够和谐地联系起来，相互辉映，使插花作品成为一个整体而产生共同的色感。同一插花体中，如果只使用一种花色的花材，则色彩较易处理，只要用绿叶衬托即可，因为绿色和任何颜色都能取得协调感。如果存在着几种色彩，就必须以一种色彩为主，再将其他几种色彩统一起来，形成一种总体的色调。

一般应掌握以下三个基本原则。首先，要突出主色调，作为插花构图的主题色彩，配置于构图的重心位置，其他色彩的花材只是起陪衬和点缀作用。其次，同类色、邻近色的色彩接近，易于取得自然调和效果。但也可能会因单调感而缺乏变化，可以利用花材色彩浓淡的不同、花朵大小形状的不同以及花材质感的不同，求得构图的变化。最后，在各种色彩的花材中，白色花属于中性色，它能和其他任何颜色的花材同时配合，可减弱其他色彩过于刺激的作用，又可使整体构图色彩素雅、谐调、鲜明（见图 2-49）。

图 2-49　插花色彩的协调

4. 焚香

焚香是指人们对天然香料加工制成的各种香型进行焚熏，以获得嗅觉上的美好享受。中国香道文化由来已久，宋代香文化达到鼎盛。南宋吴自牧《梦粱录》中说："烧香点茶，挂画插花，四般闲事，不宜累家。"闻香品茗，自古就是文人雅集不可或缺的内容。明代徐𤊹在《茗谭》中讲到："品茶最是清事，若无好香在炉，遂乏一段幽趣；焚香雅有逸韵，若无名茶浮碗，终少一番胜缘。是故，茶、香两相为用，缺一不可，飨清福者能有几人。"可见，品茗焚香配合得好，便是相辅相成、相得益彰。焚香有助于静心养气，能帮助人们达到心灵的放松，更好地静心品茶。

（1）茶席中自然香料的种类。自然香料一般由富含香气物质的植物与动物提炼而来。植物中富含香气物质的树木、树皮、树枝、树叶、花果等都是制香的原料。动物的分泌物所形成的香（如龙涎香、麝香等）也是香料的来源。茶席中经常使用的香料有檀香、沉香、龙脑香、紫藤香、甘松香、丁香、石蜜、茉莉等。

（2）茶席中香品的样式及分类。香品分为熟香与生香，又称干香与湿香。熟香指的是成品香料，可在香店购得，少量为香品制作爱好者自选香料制作而成。生香为香道表演时临场进行香的制作所用的香料，一般在香道表演时用到，香道表演既是一种技术，又是一种艺术，具有可观赏性。

熟香样式有常见的柱香、线香、盘香、条香等，另有片香、香末等，作熏香之用。生香有香木、末香、饼香、软块香、沉烟香及香花。依据中国传统熏香方式看，可通过隔火熏香、火炉熏香、电气熏香、蒸香、煮香、点香、香篆点香等方式欣赏。若从香气味道看，主要有单香与合香两大系统。单香为直接使用原材，制为片块状，最常使用的如沉香、檀香一类。合香是将各种香药研成细末，依据香方的比例混合后，以粉熏烧或制成丸、饼状等。单香气味纯一，变化不若合香气味多样且有趣。

（3）茶席中自制香品的种类。茶席用香，以茶为主，香为辅。印篆香、香丸与线香是不错的选择。

① 印篆香。印篆香也称印香、香印、篆香、香篆等，是将各种香药研细成散末，依据香方的比例混合，用香范为模，压印出各种图案文字后熏烧。宋代刘子翚《次韵六四叔村居即事十二绝》中有“午梦不知缘底破，篆烟烧遍一盘花”句，即描述这类香篆烧完之后的灰烬痕迹。印篆香也可以协助计时，利用印模，将香粉压出一盘图案，借由香粉燃烧便可计算时间。宋代还因为大旱而采用香印以准昏晓，也有“百刻香印”，是将十二时辰分成一百刻度，一盘可燃烧一天一夜。

② 丸香。同样的散末香粉，若不以印篆方式出香，可以调和香粉后入蜜，加枣膏、梨汁等，用入臼槌捣方式捻成香丸子或饼状，再加以熏烧，称为丸香。熏烧时，以炭为底火，略为隔灰熏烧即可。

③ 线香。线香是最常见的一种形式，在元代已经出现以纸包裹香药做成线状的焚烧方式，明代则常见以细线埋入香药内做成绝细线香。合香如印篆香法，制法将丸香之蜜或枣汁改为黏粉或白芨，揉制成条索状，粗细由人，阴干之后即可直接烧之。

随着现今茶席与香席的盛行，现代人对于饮茶与焚香，早已不仅是追求感官的享乐，更是希望通过饮茶、焚香仪式与好友交游，还能和缓心情，达到身心平衡的美妙境界。清代纳兰性德的《与某上人书》云：“茗碗熏炉，清谈竟日，颇以为乐。”要得幽趣，其境界为淡薄而有味，非茶非香，而在朋友之间的意合。

（4）茶席中香炉的种类。香炉造型多取自春秋之鼎。从汉墓中出土的博山炉，史学界基本上认为是中国香炉之祖。至宋，瓷香炉大量出现（见图2–50），样式有鼎、乳炉、鬲炉、敦炉、钵炉、洗炉、简炉等，大多仿商周名器铸造。明代制炉风盛，宣德香炉是其代表。香炉造型、色彩多样，有铜、铁、陶、瓷质等材质，宫廷和富贵人家还有用金、银铸之（见图2–51）。现代香炉多为铜质、铁质和紫砂制品。

1– 宋龙泉窑翠青鬲式炉玉顶木盖
2– 宋 / 元哥窑米色耳鱼炉
3– 宋定窑牙白弦三足炉

图 2–50　宋代香炉

图 2–51　清代云龙纹博山炉

（三）人境

饮茶人境是指品茗时的人数以及人格所构成的一种人文境界。明代张源在《茶录》中提出："饮茶以客少为贵，客众则喧，喧则雅趣乏矣，独啜曰神，二客曰胜，三四曰趣，五六曰泛，七八曰施。"可见，古人茶聚时以少为雅趣，而尤以二三人为最佳，多则无趣。明代陈继儒《茶话》说："品茶，一人得神，二人得趣，三人得味，七八人是名施茶。"品茶时的人数不同，品饮的意境也不同。

1. 独啜得神

这里的"神"是对自己内心的观照，是对于世情哲理的感悟。一个人独自饮茶是在进行人与茶的对话，能更真切地感受与茶道的圆融和与大自然的合一，以及心灵的升华，品味茶的味外之味，领会"疏香皓齿有余味，更觉鹤心通杳冥"的妙趣，体验"唯觉两腋习习清风生"的意境。

2. 对饮得趣

品茶不仅是人与自然的沟通，亦是茶人之间沟通相融的方式。宋代杜耒曾云："寒夜客来茶当酒，竹炉汤沸火初红。寻常一样窗前月，才有梅花便不同。"寒夜与友共饮佳茗，得茶之趣。南宋郑清之"一杯春露暂留客，两腋清风几欲仙"之句，体现了与友对饮者的悠然自得。唐代钱起《与赵莒茶宴》云："尘心洗尽兴难尽，一树蝉声片影斜。"与友对饮乐而忘归者，此皆对饮之趣也。

3. 三人得味

独乐不如众乐，与志趣相投之人饮茶是一件乐事。林语堂在《生活的艺术》中写道："一个人在这种神清气爽，心气平静，知己满前的境地中，方能领略到茶的滋味。"这便是对饮茶时人境最好的诠释了。饮茶重在一个"品"字。三人品饮，乃"品"之义也。潮州谚语曰："茶三酒四踢跎二。"可见饮工夫茶时，三人为最胜之数，也更能品味茶之精华。正如唐代陆羽在《茶经》中讲："茶性俭，不宜广……夫珍鲜馥烈者，其碗数三；次之者，碗数五。"孔子曾说："三人行，必有我师焉。"三人共饮，彼此交流信息相互学习，取长补短益智得慧。

（四）心境

明代冯可宾在《岕茶笺》中提出适宜品茶的 13 个条件："无事、佳客、幽坐、吟咏、挥翰、徜徉、睡起、宿醒、清供、精舍、会心、赏鉴、文僮。"首要条件便是"无事"，这就要求品茗时要神怡闲适、无牵无挂、无欲无求；心境要安静，只有物我两忘，才能超越俗我，达到人与环境、人与人和谐统一的境界。

在品茶过程中应"澄心端思"，净化心灵，完善人格，提升境界。以清净闲适的心情来品茗，借着淡淡的茶香来洗涤心底的忧虑与污垢，清除杂念，反思人生，感悟生活，自然能达到真悟、永恒的人生境界，真正达到慧开禅师所描写的美好意境："春有百花秋有月，夏有凉风冬有雪。若无闲事挂心头，便是人间好时节。”

总之，品茗不但要求自然环境的清幽雅致，更注重品茗者内心的精神状态。就算摒除茶艺要素中繁复的插花、焚香、挂画、音乐等环境设计，沉下心来专心事茶，也能专注茶本身，单纯地从一杯茶汤中感受茶之精妙，欣赏茶的艺术价值与美感，感受茶道清雅的审美与思想境界。

思考题

1. 什么是茶艺？茶艺有哪些分类？
2. 茶艺的特点是什么？
3. 一套至善至美的茶艺由哪些要素组成？
4. 表演型茶艺与待客型茶艺的特点和区别在哪里？
5. 我国茶叶命名有什么特点？
6. 茶艺师如何做到人之美？
7. 如何选择泡茶用水？
8. 泡茶煮水的火候如何控制？
9. 冲泡细嫩芽叶类的茶需要低温，对于沸水如何进行降温？
10. 不同材质的茶具对泡茶有什么影响？
11. 请简述盖碗泡法的特点和分类。
12. 茶艺程序编排时应注意的要点是什么？
13. 茶艺表演时，插花有何作用？花材的特点是什么？
14. 茶艺表演时，音乐等对于营造意境有什么作用？应如何选择？
15. 品茶之境包括哪些方面，应如何营造？

补充链接

扫码进行练习 2-1：中级茶艺师理论题库 2

第三章　茶艺美学

本章提要

中国茶艺美学的形成与发展，是随着饮茶历史的产生和发展而变化的，这是一个历史的动态过程。中国茶艺真正具有美学的品格，是以儒释道融合构成的哲学为基础，由文人的审美取向主导和塑造的。中国茶艺美学融合了儒释道三家的美学思想，以和、清、淡、静、真为美学思想基础，经历了不同时期的历史演变，形成了自然之美、淡泊之美、简约之美、虚静之美、含蓄之美等具有共性的美学特质。茶艺美学从整体出发，通过具体的形态展示，表现为茶汤之美、结构之美、韵律之美和意境之美等形式。

第一节　茶艺美学概述

茶艺美学是随着我国茶艺的发展而形成的产物，它不仅融合了艺术设计审美要素，还兼具情感体验。茶艺美学的内涵丰富，是茶文化的精髓，也是茶艺的灵魂。朱光潜先生在《文艺心理学》中曾说："美不仅在物，亦不仅在心，它在心与物的关系上面……它是心借物的形象来表现情趣。世间并没有天生自在、俯拾即是的美，凡是美都要经过心灵的创造。"所以说，茶艺是从生活出发又回到生活的美育。茶艺美学既是生活美学，也是人生美学。品茶是一种美的休闲生活，随着饮茶的兴盛，茶的美受到越来越多的关注和称赞。

一、茶艺美学的概念

美学是研究人与世界审美关系的一门学科，属于哲学范畴。美学研究的对象是审美活动，是人的一种以意象世界为对象的人生体验活动，是人类的一种精神文化活动。茶美学是在一般美学的基础上形成的，与社会心理学、社会美学、艺术学、创造学、自然科学、哲学等都有紧密联系，作为一门独立学科有着自己特定的研究范畴。

中国茶艺美学是审美主体的心灵表现，汇聚一定时代的社会风气和文艺思潮的审美规范，形成灿烂多姿的美学形态。茶艺美学有着深厚的传统文化积淀，属于中国古典美学中的一部分，具有中国古典美学的基本特征和明显的民族特性。它研究的不仅是物质形象上的茶叶、茶具、技艺体现的美，还包括心灵精神上的茶德、茶道和文化内涵，是一种内在的、形而上的精神美学，涵盖的内容极为广泛。它源于生活美学，融入了中华民族的传统美德，是茶在生活美学中的有形展示，有助于美化现代生活和建设和谐社会，具有美育的功能。

我国著名茶文化专家刘勤晋教授认为，茶艺美学是指探讨制作茶和品饮茶的技巧、礼法、茶道的审美意境的综合学问，是茶艺特色和美学的结合。马守仁先生认为，茶艺的美是一种综合的美，它融汇了诸如音乐、舞蹈、饮食、服饰、建筑、书法、绘画等艺术门类的美学特征，又加以凝练和升华，形成一种宁静、典雅、平和的中国式古典特征的美学范畴，体现了中华民族特有的审美意识和审美追求。茶艺之美在于“人、茶、水、器、境、艺”六要素之美的协调，其特征主要包括形式美、动作美、结构美、环境美和神韵美。

概括来说，茶艺美学就是以茶为审美对象，在茶事活动中所产生的具有审美视觉的饮茶艺术，它是对茶艺美学原理与法则、形成与发展、美学特征和美学思想等进行研究与探索，揭示茶艺美的一门学问。

二、茶艺美学思想的形成与发展

中国古代没有专门的茶艺著作，更无茶艺精神及美学的系统论述。关于茶艺精神和美学的见解都是散见于各朝各代的诗文或著述中，虽比较零散，但仍有迹可循。古人的饮茶过程可以说是一种“行为艺术”。无论是备茶、备器，还是烧水、投茶，抑或是击拂、育华、闻香、品味，每一个细节都是一种美的追求、美的享受，都具有隽永的魅力。历代茶书、茶诗、茶词茶曲、茶书法、茶绘画、茶器物、茶建筑，作为茶艺美学的载体，有着共同的价值指向，即强调具有审美因素的境之美、味之美、器之美、饮之美。这“四美”虽是各个时代的共同追求，但是不同的历史时期又有各自的个性和特色。

（一）晋代：茶艺美学思想的萌芽期

追溯中国的饮茶历史，真正使饮茶具有美学的品格，最早见于西晋杜育的《荈赋》。

《荈赋》以俳赋形式和典雅、清新、流畅的语言，向我们展现了一幅绝妙的茶山品茗图，整个品茗过程美不胜收，有相当完整的品茗要素，也充满着茶艺美学的意蕴。它可以说是开辟了将茶作为审美对象来描写的先河，也充分体现了当时的饮茶已不仅仅局限于解渴与保健，也在关注饮茶中的审美，具有不可替代的史料价值。杜育被后世人誉有“美丰姿”的雅号，是使饮茶具有风雅文化的第一人。杜育赋予饮茶活动审美艺术，并以此来涵育人的修养，可以说，《荈赋》开启了茶艺美学的源头。

（二）唐代：茶艺美学思想的形成期

唐代以来，茶艺的审美取向进一步凸显和丰富。唐代人们的品茶已经超越解渴、提神、解乏、保健等生理上的满足，着重从审美的角度来赏茶、艺茶、品茶，强调心灵感受，通过饮茶与茶道展示，表现出人的精神气度和文化修养。茶之为饮，最宜精行俭德之人，提倡一种清高廉洁、节俭朴素的思想品格，追求人格美和朴拙美。皎然在《饮茶歌诮崔石使君》诗中阐述茶艺理念，提出“一饮涤昏寐”“再饮清我神”“三饮便得道”“此物清高世莫知”“孰知茶道全尔真”，追求“清”及“真”的茶艺美学思想，展示出一种空灵的、超然脱俗的美学境界，也象征中唐以后茶事活动追求的意境及美感。

（三）宋代：茶艺美学思想的发展期

宋代茶文化走向两极：民间的普及、简易化；宫廷的奢侈、精致化。中间的文人群体则依然崇尚风雅和自然。焚香、点茶、挂画、插花四般闲事，是当时文人雅士追求雅致生活的一部分。苏轼爱茶，赞茶“从来佳茗似佳人”，作《叶嘉传》，颂茶之品德，称茶为“叶嘉”，赞其“风味恬淡，清白可爱”“其志尤淡泊也”，容质异常，正气凛然，借赞叶嘉君子风范赞扬茶的清、淡品性。宋徽宗精通茶艺，他在《大观茶论》中述及：“至若茶之为物，擅瓯闽之秀气，钟山川之灵禀，祛襟涤滞，致清导和，则非庸人孺子可得而知矣；冲淡闲洁，韵高致静，则非遑遽之时可得而好尚矣。”这强调了清、和、淡、洁、韵、静的茶道精神和美学思想。

（四）明清：茶艺美学思想的鼎盛期

明代饮茶，贵为王爷的朱权失意后不得不寄情田园山水，著《茶谱》以自适，却又胸怀“开千古茗饮之宗”的志向，序中称：“予尝举白眼而望青天，汲清泉而烹活火，自谓与天语以扩心志之大，符水火以副内炼之功。得非游心于茶灶，又将有裨于修养之道矣，其惟清哉。”“探虚玄而参造化，清心神而出尘表。”其在“虚静”“清心”的茶艺美中所寻求的是慰藉壮志难酬的心灵。这种心态，构成了明代流行一时的以超然物外为审美取向的茶艺美学。

清代，以市民为主体消费群体的茶馆大盛，在世俗的喧闹和大众的推动下，形成了以俗趣为体现的审美取向。

茶艺的美是一种包容和综合性的美，它融合了众多门类的艺术美学特征，并且充分地凝练与升华，蕴含宁静、典雅、平和的中国古典美学思想，体现了中华民族特有的审美意识和审美追求。

第二节　茶艺美学思想

中华茶艺美学思想融汇了儒释道思想，使茶艺处处渗透着真善美的精神追求，体现着圆融和谐的美学思想。综合古人品茶时的审美情趣，茶艺的美学思想概括起来有“和、清、淡、静、真”五个要义。

一、和

“和”有“中和、和谐”之意。和是儒释道共通的哲学理念，是茶道思想的精髓，体现的是道家“天人合一”的美学理念、儒家“中和”的美学思想和“茶禅一味”的禅宗精神。从审美主体而言，主要是人与人的和谐、人与自然的和谐、人与物的和谐，达到物我合一、天人合一的境界；从审美对象而言，主要指茶艺诸要素的协调配合，要合理、和谐，不走偏端。要实现人的内在和谐与外在和谐的必然统一，达到生态审美的境界。

二、清

“清”指“清洁、清廉、清寂”。道家崇尚清静无为，于自然的恬淡中求得超越。裴汶《茶述》指出，茶叶“其性精清，其味浩洁，其用涤烦，其功致和，参百品而不混，越众饮而独高”。茶性俭而清和，以清为美，在茶艺中常表现为茶的清香、水的清澈、器的清洁、境的清雅、心的清闲，清静之美是中国茶艺美学的客观属性。清静之美是种柔性的美、和谐的美，来源于茶叶本身的自然属性，也是茶叶固有的基本特征。

三、淡

“淡”指“淡泊、恬淡”。淡泊即恬淡寡欲、淡泊名利、清静无为，是一种古老的道家思想。老子就曾说“恬淡为上，胜而不美”。这也是后世一直继承和赞赏的“心神恬适”的意境，一种心无杂念、凝神安适、不限于眼前得失的那种长远而宽阔的境界。诸葛亮在《诫子书》中也提到“非淡泊无以明志，非宁静无以致远”，认为一个人须恬淡寡欲方可有明确的志向，寂寞清静才能达到深远的境界，语浅而意蕴深刻，充满了道家哲理。

四、静

“静”指“虚静、清静”。静是一种无欲求无得失无功利的极端平静的状态，是道教的长生之本。虚静可以理解为审美活动时的心理状态。虚静思想与茶之静的本性相通相连，构成茶道“静”之根本。喝茶能够静心凝神，排除内心杂念和欲求，以及外界的一切干扰，从世俗中解脱出来，进入审美观照的境界。这很符合崇尚“清静、恬淡”的东方哲学思想，也与儒释道“内省修行”思想相一致。

五、真

“真”有“本真、本原、自然”之意。道法自然，自然不仅是大道的特性，也是万物的属性，体现了守真养真的哲学思想。中国人追求返璞归真、宁静致远，使得人们在茶艺活动中以茶清心、以茶修身、内省自性，在真茶真水中感受真情真意、真善真美，追求真诚守信，不虚假，体悟自然之性。

第三节　茶艺美学特征

中华茶艺美学有着深厚的传统文化积淀，属于中国古典美学的一部分，具有中国古典美学的基本特征，同时也具有其自身特性。随着生活水平的提高，人们对知识、人文素养的需求迫切增加，茶艺美学的品性和特征也因此受到关注。茶艺之美讲究自然之美、淡泊之美、简约之美、虚静之美、含蓄之美、真实之美。

一、自然之美

自然观念是道家学说的精髓，是道家美学思想的最高范畴。道家认为“道法自然”，道是非语言能表达的“自然”，因而也把未经人化的自然奉为美的极致。自然之美表现在茶艺中，就是追求自然、朴质、本真、简洁的品格，追求人与生态的和谐、人与人的和谐，赋予了中华茶道美学以无限的生命力及艺术魅力。茶叶为自然生长之物，茶性自然、本真、质朴，茶艺活动中的各个主体力求朴素简约、返璞归真。人、茶、水、器、境、艺等要素，均呈现出自然之美的审美追求。

茶的美在自然。茶叶生长于烂石沃土、阳崖阴林、竹下莓苔地中，凝聚天地灵气化为山中清物，成为自然纯洁的意象。

人的美在自然。茶人追求性情的自然流露，以精简淡泊为准则，实现精神自由与真我的追求。

水的美在自然。泡茶之水取自自然纯净的活水，如泉水、雪水、雨水等。

器的美在自然。茶器的自然，体现在泥料的自然与陶瓷类雪似玉的质感、紫砂质朴的外观与造型等方面。

境的美在自然。品茗环境自然清幽、雅致清净，才能使性情得以自然流露。

二、淡泊之美

中国古代文人在艺术审美上追求超越的淡泊境界，对中国茶道产生了深刻影响，使得淡泊之美成为中国茶道美学的一个重要组成部分。茶性纯真自然，令人返璞归真、恬淡自适。“非淡泊无以明志”，借一杯茶，于恬淡寡欲中明确志向，体会那种幽旷清寂又自然原始的意境，感受天人合一的气息。

三、虚静之美

虚者，即虚无之谓也，万物皆由虚无而生。静乃始于虚，有虚才有静。中国艺术包含虚实结合和有无相生的美学思想，茶艺中同样含有“虚无”的美学思想。由“道”生发的虚静之美是茶艺艺术美的主要表现形式，亦是茶艺创作的原则。虚静审美思想和茶艺密切相关，中华茶艺美学中的虚静之说不仅是指内心的虚静，也包括环境的宁静。虚静对于日常品茗审美而言有两方面的含义：一方面，茶叶具有清净和涤烦的作用，饮茶能使人进入空明虚静的心境，有助于体悟禅理道法；另一方面，保持虚静是饮茶中不可缺少的环节，人们只有保持内心虚静的状态才能体会茶之真味，更好地获得审美感悟，体会人生真味。

四、简约之美

简者，简易也。约者，俭约也。茶尚简朴、平易，品茶本是人们日常生活的一种行为和习惯，历来奉行“简易”“俭约”的饮茶之风，具有不失雅俗共赏的简约之美。品茶之道，最忌繁难。我国古代的茶道没有繁冗的操作程式、繁缛的礼仪排场、繁杂的茶器、华丽的装饰，强调简素美，也与崇尚生态和谐的理念不谋而合。这表现为不需要多余的摆设，不浓妆艳抹，不做多余的动作，不讲多余的话，清丽脱俗，朴素儒雅，淡然无极，于简朴平易的茶味中，悟得人生的真谛。

五、含蓄之美

含蓄的意思是含而不露、耐人寻味，即言简意赅、内涵丰富、意蕴深长，强调适度、适中、恰到好处，反对“过”或“不及”，是中国儒家所强调的一个重要美学范畴。含蓄注重内涵，强调内在的含蓄，重视言外的意味，是一种令人回味无穷悠长的美的体验。茶之道含蓄内敛，和谐相生，美美与共。对茶道而言，含蓄之美讲究的是茶事活动中的深沉，利用留白的手法营造“虚实相生”的意境，体验“此时无声胜有声”及“一切尽在不言中”的境界。

茶艺之美是在茶艺实践中体会并完成的，是一种人生的情感体验和精神升华。茶艺之美是一种实用的美，茶的俭淡、精清、恬静、中和的特质与激烈的竞争、紧张的生活节奏和人际关系疏离下的心理需要相契合，引导人们追求品茶精神境界。与此同时，我们还需要继续挖掘传统茶艺美学中的精华，为当代所用。

第四节　茶艺美学表现

茶艺美学是在茶艺基础上的感官享受、生活享受和精神享受，中华茶艺之美主要体现出自然、简素、清雅、闲适、纯真，是一种自然美。这具体表现在茶汤之美、结构之美、律动之美、意境之美和内涵之美。

一、茶汤之美

茶汤为茶艺活动的主角，是茶艺之美最重要的元素。一泡完美茶汤的呈现离不开茶、水、器和人诸要素的共同参与。因此，茶汤之美体现在茶之美、水之美、器之美和技之美。

茶之美，美在色香味形。中国茶类丰富多样，六大茶类及再加工茶、紧压茶等都具有各自独特的品质特征。茶之形，或尖细似针，或卷曲如螺，或形似花朵；茶之色，或浓重，或淡雅，色彩缤纷，明亮通透；茶之香，优雅、宜人；茶之味，苦、涩、甘、鲜。品茶犹如品味人生，给人以味外之味。不同形态的茶叶在茶具中经热水冲泡舒展后，逐渐回归茶叶本来的形状，这本身就是种活着的美的艺术。

水之美，美在清、轻、甘、冽、活的水质，美在适宜的温度和水量，水之美是决定茶汤之美的关键因素。

器之美，美在器形、材质、大小、色泽和组合之美。陶土质朴，瓷器光润，玻璃通透，漆器典雅，金属雍容，竹木自然，玉石华贵，茶具与茶相映生辉，是和谐之美的最佳写照。

茶器的搭配组合是茶人在茶艺活动中对美的创造。

技之美，美在冲泡要素的把控上。投茶量、冲泡水温、茶水比、浸泡时间，任何一个要素的估算失误均会影响茶汤的冲泡质量。以上要素应合理搭配，过犹不及，这也体现了儒家中庸和谐的思想内涵。

二、结构之美

茶艺活动需要在一定的空间结构中完成，这个空间大到整个茶室，小到茶席的席面。在布置空间时，中国茶艺强调简素美、对称美、互应与反差美，但不排斥不均齐美、多样统一美，这些美学法则相辅相成、相得益彰。茶席布置时，需要根据茶类及环境，用颜色和材质营造出美感，创造出优雅的品茗空间。颜色搭配上应以器物为中心，呈现出层次和色彩的反差。器物的大小、位置、多少、聚散、呼应等，关系着画面的韵律美、形式美以及茶席的意境。因此，合理的留白与疏密对比能给人以思考的余地，感受茶席意境的象外之象。

三、韵律之美

茶艺冲泡需要借助人的动作来完成，表演时的背景音乐、程序动作、文字解说等有声语言，与茶席无声的静态美相结合，构成茶艺的律动美和节奏感，形成和谐的审美意境。

茶艺的动作包括手部动作、身体动作和面部神情。茶艺表演动作应一气呵成，感受生命力的充实与弥漫，通过刚柔、动静、开合、轻重、快慢等对立面的相互转化以及连续、停顿、强弱、起伏、反复等变化来表现动作的节奏；解说的语调具有高低、轻重、缓急、抑扬、顿挫的讲解节奏，并赋予茶艺一定的感情色彩，与古典音乐的清幽、婉转融为一体，构成茶艺表演的动态美和律动性。解说语言的用词齐整对称，音韵柔美和谐，修辞丰润意象，与茶艺师的一颦一笑、举手投足间的神韵相得益彰，展示茶艺气韵生动的韵律美。在表演中，应巧妙借助绘画语言中“密不透风，疏能走马”的手法，在茶艺表演中加入适当的留白，引导观众感受“此时无声胜有声”的意境。

四、意境之美

清雅幽玄、情景交融是中国茶艺追求的意境美。受传统“天人合一”思想的影响，寄情于山水，淡泊超脱，回归自然，与大自然和谐相处，借自然风光抒发情感，是历来茶人所追求的求善、求美、求自然的审美意趣。

在茶事活动中，茶人们以诗画助茶，或青山翠竹、小桥流水，或琴棋书画、幽居雅室，追求一种天然的情趣和雅致的文化氛围。除对环境的要求之外，对品茶的心境、品茶之茶侣、茶客人数也大有讲究，“泉甘器洁天色好，坐中拣择客亦佳”。新茶、甘泉、洁器、好天气，与二三佳客，这是最佳的品茶组合，再加上品茶时的美好心境，相互感染，产生超脱其上的美的共鸣。

著名社会学家费孝通曾指出，为了人类能够生活在一个“和而不同”的世界，从现在起就必须提倡在审美的、人文的层次上，在人们的社会生活中树立起一个“美美与共”的文化心态。

中国当代茶美学是对传统茶审美的继承与弘扬，综合体现了儒释道的美学思想，具有深厚的文化蕴涵，是中国传统美学的重要组成部分，对当代人们的审美取向、价值观念、生活方式以及当代茶文化的发展方向仍有着深刻的影响。随着时代的变迁和社会环境、思想观念的改变，盲目追随古代的审美方法必将会走向虚无主义。现代茶美学要创新和发展，应把古代审美思想中的精髓与现代社会发展相结合，借助现代茶科技的力量，创造出新的审美时尚，使当代茶美学在和谐社会的建设中发挥更大作用。

思考题

1. 什么是茶艺美学？
2. 茶艺美学的特征及其表现形式是什么？
3. 不同时期茶艺美学的思想是什么？
4. 结合你对茶艺美学的认识，如何设计一套至善至美的茶艺？

补充链接

扫码进行练习 3-1：中级茶艺师理论题库 3

第四章　茶艺实践

本章提要

“器为茶之父”，好茶需有良器配。讲求品茗情趣的人，无不注重茶器的选配。作为孕育、盛载、敬奉茶汤的器具，茶器是爱茶之人鉴赏、冲泡和品饮的媒介。现代茶器种类繁多，造型丰富，制作精良，各具特色。依据茶性选配茶器，并掌握好各茶器的操作方法，才能冲泡出色、香、味均绝的茶品，获得相得益彰的效果。结合人们日常生活的饮茶习惯，本章主要介绍玻璃杯、盖碗、紫砂壶等几种常见的茶器使用方法。

第一节　玻璃杯泡法

玻璃杯泡法是指用玻璃杯冲泡茶的方法与品饮方式。玻璃杯容积一般为150～200 mL，以杯身高度8～12 cm、杯口6～8 cm、杯壁具有一定的厚度为宜，杯壁太薄容易烫手且保温效果差。

一、玻璃杯泡法的特点

玻璃茶器按类型分，一般有玻璃盖碗、玻璃公道杯、玻璃品茗杯、玻璃小壶、玻璃直饮杯等。其中，玻璃壶和玻璃盖碗作为主泡器，可以搭配玻璃公道杯和品茗杯来使用，具体冲泡方法与后文介绍的小壶泡法和盖碗泡法相同。本节仅讲解玻璃直饮杯（后文简称玻璃杯）的冲泡方法。

（一）玻璃杯的特点

玻璃杯最大的特点是其通透性。茶叶在冲泡过程中的上下沉浮舞动，叶片吸水后缓缓如花朵绽放般的舒展，或碧绿澄净、或金黄透亮、或如红酒般红艳透彻的茶汤，均能给予品茶者全方位的视觉审美。玻璃杯泡茶具有以下特点：一是具有很好的观赏性，玻璃杯透明澄澈，能在冲泡和品饮时满足视觉审美；二是茶水不分离，冲泡后直接端杯饮茶；三是玻璃杯一般不配盖子，绿茶、黄茶等细嫩的芽叶在冲泡后不会因为加盖而闷在杯中，茶汤的香气和滋味更清爽。

虽然玻璃杯相对其他茶器起步最晚，但因玻璃杯冲泡方法较为简单，玻璃杯也早已成为人们日常生活中自饮和待客品饮的常用器具。

（二）玻璃杯适合冲泡的茶类

为了充分发挥玻璃杯便于观赏的特点，适合用玻璃杯冲泡的茶叶一般应具有外形优美、汤色明亮澄净、叶底嫩匀完整等特点。

我国大多数名优绿茶具有优美的形状，翠绿油润的色泽，或翠绿、或嫩绿、或清绿的汤色，以及嫩匀成朵、嫩绿明亮的叶底，如扁平挺直、嫩绿油润的西湖龙井，卷曲成螺、银毫隐翠的碧螺春，两叶抱芽、翠绿挺直的太平猴魁，形似雀舌、嫩绿带金黄片的黄山毛峰，外形细嫩、紧实如珠、墨绿莹润的涌溪火青，还有形似兰花的舒城小兰花，挺直如针的信阳毛尖，以及安化松针、恩施玉露等名茶。

除了名优绿茶外，细嫩的红茶、白茶、黄茶、花茶也适合用玻璃杯冲泡，如芽针俊美的金骏眉，细嫩油润的祁门红茶，满披白毫的白毫银针，等级高的白牡丹，嫩黄油润的君山银针、蒙顶黄芽，芽针肥壮的茉莉银针，等等。用干花（玫瑰花、茉莉花、千日红等）和茶叶制作而成的工艺花茶则更要用玻璃杯冲泡，才能观赏玫瑰花、茉莉花等在水中绽放的美景。

二、玻璃杯冲泡技巧

不同的茶类，在使用玻璃杯冲泡时，应根据茶叶的特点掌握合适的投茶方法、冲泡水温和冲泡程序。

（一）玻璃杯冲泡要点

用玻璃杯泡茶，需要注意以下六个冲泡要点。

1. 冲泡要素

依据茶品特性，掌握好水温。细嫩的名优绿茶、黄茶和白毫银针，水温以 80℃～90℃

为宜，细嫩的红茶和白牡丹冲泡水温可在90℃以上。投茶量与浸泡时间共同影响茶汤浓度。一般而言，投茶量与浸泡时间与茶汤浓度成正比。投茶量大、浸泡时间长就会使汤色深、滋味浓，可以通过缩短浸泡时间来调节；反之，投茶量小、浸泡时间短则会使茶汤色浅味淡，可以适当延长浸泡时间。冲泡时的投茶量及浸泡时间应根据品饮者的口感灵活掌握与调节。

2. 投茶方式

根据投茶和注水顺序，分为上投法（先注水再投茶）、中投法（注少量水、投茶、冲泡）和下投法（先投茶再注水）。生活中我们常用的是下投法，若想充分发挥茶叶的色香味，则可以依据茶品选择投茶顺序，具体可参考第五章第一节关于绿茶投茶方式的内容。

3. 注水方式

冲泡时可采用高冲水或凤凰三点头的注水方式。目的有二：一是高冲水能使茶叶在杯中上下翻转，有利于滋味浸出；二是用高冲水直冲罐底，能使茶汤充分混匀，茶汤浓度相对一致。

4. 欣赏茶舞

对于细嫩芽叶的冲泡，在品饮前，可以先赏茶舞、看汤色。要欣赏茶叶舒展舞动的过程应在冲泡后立即观察，透过玻璃杯可看到茶叶在杯中随着吸水缓慢舒展，有的还会在杯中上下沉浮舞动，整个过程大概持续2～3分钟。

5. 及时续水

玻璃杯泡茶，一般是端杯直饮，待杯中茶汤温度适宜（即不烫嘴）时即可饮用。由于茶水不分离，底部茶汤浓度相对较高，待饮至杯中剩1/3左右茶汤时应及时续水，以便保持第二杯茶汤的浓度、醇度和鲜度。

6. 续水次数

玻璃杯冲泡属大杯冲泡法，整体特点是茶少水多，故不宜进行多次冲泡，一般续水一至两次，最多不超过三次续水，以免茶汤过淡。

（二）冲泡流程

玻璃杯冲泡的流程如下：备水→温杯→投茶→润茶→冲泡→品饮（包括观茶舞、闻香、尝味），如图4-1所示。

1. 备水

备水指烧水、调温等泡茶前的准备工作。

适合用玻璃杯冲泡的茶品一般原料较为细嫩，冲泡时对水温的要求无须太高，一般在80℃以上即可。如若家里热水瓶备有热水，也可直接用来泡茶；若需要重新烧开水，则要根据所泡茶品对沸腾之水进行调温，降低水温的具体操作方法在第二章第四节关于泡茶煮水的火候的部分已做详细说明。

2. 温杯

温杯指泡茶之前注入开水用来烫杯。

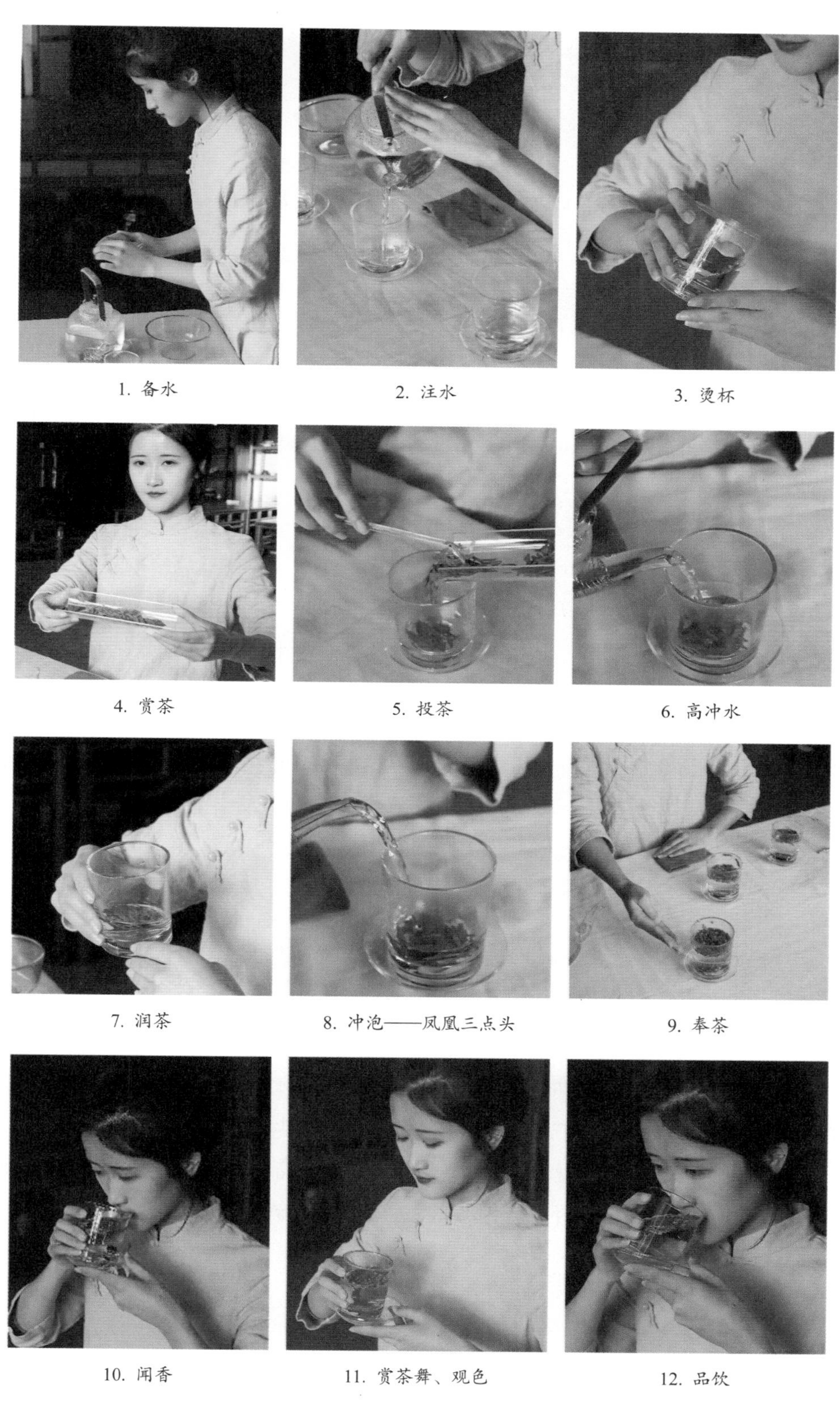
1. 备水　2. 注水　3. 烫杯
4. 赏茶　5. 投茶　6. 高冲水
7. 润茶　8. 冲泡——凤凰三点头　9. 奉茶
10. 闻香　11. 赏茶舞、观色　12. 品饮

图 4-1　玻璃杯冲泡和品饮流程（表演者：郑婧文）

烫杯有两个目的：一是注入开水，提高杯温，以免影响泡茶效果；二是杯温可以将茶香激发出来，便于闻干茶香。温杯之水以 1/3～1/2 杯即可。

3. 投茶

投茶指将适量的茶叶投入杯中。

一般茶水比在 1∶50 左右，以 150 mL 容量为例，投茶量在 3 g 为宜。具体可依据品饮习惯做适当调整。

4. 润茶

冲泡时先注入少量开水，进行醒茶。

先注入约 1/3 杯的热水，以浸没茶叶为宜，然后右手端杯，左手托底，逆时针转动 1～2 周，使茶叶充分与水融合，便于醒茶，也叫温润泡。润茶的目的是润湿茶叶，引出茶香，便于滋味的充分浸出。润茶时注水手势要轻，让水沿杯壁注入。

5. 冲泡

冲泡时，往润好的茶汤中注水，至杯的七八分满即可。

温润过的茶汤，滋味已部分浸出，冲泡时采用高冲水或凤凰三点头的注水手法，可以使茶叶充分浸润，茶汤浓度混匀。由于直接采用玻璃杯品饮，注水至七八分满即可，冲泡好的茶汤即可奉给客人。

6. 品饮

品饮包括闻香、观色和品尝三步骤。

将冲泡好的茶汤奉给客人，然后端杯品茶。先观赏茶叶在杯中的舒展舞动和茶汤色泽的变化，然后将杯口靠近鼻端，细嗅茶香，待温度适宜时即可品尝茶汤了。

第二节　盖碗泡法

盖碗泡法是指用盖碗冲泡茶叶的方法与品饮方式。盖碗容积一般为 150～200 mL，以碗口边缘稍外敞、碗身壁薄为好，泡茶时不易烫手。鲁迅先生在《喝茶》一文中写道：“喝好茶，是要用盖碗的，于是用盖碗。果然，泡了之后，色清而味甘，微香而小苦，确是好茶叶。”在众多的碗、盏、壶、杯中，鲁迅先生也喜欢用盖碗。

一、盖碗概述

盖碗是一种中国特色茶具，盖碗的规范形制是由盖、碗（盏）、托三件搭配使用，这三个部分的组成也不是一蹴而就的，而是随着人们饮茶习惯的变化而慢慢发展的。

（一）盖碗的历史演变

盖碗的演变经历了从单一的碗到碗和托的组合，最后变成盖子、碗身、底托三部分的组成形式；还有一种形制的盖碗，只有茶碗和盖子两部分。

唐代的煎煮法和宋代的点茶法使用的茶器就只有碗和托。明代时，散茶冲泡逐渐流行，为了在喝茶时避免茶叶随茶汤入口的尴尬，人们给碗设计了一个盖子。壶泡法在明代亦常见，但不便于直接执壶饮用。故到清代，盖碗茶具大范围流行起来，至雍正和乾隆时期得到广泛使用，上至皇室官宦，下至平民百姓，都有使用盖碗泡饮的习俗。这也从侧面反映出清代人们对茶汤的要求很高，更接近现代对于饮茶活动“观茶色、闻茶香、品茶味、辨茶形”的几个标准。清代大范围流行散茶冲泡的方式，推动了盖碗茶具的传播，品茶者对茶汤的高要求亦促进了盖碗的不断完善。

（二）盖碗的结构特点

盖碗由盖子、碗（盏）和底托三部分组成。盖子可以防尘、保温、闻香，还可以刮去漂浮着的茶叶和泡沫；底托可以防杯热烫手和溢水。

1. 盖碗的器型

盖碗的器型差异主要体现在盖子样式、碗身的高低、碗口的大小和碗腹的大小，以及底托的形状等方面。

（1）盖子样式。盖子是实用功能和美学完美结合的产物，盖碗整体造型像一把撑开的伞，不仅美观，微微隆起的地方还有汇聚茶香的效果。有的盖子在内侧中心设有一小孔，增强了聚香效果。历史上出现过“天地盖”，即盖子的直径大于碗口直径，由于这种款式的盖子在放置时稍微不稳就非常容易滑落，故现在少见了；“内嵌式”盖子更具有科学性和实用性，因为盖子的直径小于碗口直径，既不容易滑落，还便于用盖子刮去浮在茶汤上的茶叶，十分便利，故一直被广泛流传，沿用至今。

（2）碗身器型。依据碗口和碗腹的大小和比例，茶碗的器型分为直口式和撇口式两种。

撇口式盖碗的特点是口的直径略大于腹部直径，线条富于变化，带给使用者柔美的感受，而且便于取放和饮茶之用；直口式的器型线条比较生硬，亲切感不强。日常使用过程中以撇口式器型居多，撇口式的碗沿比直口式微微向外弯曲，这样的设计能防止手接触盖碗时被烫伤。向外弯曲的部分成为手指与碗沿接触的受力点，也便于注水，沿碗边注水，水流的力度能使碗中的茶叶翻滚起来，有助于茶叶内物质的缓慢溶出。

（3）底托的形状。底托的出现起到了承载茶碗的作用，使碗稳稳地架于托之上，既便于传递和端拿，也可连同托将茶奉于他人，“递”与“接”都更具敬意。底托的设计由原先高耸的托口设计，逐渐降低，为浅浅的圈心所代替。托的造型丰富，花样繁多，有圆形、花瓣形、如意形、船形等等。

2. 盖碗的审美

盖碗不仅用来冲泡茶叶，还具有较强的审美功能。盖碗的材质多样，有紫砂、粗陶、瓷器、玻璃等，不同的材料和釉色会带来不一样的美感。

紫砂和粗陶盖碗具有质朴典雅之美；玻璃盖碗通透晶莹；白瓷盖碗具有温润如玉之感，而且外壁多绘有山川河流、四季花草、飞禽走兽、人物故事，或缀以名人书法，颇具艺术欣赏价值；青瓷盖碗釉色青碧，釉层厚润，美如翠玉，人们常用“千峰翠色”来形容青瓷之美；彩瓷盖碗色彩绚丽多姿，具有华贵之美。

从冲泡效果来说，紫砂和粗陶盖碗透气性较好；玻璃盖碗利于观看叶形和汤色；瓷质盖碗质地致密，利于保温，使用最广。

（三）盖碗文化

我国自古以来就是礼仪之邦，礼仪早已深深融入中华民族生活的方方面面。一杯茶、一餐饭皆是礼仪。茶人们在长期使用盖碗的过程中，赋予了它极其深刻的文化内涵，以及相应的礼仪制度。

1. 盖碗结构内涵

中国人通过盖碗，把人类在自然面前的尊崇与敬畏表现得淋漓尽致。盖碗又称三才碗、三才杯。三才者，天、地、人也。茶盖在上，谓之“天”；茶托居下，谓之“地”；茶碗居中，是为“人”。盖碗体现了“天盖之、地载之、人育之”的道理，象征着天地人和之义，蕴含着宇宙之哲理，传达出中国哲学中“天人”关系观。

2. 盖碗操作礼仪

茶文化是充满礼仪的文化。在泡茶、奉茶和品茶时无不渗透着礼仪，冲泡时要对茶叶和器具怀有珍爱之情，奉茶时要对客人怀有尊重之情，品茶时不仅要有爱茶、惜茶之心，更要有对天地万物的感激之情。以盖碗茶为例，冲泡时器具的拿放一定要稳当、轻声。揭盖与合盖时遵循“右手逆时针、左手顺时针”的方向。放置碗盖时，斜靠茶托或搁盖置上，以示清洁。冲泡好后，正面朝向客人，身体微躬，双手端起茶托边缘将茶奉给客人，并用右手轻轻示意请对方喝茶，将盖碗放好要离开时应该先后退几步再转身，不能立即用后背对人。这一系列的动作不仅仅是奉茶的规则，更是通过盖碗这样一件实实在在的器物所表达出的礼仪。

3. 盖碗品茶文化

四川是最流行喝盖碗茶的地方，在长期的饮茶习惯中，形成了具有特定含义的茶语。

例如：茶盖翻转在茶沿旁，要求续水、加汤；茶盖平放在碗旁，表示座位有人，立马回来；茶盖翻转平放茶碗之上，表示要结账走了。对于盖碗的托捧方法也有要领，左手托茶沿，右手提起茶盖，将茶盖半沉入水中，由里向外慢慢拨动，这样可以观看绿波翻涌、翠叶沉浮、幻影游动。饮茶时将茶碗送到嘴边，从茶碗与茶盖的缝隙中饮茶，茶水入口不立即咽下，要啜吸几口再咽下，一般分三次吞下，咕咕有声，口中暗香飘动、芬芳乱窜，俗称“三吹三浪”。

二、盖碗冲泡技巧

盖碗最大的特点是使用方便、适用性强，适合冲泡各种茶类。冲泡时可依据茶品的特点，选择冲泡后是直接用盖碗品饮，还是将茶汤倒入公道杯，然后再分到品茗杯中饮用。

（一）盖碗直饮式冲泡

盖碗直饮法是指盖碗既作为主泡器又作为品饮的器具使用，即将茶叶放入碗内，注水浸泡至适当浓度后，直接以盖碗品饮茶汤。

盖碗直饮式冲泡法与玻璃杯冲泡法的程序基本一致。其冲泡的基本流程如下：备水→温具→投茶→润茶→冲泡→品饮（包括观色、闻香、尝味），如图 4-2 所示。

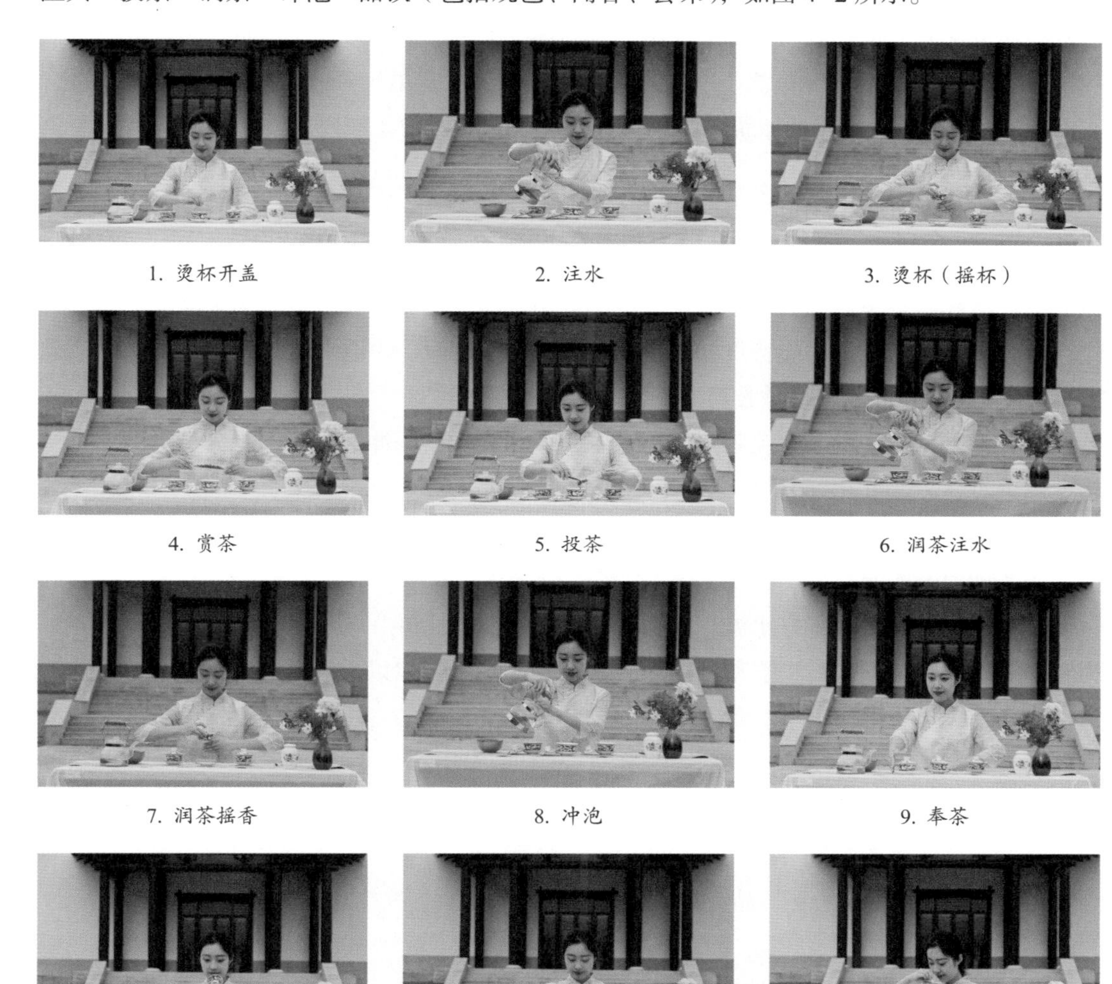

1. 烫杯开盖　2. 注水　3. 烫杯（摇杯）

4. 赏茶　5. 投茶　6. 润茶注水

7. 润茶摇香　8. 冲泡　9. 奉茶

10. 闻香　11. 观色　12. 品饮

图 4-2　盖碗直饮法冲泡流程（表演者：谢佳怡）

1. 冲泡方式

生活中盖碗常用来冲泡绿茶、花茶、黄茶等，以 150 mL 容量为例，投茶量在 3 g 为宜。其冲泡要点亦可参考玻璃杯直饮法的冲泡要点。

冲泡时由于盖碗又同时充当了品茗杯的作用，须将水冲至容器的七八分满，使茶不外溢，以示对客人的尊敬和礼貌。俗话说的“酒满敬人，茶满欺人”，就是这个道理。待品饮至杯中 1/2～1/3 处时，及时续水至七八分满，续水的目的在于均衡茶汤浓度，保持香味，一般续水两次即可。第一次冲泡茶汤称为“头开”，续水一次为“二开”，续水两次为“三开”。续水后继续品饮，观色、嗅香、品味，余韵不绝，回味无穷。

2. 品饮方式

使用盖碗直接品饮时，女士采用双手持杯法，即一手持茶托，一手持杯盖，用杯盖边沿轻轻撇去浮叶，将杯盖斜靠露出茶汤，先观杯中汤色，再细品香气，而后小口慢啜品茶味。男士可采用单手持杯手法，即单手持杯盖，用杯盖边沿轻轻撇去浮叶，观杯中汤色、嗅闻盖香，然后单手直接持杯品饮。

（二）盖碗分杯式冲泡

分杯品饮法即将茶叶投入碗内，冲水、浸泡至适当浓度后将茶汤全部注入公道杯内，然后由公道杯斟茶至各品茗杯中品饮。该法可用于冲泡各种茶类，适合多人品饮。冲泡时应将水注满盖碗，依据茶类特点，控制投茶量、冲泡时间、冲泡水温等要素，具体详见第五章对于各茶类的冲泡及品饮技巧的介绍。

盖碗分杯式冲泡的基本流程如下：备水→温杯→投茶→冲泡→出汤→分杯→品饮（包括观色、闻香、尝味），如图 4-3 所示。

1. 备水

备水即泡茶前的煮水及水温控制。

依据茶品特性，掌握好水温。细嫩的名优绿茶、黄茶和白毫银针，水温以 80℃～90℃为宜；细嫩的红茶、茉莉花茶和白牡丹，冲泡水温可在 90℃以上；乌龙茶、黑茶则需要用沸水冲泡。

2. 温杯

温杯即泡茶前须烫杯、洁具。

将开水注入盖碗 1/3～1/2 处，右手端杯，左手托底，轻转 1～2 周，以起到提高杯温的作用。同时依次烫洗公道杯、品茗杯。

3. 投茶

依据冲泡茶类投入适量的茶叶。

投茶量与浸泡时间共同影响茶汤浓度和冲泡次数：投茶量较大和浸泡时间较长就会使茶汤汤色深、滋味浓；反之，投茶量较小、浸泡时间较短则会使茶汤色浅味淡。以 150 mL 容量为例：绿茶、黄茶、白茶、红茶、花茶投茶量以 3～5 g 为宜，可冲泡 3～5 次；乌龙茶

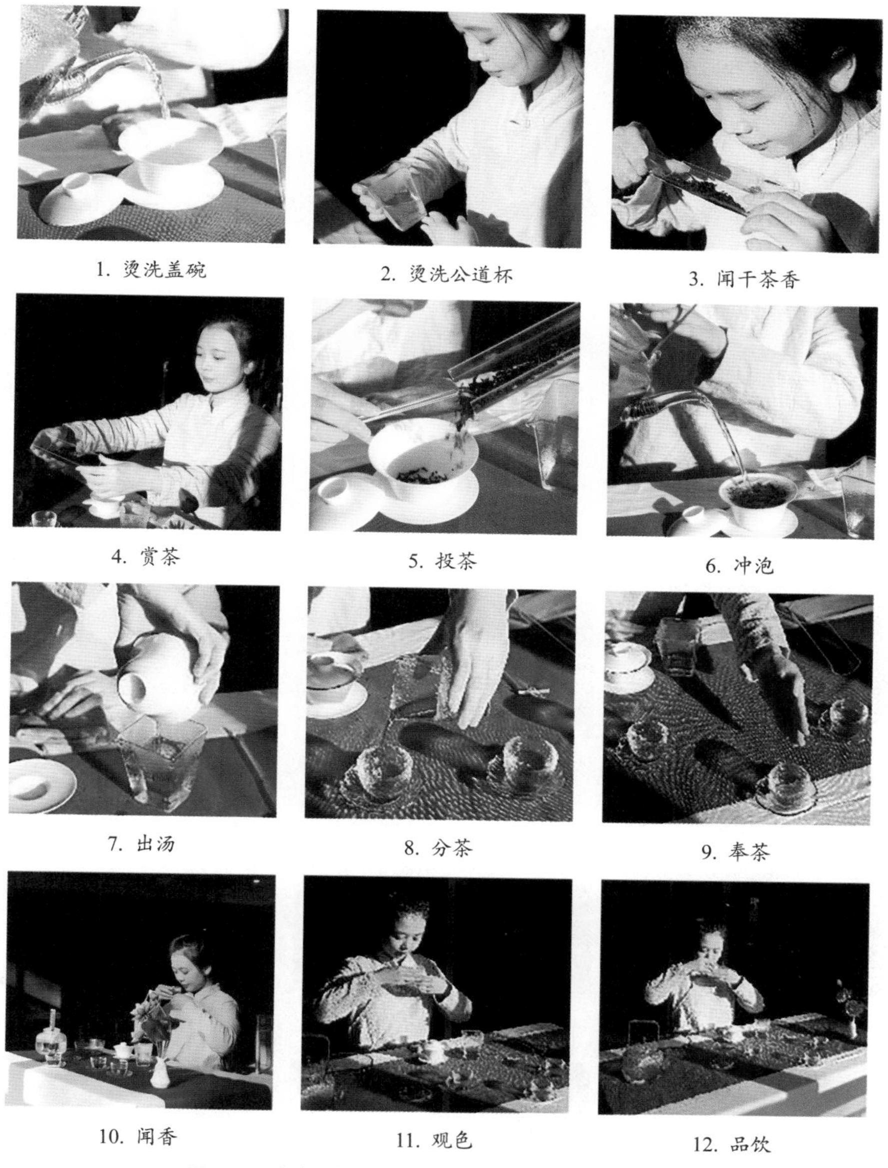

图 4-3　盖碗分杯品饮法冲泡流程（表演者：梁若斯）

和黑茶可加大投茶量和增加冲泡次数，如投 7～10 g 茶叶，冲泡 7～10 次。

4. 冲泡

冲泡时应将水注满盖碗。

冲泡绿茶、黄茶、白茶、红茶、花茶等细嫩的茶叶时，可采取高冲水的方式；同时应注意，冲泡绿茶时最好将盖子打开或留缝，避免出现熟闷味。冲泡武夷岩茶时，由于条索较大，可采用定点低冲的方式注水，以保持水温、激发茶香。

5. 出汤

出汤要沥干净。

将泡好的茶汤倒入公道杯。切记每次冲泡后出汤，一定要将茶汤沥干净，否则会影响茶汤浓度。

6. 分杯

将茶汤由公道杯分至品茗杯中。

分杯时应注意，品茗杯中茶汤以七八分满为宜，俗话说“七分茶，三分情”。

7. 品饮

品饮时，分闻香、观色和品尝三部分。

品饮时，先端杯闻香，然后轻转品茗杯观色后再品尝滋味。闻香时可以通过揭盖闻杯盖香和叶底香，品饮完后用品茗杯闻杯底香。品味时可分三口，小口慢咽，细细品啜茶汤滋味，多方位体味水中香气。

乌龙茶盖碗冲泡流程如图 4-4 所示。

1. 翻杯　2. 注水　3. 烫杯　4. 赏茶　5. 投茶　6. 冲泡　7. 刮沫　8. 出汤　9. 分杯　10. 奉茶　11. 闻香、观色　12. 品饮

图 4-4　乌龙茶盖碗冲泡流程

补充链接

扫码观看视频 4-1：乌龙茶盖碗茶艺

第三节　小壶泡法

壶泡法是指用茶壶冲泡与品饮茶叶的方式，茶壶大小一般为 200～400 mL。壶的标配是小壶与白瓷杯；也可搭配公道杯、品茗杯一起使用；亦可直接搭配品茗杯使用。

茶壶的材质丰富，样式繁多。按材质可分为陶壶、瓷壶、玻璃壶、银壶、锡壶、玉壶等，其中金属材质的壶多用来烧水，泡茶用的壶以陶壶、瓷壶和玻璃壶最为常见。陶壶又以紫砂壶为代表，紫砂壶以其独特的双重气孔结构，有很好的吸附性和透气性，具有“泡茶不变味，贮茶不变色，盛暑不易馊”等特点，最受人们欢迎。

一、茶壶的造型分类

茶壶是主要的泡茶容器，由壶盖、壶身、壶把、壶底、圈足等部件组成。壶盖有孔、钮、座、盖等部分；壶身由口、延、嘴、流、腹、肩、把（柄、扳）等组成。根据壶的把、盖、底、外形等部位的不同特征划分，壶的基本形态有 200 多种。

（一）根据壶把位置划分

根据壶把在壶上的位置，可分为侧提壶、提梁壶、飞天壶、握把壶和无把壶等（见图 4-5）。

紫砂侧提壶

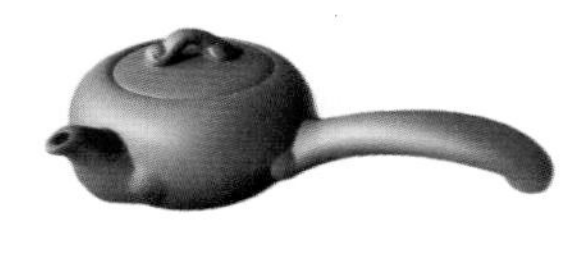

紫砂侧把壶

紫砂提梁壶

无把壶

飞天壶

瓷质侧提壶

侧提瓷壶

仿宋瓷壶

瓷质侧把壶

侧提玻璃壶

玻璃提梁壶

仿宋玻璃壶

图 4-5　茶壶造型

侧提壶：壶把成耳状，在壶嘴对面，壶把与壶嘴在同一平面内。

提梁壶：壶把呈半圆弧状，横架在壶盖上方成虹状者。当初苏东坡为方便外出饮茶，发明了“东坡提梁壶”。

飞天壶：壶把在壶身与壶嘴相对的一侧上方，成彩带飞舞状。

握把壶（侧把壶）：壶把如握柄，握柄有长有短，在壶身一侧，与壶身、壶嘴成直角。

无把壶：无握把，手持壶身或头部边缘倒茶。

（二）按壶盖造型划分

根据壶盖的造型，可以划分为压盖壶、嵌盖壶、截盖壶等。

压盖壶：壶盖平压在壶口之上，壶口不外露。

嵌盖壶：壶盖嵌入壶内，盖沿与壶口平。

截盖壶：壶盖与壶身浑然一体，只显截缝。

（三）按壶底的造型划分

根据壶底的造型划分，有捺底、钉足和加底等类型。

捺底壶：茶壶底心捺成内凹状，不另加足。

钉足壶：茶壶底上有三颗外突的足。

加底壶：茶壶底加一个圈足。

（四）从壶的外形划分

根据壶的外形划分，可以分为圆器、方器等几何形壶，仿生形壶，筋纹形壶等。其中，圆器在各种材质的壶中均较常见，而方器、筋纹形壶、仿生形壶多针对紫砂壶而言。

圆器：主要由不同方向和曲度的曲线构成的茶壶。整个茶壶显示出匀称、圆润的美感，隽永耐看。

方器：主要由长短不等的直线构成的茶壶。线面平整、轮廓分明，显出一种干净利落、明快挺秀的阳刚之美。

仿生形壶：模仿自然界中动、植物造型设计的带有浮雕装饰的茶壶，如树瘿壶、南瓜壶、梅桩壶、松干壶、桃子壶等等。

筋纹形壶：茶壶壶体将自然界中的形态纳入壶的设计，口盖部分仍保持圆形，如鱼化龙壶、莲蕊壶等。

还可以根据有无内胆，将茶壶分为普通壶（无内胆）与滤壶。

壶型不同会导致壶的特性有所差异，因此，在泡茶时要根据茶性选择合适材质和壶型的茶壶。

二、茶壶适合冲泡的茶类

茶壶因材质不同而具有不同的性能，为使茶性更好地发挥，选择合适的茶壶尤为关键。

（一）适合玻璃壶冲泡的茶类

玻璃茶壶具有通透性，可以冲泡适于观赏、外观好看的茶类，如绿茶、白茶、黄茶、红茶、花草茶等，观赏茶叶舒展、汤色变化，也是一种享受。

（二）适合瓷壶冲泡的茶类

瓷壶的传热、保温性能适中，与茶不会发生化学反应，能较好地保证茶叶的色香味。适合冲泡所有茶类，而且造型、装饰丰富，与各种佳茗相映成趣。

（三）适合紫砂壶冲泡的茶类

紫砂壶是含铁量高的紫砂泥经过高温烧制而成。特殊的泥料使胎体生成链状气孔和微细气孔的双重气孔结构，使得紫砂壶具有很好的保温、提香之性能。

紫砂壶对于有一定的发酵程度、需要高温冲泡的茶类最为适合。如乌龙茶、红茶、白茶、黑茶等，冲泡水温接近100℃，用紫砂壶最能激发茶性、茶香。当然，如果用紫砂壶泡绿茶、花茶等采摘原料相对细嫩的茶叶，则应选择口阔身扁的壶，容量大，又不至于闷坏茶叶。

以紫砂壶冲泡乌龙茶为例。乌龙茶产地不同，饮用习俗也不相同，最明显的区别体现在泡茶器具的搭配上。乌龙茶冲泡体现在“工夫”二字上，因而泡茶很讲究。用茶壶冲泡乌龙茶，根据茶具的搭配组合，可以分为以下几种：有直接使用壶搭配品茗杯的单壶单杯泡法，如潮汕工夫茶泡法；有用壶和公道杯、品茗杯搭配使用的单壶单盅泡法，如福建工夫茶泡法；也有用壶搭配品茗杯和闻香杯使用的单壶双杯泡法，如台湾工夫茶泡法；还有用两个壶搭配品茗杯使用的双壶单杯泡法，如传统的武夷十八道茶法。

1. 单壶单盅泡法

如图 4-6 所示，福建乌龙茶一般是用壶和公道杯、品茗杯搭配使用，以便使茶汤分杯均匀。传统武夷山大红袍茶艺也有使用两个紫砂壶搭配品茗杯使用的，称为“双壶单杯泡法”。其中：一个茶壶用来冲泡茶叶，称“母壶”；一个用来匀汤分汤，称“子壶”，这里子壶的作用与公道杯的作用一致。现在武夷岩茶茶艺也多用单壶单盅和盖碗分杯泡法。

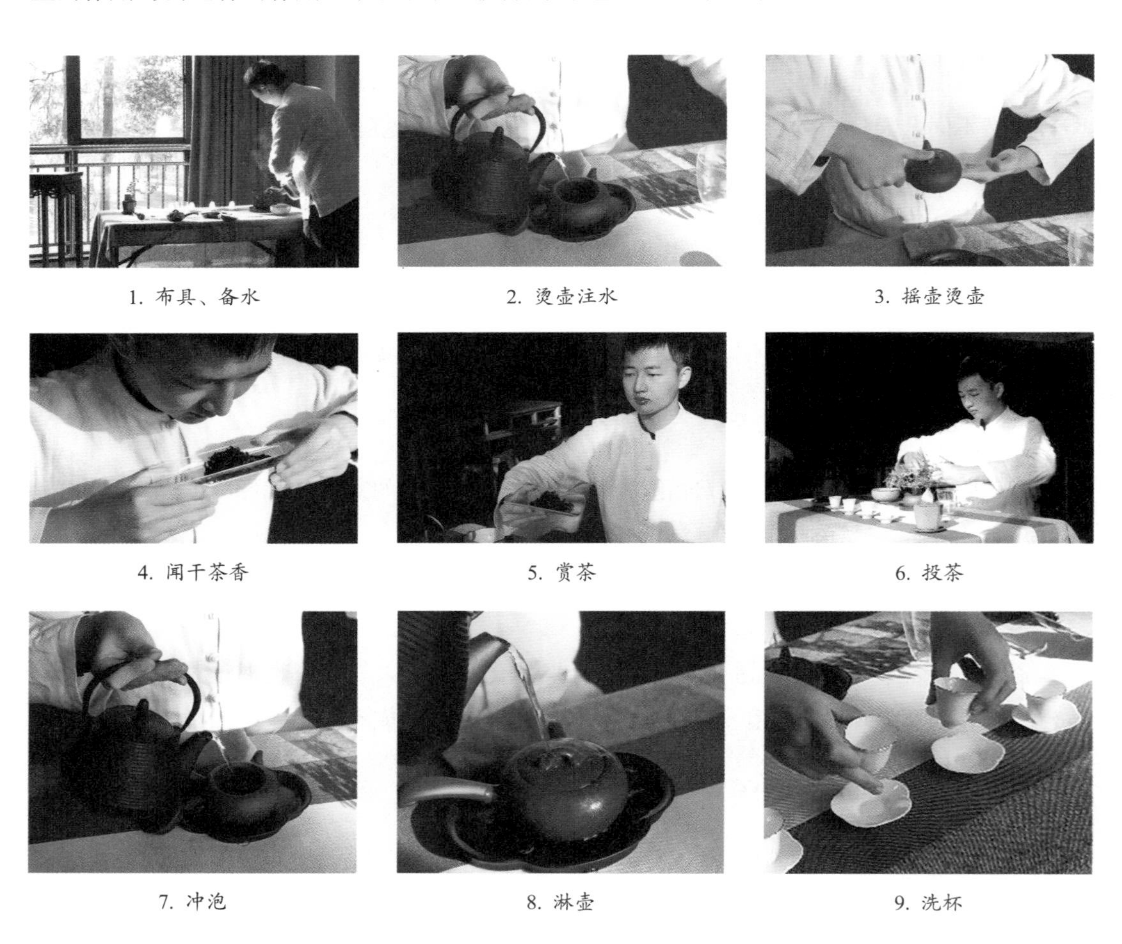

1. 布具、备水　2. 烫壶注水　3. 摇壶烫壶

4. 闻干茶香　5. 赏茶　6. 投茶

7. 冲泡　8. 淋壶　9. 洗杯

10. 出汤　11. 分茶　12. 奉茶
13. 闻香　14. 观汤色　15. 品饮

图 4-6　紫砂壶单壶单盅冲泡流程（表演者：王子龙）

2. 单壶双杯泡法

工夫茶在我国台湾地区亦流行。茶不仅是台湾同胞的生活必需品，也寄托了台湾同胞对大陆的思乡之情。与福建工夫茶和潮汕工夫茶相比，台湾工夫茶的冲泡突出“闻香”这一程序，最大的特点是有一个专门闻香的闻香杯。闻香杯呈长筒形，与茶杯相配套。使用时茶汤先分到闻香杯，再将品茗杯倒扣在闻香杯上，然后将倒扣后的闻香杯与品茗杯一起翻转，使品茗杯在下、闻香杯在上，这一过程叫翻杯。如果闻香杯和品茗杯不配套，在翻杯时容易漏洒茶汤。有时，为使各杯茶汤浓度均等，还可以增加一个公道杯（茶盅）相协调。单壶双杯泡法的具体操作如图 4-7 所示。

1. 注水　2. 烫壶　3. 烫洗闻香杯
4. 烫洗品茗杯　5. 鉴赏干茶　6. 投茶

7. 冲泡

8. 分茶

9. 倒扣品茗杯——龙凤呈祥

10. 翻杯

11. 翻杯——鲤鱼翻身

12. 奉茶

13. 闻香

14. 观色

15. 品饮

图 4-7　乌龙茶单壶双杯冲泡流程（表演者：罗祥宗）

3. 单壶单杯泡法

工夫茶在广东亦很流行，尤其是在潮汕地区。潮汕工夫茶被称为工夫茶的活化石，讲究“茶房四宝”。几百年来，工夫茶已融入潮汕人的灵魂。潮汕工夫茶一般是一个茶船、一壶三杯的配备，没有公道杯。茶船一般是圆形的，寓意圆融通达、团圆美满。茶壶一般用孟臣壶，即精巧细致的小容量紫砂壶，品茗杯用若深杯，即白而薄且小巧的杯子。因为没有公道杯，所以冲泡后茶汤直接由茶壶注入品茗杯，而且要使茶汤分杯均匀，且浓度均等，因此，潮汕工夫茶对冲泡技术要求很高。为了使三个杯中的茶汤浓度一致，在分茶时需要采用“巡壶、点斟”的手法。

三、茶壶冲泡的技术要点

（一）玻璃壶冲泡法

玻璃壶因冲泡的茶类不同，冲泡的技术要点也不同。具体冲泡要点可以参考第五章中介绍的各茶类的冲泡要领。

（二）瓷壶冲泡法

瓷壶的使用范围较广，可以冲泡多种茶类。英式下午茶中，在饮用调饮茶时，一般常用大瓷壶冲泡红茶，再加奶和糖调制。因瓷壶冲泡的茶类不同，冲泡的技术要点也不同。具体冲泡要点可以参考第五章中介绍的各茶类的冲泡要点。

（三）紫砂壶冲泡法

紫砂壶具有不同的造型结构，泡茶时可根据茶类特点选择合适的壶型。壶的选用方法可参考第二章第四节中对紫砂壶的选用的介绍；冲泡方法参考第五章中介绍的各茶类的冲泡要领。

紫砂壶的保温性能较好，常用来冲泡乌龙茶。用紫砂壶冲泡乌龙茶时，投茶量以壶体积的 1/3（颗粒状的铁观音）至 2/3（条索状的闽北乌龙）为宜。潮汕人饮茶浓度相对较高，故投茶量大，冲泡广东单丛和闽北乌龙这种条索状的乌龙茶时，投茶可以投满壶。冲泡乌龙茶时，需要用高温激发其香气和滋味，冲泡水温要求 98℃以上。乌龙茶香气丰富，滋味醇厚，俗称“七泡有余香”，因此可冲泡七次以上，品质好的甚至可冲十余泡。

冲泡乌龙茶时，第一泡需要刮沫，用壶盖轻轻刮去水上的浮沫，然后沸水冲洗壶盖，盖上壶盖并淋壶，这样既可以清除茶沫，也可以保持高温，激发茶香。

四、茶壶冲泡的基本流程

茶壶冲泡的基本流程如下：备水→温热壶盏→赏茶、投茶→冲泡（淋壶）→出汤→分茶→品饮（包括观色、闻香、尝味）。投茶量、水温等具体要素详见各茶类的冲泡要点。

1. 备水

备水即泡茶前的煮水及水温控制，同玻璃杯和盖碗冲泡法。

2. 温热壶盏

为更好地激发茶香、提高壶湿，泡茶前须注水烫壶、烫杯。

将开水注入壶中 1/3～1/2 处，右手中指和大拇指端拿壶把，食指摁着壶盖，左手托底，轻转 1～2 周，以起到提高壶温的目的。依次烫洗公道杯、品茗杯。

3. 赏茶、投茶

投茶前，鉴赏茶叶的外形、色泽和香气。然后依据冲泡茶类投入适量的茶叶。投茶量因茶类而异，具体投茶量同玻璃杯和盖碗冲泡法。

4. 冲泡（刮沫、淋壶）

冲泡时应将水注满茶壶。冲泡方法同玻璃杯和盖碗冲泡法。

值得注意的是，由于乌龙茶冲泡时需要高温，一般注水后还要进行淋壶，以提高壶温。武夷岩茶冲泡时，一般会有较多茶沫，也可先刮沫再淋壶。

5. 出汤

出汤要沥干净最后一滴茶汤。方法同盖碗分杯式冲泡法。

6. 分茶

将茶汤均匀分至品茗杯中，一般七八分满即可。

如搭配公道杯使用，则用公道杯将茶汤均匀分至各杯。

如用紫砂壶单壶冲泡，紫砂壶一壶两用，同时又发挥了公道杯的功能。在分茶时为保证浓度一致，可采用巡壶分茶，最后几滴也要均匀地分点至各杯中。

如搭配闻香杯使用，则先将茶汤分至闻香杯，再将品茗杯倒扣闻香杯上，然后将品茗杯和闻香杯一起翻转过来。

7. 品饮

品饮时，分闻香、观色和品尝三部分。方法同盖碗分杯式冲泡法。

端拿品茗杯时一般大拇指和食指端杯沿，中指托杯底，称“三龙护鼎”，此手法端杯高雅又稳妥。搭配闻香杯使用时，则先手持闻香杯，靠近鼻端闻香，然后再端起品茗杯，观看汤色后品饮。

第四节　习茶手法

习茶手法是茶艺的基本功，也是考量茶艺师功底的重要因素。茶艺冲泡中，动作张弛有度，器物端拿讲究，操作规范严谨，程式先后有序，在一招一式中彰显茶艺的美感。当然，习茶手法也不是一成不变的，在掌握方法的基础上，可因人、因地、因时灵活应用，切忌盲目照搬。

一、茶巾折叠与使用手法

（一）茶巾折叠手法

1. 长方形叠法（八层式）

如图 4-8 所示，将正方形茶巾平铺桌面上，然后分别将上、下两边沿 1/4 处折至中心

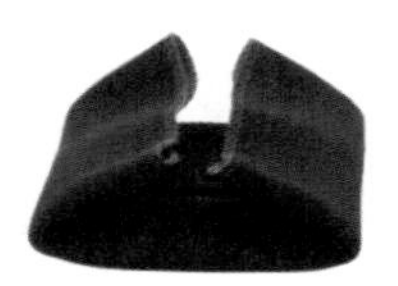

图 4-8　八层叠法（从左至右）

线，接着再将左、右两端沿 1/4 处折至中心线，最后再将茶巾沿竖边对折即可。将折好的茶巾有折口的一边朝向自己，放置于泡茶桌上靠近自己胸前的位置。

2. 正方形叠法（九层式）

如图 4-9 所示，将正方形茶巾平铺桌面上，然后分别将上、下两边沿 1/3 处向内对折，接着再将左、右两端沿 1/3 处向内对折即可。将折好的茶巾弧形一边朝向品茗者，有折口的一边朝向自己放置于泡茶桌上。

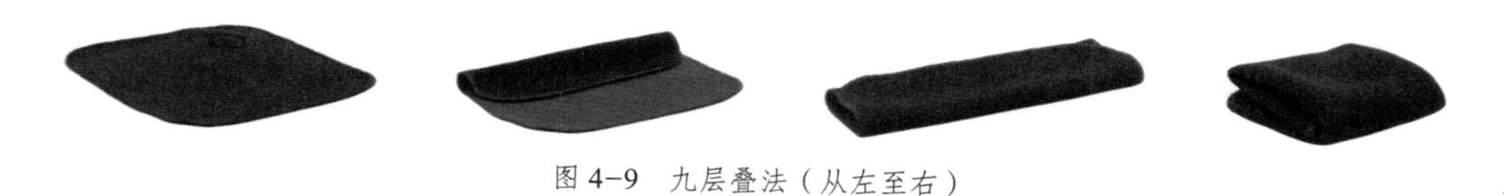

图 4-9 九层叠法（从左至右）

（二）茶巾使用手法

茶巾的拿取方法：左手掌心向上，虎口张开，大拇指放在茶巾上，同时四指并拢，抬起茶巾左侧并顺势托住，与拇指一起夹拿起茶巾。放置的时候，直接将茶巾的右端先放到桌面上，大拇指扶着茶巾上面，顺势抽出四指即可。

茶巾的作用：茶巾既可以擦拭水渍，也可以辅助端起主泡器。

1. 用茶巾擦拭水渍

擦拭器具底部水渍时，可以直接放置于桌面上，端起器具在茶巾上擦拭；也可左手托起，右手端器具擦拭。

擦拭桌面水渍时，则需要拿起茶巾，左手手腕翻转，将茶巾朝下，擦拭桌面水渍。

2. 茶巾托壶

右手持壶，左手托起茶巾，置于壶底左侧，两手一起端壶。

二、器物的取拿手法

（一）捧拿

捧拿的手法常用在布具、取茶、收具等程序时，捧取茶叶罐、茶道组、花瓶等立式的物品。具体操作手法是：四指并拢，双手掌心相对做合抱状，捧住物品基部约 1/3 处，并移放至合适的位置，放下后轻轻收回双手。在拿放的过程中，尽量做到双手取放，轻取轻放，举重若轻。

（二）端拿

双手虎口成弧形，掌心相对，四指并拢，大拇指与四指相对端起器物。一般用以端起茶荷、杯托、奉茶盘等扁平形的物品（见图 4-10）。

捧拿茶叶罐

端拿茶荷

捧拿奉茶盘

端拿品茗杯

图 4-10 捧拿与端拿

三、拿壶手法

冲泡器具中有多种壶型，在使用时，可以单手操作，也可以双手操作，主要是根据壶形和壶把的位置来定。

1. 提梁壶

大的提梁壶一般用以烧水，小的提梁壶则可以直接进行冲泡。

（1）提梁壶握提法（见图 4-11）。大型提梁壶在使用时，可以双手提壶也可单手提壶。男生单手操作可以展示力量，女生双手操作可以衬托柔美。女生双手提壶时，用右手四指并拢握提梁把，大拇指自然搭在提梁上，左手食指和中指抵住盖钮或盖。为方便注水，右手握提时应偏上面或右侧提梁。

小型提梁壶在使用时，以大拇指、中指、无名指和小指握提壶，食指抵壶盖，在提拿的时候，应偏右上侧壶把。

（2）提梁壶托提法（见图 4-12）。右手掌心向上，四指托起提梁，大拇指搭在提梁上。此法常用于男士提壶手法，显得坚定有力。

图 4-11　提梁壶握提法

图 4-12　提梁壶托提法

2. 侧提壶

（1）大型侧提壶：右手握壶把，左手食指、中指按住盖钮或盖，双手同时用力提壶。

（2）中型侧提壶：右手食指和中指勾住壶把，以大拇指按住壶盖提壶。

（3）小型侧提壶：右手四指并拢、掌心握住壶把，大拇指按住壶盖提壶。

3. 握把壶

右手大拇指压住盖钮或壶盖一侧，其余四指握把提壶。

4. 飞天壶

右手大拇指压住盖钮，其余四指握把提壶。

5. 无把壶

虎口分开，大拇指与中指平稳握住壶口两侧外壁，食指亦可抵住盖钮或壶盖，其余两指可与中指并拢，提壶。

四、杯、碗、盅的端法

（一）品茗杯持法

品茗杯端杯时，拇指和食指宜端持品茗杯中上部，避免手指直接触碰杯口。

1. 三龙护鼎式

如图 4-13 所示，男性以单手虎口分开，拇指和食指夹杯身，中指托杯底，无名指和小拇指自然弯曲并拢靠中指。女性以单手虎口分开，拇指和食指夹杯身，其余手指并拢或成兰花状，品饮时或辅以另一手指尖托杯底，其余手指并拢，或无名指、小指伸开成兰花指。

2. 自然式持法

如图 4-14 所示，单手虎口分开，食指、中指、无名指、小指自然弯曲，与拇指相扶杯。女性可将无名指、小指伸出。品饮时辅以另一手自然伸直，四指并拢微曲，以中指尖托杯底。

图 4-13　三龙护鼎式

图 4-14　自然式持法

（二）闻香杯

1. 单手持杯

单手持杯如图 4-15 所示。方法一：单手虎口分开，用大拇指和其余四指扶杯身，置鼻前嗅闻茶香。方法二：单手虎口分开，拳状握杯身置鼻前嗅闻茶香。

2. 双手持杯

如图 4-16 所示，单手先拿起，然后双手掌心相对虚拢成合十状，除拇指外的四指捧杯置鼻前嗅闻茶香。一般女生操作时使用此法。

图 4-15　单手持拿闻香杯

图 4-16　双手持拿闻香杯

（三）壶式盅

形式如同茶壶，有把有盖，持法如同持茶壶。

（四）杯式盅

杯子的形式，在杯口处设计有便于倒水的“流”，通常加有把手。这种盅，以单手持把，用大拇指、食指、中指捏住盅把，其余两指并拢。

无柄的杯式盅，则以单手虎口分开握盅。

（五）盖碗

1. 单手持盖碗

如图 4-17 所示，单手虎口分开，大拇指与中指扣在碗沿两侧，食指屈伸按住盖钮，无名指与小拇指自然弯曲贴着中指。

2. 双手端盖碗

如图 4-18 所示，双手将盖碗连碗托端起，然后以左手大拇指扶托沿，其余四指托之，并以右手大拇指、食指、中指扶盖扭。

图 4-17　单手持盖碗

图 4-18　双手端盖碗

（六）公道杯

1. 圈顶式公道杯

圈顶式公道杯，杯顶有一圈环，是杯口也是持杯的所在，一般配有盖，亦有无盖式，持法相同。用拇指与中指夹住圈顶，食指按住盖纽，其余两指抵住圈顶下方，与拇指、中指成三足鼎立之势。

2. 杯式公道杯

杯子的形式，在杯口处设计有便于倒水的“流”，通常加有把手。以单手持把，用大拇指、食指、中指捏住杯把。

五、翻杯手法

（一）玻璃杯

右手虎口向下、掌心向外（即反手）握住茶杯的左侧基部距杯底 1/3 处或杯身，左手位于右手手腕下方，用大拇指和虎口部位轻托在茶杯靠近自己的一侧基部或杯身；双手同时翻杯，至双手相对捧住茶杯，然后轻轻放下。

（二）品茗杯、闻香杯

1. 洁具时翻杯

虎口向下反手，用拇指与食指、中指握住茶杯外壁，向内转动手腕使杯口朝上，然后轻轻将茶杯放下（见图 4-19）。

闻香杯翻杯

品茗杯翻杯

图 4-19 洁具时翻杯

2. 分茶时翻杯

为便于闻香与品饮，可使用闻香杯搭配品茗杯的双杯泡法。在分茶时，先将茶汤分至闻香杯中，再将品茗杯倒扣在闻香杯上，然后通过翻杯将茶汤由闻香杯转移至品茗杯中，可采用单手和双手两种翻杯手法。

（1）单手翻杯法（见图 4-20）。右手掌心向上，用食指和中指夹住闻香杯，大拇指摁住品茗杯杯底，端至胸前，手腕向内翻，再用左手端起品茗杯，轻放至杯托上。

（2）双手翻杯法（见图 4-21）。双手掌心向上，分别用左手和右手食指、中指夹住闻香杯，大拇指摁住品茗杯杯底，端至胸前，手腕向内翻，翻正后腾出右手端起品茗杯，再用左手拿杯托，将品茗杯和闻香杯轻放至杯托上。

六、温杯烫盏手法

（一）温烫直筒玻璃杯

按从左到右的顺序，一手提开水壶，向内转动手腕，令水流沿茶杯内壁冲入，倒入约 1/3 水量后提腕断水，依次向玻璃杯中注入等量开水后，将开水壶复位。右手握杯身距杯口约 1/3 处或持杯把，左手五指并拢，掌心向内，食指托杯底。右手手腕逆时针转动，双手协调使茶杯内部与开水充分接触。涤荡后，可右手拿杯身，单手将水倒入水盂，或者左手托杯身，右手拿杯基，双手旋转杯身，使杯中水在旋转中倒入水盂，然后轻轻放回茶杯。在整个操作过程中，切记不可直接双手触及杯口。具体操作如图 4-22 所示。

品茗杯倒扣闻香杯上

单手将杯端至胸前

翻转手腕

将杯放置杯托上

图 4-20　单手翻杯法

品茗杯倒扣闻香杯上

双手端起杯

翻转手腕

将杯放置杯托上

图 4-21　双手翻杯法

图 4-22　温烫玻璃杯

（二）温烫盖碗

1. 开盖手法

（1）正盖开盖法（见图 4-23）。右手大拇指、食指和中指捏住盖钮，提起碗盖，按逆时针方向将盖向内旋轻轻滑至盖碗右侧，将碗盖斜靠在底托上，或左手顺时针揭开碗盖，碗盖侧立移至胸前。然后，右手单手提开水壶，绕着盖碗边缘按逆时针方向注入约 1/3 水量，盖上碗盖。

图 4-23　正盖翻盖

（2）倒扣开盖法（见图 4-24）。备具时，碗盖倒扣在盖碗上，并在靠近自己一侧留一小缝。逆时针注水至盖内，注入约 1/3 水量时停止，水壶归位后，右手取茶针。将茶针轻压靠

图 4-24　倒扣开盖

近自己一侧的碗盖边缘，左手在盖碗外侧，掌心向着盖碗，待碗盖翻起时用拇指、食指和中指扶着盖钮将碗盖盖正。

2. 烫洗手法

右手大拇指与中指端盖碗，食指摁盖钮，左手指并拢，掌心向内托杯底，右手腕逆时针轻转一周，使盖碗内部充分接触开水。

3. 弃水手法

左手端起盖碗，右手轻捏盖钮在碗盖侧边留一条细细的小缝，右手单手端起盖碗将水从碗盖的缝隙中倒入水盂；或右手端起、左手托底，双手一起将水倒入水盂；也可以左手揭盖，右手端碗，移至水盂上方后使水回旋冲洗碗盖。

（三）温烫茶壶

用右手拇指、食指和中指拈盖钮以逆时针方向内旋揭开壶盖，并依弧线运动轨迹放置于盖置上，或左手揭盖，移至胸前持盖竖立。右手单手提开水壶或左手食指和中指按着壶盖，右手逆时针回转手腕适当高冲水，使水流沿圆形壶口回旋注入。待注水量为壶容量的1/3时断水，开水壶归位。依开盖动作逆向复壶盖，双手协调按逆时针方向转动手腕，外倾壶体令壶身内部充分接触热水，荡涤冷气，然后将水倒入水盂。

（四）温烫品茗杯、闻香杯

温烫品茗杯、闻香杯时，可直接用手端杯或以茶夹夹住内侧杯壁，轻轻转动手腕后，将烫杯的水倒入水盂。

品茗杯也可采用滚杯烫洗的方法。具体方法为右手持茶夹，按从右向左的次序，从内侧杯壁夹持品茗杯，侧放入紧邻的左侧品茗杯（杯口朝右）。用茶夹转动品茗杯一圈，沥尽水后归原位；或直接右手食指和拇指端起品茗杯，侧放入紧邻的左侧品茗杯（杯口朝左），中指抵杯底，转动手指使品茗杯旋转一周，沥水后归位，依次烫洗所有的品茗杯。最后的一杯不再滚动，直接回转手腕，将水倒入水盂。具体操作如图 4-25 所示。

紫砂壶开盖

注水

烫壶之水注入闻香杯

烫壶之水注入品茗杯

用茶夹烫洗品茗杯、闻香杯

用手烫洗品茗杯

图 4-25 温烫品茗杯、闻香杯

七、取茶置茶手法

（一）开合茶叶罐

双手捧住茶叶罐，以两手食指或拇指、食指同时用力向上推盖。当其松动后，进而左手持罐，用右手拇指与食指捏住盖外壁轻旋、向上提盖，按抛物线轨迹移罐盖，盖口向上放到盖置或茶巾旁。取完茶后，将盖翻转逆向盖回茶叶罐，右手稍用力向下压紧，盖好后放回。

（二）茶匙取茶、投茶法

左手横握已开盖的茶叶罐，开口向右移至茶荷上方。右手取茶匙，以大拇指、食指和中指持茶匙，伸进茶叶罐中将茶叶轻拨进茶荷，此步骤称为“拨茶入荷”。目测估计茶量足够后将茶匙归位，盖好茶叶罐后归位。

待赏茶完毕，左手握（托）茶荷，右手重取茶匙，将茶叶拨入泡茶器。此法较适合弯曲、粗松茶叶的拨取。

（三）茶则取茶法

左手横握已开盖的茶叶罐。右手取茶则，横握茶则柄，或以拇指、食指和中指捏住茶则柄，将茶则伸入茶叶罐，手腕向内旋转舀取一定量茶叶。左手配合向外旋转手腕，令茶叶疏散易取。取完茶后可将茶叶直接置入冲泡器，或将茶叶放入茶荷。然后茶则归位，再将茶叶罐盖好、归位。此法较适合颗粒紧结、细小的茶叶。具体如图 4-26 所示。

打开茶叶罐

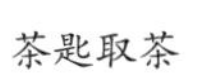

茶匙取茶

茶则取茶

盖上茶叶罐

图 4–26　茶则取茶法

八、注水手法

（一）悬壶高冲注水法

右手提壶，从右上方位置开始用回旋低斟注水法，逆时针方向回旋至正左侧方向时，适当提高手腕，沿茶壶（碗、杯）口内壁高冲注水，注入所需水量后收腕断水。

（二）凤凰三点头

可右手单手提壶注水，也可右手提壶、左手摁壶盖双手注水，通过手腕的三起三落，提壶注水反复三次，注入所需水量后提腕断水。

思考题

1. 玻璃杯适合冲泡哪些茶类？
2. 玻璃杯冲泡时的技术要点有哪些？
3. 盖碗有哪些冲泡方法？
4. 盖碗直饮法的技术要点是什么？
5. 茶壶有哪些造型分类？
6. 根据茶壶如何选择冲泡茶类？
7. 紫砂壶冲泡的要点有哪些？
8. 用紫砂壶冲泡乌龙茶，有哪些不同的冲泡方法？
9. 练习不同器具的操作手法，根据器具类型灵活掌握操作技巧。

第五章　茶叶冲泡

本章提要

我国茶类十分丰富，有绿茶、红茶、青茶（乌龙茶）、白茶、黄茶、黑茶六大类，以及再加工茶和紧压茶等。其中，六大茶类及花茶等再加工茶的制作技艺于2022年11月29日被列入联合国教科文组织人类非物质文化遗产代表作名录。茶类不同，茶叶的品质和品性也不同。绿茶清新宜人，白茶清淡爽滑，青茶馥郁醇厚，红茶甜醇甘美，黑茶浓郁厚重，黄茶清香鲜醇，花茶香雅味美。只有顺应茶性，才能将这一片片茶叶发挥至极致，故泡茶有方。本章主要介绍各茶类的特点、分类、冲泡、品饮以及茶艺程序和解说，旨在为茶艺的创新和设计以及茶艺美学价值和茶文化内涵的挖掘奠定基础。

第一节　绿茶的冲泡

绿茶是我国历史最悠久、品种最丰富、产量最高、消费面最广的一种茶类。绿茶为不发酵茶，经杀青、揉捻和干燥的工序加工而成。杀青是其品质形成的关键工序，利用高温快速杀青，抑制酶的活性，阻止多酚类化合物的酶促氧化，避免产生红梗红叶，就形成了绿茶“叶绿、汤清、味鲜”的品质特点。

一、绿茶的分类及品质特征

绿茶根据杀青方法和干燥方式的不同，分为炒青绿茶、烘青绿茶、蒸青绿茶和晒青绿茶。

（一）炒青绿茶

炒青绿茶一般指的是用滚筒或锅炒的方式进行干燥加工制成的绿茶。按其炒干后的外形分为长炒青、圆炒青、扁炒青和特种炒青。炒青绿茶是我国绿茶中生产区域最广、产量最多的一类茶。炒青绿茶按产地和外形不同，又分为眉茶、珠茶、西湖龙井、老竹大方、碧螺春、蒙顶甘露、都匀毛尖、信阳毛尖、午子仙毫等。

1. 长炒青

长炒青形似眉毛，又称为眉茶。其品质特点为外形条索紧直，色泽绿润，香高持久，汤色黄绿明亮，滋味浓醇爽口，叶底嫩绿明亮。主要产于浙江、安徽、江西，其次是湖南、湖北、河南、四川、贵州和云南等。主要有杭绿、屯绿、婺绿等。

杭绿：产于浙江杭州，条索紧细匀正，略有芽锋，色泽较绿；香气清高，汤色嫩黄明亮；滋味浓鲜，叶底嫩绿明亮；少有嫩茎、单张。

屯绿：产于安徽屯溪、休宁一带，外形条索紧结壮实，色泽灰绿光润；香高持久，有熟板栗香；汤色绿而明亮；滋味浓厚爽口，回味甘；叶底嫩绿柔软，是长炒青中品质优秀的茶叶。

婺绿：产于江西省婺源县，外形条索粗壮匀整，色泽深绿泛光；滋味厚实，香高，是长炒青中品质较好的茶叶之一。

2. 圆炒青

圆炒青外形呈颗粒状，浑圆紧结，宛如珍珠，又名珠茶。其品质特点为外形颗粒圆紧，匀称重实，色泽绿润，香气清纯，滋味浓醇，叶底芽叶完整明亮。珠茶是我国主要的外销绿茶之一，尤以浙江所产最为著名。此外，安徽、湖北、贵州等地也有少量生产。 主要有平水珠茶、泉岗辉白、涌溪火青。

平水珠茶：产于浙江绍兴平水，是浙江独有的传统名茶，素以形似珍珠、色泽绿润、香高味醇的特有风韵而著称于世。

泉岗辉白：产于浙江嵊州，是中国圆形绿茶中的珍品之一。外形如圆珠，盘花卷曲，紧结匀净，色白起霜，白中隐绿；汤色黄明，香气浓爽；滋味醇厚；叶底嫩黄，芽锋显露，完整成朵。

涌溪火青：产于安徽泾县，外形独特美观，颗粒细嫩重实，色泽墨绿莹润，银毫密披。冲泡形似兰花舒展，汤色杏黄明亮，清香馥郁，味浓甘爽，并有特殊清香，叶底黄绿明亮。

3. 扁炒青

扁炒青又称为扁形茶。扁炒青成品茶扁平光滑、香鲜味醇，叶底嫩匀成朵。因产地和制法不同，历史上分为龙井、旗枪、大方三种。

龙井：产于杭州市西湖区，又称西湖龙井。鲜叶采摘细嫩，要求芽叶均匀成朵，高级龙井做工特别精细，具有“色绿、香郁、味甘、形美”的品质特征。

旗枪：产于杭州龙井茶区四周及毗邻的余杭、富阳、萧山等地。外形与龙井相似，但扁平、光滑的程度不及龙井。特级旗枪冲泡后一叶一芽，以形似一旗一枪而得名。

大方：产于安徽省歙县和浙江临安、淳安毗邻地区，以歙县老竹大方最为著名。外形扁平多棱角，叶色黄绿微褐；冲泡后具有熟栗香，汤色黄绿。

4. 特种炒青

在炒青绿茶中，因制茶方法不同，还有一部分品质独特、造型多样的细嫩炒青绿茶，统称为特种炒青。特种炒青因采摘原料细嫩，为了保持芽叶完整，当茶叶干燥到一定程度时，改为烘干而成。主要名茶有洞庭碧螺春、庐山云雾、蒙顶甘露、南京雨花茶、信阳毛尖、古丈毛尖、都匀毛尖、休宁松萝、峨眉峨蕊、安化松针等。

洞庭碧螺春：主产于江苏省太湖洞庭山。外形条索纤细、匀整，卷曲呈螺，白毫特显，银白隐翠，内质香气浓郁，带有花果香，汤色嫩绿清澈，滋味清鲜回甘，叶底幼嫩，柔软明亮。

信阳毛尖：产于河南省信阳市各个县区，以“五云两潭一山一寨一寺”（车云山、云雾山、集云山、天云山、连云山、黑龙潭、白龙潭、震雷山、何家寨、灵山寺）的最为有名。信阳毛尖的色、香、味、形均有独特个性，其颜色鲜润、干净；香气高雅、清新；味道鲜爽、醇香、回甘，外形条索细、圆、光、直，多白毫，色泽翠绿，内质香高持久，有熟板栗香，滋味浓醇，回甘生津，汤色明亮清澈。

安化松针：产于湖南省安化县。品质特征为外形条索长直、圆浑、紧细，其形状若松针，翠绿匀整，白毫显露，内质香气馥郁，滋味醇厚，汤色清澈，叶底嫩匀，耐冲泡。

（二）烘青绿茶

烘青绿茶是指在干燥过程中用烘笼或烘干机进行烘干的绿茶。烘青绿茶的特点是外形条索紧直、锋苗显露，色泽深绿油润，香清味醇，汤色清明，叶底明绿。多数烘青绿茶的香气不及炒青绿茶，除了部分名优烘青绿茶直接供应消费者外，多数烘青绿茶成为窨制花茶的茶坯。

烘青绿茶的产区分布广阔，以安徽、浙江、福建三省产量较多。依其外形可分为条形茶、尖形茶、片形茶、针形茶等。条形茶在全国主要茶产区都有生产；尖形、片形茶主要产于安徽、浙江等省。按照原料老嫩度的不同，烘青绿茶分为普通（大宗）烘青绿茶和特种（细嫩）烘青绿茶。

1. 普通烘青绿茶

普通烘青绿茶原料多为一芽二叶或三、四叶。一般经再加工精制后大部分作为窨制花茶的原料，称之为茶坯，在全国各地均有生产。

2. 特种烘青绿茶

特种烘青绿茶一般是区域性的名优绿茶，原料多为一芽一叶初展至一芽二叶。主要有黄山毛峰、太平猴魁、六安瓜片、敬亭绿雪、天山绿茶、顾渚紫笋等。

（三）蒸青绿茶

蒸汽杀青是我国绿茶最早的杀青方式，即利用蒸汽破坏鲜叶中酶的活性，再经揉捻、干燥而成。蒸青绿茶具有干茶色泽深绿、茶汤浅绿和叶底青绿的“三绿”品质特征，但其香气较闷，带青气，涩味也较重，不及锅炒杀青绿茶那样鲜爽。中国目前生产的蒸青绿茶主要是煎茶和玉露茶，主要产区有浙江、河南、湖北、四川、江西等地。

煎茶：外形细长挺直，色泽鲜绿，油润有光泽；汤色黄绿，有清香；滋味醇和，有回甘，叶底翠绿。

玉露茶：外形条索紧细，均匀挺直，似松针，呈鲜绿豆色；汤色清绿明亮，香气清高鲜爽；滋味甜醇，叶底翠绿匀整。

（四）晒青绿茶

晒青绿茶是指鲜叶经过锅炒杀青、揉捻以后，利用日光晒干的绿茶。晒青绿茶多为加工黑茶的原料，多产自湖南、湖北、广东、广西、四川、云南、贵州等地。晒青绿茶以云南大叶种所制的绿茶品质最好，被称为“滇青”；其他如川青、黔青、桂青、鄂青等也各具特色。

滇青毛茶的品质特点是外形条索粗壮肥硕，白毫显露，色泽深绿油润，香味浓醇，富有收敛性，耐冲泡，汤色黄绿明亮，叶底肥厚。滇青毛茶是加工云南普洱茶的原料。

晒青绿茶作为商品茶直接销售或饮用并不多，除少量供内销和出口外，大多数用来压制成紧压茶，如饼茶、沱茶等。

（五）绿茶的茶性

茶性是指茶叶的性质、味道和特性。不同的加工工艺和发酵程度形成的茶叶，其内含物的组分和含量有所差异，最终决定了茶性的不同。按照中医、中药理论，药性有“四气五味”之分。“四气”即寒、热、温、凉之性；“五味”即甘、苦、酸、辛、咸五种味道。“四气”与“五味”之间相互联系：五味里的“辛、甘”为阳，偏温热之性；五味里的“酸、苦、咸”为阴，偏寒凉之性。

不同的茶类存在性味的差异。陆羽在《茶经》中曾说：“茶之为用，味至寒，为饮，最宜精行俭德之人。”这说明茶性偏寒。绿茶为不发酵茶，味苦，微甘，性寒凉，是清热、消暑降温的凉性饮品。绿茶中茶多酚含量也较高，具有很好的抗氧化、清除自由基和抗辐射的作用。常饮绿茶具有很好的保健功效。但绿茶不适宜胃弱者饮用，患冷症病者不宜常喝绿茶。绿茶也不宜空腹饮用，若虚寒及血弱者饮之，则脾胃恶寒，元气倍损。

二、我国名优绿茶

名茶是指有一定知名度的好茶，通常具有如下特点：一是具有独特的外形；二是具有优异的品质；三是生长环境优越，制作技艺精良；四是有一定的历史渊源及人文地理条件。我国历代名茶多达数百种，其中绿茶名茶众多，特别著名的有：西湖龙井、洞庭碧螺春、庐山云雾、六安瓜片、南京雨花茶、老竹大方、信阳毛尖等细嫩炒青绿茶；黄山毛峰、太平猴魁、顾渚紫笋、峨眉毛峰、敬亭绿雪等细嫩烘青绿茶；恩施玉露等蒸青绿茶。我国十大名茶中，绿茶有六，分别是西湖龙井、洞庭碧螺春、太平猴魁、黄山毛峰、六安瓜片和信阳毛尖（见图 5-1）。

图 5-1　绿茶名茶

众所周知，福建的茶资源也十分丰富，有六大茶类中的青茶、红茶、白茶、绿茶和花茶。除了大家所熟知的武夷岩茶、安溪铁观音、正山小种、金骏眉、福鼎白茶、福州茉莉花茶、闽红工夫茶等知名茶类外，福建的名优绿茶有宁德天山绿茶、南安石亭绿茶、武平绿茶、霞浦元宵茶、周宁官司云雾茶、罗源七境堂绿茶，还有龙岩的斜背茶、永安的云峰毛峰、大田的大仙峰毫茶、清流的莲花银丝、闽清的莲峰大毫、福州的云峰螺毫、雪峰白毛猴、福安的方山玉叶、福清的石竹春毫、宁德的龟山白玉与松溪绿茶、武夷山的八角亭龙须茶（介于烘青绿茶和乌龙茶之间，带有乌龙茶花香）、邵武的碎铜茶、尤溪绿茶等。

三、绿茶的冲泡及品饮技巧

冲泡绿茶时，要体现“汤清叶绿”的品质特征，就须在选好水，配好具的同时，掌握好茶水比、冲泡水温、浸泡时间、冲泡次数等要领。

（一）绿茶的冲泡要领

1. 茶具选择

细嫩的名优绿茶，冲泡宜选用透明无花、无色、无盖玻璃杯或白瓷、青瓷、青花瓷无盖杯。无色玻璃杯易于散热、质地致密、孔隙度小、不易吸香，用透明玻璃杯冲泡，可防嫩茶泡熟，失去鲜嫩色泽和清鲜滋味，还可观看汤色和茶叶慢慢舒展的动态过程。

冲泡中高档绿茶，应以闻香品味为首要，而观形略次，可用瓷杯、玻璃壶或盖碗直接冲饮。中低档绿茶，可用紫砂壶或瓷壶沏泡，壶的容量大，水量多而集中，有利于保温，能充分浸出茶之内含物，可得较理想之茶汤，并保持香味（见图 5-2）。

图 5-2　绿茶冲泡器具

2. 冲泡水温

一般高级绿茶，特别是采摘芽叶比较细嫩的名优绿茶，如洞庭碧螺春、西湖龙井、信阳毛尖等，冲泡水温不宜过高，一般采用 80℃～85℃为宜。这样可使茶汤清澈明亮，香气纯而不钝，滋味鲜而不熟，叶底明而不暗，饮之可口，视之动情，使人获得精神和物质上的享受。对于普通绿茶，原料成熟度相对较高，可用 90℃左右的热水冲泡，以充分发挥茶叶内的有效成分。

3. 投茶量

同一茶类，细嫩茶用量多一些，中档茶用量少一些。通常，名优绿茶的茶水比为 1∶50，大宗绿茶的茶水比为 1∶75。另外，投茶量要因人而异，在可能的情况下事先征询宾客的喜好。“老茶客”一般喜喝偏浓的茶，可适当增加投茶量或延长泡茶时间；无喝茶习惯者一般喜喝偏淡的茶，宜减少投茶量或缩短冲泡时间。

4. 投茶方式

明代张源在《茶录》中谈投茶："投茶有序，毋失其宜。先茶后汤，曰下投；汤半下茶，复以汤满，曰中投；先汤后茶，曰上投。春、秋中投，夏上投，冬下投。"意思是在冲泡绿茶的时候，投茶是有顺序的，即所谓的下投、中投、上投，根据气温变化，人为地调控泡茶水温。然而，现代的名优绿茶花色繁多，形状、紧结程度以及茸毛多少不一，如果仍根据季节变化决定投茶方式，不一定能得到理想的效果，所以投茶可根据茶的细嫩程度、外形特征和对水温的要求而定。

（1）上投法。上投法即先将适宜温度的水冲入杯中至七八分满，然后取茶投入，茶叶便会徐徐下沉。这种投法一般适用于外形紧结、原料细嫩、易下沉的高档名优绿茶，如洞庭碧螺春、信阳毛尖、庐山云雾等。采用此法冲泡，品饮时宜先轻摇茶杯，使茶汤浓度上下均匀，茶香得以透发。

（2）中投法。中投法即先在杯中注入约 1/3 杯 90℃左右的热水，再将茶叶投入杯中，用手握杯稍加摇动，使茶充分浸润，待其慢慢舒展，再用高冲水法加至七八分满，使茶叶随水翻腾起舞，茶香弥漫。此法适用于较细嫩但条索相对松散的高档绿茶，如西湖龙井、庐山云雾、黄山毛峰、太平猴魁、六安瓜片、舒城兰花、安吉白茶等。

（3）下投法。下投法为最常用的投茶法，即先置茶于杯中，后沿杯壁注入适宜温度的水至七八分满。下投法操作简单，适用于所有茶叶，尤其是干茶条索松散或茶条呈扁平状，因其浮力较大不易吸水下沉的绿茶，如太平猴魁、六安瓜片等。下投法使茶叶舒展较快，茶汤容易浸出，茶香透发完全，有利于提高茶汤的色香味。绿茶中的一些中低档绿茶也常采用此投茶法。

5. 冲泡技巧

要想冲泡一杯色香味俱全的绿茶，还应注意三个方面的冲泡技巧。

（1）注水时应高冲水。冲泡时可以用高冲水或凤凰三点头的注水方式，沿杯壁斜冲而下，以激发茶香、混匀茶汤。

（2）冲泡时是否加盖。绿茶在使用盖碗或茶壶冲泡时，应根据茶类、水温、天气选择要不要加盖。一般而言，茶嫩、水温高、天气热时不宜加盖，以免闷坏茶叶，而原料成熟、水温、气温低时应加盖冲泡，以激发茶香。

（3）续水要及时。无论何种茶类，第一泡茶汤中茶多酚含量最高，其次是咖啡碱、氨基酸和水溶性糖的含量。绿茶在第一次冲泡时，可溶性物质能浸出 50% 左右，第二泡能浸出 30% 左右，第三泡能浸出约 10%，冲泡第四次时，有效成分已经所剩无几了。所以，名优绿茶通常以冲泡三次为宜。第一冲又称为"头开茶"，头开茶饮至尚余 1/3 杯时，要及时续水至七八分满，否则会使"二开茶"茶汤淡而无味。"二开茶"饮剩小半杯时应再次续水，一般绿茶到第三次冲水时基本上都淡而无味了。

（二）绿茶的品饮技巧

1. 干品（鉴赏干茶）

品鉴绿茶尤其是名优绿茶时，因其原料细嫩、造型丰富，冲泡前可先欣赏干茶外形、色泽和香气。其造型或细如眉，或圆如珠，或扁如剑，或卷如螺，或直如针；其色泽或银白隐翠，或碧绿，或嫩绿，或深绿，或黄绿，或墨绿，或多毫；其干茶香气或清香或板栗香，或锅炒香。品饮绿茶能给人以清新和春天的气息。

2. 赏茶舞

绿茶在冲泡过程中，由于芽叶细嫩，易在杯中沉浮。用透明玻璃杯冲泡可以欣赏茶叶在水中缓慢舒展、徐徐浮沉舞动的姿态，领略“茶之舞”的乐趣，以及茶汤慢慢晕染成淡淡绿色的过程。此外，还可举杯对着光线观看汤中细细茶毫游弋闪动、熠熠发光带来的梦幻之境。

3. 闻香

绿茶冲泡后，茶香被激发出来，在品饮前可以先嗅闻香气，感受毫香、嫩香、清香或栗香带来的愉悦之情。

4. 品味

闻香之后，待茶汤温度适口，可小口品啜。品饮茶汤滋味时，应慢慢吞咽，使茶汤与舌面充分接触。然后闭口用鼻呼气，香气可由口转自鼻孔，则可充分领略名优茶的风味。好的绿茶滋味鲜爽，有回甘，沁人心脾。品尝头开茶，要细啜慢品，重在感受绿茶鲜嫩的茶香和鲜爽的茶味。品二开茶，重在绿茶的回甘。这时茶汤最浓，要体会舌底涌泉、齿颊留香、满口回甘、身心舒畅的妙趣。品尝三开茶，一般茶味已淡，而茶汤甘甜犹在，尤其是大叶种绿茶。所以，绿茶一般泡至三泡即可换茶了，这时可佐以茶点，以增茶兴。

5. 赏叶底

如果冲泡方法掌握得当，名优绿茶的叶底在色泽上仍可保持绿茶特有的或嫩绿、或鲜绿、或黄绿的特点，并且柔软明亮、充满活力、具有光泽。

四、绿茶茶艺

（一）信阳毛尖茶艺——上投法

1. 冲泡器具及茶品

（1）主茶器。200 mL 玻璃杯 3 只，开水壶 1 把，茶叶罐 1 个，茶荷 1 个，茶道组 1 套，奉茶盘 1 个，水盂 1 个，茶巾 1 片。

（2）茶品。特级信阳毛尖 9～12 g。

（3）茶具布置。将冲泡器具洗净，在茶席上摆放至合适的位置以便茶艺冲泡。将主泡器玻璃杯摆在茶席正中，可呈“一”字形或“品”字形摆放。将开水壶、水盂等放置在泡茶席的右边，烧水壶在右上方，水盂在右下方。将茶叶罐、茶道组等放在泡茶席的左上方，茶荷放在左下方，茶巾放在茶席正中、泡茶者的胸前位置。布具时，应同时将山泉水或矿泉水加入中茶壶烧煮待用。

2. 基本程序及解说词

“大山有别，水佳为淮；人言皆信，日升曰阳。”这里就是河南信阳，产中国十大名茶之一信阳毛尖的地方。信阳毛尖以其“细、圆、光、直、多白毫、香高、味浓、汤色绿”的独特风格饮誉中外。北宋大文豪苏东坡，曾这样称赞：“淮南茶，信阳第一。”“待客奉毛尖，礼以茶为先”是信阳人的一种信仰。

（1）崭露头角毛尖茶。用茶则从茶罐中取出新茶，置放于茶荷中，让来宾贵客鉴赏干茶。信阳毛尖以鲜嫩芽叶为原料加工而成，具有细、圆、紧、直、多白毫、色泽翠绿的外形，是风格独特的绿茶珍品。

（2）提壶温杯洁器具。茶，至清至洁，是天涵地育的灵物，泡茶所用的器皿也必须至清至洁。用开水冲烫玻璃杯，做到茶杯冰清玉洁、一尘不染，以示对嘉宾的尊敬。泡茶也要有一颗清净、自然随和的心，使同坐者、观赏者、饮茶者同有一种放下凡尘俗世、身心洁净神安的感受。

（3）泡茶玉液龙潭水。泡茶用水选自龙潭水，具有清、甘、活、洁之特色。俗话说：“老茶宜沏，嫩茶宜泡。”信阳毛尖原料极其细嫩，待水温降至 80℃左右再冲泡为好，这样才可达到色绿、香郁、茶汤鲜爽回甘的效果。

（4）龙入潭底吉祥意。采用“回旋高冲”注水法向杯里注入七八分满的开水。

（5）茶水交融露芳容。用茶匙将茶叶分别投入杯内，每个玻璃杯的投茶量大约为 3 g。

（6）敬奉宾客一盏茶。将泡好的茶汤奉给客人。

（7）轻舒慢卷沉浮意。可以让嘉宾观赏杯中的茶芽翩翩起舞的仙姿，感受扑面而来的茶香。主客一起共赏品评信阳毛尖的色、香、味。闻香高馥郁、清爽沁人的鼻息；观芽尖碧绿，轻舒慢卷水底；品茸毫细微，凭虚凌波于水面。

（8）品茗润心神安然。品茶可先观汤色，入口先润唇（唇齿含香），再润舌（鲜醇中和），后润喉（清嗓润喉）。三口品下，苦中有甜，回味甘醇，消渴提神，醒脑镇静，真可谓“此香只应天上有，人间哪得几回闻”。

（二）西湖龙井茶艺——中投法

1. 器具及茶品

（1）冲泡器具。200 mL 玻璃杯 3 只，开水壶 1 把，茶叶罐 1 个，茶荷 1 个，茶匙组合 1 套，奉茶盘 1 个，水盂 1 个，茶巾 1 片。

（2）冲泡茶品。特级西湖龙井 9～12 g。

（3）茶具布置。同信阳毛尖茶艺茶具布置。

2. 基本程序及解说词

西湖龙井产于风景秀美的西湖四周的群山之中，素以色绿、香郁、味甘、形美“四绝”之盛誉著称。冲泡后芽叶色绿，好比出水芙蓉，栩栩如生，得到乾隆的赞誉：“龙井新茶龙井泉，一家风味称烹煎。寸芽生自烂石上，时节焙成谷雨前。何必团凤夸御茗，聊因雀舌润心莲。”今天就请各位共品龙井，欣赏龙井茶艺。

（1）初识仙姿。西湖龙井外形扁平润滑，通常以清明前采制的最佳，美称“女儿红”，俗称“院外风荷西子笑，明前龙井女儿红”。

（2）冰心去尘。茶是圣洁之物，泡茶要有一颗圣洁的心。冲泡龙井前将水注入玻璃杯烫洗一遍。一来清洁杯子，二来为杯子增温。

（3）甘霖养和。“龙井茶、虎跑水”是杭州西湖双绝，冲泡龙井茶必用虎跑水，如此才能茶水交融、相得益彰。将冲泡之水降至80℃左右再来冲泡，才能将龙井茶的色香味发挥至极致。

（4）佳人入宫。“欲把西湖比西子，从来佳茗似佳人。”用茶匙将茶叶轻轻拨到玻璃杯中，每杯用茶3 g左右。置茶要心无旁骛，专心事茶，以一颗感恩之心，爱茶惜茶。投茶时茶叶勿掉落在杯外。

（5）温润莲心。采用“回旋高冲斟水法”，沿杯壁向杯中注入约1/4杯水，然后端杯轻摇，温润茶芽，使干茶吸水舒展，以便于香气和滋味的浸出。

（6）凤凰点头。温润的茶芽已散发出一缕清香，这时高提水壶，采用“凤凰三点头”的注水法，即利用手腕的力量，上下提拉注水三次，让茶叶在水中翻动。凤凰三点头不仅是泡茶本身的需要，而且能显示冲泡者的优美姿态，也是中国传统礼仪的体现，表达了对嘉宾以及茶的敬意。

（7）佳茗敬客。将泡好之茶奉于嘉宾一同欣赏，共同感受龙井“四绝”之真味。

（8）初赏茶舞。龙井是茶中珍品，其色澄清碧绿，舒展的茶芽在青碧的水中上下沉浮，宛若绿色的精灵在舞蹈，称为“杯中茶舞”。品茶前，先端杯赏茶舞，别有一番意趣。

（9）细闻幽芳。品饮前先闻香。端杯靠近鼻端，慢慢吸气。龙井香气清新高雅，胜若幽兰，细细品味，沁人心脾。

（10）慧心悟茶。龙井茶初识时会感清淡，需细细体会、慢慢领悟。清人陆次云说：“龙井……采于谷雨前者尤佳，啜之淡然，似乎无味，饮过后，觉有一种太和之气，弥沦乎齿颊之间，此无味之味，乃至味也。”细品慢啜，体会齿颊留芳、甘泽润喉的感觉。绿茶大多冲泡三次，要及时为客人添水。

品赏龙井茶，既像是在观赏一件艺术品，看碧绿的清汤、娇嫩的茶芽上下沉浮，一派生机盎然，又像是在品味人生。“一杯春露暂留客，两腋清风几欲仙”，愿有缘再续茶缘，谢谢大家。

补充链接

扫码观看视频 5-1：绿茶玻璃杯茶艺

思考题

1. 绿茶冲泡时水温如何控制？
2. 绿茶冲泡的器具应如何选择？
3. 冲泡绿茶时，如何选择正确的投茶方式？
4. 绿茶冲泡的技术要点有哪些？
5. 品鉴绿茶应注意哪些问题？
6. 请试着设计一套绿茶茶艺。

第二节　红茶的冲泡

一、红茶的特点

红茶（见图 5-3）属于全发酵茶，最早始于福建崇安（今武夷山），是目前世界上消

图 5-3　各类红茶

费量最大的一种茶类。其基本加工工艺是萎凋、揉捻（或揉切）、发酵、干燥，发酵是其关键工序。茶叶中的茶多酚在多酚氧化酶的作用下，氧化成茶黄素、茶红素和茶褐色等，形成红茶“红汤红叶”的品质特征。我国红茶种类较多，有小种红茶、工夫红茶和红碎茶等。产地分布较广，主要分布在福建、云南、湖南、湖北、贵州、安徽、广西和广东等地。

（一）小种红茶

小种红茶产于福建武夷山，是世界红茶的鼻祖，19 世纪 70 年代远销欧美，被誉为“茶中皇后”。小种红茶因产地和品质不同，分为正山小种和外山小种。

1. 正山小种

正山小种主产于武夷山市星村镇桐木关一带，又称星村小种。正山小种的历史悠久，陆廷灿在《续茶经》中称：“武夷茶，在山上者为岩茶，水边者为洲茶……其最佳者，名曰工夫茶。工夫茶之上，又有小种。”正山小种的品质特点是外形条索肥实、紧结圆直，色泽乌润有光，内质汤色金黄呈糖浆状，香气高长，滋味醇厚，带有桂圆汤味。传统的正山小种在制作时会采用松针或者松柴熏制，具有独特的松烟香。目前，随着环保意识和制茶工艺的提高，加上市场上对非烟熏小种的口感需求，越来越多的正山小种在制作工序中取消了松木熏烤。

2. 外山小种

武夷山以外的政和、建阳、邵武、光泽等地所产的小种称为“外山小种”“人工小种”或“烟小种”。条索近似正山小种，但身骨稍轻而短钝；带松烟香，缺少天然花果香，汤色稍浅，滋味醇和略单薄。

（二）工夫红茶

工夫红茶为我国的传统红茶，各产茶省区市均有生产，其中品质优良、具有代表性的有安徽祁门红茶、云南滇红、福建闽红等，在国际市场上仍占有特定市场。工夫红茶根据茶树品种分为大叶种工夫茶和小叶种工夫茶。大叶种工夫茶是指以乔木或半乔木茶树鲜叶制成的工夫茶，如滇红工夫。小叶种工夫茶则是以灌木型小叶种茶树鲜叶为原料制成的工夫茶，如坦洋工夫、宜红、宁红等。

工夫红茶品质特点是外形条索紧细，色泽乌黑油润，毫尖金黄，内质香气馥郁，汤色红亮，滋味醇厚，叶底红明。

1. 祁门工夫

祁门红茶是我国传统工夫红茶的珍品，产自安徽祁门县，以小叶种茶树为原料制成。外形条索紧细，苗秀显毫，色泽乌润泛灰光，俗称“宝光”；香气清香高长，似果又似兰花香；汤色红艳明亮，滋味醇和甘润，叶底嫩软红亮。由于具有特殊的香气（俗称“蜜糖香”），祁门红茶被誉为“群芳最”“祁门香”和“红茶皇后”。正所谓“祁红特绝群芳最，清誉高香不二门”。祁门红茶与印度大吉岭红茶、斯里兰卡红茶并称为“世界三大高香红茶”。

2. 滇红工夫

滇红工夫主产于云南凤庆、临沧、保山等地，由云南大叶种茶树鲜叶采制而成。滇红工夫外形条索紧结、肥硕雄壮，干茶色泽乌润，金毫特显；内质汤色艳丽，香气鲜郁高长，滋味浓厚鲜爽，富有刺激性，叶底肥厚，红匀嫩亮。

3. 闽红工夫

闽红工夫有坦洋工夫、政和工夫和白琳工夫，合称“闽红三大工夫”，三种工夫茶品种不同，品质风格各异，远销欧亚。

（1）坦洋工夫。传统坦洋工夫多以坦洋菜茶（群体种）采制而成，主产于福建福安、柘荣、寿宁等地。其品质特点是外形细长匀整，色泽乌黑光润，内质香味甘爽醇厚，汤色红艳金黄，叶底红匀光滑。随着加工技术的创新，坦洋工夫也在不断开发高香优异的种质资源，制成的坦洋工夫具有独特的花果香和滋味醇厚甘爽的品质特征。

（2）政和工夫。政和工夫产于福建北部，以政和县为主产区，多以政和大白茶为原料采制而成。其品质特点是条索肥壮重实，色泽乌黑油润，金黄色毫芽显露，颇为美观；内质香气浓郁芬芳，似紫罗兰的鲜甜香味；汤色红艳，滋味醇厚甘甜。

（3）白琳工夫。白琳工夫产于福建福鼎太姥山麓的白琳、翠郊、磻溪、黄岗、湖林等地，以白琳为集散地而得名，多以福鼎大白茶和大毫茶为原料采制而成。其品质特点是条形纤秀稍弯曲，色泽乌中带黄，芽毫多；内质香气毫香显，滋味清鲜醇和；汤色浅黄明亮，叶底艳丽红亮，称为“橘红”。

4. 金骏眉

金骏眉为红茶创新产品，产于福建武夷山，由当地原生态野生茶树细嫩单芽加工而成。金骏眉外形条索紧秀，有锋苗，略显毫，干茶色泽为金、黄、黑相间；内质汤色金黄清澈有金圈，香气似果、蜜、花、薯等的复合香型，滋味鲜活甘爽，喉韵悠长；叶底舒展后，芽尖鲜活，秀挺亮丽，呈古铜色。

（三）红碎茶

红碎茶又称切细红茶，呈颗粒型碎片，是国际茶叶市场的主销产品。红碎茶宜加工成袋泡茶，具有方便、卫生等特点。红碎茶的品质特征是外形匀整洁净，色泽乌黑油润，内质滋味与香气均要求浓厚、强烈、鲜爽、收敛性强，汤色叶底红艳，主要用于调饮。依据加工后的外形不同，可分为叶茶、碎茶、片茶、末茶四种规格。代表茶类有滇红碎茶、南川红碎茶、印度红碎茶、斯里兰卡红碎茶等。

（四）红茶的茶性

红茶为发酵茶，多酚氧化程度高，味甜性温，具有暖胃、散寒除湿之功效，适合体寒或脾胃虚弱的人饮用，也适合作为秋冬季节和早春时节品饮。红茶的兼容性较强，可清饮亦可调饮。酸如柠檬，甜如蜂蜜，烈如白酒，润如奶酪，辛如姜丝，均可与之调合，相得益彰。

二、红茶冲泡要领

红茶为全发酵茶，红汤红叶是其品质特征。好的红茶香气高远、味道醇厚，须采用适当的冲泡方法，以发挥红茶独特的品质。

（一）冲泡器具选择

红茶适合各类型的茶具冲泡，如可选用紫砂、白瓷、玻璃、各种红釉瓷的壶、盖杯、盖碗等。搭配白瓷或玻璃公道杯和品茗杯，可以更好地观看其红艳明亮的汤色。对于红碎茶，则可选用紫砂以及白、黄底色描橙、红花和各种暖色瓷的咖啡壶具。

（二）红茶冲泡要素

红茶的冲泡水温与红茶的品种、条索、老嫩和松紧有关。等级高、芽叶细嫩的红茶，如金骏眉、滇红金芽、金毫等，宜用90℃～95℃的热水冲泡。中低档红茶可以用95℃～100℃的热水冲泡。

红茶冲泡的茶水比以1∶50～1∶60为宜，冲泡时视茶壶容量大小决定置茶量，一般茶具容量为150～200 mL，放入3～5 g的红茶，或1～2包袋泡茶，通常冲泡1～3分钟后，即可倒出。通常，工夫红茶可冲泡2～3次，红碎茶一般冲泡一次就能使茶汁充分浸出。

（三）红茶的冲泡方法

红茶的冲泡分为清饮与调饮，清饮可领略红茶的真味本色；调饮可加奶、糖、水果、香料等，风味多样。另外，红茶也可用冷泡法进行冲泡，茶汤中茶多酚、氨基酸、咖啡碱等主要品质成分随着冲泡时间延长，在茶汤中的浓度也越来越高，在冷泡后的2小时左右，茶汤中品质成分溶出变得缓慢，此时即可直接饮用，风味独特。

1. 清饮法

清饮法就是不加任何调味品，直接以沸水冲泡茶叶，使茶叶发挥它本色本香韵味的饮用方法。高温冲泡红茶能够促进其有益成分溶出，可充分领略红茶的香气和滋味。端杯品饮前，要先闻其香，再观其色，然后品尝滋味，其浓郁清高的甜香、红艳明亮的汤色、浓强鲜爽的滋味让人有美不胜收之感。

2. 调饮法

调饮法是指在红茶茶汤中加入调料以佐汤味的一种饮用方法。调饮使红茶的香味更加丰富浓郁，所加调料的种类和数量随饮用者的口味而异。红茶的包容性较强，酸如柠檬，辛如生姜，甜如蜜糖，润如牛奶，调配红茶皆为佳品。比较常见的是在红茶茶汤中加入糖、牛奶、柠檬片、蜂蜜或香槟酒等。

（1）牛奶红茶调饮。牛奶红茶的调饮在欧美国家较为流行，也是国内奶茶店使用最多的茶基底。先将适量红茶放入茶壶，投茶量可比清饮法多些，如5～10 g茶叶加入150～200 mL

沸水冲泡 3～5 分钟后，倒出茶汤放在咖啡杯中；如果是红茶袋泡茶，可直接放 1～2 包在咖啡杯中，沸水冲泡 3～5 分钟后弃去茶袋，然后往茶杯中加入适量温热过的牛奶。牛奶用量以调制成的奶茶呈橘红、黄红色为度。可以将茶汤与牛奶等量，也可根据个人喜好，添加方糖或蜂蜜，搅拌均匀即可享用。浓郁的奶香与红茶的香气相互交织，口感丝滑，甜而不腻。

（2）柠檬红茶调饮。柠檬的清香与红茶的甜醇相结合，酸甜清爽。将 5 g 红茶放入茶壶，然后加入 200 mL 开水，约 3～5 分钟后，将茶汤滤入咖啡杯或玻璃杯。将榨好的新鲜柠檬汁倒入茶汤，再加入 5 mL 糖浆或蜂蜜进行调味，放入切片的柠檬片，即可享用。可根据个人喜好调整茶味或甜味，还可加入冰块。柠檬红茶生津止渴、祛暑消热、化痰止咳，特别适合夏日品饮。

还可以向红茶茶汤中加入各种美酒，如香槟酒、白兰地等，制成茶酒饮料。茶酒饮料酒精度低，不伤脾胃，具有茶味酒香，酬宾宴客颇为相宜。此外，还可向茶汤中加入红枣、枸杞、玫瑰、薄荷、生姜、桂圆等，所加调料的种类和数量因人而异。

三、红茶茶艺

（一）祁门红茶清饮茶艺

1. 冲泡器具和茶品

（1）冲泡器具。盖碗 1 套，瓷质或玻璃品茗杯 3～5 个，玻璃公道杯 1 个，瓷制烧水壶组 1 套，茶荷 1 个，茶道组 1 套，茶滤（含滤架）1 套，杯托，茶巾 1 块，茶叶罐（含所需茶品）1 个，奉茶盘 1 个，水盂 1 个。

（2）冲泡茶品。特级祁门工夫 3～5 g。

2. 茶席布具

将冲泡器具洗净，摆放至合适的位置以便茶艺冲泡。将盖碗、茶盅摆在茶席正中靠近自己的一侧，品茗杯与盖碗并排，摆在茶席正中的外侧，可呈“一”字形或弧形摆放，品茗杯倒扣在杯托上，茶滤放置于品茗杯左侧。将烧水壶、水盂等湿器放置在泡茶席的右边，烧水壶组放在茶席右上方，水盂放在茶席右下方。将茶叶罐、茶道组等放在泡茶席的左上方，茶荷放在左下方，茶巾放在茶席正中泡茶者的胸前位置。布具时，应同时将山泉水或矿泉水加入中茶壶烧煮待用。

3. 祁门红茶茶艺解说词

“祁红特绝群芳最，清誉高香不二门。”祁门红茶产于安徽省祁门县，与印度大吉岭红茶、斯里兰卡红茶并称为世界三大高香红茶，因其似花、似果又似蜜的“祁门香”成为英国王室最爱，具有“红茶皇后”之称。

（1）宝光出祁门。祁门红茶条索紧细匀整，锋苗秀丽，色泽乌黑润泽，俗称“宝光”，请大家欣赏干茶。

（2）烫盏待嘉宾。用初沸之水温杯烫盏，以示敬意。

（3）王子入茶宫。用茶匙将茶荷中的红茶轻轻拨入盖碗，祁门红茶被誉为“王子茶”，是英国皇家的至爱饮品。

（4）飞流凌空下。冲泡祁门红茶的水温要在100℃左右，用已沸的水悬壶高冲，可以让祁门红茶在水的激荡下，充分浸润，以利色、香、味的充分发挥。

（5）甘露敬知音。将壶中之茶均匀地分入杯中，敬奉嘉宾。

（6）花香醉乾坤。一杯茶到手，先要闻其香。祁门红茶是世界公认的三大高香红茶之一，其香浓郁高长，甜润中蕴藏着花香，有“茶中英豪”“群芳最”之誉。

（7）迎光赏汤色。祁门红茶的汤色红艳亮丽，杯沿有一道明显的金圈，迎光看去十分迷人。

（8）静心品佳茗。闻香观色后即可缓啜品饮。祁门红茶以香浓味醇为特色，滋味醇厚，回味绵长，细饮慢品，徐徐体味茶之真味，方得茶之真趣。

（二）金骏眉清饮茶艺

1. 冲泡器具和茶品

（1）冲泡器具。玻璃茶壶或白瓷、玻璃、红釉盖碗1套，玻璃公道杯1个，瓷质或玻璃品茗杯和杯托3～5个，烧水壶组1套，茶荷1个，茶匙1个，茶巾1块，茶叶罐（含所需茶品）1个，奉茶盘1个，水盂1个。

（2）冲泡茶品。金骏眉3～5 g。

2. 茶席布具

同祁门红茶茶艺。

3. 金骏眉茶艺程序和解说词

金骏眉是正山小种红茶的一个分支，也是中国创新红茶和高端红茶的代表。“一杯春露暂留客，两腋清风几欲仙。”今天，借一杯金骏眉，与各位茶友，在这芬芳的馨香里，回归自然，安放内心。

（1）甘泉初沸波涛起。泡茶之前先煮沸壶中的山泉水，水煮沸时的声音犹如波涛汹涌。

（2）冰清玉洁无杂念。烫洗茶具，既可清洁茶具，又可提高茶具温度，激发茶香，初见茶之美好。通过洁具引导人们进入饮茶意境，去除心中杂念，以便更好地品茶。

（3）闺中佳人俏容颜。将金骏眉从茶叶罐中取出，放入茶荷，鉴赏干茶。金骏眉条索紧秀，微带弯曲，金毫显露，犹如佳人俊秀之眉。

（4）骏眉初展笑颜开。将金骏眉投入玻璃壶（或盖碗）内。沿壶（或盖碗）徐徐注入100℃沸水，金骏眉吸水后茶叶舒展开来，称为骏眉初展。产自桐木关正山一带的高海拔金骏眉，不惧沸水，可采用快冲快出的方式，以激发茶味。

（5）晚霞普照春江水。将冲泡好的茶汤倒入公道杯，红艳的汤色犹如晚霞照耀下的江面。

（6）只得流霞泛一杯。唐代李商隐有“只得流霞泛一杯”的诗句，这里借指茶汤胜若仙酒。将泡好的茶汤均匀地分到品茗杯中，敬奉给每一位友人。

（7）金圈明亮花香显。金骏眉经过冲泡，具有似果、蜜、花之综合香型，更添韵味，沁人心脾。端起茶杯后，认真鉴赏茶汤颜色，其汤色金黄，清澈有“金圈”。

（8）寻香探味沁心脾。品饮金骏眉宜小口品啜，徐徐咽下顿觉满嘴生津，口感饱满甘甜，齿颊留香。在宁静中放下尘世、放下自我，去尝试和自己的内心对话。

（9）君子之交淡如水。古人云“君子之交淡如水”，而那淡中之味恰似在饮茶之后，喝一口白开水。缓缓咽下，回味红茶的甘甜饱满，领悟平淡是真的意境。

（10）起身谢茶表敬意。喝尽杯中之茶，起身致谢，以表达对茶人栽制佳茗的感谢。感谢来宾的光临，愿所有人的生活都像这红茶一样，和和美美，幸福美满。

补充链接

扫码观看视频 5-2：红茶盖碗茶艺

（三）牛奶红茶调饮茶艺

1. 茶具准备

（1）冲泡器具。瓷制茶壶 1 把，奶锅，瓷咖啡杯 3～5 个（视人数而定），小匙若干（视人数而定），烧水炉组，玻璃公道杯，茶滤（含茶滤架），茶盘或水盂，茶叶罐（含所需茶品），茶道组，奶罐，糖罐，茶巾，茶荷，奉茶盘等。

（2）冲泡茶品及配料。工夫红茶、小种红茶或红碎茶适量，牛奶适量（或奶粉），白砂糖或方糖适量。

红茶调饮时，一般采用壶泡法冲泡，有时投茶量需要加倍。品茗杯则多选用稍大的有柄托的瓷杯或各种造型工艺玻璃杯，以可观赏汤色变化为佳。同时，调饮红茶时可做一定的装饰，以营造一种特别的意境和情趣。

2. 红茶调饮茶艺程序和解说词

（1）列器候汤。在悠扬的轻音乐中将所需茶具摆放好，并将泡茶之水煮沸。

（2）温煮牛奶。在煮水的同时用奶锅将牛奶煮到 60℃～70℃，然后倒入奶罐。

（3）精选红茶。将适量茶叶取出，放入茶荷。

（4）温壶烫杯。将茶壶及其杯具温洗一遍，既可提高器皿温度，又可起到再次清洁的作用。

（5）投茶入壶。按茶水比 1∶25～1∶30 的比例将适量茶叶轻轻拨入壶中。

（6）再注清泉。用水温为 95℃～100℃的水冲泡红茶。采用悬壶高冲法，使水流带动茶叶在壶中旋转，加速茶叶内含物质溶出。

（7）浸润红茶。盖上壶盖，浸润3～5分钟，以使茶中物质充分浸出，使茶汤色艳、香郁、味浓，加入配料后仍能保持自身的香气滋味。

（8）注茶入杯。用茶滤将泡好的红茶滤入公道杯。

（9）水乳交融。将温热的牛奶缓缓注入茶杯，再将茶汤均匀分到已加好牛奶的品茗杯中。然后在茶杯中添加适量方糖或白砂糖，也可将方糖端给客人自己投放。

（10）礼敬宾客。将牛奶红茶敬献给各位宾客。敬茶时，可加一把小匙，以便宾客在饮用时搅拌奶茶。

（11）闻香品味。牛奶红茶乳香茶香交融，茶味奶味调和，口感丰富，营养全面。一杯热气腾腾的奶茶，既可在严寒的冬日，使人感到分外温暖，感受生活的宁静甜美，也可作为日常生活中的早餐饮品，搭配面包食用，充饥解渴又提神。

（12）谢客收具。品完牛奶红茶，大家一定会喜欢上这种温馨浪漫的情调、时尚迷人的风味，希望大家能够放慢脚步，体会红茶魅力，享受时尚生活。

思考题

1. 红茶有哪些分类？
2. 红茶冲泡与品鉴的技术要领是什么？
3. 调饮红茶的冲泡和配制有哪些要求？
4. 请设计一套清饮红茶茶艺。
5. 请自制一款调饮红茶。

第三节　乌龙茶的冲泡

乌龙茶是中国六大茶类中的半发酵茶，属青茶类（见图5-4）。乌龙茶经过采摘、萎凋、做青、炒青、揉捻、干燥等工序制作而成。鲜叶经有规律的摇动与静置的做青过程，产生了一系列的化学变化，从而形成乌龙茶特殊的香气和“绿叶红镶边”的品质特征。

一、乌龙茶的分类及品质特征

我国乌龙茶主产于福建、广东、台湾等省份和地区。依据产地不同，分为闽北乌龙茶、闽南乌龙茶、广东乌龙茶及台湾乌龙茶。

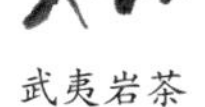

武夷岩茶

东方美人茶

安溪铁观音

梨山茶

图 5-4　各类乌龙茶

（一）闽北乌龙茶

闽北乌龙茶主要指产自武夷山、建瓯、建阳等地的乌龙茶。闽北乌龙条索壮结弯曲，代表茶类有武夷岩茶、闽北水仙、矮脚乌龙等。

1. 武夷岩茶

武夷山产茶历史悠久，曾是宋元时期茶文化的中心，有着深厚的茶文化积淀。唐代孙樵作《送茶与焦刑部书》一文称茶为“晚甘侯”，最早以拟人手法描写武夷茶。宋代苏轼又作《叶嘉传》，将武夷茶比作“叶嘉”。宋徽宗赵佶也在《大观茶论》中大赞建茶。武夷茶以其独特的生长环境和优异的品质，不仅黎民百姓喜爱，那些皇室贵族、文人墨客、僧侣隐士也为之倾倒。范仲淹在《和章岷从事斗茶歌》中描述武夷茶事的兴盛，其中有“溪边奇茗冠天下，武夷仙人从古栽”之句。宋时武夷茶主要作为贡品，元末明初时远销国内外市场。16—17 世纪时，英国、荷兰等欧洲国家的统治阶级把饮武夷茶作为宴会的高尚礼节，后来逐渐成为欧美国家各阶层的普遍饮料。明代改制散茶后，武夷制法也相应改革。1717 年的王草堂《茶说》中提到，武夷茶要经过晒、炒、焙三个主要工序。这是武夷岩茶的采制工艺，也是现在乌龙茶的采制工艺。

2006 年，武夷岩茶这项独特的制作技艺被列入首批国家级非物质文化遗产名录。根据武夷岩茶国家标准《地理标志产品　武夷岩茶》（GB/T 18745—2006），武夷岩茶是“独特的武夷山自然生态环境下选用适宜的茶树品种进行无性繁育和栽培，并用独特的传统加工工艺制作而成，具有岩韵（岩骨花香）品质特征的乌龙茶”。独特的地理环境是指武夷山的丹霞地貌，茶树生长的土壤为风化的火山砾岩、红沙岩及页岩等富含腐殖质的酸性红壤，非常适宜茶树生长。按照武夷岩茶国家标准产区划分，有名岩产区和丹岩产区。名岩产区指武夷山市风景区范围，区内面积 70 km^2，即东至崇阳溪、南至南星公路、西至高星公路、北至黄柏溪的景区范围，其茶叶品质高味醇厚，岩韵特显。丹岩产区为武夷岩茶原产地域范围内除名岩产区的其他地区，茶叶品质次于名岩区。武夷岩茶独特的生长环境、适宜的茶树品种、优良的栽培方法和传统的制作工艺形成了其独具“岩骨花香”的品质特征。乾隆皇帝在《冬夜煎茶》诗中说“就中武夷品最佳，气味清和兼骨鲠”。清代梁章钜在《归田琐记》中形容岩韵为“香清甘活”。其中，“活”是最重要的。品饮武夷茶“山川精英秀气”和“岩骨花香”之岩韵，则可以从“香、清、甘、活”这几个方面去体验。关于岩韵的品饮，袁枚可谓做到了极致，他在《随园食单》中描写了武夷茶的品饮："余游武夷到曼亭峰、天游寺诸处，僧道争以茶献。杯小如胡桃，壶小如香橼，每斟无一两，上口不忍遽咽，先嗅其香，再试其味，徐徐咀嚼而体贴之，果然清芬扑鼻，舌有余甘。一杯之后，再试一二杯，令人释躁平矜，怡情悦性。始觉龙井虽清而味薄矣，阳羡虽佳而韵逊矣，颇有玉与水晶品格不同之故。"这可谓武夷茶教科书式的品饮。

武夷岩茶外形条索壮结或紧结，色泽青褐或灰褐油润，匀整洁净。香气似天然的花果香，芬芳馥郁、幽雅、持久，锐则浓长，清则幽远，似兰花香、蜜桃香、桂花香、栀子花香，或带乳香、蜜香、火功香等，香型丰富幽雅，富于变化。汤色以金黄、橙黄至深橙黄，或带琥珀色，清澈明亮为佳。滋味啜之有骨、厚而醇、润滑甘爽，饮后有齿颊留香的感觉。武夷岩茶滋味评判以纯正度、醇厚度、持久性为依据。纯正度是茶汤滋味应表现出其自有的品质特征，以无异味杂味为上品，纯正度以第一泡表现最为明显；醇厚度为岩茶茶汤滋味在口腔中表现出的厚重感、润滑性和饱满度，以浓而不涩、回甘持久、内涵丰富为佳，宜综合多次冲泡的滋味来判断；持久性为香气、回甘的持久程度和茶叶的耐泡程度。岩茶的品种、地域和工艺特征以第2～4泡表现最为明显。轻、中火的武夷岩茶叶底肥厚，软亮，红边显或带朱砂红；足火的武夷岩茶叶底较舒展，"蛤蟆背"明显。

武夷岩茶产品分为大红袍、肉桂、武夷水仙、武夷奇种、名丛等。常见的有水金龟、铁罗汉、白鸡冠、半天妖"四大名丛"，以及奇丹、瑞香、丹桂、梅占、瓜子金、金钥匙、醉海棠、醉洞宾、钓金龟、凤尾草、金钱、竹丝、金柳条、倒叶柳等几百种品种花名。

（1）大红袍。大红袍为武夷岩茶名丛之首，素有"茶中之王"的美誉。大红袍既是茶树品种名，又是商品名，它又分母树大红袍、纯种大红袍和商品大红袍。其中：母树大红袍是生长在武夷山景区内九龙窠陡峭绝壁上的六棵大红袍母树；纯种大红袍是由大红袍母树进行无性繁殖扦插而大面积栽植的茶树采制而成的茶叶；商品大红袍则是由品质较为优质的名枞，依照"岩骨花香"的品质标准进行拼配而成的大红袍，也是市场上流通量最大的一类大红袍。

大红袍的品质特征为外形条索紧结壮实，干茶色泽乌褐油润有光泽，冲泡后汤色橙黄明亮，香气馥郁，滋味醇厚，有明显"岩骨花香"特征，饮后齿颊留香。

（2）武夷肉桂。肉桂以茶香型定名，既是商品名也是茶树品种名，它是从武夷菜茶中选育出的岩茶名丛。属无性系乌龙茶品种，灌木型，中叶类，晚生种，抗旱、抗寒性强，适宜扦插，成活率高。植株较高大，树姿半开展，分枝较密。其叶片较尖细长，椭圆形，叶肉较厚软。发芽较密，持嫩性强。适制乌龙茶，品质优良，制优率高，1985 年被福建省农作物品种审定委员会认定为省级良种。一芽三叶盛期 4 月下旬，盛产期 5 月中旬，产量较高，武夷山牛栏坑、慧苑岩、九龙窠、大坑口、晒布岩等地平均单产 80～100 公斤 / 亩。自清朝年间发掘至今已有近 200 年历史，原产地在水帘洞、慧苑坑、三仰峰，也有说再加马枕峰、磊石岩，民国后扩种至各岩。其栽培面积约占武夷山茶树面积的三分之一。武夷肉桂作为岩茶新秀，以其"香辛味浓"的独特品质被大家熟知和追捧，享誉东南亚诸国。

武夷山素有“香不过肉桂，醇不过水仙”的说法。19世纪，蒋蘅在《武夷茶歌》中赞道“奇种天然真味存，木瓜微酽桂微辛”，描述了武夷肉桂香辛味浓的品质特征。武夷肉桂又称为玉桂。肉桂条索紧结壮实，干茶色泽乌褐油润，汤色橙黄明亮，香气辛锐，有桂皮香，滋味醇厚、回甘明显，叶底软亮，绿叶红镶边。

（3）武夷水仙。武夷水仙是武夷岩茶当家花旦之一，为传统的外引品种，原产于建阳县水吉镇，在武夷山已有近百年的历史。水仙既是茶树品种名也是商品名，属国家级茶树良种，无性系，小乔木型大叶类，晚生种。植株高大，主干明显，树姿半开张，枝条粗壮，分枝较疏。叶长椭圆形，质厚、硬脆。芽叶生育能力强，发芽稀，持嫩性较强且具有较强的抗旱性、抗寒性以及扦插繁殖能力，成活率高。适制乌龙茶、红茶、绿茶、白茶。制成的乌龙茶条索肥壮紧结，叶端折皱扭曲，色泽青褐鲜润；内质香气浓郁清长，似幽兰，岩韵显，汤色金黄，滋味浓厚而醇，爽口回甘；叶底肥软明亮，绿叶红边，叶片上有蛤蟆状凸点。

2. 闽北水仙

闽北水仙初始于光绪年间，品质独具一格。外形条索壮结重实，叶端扭曲，色泽乌褐油润，俗称鳝皮黄，汤色橙黄明亮，香气浓郁，具兰花清香，滋味醇厚回甘，叶底厚软，绿叶红镶边。因产地不同，又分为武夷水仙、建瓯水仙、建阳水仙，品质也略有差异。

（二）闽南乌龙茶

闽南乌龙茶主产于福建南部安溪、永春、南安、同安等地。与闽北乌龙茶相比，做青时发酵程度较轻，增加了包揉工序，形成外形卷曲、壮结重实的特点。主要品类有安溪铁观音、永春佛手、诏安八仙、漳平水仙等。

1. 安溪铁观音

铁观音既是茶名又是茶树品种名，有“形如观音重如铁”之说，原产于福建泉州市安溪县西坪镇。铁观音外形圆结，重实匀整，形似蜻蜓头；色泽乌油润或砂绿显；香气清高、持久，如兰花香、桂花香、蜜桃果香、炒米香、樟木香等；汤色金黄浓艳似琥珀，其滋味醇厚甘鲜，回甘悠久，俗称“观音韵”；其茶香高而持久，素有七泡有余香的美誉。品饮时尤其领略安溪铁观音特有的“音韵”。音韵指铁观音茶树在安溪独特的生长环境下，采用优良的栽培方法和传统的制作工艺，所产茶叶综合形成的优异品质，表现为香气幽雅、馥郁、持久，滋味醇爽，汤中带花香，回甘明显，齿颊留香。铁观音叶底肥厚软亮、匀齐、脉络清晰，表面光润，似绸缎面。

根据工艺不同又分为清香型铁观音和浓香型铁观音。

（1）清香型铁观音。清香型铁观音色泽翠绿，香气清香带花香，汤色金黄带绿、清澈、明亮；滋味清醇甘爽，音韵明显。

（2）浓香型铁观音。浓香型铁观音采用传统工艺生产，色泽砂绿带褐红点，香气为馥郁花香，汤色金黄，滋味醇厚滑爽，音韵明显。

2. 永春佛手

永春佛手产于福建省泉州市永春县，又名香橼种、雪梨。外形条索圆结壮实，色泽砂绿乌润；汤色浅橙黄明亮，香气清香馥郁，具独特果香，滋味醇和甘鲜，叶底软亮、肥厚。

3. 诏安八仙

诏安八仙产于福建省漳州市诏安县，外形条索紧结壮实，色泽黄绿，香气浓郁高长，汤色金黄明亮，滋味甘醇，回甘明显。

4. 漳平水仙

漳平水仙茶饼主要产于福建省龙岩市漳平市，是乌龙茶类唯一的紧压茶。品质珍奇，风格独特，极具浓郁的传统风味，香气清高悠长，具有如兰气质的天然花香，滋味醇爽细润、鲜灵活泼，耐冲泡，汤色橙黄或金黄，细品有水仙花香，喉韵好，有回甘。

（三）广东乌龙茶

广东乌龙茶产于粤东地区的潮安、饶平、丰顺、蕉岭、揭东、揭西、普宁、澄海、梅州市大埔等地。主要产品有凤凰单丛、岭头单丛、凤凰水仙、饶平色种、石古坪乌龙、大叶奇兰、兴宁奇兰等，以凤凰单丛、岭头单丛最为著名。

1. 凤凰单丛

凤凰单丛产于潮州潮安凤凰镇凤凰山，干茶外形条索紧结，色泽灰褐似鳝皮，具光泽。内质酽香袭人，具有天然优雅花香，香味持久高强；汤色金黄清澈，滋味浓醇，鲜爽回甘；叶底肥厚软亮，绿叶红镶边，有特殊的山韵蜜味。因成茶香气、滋味的差异，当地习惯将单丛茶按香型分为黄枝香、芝兰香、桃仁香、玉桂香、通天香等多种类型。

2. 岭头单丛

岭头单丛又称白叶单丛、白叶工夫，发源于饶平县浮滨镇。外形条索紧结微弯曲，色泽黄褐光艳，具有明显的花蜜香韵，香气蜜香显、持久；汤色蜜黄，滋味浓醇，回甘强而快；叶底叶质柔软，叶色绿黄，红边明显。风味独特，饮后有甘美怡神、清新爽口之感。

（四）台湾乌龙

台湾乌龙产于台北、桃园、新竹、苗栗、宜兰等县，产品分包种和乌龙。包种发酵程度较轻，香气清新具花香，汤色金黄，滋味清醇爽口，主要有文山包种、冻顶乌龙等。乌龙发酵程度较重，香气浓郁带果香，滋味醇厚润滑，主要有台湾铁观音、白毫乌龙等品种。

1. 冻顶乌龙

冻顶乌龙属部分发酵（发酵程度30%左右）茶类，产自我国台湾地区南投县鹿谷乡冻顶山。它是目前我国台湾地区名气最响亮，同时也最受消费市场青睐的茶类。以青心乌龙品种制成的品质最优，制成的成品茶外形紧结，干茶色泽墨绿、有光泽，白毫显露；汤色蜜黄清澈，香气清鲜，具有花香；滋味甘醇浓厚，喉韵十足；叶底黄绿软亮。饮后令人回味无穷，风韵绵延。

2. 白毫乌龙

白毫乌龙又名椪风茶、东方美人茶、香槟乌龙茶，具有“最高级乌龙茶”之称，它亦属部分发酵茶类当中发酵程度较重的一种茶。外形条索芽叶连枝，干茶色泽具明显的白毫，而且呈红、白、黄、绿、褐五色相间；内质香气具天然熟果香，滋味甘醇，汤色橙黄呈琥珀色；叶底宛如花朵。白毫乌龙冲泡后，其叶底枝叶连理，状如花朵艳丽娇美，可采用透明玻璃杯冲泡，观看汤色和叶底。冲泡时浓度宜清淡，能更好地感受其天然熟果香和蜂蜜般清甜的滋味。

3. 文山包种茶

文山包种茶又名清茶，发酵程度最轻（发酵程度约 10%），产于台北县的文山和台北市的南港、木栅等地。外形条索紧结，自然卷曲，色泽墨绿，汤色蜜绿明亮，香气清香幽雅似花香，滋味甘醇，鲜爽回味强，汤色蜜绿清澈，叶底软亮。清扬的香气就是它典型的特征，饮后有一种愉悦活泼的清扬气息。

（五）乌龙茶的茶性

乌龙茶属于半发酵茶，茶性整体偏中性，适合大多数人饮用。不同地区的乌龙茶在发酵程度和焙火程度上差异较大，在茶性上的表现也会不同。如清香型铁观音发酵程度较轻，茶性相对偏凉，而浓香型铁观音经过适度焙火后，茶性就较温和。武夷岩茶的茶性相对温和，而高焙火岩茶的茶性则偏热，须经一定时间的退火，茶性才能趋于平和。所以在饮用乌龙茶时，须根据体质选择合适的茶饮。另外在饮用时，还应做到科学、适度饮茶，真正发挥乌龙茶的保健功能。

二、乌龙茶的冲泡及品饮技巧

（一）乌龙茶的冲泡要领

1. 择器很考究

冲泡乌龙茶要体现其真香和妙韵，最好选用紫砂壶或白瓷盖碗，杯具最好用极精巧的白瓷小杯，或用闻香杯和品茗杯组成的对杯。紫砂壶传热慢，保温性好，而且壶内有双重气孔，透气性好，能够更快地适应冷热骤变；还具有独特的聚香性，能够更好地留住乌龙茶的香气。白瓷盖碗质地洁白细腻，润泽如脂，温润似玉，泡茶优雅大方，不吸香，不夺味，能很好地释放茶叶色香韵，并且便于闻香、看叶底和清洗。

2. 水温器温都要高

冲泡乌龙茶讲究器温和水温要双高。冲泡水温要用 100℃的沸水，才能使乌龙茶的内质之美发挥到极致。投茶前要先温杯，提高杯温以便激发茶香。用壶冲泡的话，注水后还要用开水烫淋壶面，以提高壶内外温度。

3. 投茶量较大

乌龙茶注重闻香和品味，一般投茶量较大。通常茶水比为1∶22，即用5 g茶叶，需要加水110 mL。如以壶的体积来判断的话，投茶量一般以壶的1/3（颗粒状的铁观音）至2/3（条索状的闽北乌龙）为宜。像武夷岩茶，一般投茶量8～10 g，可冲泡十余次。

4. 浸泡时间和冲泡次数

品乌龙茶应“旋冲旋啜”，要边冲泡、边品饮。浸泡的时间过长，茶必熟汤失味且苦涩，出汤太快则色浅味薄没有韵味。乌龙茶原料采摘较为成熟，并且投茶量大，非常耐冲泡。

卷曲颗粒型乌龙茶在冲泡时浸泡时间第1次20～30秒，第2～3次20～25秒，之后每次递增10秒，可冲泡7次。条索型乌龙茶在冲泡时浸泡时间第1～3次15～20秒，之后每次递增10秒，可冲泡7次。好的乌龙茶具有“七泡有余香，九泡不失真味”的品质特点。像武夷岩茶，通常有“十泡有余香”之说。

（二）乌龙茶的品饮技巧

乌龙茶品饮特别重香味，先闻其香，后尝其味，高冲浅斟慢饮是品饮乌龙茶的特有韵趣。

1. 品饮乌龙茶，应“乘热连饮之”

乌龙茶适合趁热饮，陆羽在《茶经》中曾说：“乘热连饮之，以重浊凝其下，精英浮其上。如冷，则精英随气而竭。饮啜不消，亦然矣。”热的时候精华浮在上面，若茶冷了，精华会随热气散失。乌龙茶要随泡随品，才更能体会其中的工夫之道。

2. 品饮乌龙茶，宜“先嗅其香，再试其味”

乌龙茶香高味醇，在品饮时先闻香后品味。乌龙茶闻香至少要3次，冲泡次数不同，呈现的茶香也不同。第一泡火候饱满，一般闻烘烤香和香气高低，有无异味；第二泡闻香气的类型，有无花香、音韵、岩韵、鲜爽程度、粗细、长短及有无异味；第三泡闻香气的持久度。武夷岩茶在闻香时，除了闻茶香，还闻杯盖挂香、杯底留香；除了热嗅，还可冷闻，以充分领略茶香的变化。

3. 品饮乌龙茶，要“徐徐咀嚼而体贴之”

品饮乌龙茶宜啜吸。所谓啜吸，是指将舌面上卷，做吹口哨状吸气，将吸入口腔的空气带动茶汤和香气分子到达喉部，然后闭上嘴巴慢慢咽下，同时从鼻孔呼气，这种能让口腔充分感知丰富饱满的滋味和香气的品茶方式，即乌龙茶经常使用的啜吸方式。通过啜吸能充分领略乌龙茶独特的岩韵、音韵和山韵的风味。

三、乌龙茶茶艺程序及解说词

（一）钟山川灵秀的武夷大红袍茶艺

1. 冲泡器具及茶品

（1）冲泡器具。紫砂壶1把，白瓷或玻璃品茗杯、杯托3～5个，玻璃公道杯2个，瓷制烧水壶组 1 套，茶叶罐（含所需茶品）1 个，茶荷 1 个，茶道组 1 套，茶巾 1 块，奉茶盘 1 个，水盂 1 个，茶巾 1 片，水盂 1 个。

（2）冲泡茶品。正岩大红袍 8.5 g。

（3）器具摆放。将冲泡器具洗净，摆放至合适的位置以便茶艺冲泡。将紫砂壶、玻璃公道杯摆在茶席正中靠近自己的一侧，紫砂壶在右手边，公道杯在左手边一前一后。品茗杯摆在茶席正中的外侧，可呈“一”字形或弧形摆放，品茗杯倒扣在杯托上。将烧水壶、水盂等放置在泡茶席的右边，烧水壶组放在茶席右上方，水盂放在茶席右下方位置。将茶叶罐、茶道组等放在泡茶席的左上方，茶荷放在左下方，茶巾放在茶席正中泡茶者的胸前位置。

布具时，应同时将山泉水或矿泉水加入中茶壶烧煮待用，泡茶时，茶壶底部应有加热底座，以保持水温。

2. 基本程序及解说词

“溪边奇茗冠天下，武夷仙人从古栽。”世界文化与自然双遗产的武夷山不仅是风景名山、文化名山，而且是茶叶名山，更是名扬天下的中国茶王大红袍的故乡。今天，我们就一同走进碧水丹山，一睹大红袍的风采。

（1）活煮山泉。泡茶用水极为讲究，宋代大文豪苏东坡是一个精通茶道的茶人，他总结泡茶的经验时说“活水还须活火烹”。活煮甘泉，即用旺火来煮沸壶中的山泉水。

（2）叶嘉酬宾。叶嘉是宋代诗人苏东坡对茶叶的美称，叶嘉酬宾即鉴赏茶叶，可看其外形、色泽，以及嗅闻香气。

（3）大彬沐淋。时大彬是明代制作紫砂壶四大名家之一，他制作的紫砂壶被后人叹为观止，视为至宝。“大彬沐淋”就是用开水浇烫茶壶，目的是洗壶并提高壶温。烫洗完紫砂壶，将水注入公道杯。端起公道杯，轻转一周烫洗公道杯，而后将水注入品茗杯。

（4）茶王入宫。“臻山川精英秀气所钟，品具岩骨花香之胜。”和大家一同鉴赏名满天下的茶王大红袍的外形，嗅闻干茶香，然后用茶匙将茶荷中的大红袍请入茶壶。

（5）高山流水。武夷茶艺讲究高冲水、低斟茶，高山流水觅知音。通过适当悬壶注水，倾泻而下的热水犹如武夷山的瀑布，将热水注满壶中，使茶叶在壶内与水充分融合、浸润。

（6）春风拂面。在热水的激荡下，茶汤表面泛出一圈白色泡沫，用壶盖在壶口轻轻转动一周，刮去茶汤表面的泡沫，使茶汤更加清澈亮丽。

（7）重洗仙颜。重洗仙颜为武夷山一处摩崖石刻，借以洗却茶人凡尘之心。此处为用开水浇淋茶壶的外表，这样既可以烫洗茶壶的表面，又可以提高壶内外的温度，孕育茶香和茶味。

（8）玉液倾江。武夷岩茶冲泡时，第一泡一般不直接饮用，将第一泡茶汤快速注入一个公道杯中，以便留待第二泡或多道茶汤品饮之后，回头感受第一泡茶汤的滋味。第一泡出汤较快，浸泡时间短，茶汤滋味尚未充分激发，快速出汤可起到润茶的作用。第一泡不弃汤洗茶，也表达了对茶人的敬重和对大自然孕育茶品的感恩。

（9）再冲甘露。醒茶后再次提壶注水，可适当增加浸润茶叶的时间，便于茶汤滋味更好地激发。同时利用浸泡等待的时间，烫洗品茗杯。

（10）若深出浴。若深为清代江西景德镇的烧瓷名匠，他烧出的白瓷杯小巧玲珑，薄如蝉翼，色泽如玉，极其名贵，后人为了纪念他，即把名贵的白瓷杯喻为若深杯。若深出浴即温烫茶杯。

茶是至清至洁、天含地育的灵物，用开水烫洗品茗杯，使杯身、杯底做到至清至洁、一尘不染，也是表示对嘉宾的尊敬。

（11）分杯敬客。将泡好的茶汤均匀地分至品茗杯中，然后用奉茶盘敬奉给客人。

（12）三龙护鼎。用大拇指和食指轻扶杯沿，中指紧托杯底，称三龙护鼎，这样端杯的手法既稳重又雅观。

（13）喜闻幽香。大红袍香锐浓长，清则悠远，甜润鲜灵，变化无穷，如梅之清逸，如兰之高雅，如果之甜润，又称为“天香”。品饮之前，先嗅其香，再试其味。

（14）鉴赏汤色。大红袍的茶汤清澈艳丽，呈深橙色，在品茶时注意欣赏。

（15）细品佳茗。品茶时，先啜入一小口茶汤，让茶汤在口腔中翻滚，并与舌面味蕾充分接触，以便更精确地品出大红袍的兰香、清香和纯香。

（16）三品兰芷。大红袍七泡有余香，九泡仍不失真味。在品饮时，至少冲至三泡，细心品味感受每一泡的变化。最后饮尽杯中之茶，以感谢茶人与大自然的恩赐。

（17）水清味美。“君子之交淡如水”，品完了三道茶汤之后，再来喝一杯白开水。咽下白开水后，再张口吸气，这时你会感到满口生香、齿颊生津、回味无穷，体验“此时无茶胜有茶”的感觉和“平平淡淡才是真”的人生哲理。

最后借大红袍茶艺，祝各位嘉宾的生活像大红袍一样芳香持久、回味无穷！

补充链接

扫码观看视频 5-3：乌龙茶紫砂壶茶艺

（二）耐人寻韵的安溪铁观音茶艺

1. 冲泡器具及茶品

（1）冲泡器具。白瓷盖碗 1 个，公道杯 1 个，白瓷品茗杯 4 个，茶叶罐 1 个，茶匙组合 1 套，茶荷 1 个，茶巾 1 条，随手泡 1 套，水盂 1 个。

（2）冲泡茶品。安溪铁观音。

（3）器具摆放。将冲泡器具洗净，摆放至合适的位置以便茶艺冲泡。将盖碗、玻璃公道杯摆在茶席正中靠近自己的一侧，盖碗在右手边，公道杯在左手边。品茗杯摆在茶席正中的外侧，可呈“一”字形或弧形摆放，品茗杯倒扣在杯托上。将烧水壶、水盂等放置在泡茶席的右边，烧水壶组放在茶席右上方，水盂放在茶席右下方。将茶叶罐、茶道组等放在泡茶席的左上方，茶荷放在左下方，茶巾放在茶席正中泡茶者的胸前位置。

布具时，应同时将山泉水或矿泉水加入中茶壶烧煮待用，泡茶时，茶壶底部应有加热底座，以保持水温。

2. 基本程序及解说词

谁人寻得观音韵，便是百岁不老人。安溪铁观音品饮艺术讲究茶叶之优质、泉水之纯净、茶具之精美、茶艺之高雅、茶境之和谐。安溪铁观音茶艺源于民间工夫茶，浓缩着中华茶艺的精华。细腻优美的动作传达的是纯、雅、礼、和的茶道精神，体现了人与人、人与自然、人与社会和谐相处的神妙境界，使人们在品茶的过程中得到美的享受，启发人们走向和谐健康的新生活境界。

（1）神入茶境。营造一种宁静平和的品茶氛围。茶者在沏茶前应先以清水净手，端正仪容，以平静、愉悦的心情进入茶境，备好茶具，聆听中国传统音乐（如南音名曲），以古琴、箫来帮助自己获得心灵的安静。

（2）烹煮泉水。好茶需要好水。沏茶择水最为关键，水质不好，会直接影响茶的色、香、味，只有用好水茶味才美。冲泡安溪铁观音，烹煮的水温应达到100℃，这样最能体现铁观音独特的韵味。

（3）沐淋瓯杯。“沐淋瓯杯”也称“热壶烫杯”，即用开水烫洗盖碗和茶杯。先洗盖碗，再洗白玉杯，这不但能使杯盏具有一定的温度，又能起到再次清洁作用。

（4）观音入宫。右手持茶则从茶叶罐中取出茶叶，借助茶斗和茶匙将铁观音投入盖碗。

（5）悬壶高冲。铁观音冲泡讲究高冲水低斟茶。提起水壶，对准碗底，先低后高冲入，可以使茶叶在盖碗中翻滚，使茶叶随着水流旋转而充分舒展，促使早出香韵。

（6）春风拂面。左手提起碗盖，用杯盖轻轻在碗沿绕一圈刮去茶叶表面的浮沫，然后右手提起水壶把杯盖冲净。

（7）瓯里酝香。安溪铁观音素有“绿叶红镶边，七泡有余香”之美称，是茶中的极品。其生产环境得天独厚，采制技艺十分精湛，是天、地、人、种四者的有机结合。茶叶入瓯冲泡，须等待1～2分钟，方能斟茶。

（8）观音出海。将泡好之茶倒入公道杯。

（9）分杯敬客。用公道杯将茶汤均匀地分至品茗杯中，双手端起敬奉给各位来宾。

（10）鉴赏汤色。观赏铁观音蜜绿、清澈明亮的汤色。

（11）细闻幽香。闻铁观音天然馥郁的兰花香，清香四溢，让人心旷神怡。

（12）品啜甘霖。铁观音品饮需要“五官并用，六根共识”，鉴赏汤色，细闻幽香，品啜甘霖，呷上几口缓缓品啜，您会觉得味道甘鲜、齿颊留香、回味无穷。六根开窍清风生，飘飘欲仙最怡人。

从来佳茗似佳人，喝茶要喝铁观音。安溪铁观音茶艺演绎的是和谐自然，体现的是健康快乐。

（三）工夫茶的活化石——潮汕工夫茶茶艺

1. 冲泡器具与茶叶

（1）冲泡器具。传统的潮汕工夫茶，冲泡器具为“茶房四宝”，即潮州炉、玉书碨、孟臣罐、若深瓯。潮州炉为广东潮州、汕头出产的陶瓷风炉或红泥小火炉；玉书碨为煮水用的开水壶，又叫砂铫，砂铫与泥炉配套，称“风炉薄锅仔”；孟臣罐为紫砂制成的小茶壶；若琛瓯为江西景德镇产的白色小瓷杯。此外还有水盂、茶船、茶巾、茶叶罐等。

（2）冲泡茶叶。凤凰单丛 8～12 g。

（3）茶具布置。潮汕工夫茶一般使用一个茶船，盛放孟臣罐和三个品茗杯。品茗杯呈“品”字摆放，置于茶船上左手边的位置；小茶壶摆放在茶船上靠近右手边；烧水壶组置于右手边茶席上方，水盂置于右手边茶席的下方。茶巾摆放在茶席下方靠近胸前的位置。

2. 冲泡程序

（1）砂铫烹泉。将泡茶用水倒入砂铫，放置于小火炉上煮开。

（2）佳茗初现。用茶则从茶叶罐中取出适量茶叶，置于赏茶荷中，或置于四方白纸上。以鉴赏干茶。

（3）孟臣沐淋。将沸水加至泡茶壶中，用来“温壶”，可以提高壶温，也可洁净器具。将沸水注入孟臣罐（后称茶壶），待壶表面水分吸干后，将壶中之水注入茶杯。温杯，将盅逆时针转动，以提高茶杯温度。

（4）壶纳乌龙。将茶叶用茶匙拨入茶壶，俗称“纳茶”。

（5）提铫高冲。提起砂铫，揭开泡茶壶的壶盖，沿壶口边缘往壶中注水，水满至壶口为止。

（6）刮沫淋壶。用壶盖刮去壶口的泡沫。盖定，再提壶以沸水遍淋壶面，既可冲掉壶面多余的茶沫，也可提高壶温，使茶香充盈壶中。

（7）若琛出浴。烫杯时采用“滚杯”的方式，将一个杯垂直于另一个杯上，用中指勾住杯底，大拇指和食指抵住杯口并不断转动杯身，如同飞轮旋转，又似飞花欢舞。最能体现“功夫”。

（8）关公巡城。循环往杯中斟茶，目的是使杯中的茶浓度一致。潮州人亦称“洒茶”，即将茶汤低斟到各个品茗杯中，可避免香气过多散失。

（9）韩信点兵。倒茶时须注意将壶中的茶汤倒干净，以免浸坏了茶壶。巡至茶汤将尽时，将壶中所余茶水点斟于每一杯中，这些是全壶茶汤中的精华，应一点一滴平均分注，因此称为韩信点兵。

（10）敬奉香茗。用奉茶盘将茶杯端至客人面前。潮州人饮工夫茶，尤重礼仪，先敬主宾，或以老幼为序。

（11）品茗赏韵。品茗要趁热而饮。奉茶后品香审韵。先端杯闻香，即所谓“未尝甘露味，先闻圣妙香”。品字三个口，因此，品茶一般也分为三口。如果茶汤入口一碰舌尖，便感觉有一股茶气往喉头扩散开来，爽快异常，回甘强烈而明显，这种好茶潮州人称为“有肉”的茶。潮州人将品茶称为“吃茶”，老茶客“吃茶”时往往口中“嗒！嗒！”有声，并连声赞好，以示谢意。

品完头道茶后，可吃些有特色的点心。同时重新煮水，茶人们边吃点心边等水沸后再冲第二泡茶。

（12）涤器撤器。潮汕工夫茶以三泡为止，要求各泡茶汤的浓度一致。品完三泡茶后，宾客即尽杯谢茶，泡茶者亦涤器收具。

茶艺表演结束，衷心感谢诸位嘉宾光临，期待能再次以茶相会，敬祝嘉宾们万事如意。

（四）一脉相承的台湾工夫茶茶艺

1. 冲泡器具及茶品

（1）冲泡器具。紫砂壶 1 把，茶盅，闻香杯 4 个，品茗杯 4 个，茶叶罐 1 个，茶匙组合 1 套，茶荷 1 个，茶巾 1 条，烧水炉组 1 套，水盂，奉茶盘，盖置等。

（2）冲泡茶品。冻顶乌龙 5 g。

（3）茶具布置。泡茶前将冲泡器具洗净。将紫砂壶、玻璃公道杯摆在茶席正中靠近自己的一侧，紫砂壶在右手边，公道杯在左手边，一前一后。品茗杯摆在茶席正中的外侧，可呈“一”字形或弧形摆放，品茗杯倒扣在杯托上。闻香杯可与品茗杯一一对应，摆放在品茗杯的外侧。将烧水壶、水盂等放置在泡茶席的右边，烧水壶组放在茶席右上方，水盂放在茶席右下方。将茶叶罐、茶道组等放在泡茶席的左上方，茶荷放在左下方，茶巾放在茶席正中泡茶者的胸前位置。布具时，应同时将山泉水或矿泉水加入中茶壶烧煮待用，泡茶时，茶壶底部应有加热底座，以保持水温。

2. 台湾工夫茶茶艺程序及解说词

我国台湾地区的饮茶习俗源于闽粤，在继承大陆工夫茶的基础上，衍生出众多的流派，工夫茶的艺术不断创新，其中比较有名的如“吃茶流小壶冲泡法”“三才酿造法”“妙想式冲泡法”等。吃茶流小壶冲泡法将泡茶视为一门艺术，融茶禅为一体，主要精神在于从“秩序，安宁，反省，纯净”中追求理想的茶禅状态。

（1）翻杯。泡茶前翻杯，先翻闻香杯，后翻品茗杯。具体手法是：按从左到右顺序，用单手动作翻品茗杯，即手心向下，用大拇指与食指、中指三指扣住茶杯外壁，向内转动手腕，手心向上，轻轻放下，亦可用双手同时翻杯。

（2）温具。水开后，用开水浇烫茶壶。打开壶盖，将沸水注入约一半容量，盖上壶盖，大拇指与中指捏住紫砂壶壶柄，食指按住壶盖的钮，左手托住壶底，按逆时针方向回转手腕温洗茶壶，令壶身均匀受热后，将水倒入茶盅。

（3）赏茶。将茶叶置于茶荷，取茶时遵循取其所需，不能取太多造成浪费。一般按照壶容量的大小，茶水比为1 g:（20～22）mL。泡茶者应先赏茶，根据茶的特点，掌握合适的冲泡方法。然后请大家鉴赏乌龙茶的干茶外形，以便对茶有充分的了解。

（4）投茶。将茶投入紫砂壶。在器物的取拿之间，尽量做到轻柔、小心，避免磕碰，体现用心和惜物之情。

（5）闻香。投茶后，轻摇茶壶，茶叶在温热后的茶壶中激发茶香。此时，将壶盖轻侧一小缝，靠近鼻端闻干茶香。闻香时切不可对壶呼气。

（6）冲泡。冲泡乌龙茶讲究高冲水、低斟茶。高山流水即悬壶高冲，借助水的冲力使茶叶在茶壶内随水浪翻滚，使茶与水充分接触，便于激发茶香。用壶盖刮去泡沫，盖上壶盖，再用沸水淋洗壶盖一圈。待茶叶在壶中浸泡适时，再斟出茶汤。

（7）温具。依次温洗茶盅、品茗杯及闻香杯。温洗品茗杯时，可采用品茗杯套洗法、茶夹夹洗法和浇淋壶身法等手法。

（8）分茶。浸泡适时后，将紫砂壶中的茶汤倒入茶盅，倒出茶汤时，紫砂壶与茶盅的距离要近，这样既可防止茶汤香味和热量散失，又可防止茶汤溅出，或产生泡沫，影响美观和意境。当茶汤斟至不能形成水流时，要轻柔地将紫砂壶里的剩余茶汤尽数点入茶盅中，这样有利于出尽茶之精华，又可避免剩余茶汤长时间在壶中滞留而影响下一泡茶汤的品质，产生苦涩味。再将公道杯中的茶汤快速均匀地斟入闻香杯。若无公道杯，则需要使用巡壶和点斟的方式分茶，以保证分杯的均匀。切记分杯之茶应斟入闻香杯。然后将闻香杯的杯距拉开，端起品茗杯，在茶巾上拭干杯底余水，再翻转品茗杯倒扣在闻香杯上。

（9）翻杯。把紧扣的杯子翻转过来。右手手心朝上，大拇指按着品茗杯的杯底，食指和中指夹持闻香杯，平稳端起后，沾干闻香杯杯底余水，手心内扣，翻转闻香杯和品茗杯，左手端起翻转到下面的品茗杯，放置在杯托上。此时，茶汤由闻香杯流入品茗杯。

（10）奉茶。将泡好的茶放在奉茶盘中奉给客人品饮。端起奉茶盘走到客席，双手端杯（若含杯托则端杯托），按主次、长幼顺序奉茶给客人，并行伸掌礼。受茶者点头微笑表示谢意，或答以叩手礼，这是一个宾主融洽交流的过程。通过敬茶，使大家心贴得更近，感情更亲近，气氛更融洽。

（11）闻香。台湾工夫茶的冲泡突出闻香。将闻香杯稍作倾斜，以轻旋的方式轻轻提起，双手拢杯或单手持杯闻香，判断头泡茶汤是否香高新锐而无异味。

（12）品饮。用拇指、食指夹杯，中指托住杯底，这样拿杯既稳当又雅观。观其汤色，趁热品啜茶汤的滋味，体会茶的醇和、清香。茶汤入口后不要马上咽下，而是深吸一口气，使茶汤由舌尖滚至舌根充分与口腔接触，感受每一分茶汤的滋味，静静感受其回韵，以便能更精确地品悟出奇妙的茶味。

鲁迅先生曾说："有好茶喝，会喝好茶是一种'清福'。"最后，以茶献福祝各位多福多寿、常饮常乐。愿我们以茶为友、永结友谊。

补充链接

扫码观看视频 5-4：台式乌龙茶紫砂壶泡法茶艺

思考题

1. 乌龙茶有哪些分类？如何定义武夷岩茶？
2. 不同产地的乌龙茶在冲泡上有哪些不同？
3. 乌龙茶冲泡与品鉴的技术要点有哪些？
4. 请编创一套乌龙茶茶艺。

补充链接

扫码进行练习 5-1：高级茶艺师理论题库 1

第四节　白茶的冲泡

白茶属微发酵茶，是我国茶类中的特殊珍品，主产于福建北部的建阳、福鼎、政和、松溪等地。白茶为我国六大茶类中工艺最自然的茶类，鲜叶经萎凋、晒干或文火烘干加工而成。萎凋是其品质形成的关键工序，因不经杀青或揉捻，具有“素雅清淡”的品质特点。外形芽毫完整，白毫显露，毫香清鲜，汤色杏黄，滋味清淡回甘。

一、白茶的分类及品质特征

白茶根据萎凋工艺，分为传统白茶和新工艺白茶；根据茶树品种，分为大白、小白和水仙白三种；根据鲜叶的采摘嫩度，分为白毫银针、白牡丹、寿眉、贡眉四种。近年来，又出现了传统白茶和老白茶之分，各地相继发明创新了白茶产品，如云南月光白、花香牡丹等。

（一）白毫银针

白毫银针是指以大白茶和水仙茶树品种的单芽为原料，经萎凋、干燥、拣剔等工艺制成的白茶产品，素有茶中“美女”“茶王”之美称（见图5-5）。由于鲜叶原料全部是茶芽，白毫银针外形挺直似针，芽头肥壮，满披白毫，如银似雪，毫香浓郁，汤色杏黄清澈，滋味清鲜爽口等特点。白毫银针按产地不同，分为“北路银针”和闽北“西路银针”。

福鼎白毫银针

政和白毫银针

银针茶饼

图5-5　白毫银针

1. 北路银针

北路银针产于闽东福鼎市，是由采自福鼎大白茶（又名福鼎白毫）的茶树鲜叶制作而成。外形优美，芽头壮实，毫毛厚密，银白匀亮，富有光泽；内质香气清淡，毫香浓郁；汤色碧清，杏黄明亮；滋味甘醇爽口等特点。

2. 西路银针

西路银针产于政和县、松溪县、建阳市。外形毫芽肥壮，毫毛略薄，光泽不如北路银针，但香气清纯，毫香明显，滋味浓厚。

（二）白牡丹

白牡丹是中国福建历史名茶，是由大白茶树（政和大白、福鼎大白）和水仙茶树品种（福建水仙）新梢的一芽一二叶为原料制成，是白茶中的上乘佳品（见图5-6）。因其芽叶连枝，绿叶夹银白色毫心，形似花朵，冲泡后绿叶托着嫩芽，宛如蓓蕾初放，故得美名。其外形毫心多肥壮、叶背茸毛多，干茶色泽灰绿光润，汤色黄、清澈，香气鲜嫩，毫香显，滋味清鲜醇爽、生津回甜，叶底毫心多，叶张嫩、软亮。

白牡丹按不同茶树品种分类，可分为大白、水仙白和小白。

福鼎白牡丹

政和白牡丹

建阳小白茶

福鼎牡丹茶饼

图 5-6　白牡丹

1. 大白

大白用福鼎大白、福鼎大毫和政和大白茶树品种的芽叶制成。其外形毫心显而多，干茶色泽翠绿，汤色滋味醇爽，香气鲜纯，毫香特显。

（1）福鼎白牡丹。品质特点：外形条索毫芽显肥壮，叶张幼嫩，叶缘垂卷，芽叶连枝；色泽灰绿；毫香显；汤色杏黄清澈；滋味甘醇爽口；叶底肥嫩匀亮。

（2）政和白牡丹。品质特点：外形叶芽连枝，芽肥壮，毫显；色泽灰绿透银白色；香气鲜嫩清纯；汤色浅杏黄；滋味清鲜纯爽；叶底毫芽肥壮、叶张嫩。

2. 水仙白

水仙白用水仙茶树品种的鲜叶制成。其毫心长而肥壮，有白毫，叶背多茸毛；色泽灰绿带黄；香气鲜嫩纯爽，毫香比小白显，有花香；滋味鲜醇甘爽，比大白醇厚，汤色浅黄清澈；叶底芽心多，叶张肥嫩软亮。

3. 小白

小白原产于建阳，是用当地菜茶品种的鲜叶原料一芽一二叶制成，毫心较小，叶张细嫩柔软有白毫，色泽灰绿，有毫香，味鲜醇，叶底灰绿明亮。

（三）贡眉

贡眉指以大白茶的嫩叶或群体种茶树品种的嫩梢为原料，经萎凋、干燥、拣剔等特定工艺制成。其外形芽心较小，色泽灰绿稍黄，香气鲜纯，汤色橙黄或深黄，滋味清甜，叶底黄绿，叶张主脉迎光透视呈红色。

（四）寿眉

寿眉以大白茶、水仙或群体种茶树品种的嫩梢或叶片为原料制作而成，一般采用制白毫银针时采下的嫩梢，以经抽针后剩下的叶片和低等级的芽叶制成。其外形叶态尚紧卷，干茶色泽灰绿，汤色橙黄明亮，香气清纯，滋味醇厚鲜爽，叶底稍有芽尖，叶张软亮。叶片中的茶多糖含量较高，茶梗中的多糖尤多。在后期的转化过程中，寿眉在香气方面有明显的优势，是白茶的重要茶品之一。

（五）新工艺白茶

新工艺白茶简称新白茶，是按白茶加工工艺，在萎凋后进行杀青和轻揉制成。新工艺白茶是福建茶叶进出口有限责任公司和福鼎有关茶厂为适应中国香港和澳门地区市场的需要，于1968年研制的一个新产品，现在已远销欧亚多个国家和地区。

新白茶对鲜叶的原料要求类似寿眉和贡眉，一般采用福鼎大白茶、福鼎大毫茶等茶树品种制成。因萎凋后增加了轻度揉捻，干茶外形略有缩褶呈条索状，色泽暗绿略带褐色；清香味浓，似绿茶但无清香，似红茶又无酵感，滋味浓醇清甘，有蜜糖香；汤色橙红，叶底色泽青灰带黄，筋脉带红。

（六）白茶的茶性

白茶属于轻微发酵茶，茶性寒凉，能清热降火，有“清茶”之称，一直是民间常用的“降火抗炎”良药，中医界认为白茶“功同犀牛角”，是清热解毒，防治小儿麻疹的圣药。白茶适合陈放，特别是贮藏一定年份的“老白茶”，被认为具有更好的保健功效，福建民间也有“一年茶，三年药，七年宝”的说法。研究发现，经过陈放的白茶能够产生一种新的化合物白茶黄烷酮，具有很强的抗菌、抗氧化等活性。

二、白茶的冲泡及品饮技巧

冲泡白茶时，要体现清香素雅的品质特征，可根据原料的老嫩和白茶的等级，选择合适的冲泡方法。

（一）白茶的冲泡要领

白茶有新老之别，所用泡法不同。新茶宜泡不宜煮，老茶可泡可煮。

1. 白茶冲泡方法

冲泡白茶常见的方法有杯泡法、壶泡法、煮饮法、盖碗法、冷泡法等。

（1）杯泡法。对于白毫银针和等级较高的白牡丹，宜选用无色玻璃杯冲泡，可观看杯中银针满披白毫，银装素裹；牡丹形似花朵，宛如蓓蕾。冲泡后，香气清鲜，滋味醇和，杯中的景观也情趣横生，令人赏心悦目。

（2）壶泡法。白茶根据等级的分类，可以采用玻璃壶、紫砂壶和瓷壶等的壶泡法。采用壶泡法，可以避免因长时间浸泡而使茶汤出现苦涩味。

玻璃壶的冲泡要求同杯泡法，适合冲泡等级较高的白茶，如白毫银针、白牡丹等。紫砂壶或瓷壶冲泡适合原料相对成熟或等级稍低的白茶，如白牡丹、贡眉、寿眉、新工艺白茶、老白茶等。使用紫砂壶冲泡的话，能使冲泡的茶汤更加温润清香。

（3）煮饮法。煮饮法适用于有一定年份的陈年白茶。陈年白茶经过煮茶后，其最深层次的物质也能被很好地激发出来，使茶汤更加醇厚、柔和。煮茶时，要注意茶水比例，一般 400 mL 的水，配 3～5 g 白茶即可，否则茶汤容易变得浓烈。煮后待凉至约 70℃，可添加大块冰糖或蜂蜜趁热饮用，口感醇厚奇特。此法可用于治疗嗓子发炎、发烧，缓解水土不服，亦可夏天冰镇后饮用，能够降温祛暑。

（4）盖碗法。盖碗法是最常见、最易掌握的冲泡方法适合冲泡所有白茶。由于盖碗出汤方便，能保证白茶的味道更清新脱俗，颇受大家欢迎。

（5）冷泡法。冷泡法指用凉开水或者常温的矿泉水浸泡茶叶，一般用于白毫银针或白牡丹。于 300 mL 左右的凉开水中投茶 3 g 左右，静置 2 小时后饮用（见图 5-7）。冷泡白茶口感更加清甜甘冽，清热消暑，很适合夏天饮用，而且外出、旅行、登山等户外运动时携带方便。有研究发现，冷泡法具有更好的抗氧化功能。

图 5-7　冷泡法

（二）白茶的冲泡要素

白茶冲泡的茶水比一般为 1∶50，即 3 g 茶需要加入 150 mL 水。需要用 100℃沸水冲泡。像白毫银针、白牡丹等采摘原料较为细嫩的白茶，可采用 90℃～95℃的水冲泡。一般可以冲泡 5 次左右。

三、白茶的品饮技巧

（1）干品（鉴赏干茶）。白茶干茶风格素雅清秀，“芽叶分明多白毫”，干茶色泽灰绿或暗绿，叶背白毫银亮，绿面白底，有“青天白地”之称。白毫银针外形挺直似针，满披白毫，如银似雪；白牡丹外形“两叶抱一芽”，银白加灰绿；贡眉小白茶外形小巧，山野朴素，森然可爱，芽叶银绿相间，叶中白毫隐约，如星光点点闪烁。

（2）观色。不同产品、不同年份、不同等级的白茶，茶汤成色差异较大。除了“白毫显现”的特色审美，白茶茶汤一般以清澈明亮为佳。白毫银针的汤色较浅，纯净如水，白毫弥漫，如杯中“雪花漫天飞舞”，增添几分灵动；白牡丹汤色浅杏黄，清澈透亮，犹如“杯中盛明月”；小白茶的汤色富有变化，“快泡清汤有绿，久泡黄亮醇如蜜”，汤色深浅随茶汤冲泡时间的变化而呈现出明显变化。

（3）闻香。白茶香气多自然，轻嗅白茶，或清香，或毫香，或花香，或嫩香，如春风沐雨，受惠自然。白毫银针毫香显，又有悠悠清新的花香和青草香；白牡丹鲜嫩清纯、有毫香，间有花香清浅悠长；小白茶香型丰富，为复合香，多山野自然气息，花香幽幽。

（4）品味。白毫银针“毫韵”十足，清鲜回甘，或纯爽，或甘醇，或嫩爽；水仙白

“仙韵”十足，清甜甘爽；小白茶“山野韵”明显，滋味立体而有立场，富有变化。

（5）赏叶底。干茶得到热水滋养后吸水复状，慢慢舒展开来，叶态饱满，复色如鲜叶一般。白毫银针叶底如笋状，或沉，或悬，或浮，上下变化；白牡丹叶底枝叶相连，形似花朵绽放；贡眉小白茶叶底小巧可爱，叶张细小有活力。

四、白茶茶艺

（一）白茶冲泡器具与茶品

1. 冲泡器具

主茶器：玻璃壶 1 把，玻璃茶盅 1 个，玻璃小杯若干。

辅茶器：煮水壶、茶盘、水盂、茶荷、茶匙、茶罐各 1 个，可加配茶道组 1 套，茶席布，插花作品 1 件，杯垫若干。

2. 冲泡茶品

白毫银针 3～5 g。

3. 茶具摆放

同红茶茶艺器具摆放。

（二）太姥凝华的福鼎白茶茶艺解说词

海上有仙都，太姥美名传。年年神仙聚会，一壶白茶飘香。

福鼎，这一方钟灵毓秀的山水，驻留了仙子轻盈曼妙的舞步；太姥山，这一座奇绝东南的仙都，播撒着勤劳、智慧和淳朴。

日月天地的精华，含辛茹苦的耕耘，化作一缕缕清香，以福鼎白茶的芳名定义——这人世间永恒的美。

1. 入境——茶香礼圣，净气凝神

茶须静品，一呼一吸，以空明虚静之心，去体悟白茶极品“纤细若绣针，洁白似银梭”中所蕴含的大自然的气息。

2. 赏茶——白毫银针，芳华初展

白毫银针是白茶中的极品，因其成品茶多为芽头，满披白毫、如银似雪而得名。

3. 温具——流云佛月，洁具清尘

白茶的冲泡以选用玻璃杯或瓷壶为佳。之所以选用玻璃杯，是因为它能够有效地保留白茶的原汁原味，而且通过玻璃杯，人们还可以观赏银针在热水中上下翻腾、相融交错的情景，同时清晰地观察到茶叶在冲泡过程中的微妙变化。用沸腾的水温杯，不仅为了清洁，也为了茶叶内含物能更快地浸出。

4. 置茶——静心置茶，纤手播芳

仙芽拨动巧分香，玉指纤纤引兴长。置茶要用心，不仅要看杯的大小，也应该考虑饮

者的喜好。若偏爱香高浓醇的白茶，可适当增加投茶量；喜欢茶之清醇，则可适当减少置茶量。

5. 润茶——雨润白毫，匀香待芳

芽毫浸润故山泉，妙手匀香一笑妍。白毫银针因其外表披满白毫，所以在被泉水冲泡时称作“雨润白毫”。操作时，先向茶杯中注入适量沸水，目的是温润茶芽，轻轻摇晃，叫作“匀香”，以便茶叶在冲泡过程中能够迅速释放出茶香。

6. 冲泡——乳泉吲水，甘露源清

好茶应用好水冲，山间乳泉是泡茶的最佳水源。晴空飞瀑散幽香，舞动灵芽韵味长。宛见仙娥天上降，亭亭玉立水中央。温润茶芽之后，采用悬壶高冲之法注水，使白毫银针在杯中翩翩起舞、上下翻滚，加快有效成分的浸出，白毫银针在水中亭亭玉立的美姿，正如仙女下凡，壮观美丽。

7. 奉茶——捧杯奉茶，玉女献珍

白毫银针来自大自然高山云雾中，是得天地日月之精华的一种灵物，能够带给人们最美好的感受。一杯白茶在手，万千烦恼皆休。

8. 品茶——春风拂面，白茶品香

拂面春风笑靥开，味同甘露润灵台。这杯中的太姥银针，如昂然挺立的旗枪、破土而出的春笋，又如婉转柔嫩的雀舌、浴水而立的仙女，洋溢着蓬勃的生机，充盈着生命的张力，闪烁着激情的光芒，又散发着大地的芬芳，它的甘甜、清冽使人产生一种不可言喻的香醇喜悦之感。

思考题

1. 白茶有哪些种类？其品质特征是什么？
2. 不同种类的白茶，在冲泡方式上有何不同？
3. 白茶冲泡与品鉴的技术要点是什么？
4. 试着设计一套白茶茶艺。

第五节　普洱茶的冲泡

普洱茶是云南特有的名茶，是以云南省一定区域内的云南大叶种晒青茶为原料，采用特定的加工工艺制成，具有独特品质特征的茶叶，主要产于昆明市、楚雄州、玉溪市、红河州、文山州、普洱市、西双版纳州、大理州、保山市、德宏州、临沧市等地。普洱茶有生熟之分，通过自然发酵制成的为普洱生茶，经人工发酵（渥堆）制成的为普洱熟茶。

普洱熟茶为后发酵茶，经杀青、揉捻、渥堆（熟茶）、日光干燥、蒸压成型等工艺制作而成。渥堆是其品质形成的关键工序，经微生物、酶、湿热、氧化等综合作用，内含物质发生一系列转化，形成普洱茶（熟茶）“汤醇红浓，陈香药韵”的品质特点。

一、普洱茶的分类及品质特征

普洱茶是我国西南少数民族生活中非常重要的一类茶。按其加工工艺及品质特征分为普洱生茶和普洱熟茶两种类型；按其外观形态又可分为散茶和紧压茶（见图 5-8）。

图 5-8　各类普洱茶

（一）普洱生茶

普洱生茶一般在以云南大叶种加工成的晒青毛茶的基础上，经拼配、蒸压包装加工而成。色泽墨绿，形状端正匀称，压制松紧适度，不起层脱面；内质香气清纯持久，滋味浓厚回甘，汤色绿黄清亮，叶底肥厚黄绿。

（二）普洱熟茶

普洱熟茶在云南大叶种晒青茶的基础上，经过渥堆发酵（有快速或缓慢两种）制作而成，有紧压茶和散茶之分。

1. “熟普”散茶

熟普散茶的品质特征包括：外形色泽红褐、显毫，陈香浓郁；滋味浓醇甘爽，汤色红艳明亮，香气馥郁持久，叶底红褐柔嫩。普洱散茶依据鲜叶嫩度分为宫廷、特级、1～10级等级别。

2. “熟普”紧压茶

熟普紧压茶以普洱散茶为原料蒸压而成。其压制形状各异，有圆饼形、碗臼形（沱茶）、方（砖）形、柱形、心形、南瓜形等多种形状和规格。其主要品质特点为：外形条索紧细，形状端正匀称、厚薄一致、松紧适度、不起层脱面，模纹清晰，洒面、包心不外露；内质汤色红浓明亮，香气独特陈香，滋味醇厚回甘，叶底红褐。

（三）普洱茶的茶性

普洱茶茶性温和，有较好的药理作用。中医认为普洱茶具有清热、消暑、解毒、消食、去腻、利水、通便、祛痰等功效。普洱生茶茶性较寒，适合热性体质的人饮用，特别适合夏秋季节品饮。普洱熟茶经过后发酵，茶性较温和，具有暖胃、减肥降脂等诸多功效，特别适合体寒及肥胖人群饮用。在品饮方式上，它既可清饮，又适合调饮，尤其适宜在秋冬季节和早春时节品饮。

二、普洱茶的冲泡及品饮技巧

冲泡普洱茶时，要体现生茶“汤绿清亮，香纯味浓”和熟茶“汤醇红浓，陈香药韵”的品质特征。

（一）普洱茶的冲泡要领

1. 器皿选择

冲泡普洱茶宜选用紫砂壶或瓷盖碗、瓷壶作为冲泡器具。紫砂壶最佳，具有很好的透气性和保温效果，可以提高普洱熟茶的醇厚度。公道杯可以选择透明的玻璃杯，便于观看普洱熟茶如红酒、玛瑙般的汤色。品茗杯可以选择玻璃、白瓷或与冲泡器具配套的杯子。冲泡普洱生茶时，冲泡器皿可以根据茶叶的陈期长短、陈化程度的轻重来选择。原料细嫩、陈期短、陈化程度轻者可选择盖碗或瓷壶，茶艺设计要突出自然清新质朴的风格。原料成熟度高、陈期较长、陈化程度较重者可选择紫砂壶冲泡。

2. 冲泡水温

冲泡普洱茶水温要高，需要95℃～100℃的水冲泡，以激发普洱茶的香气和内质。为保持和提高水温，宜在冲泡茶叶前，用沸水冲烫茶具，起到温具和洁具的作用，以便更好地激发普洱茶的香气和滋味。不同形态的普洱紧压茶的内质析出速度不同，需要根据茶品把握冲泡水温和时间，灵活调整。

3. 投茶量和冲泡次数

普洱茶的投茶量没有统一的标准，应根据茶叶种类、茶具大小和饮茶习惯而定。由于普洱熟茶茶性较温和，投茶量可稍大，而普洱生茶茶性较烈，投茶量可稍少一些。一般认为，对香气和浓度要求高的话，冲泡普洱茶的茶水比可适当放大，以1∶20～1∶30为宜，即投茶5 g左右，加水100～150 mL。对于普洱茶饼，在取茶时，应顺着茶饼压制的纹路撬饼，切不可垂直插入茶刀，避免弄碎茶叶。

在冲泡时，应灵活掌握浸泡的时间和次数，尽量做到每一泡茶汤的浓淡一致，滋味和汤色大致相同。

4. 润茶

为使普洱茶香气更加纯正，可采用温润泡的方式，即第一泡的茶水应弃去。润茶时的速度要快，往冲泡器皿中注水约一半的量，然后立即倒出，时间控制在2～5秒。润茶时间应根据茶叶品质决定：一般香气纯正、无异杂味的，洗茶应轻或不洗茶；香气欠纯正、陈杂味重的，润茶时间可稍长。

（二）普洱茶的品饮

1. 鉴赏干茶

品鉴普洱茶尤其是紧压茶时，因其造型丰富、棱角整齐、模纹清晰，冲泡前可先欣赏团、饼、砖茶的特色外形、色泽和香气。其造型或方如砖，或圆如饼，或团如沱，或长如柱，或奇异如花瓣；其色泽或绿润，或墨绿，或红褐，或深绿；其干茶香气或陈香，或具有中药香。品饮普洱茶，给人以温馨从容和岁月沉香的感受。

2. 观色

普洱生茶与普洱熟茶的汤色明显不同，色调不一。生普汤色偏黄，以黄绿为色调，依存放时间和陈化程度的不同，呈现出黄绿、绿黄、浅黄、橙黄、深黄、黄亮等汤色，以黄绿明亮为佳；熟普汤色偏红，以深红为色调，依渥堆发酵程度以及陈化程度的不同，呈现出红艳、红亮、深红、红浓、红褐、褐色等汤色，以红浓、明亮为佳。好的普洱熟茶因其品质的不同，呈现出如宝石、红酒、玛瑙般艳丽、晶莹剔透的汤色。

3. 闻香

普洱茶冲泡后，茶香被激发出来，在品饮前可以先嗅闻香气，感受普洱生茶的清香、甜香、蜜香或花香带来的愉悦之情，以及普洱熟茶的陈香、药香、枣香或桂圆香带来的茶香之喜。

4. 品味

品啜茶汤滋味时，应慢慢吞咽，使茶汤与舌面充分接触，体会普洱茶的醇和、润滑、甘厚、生津和陈韵。

5. 赏叶底

普洱散茶主要看叶底嫩度、色泽和匀度，以柔嫩显芽为好，其中生普散茶叶底绿润柔嫩，叶脉清晰，叶梗相连，更显大气；普洱紧压茶叶底重在色泽和嫩度，以红褐柔嫩为好。普洱紧压茶经过撬取，部分茶叶遭到破坏，叶底碎化不完整，呈现独特的“零碎美”，给人以精神的启迪。

三、普洱茶茶艺

（一）普洱生茶茶艺（盖碗冲泡法）

1. 普洱生茶冲泡器具选择

（1）冲泡器具。白瓷盖碗1套，烧水炉组，玻璃公道杯，茶滤（含茶滤架），品茗杯若干（视人数而定），茶叶罐，茶道组，茶巾，茶盘，奉茶盘等。

（2）冲泡茶品。普洱生茶茶饼。普洱生茶是用晒青毛茶蒸压制成的各种形状的紧压茶，市场上最常见的形状有饼形、沱形、砖形，其次为柱形、心形（如班禅沱茶）、宝塔形、南瓜形等。投茶量一般为3～5 g，普洱生茶茶性较烈，投茶量可稍少一些。

（3）器具摆放。同红茶茶艺冲泡法的器具摆放。

2. 普洱茶生茶茶艺（盖碗冲泡法）解说词

（1）行礼备具。生普茶饼清新、凛冽的香气滋味要用瓷器才能充分体现。

（2）活煮清泉。“活水还需活火烹”，选择清澈、透明、鲜活、甘冽的泉水，煮至沸腾，现煮的清泉会让茶的品质充分彰显。

（3）鉴赏团月。苏东坡形容团茶的形状之美为“天上小团月”，请各位嘉宾欣赏这圆似皓月的茶饼，在鼻前深深一吸，感受它那浓浓的阳光的气息和清甜的茶香。

（4）轻解团月。用茶刀轻轻松解这片小小的饼茶，要解得均匀，不要伤到茶身。

（5）温润杯具。将洁净的杯具润洗一遍，既可提高杯温，又清洗了杯具。

（6）仙茗入瓯。将解好的茶叶轻轻拨入温热的白瓷盖碗，落下的茶叶宛若仙子飘然而下。

（7）洗净香肌。苏东坡诗云：“仙山灵草湿行云，洗遍香肌粉未匀。”润茶时，要轻、快，快速将润茶水倒出，然后轻轻揭盖，感受生普那一股清新之气、清鲜之韵和灵动之感。

（8）仙子起舞。将沸水高冲入茶碗，在沸水的击荡下，茶叶轻盈摇曳起舞。

（9）玉液盈杯。将泡好的茶汤倒入公道杯，再将茶汤均匀分到各品茗杯中，每杯分至七八分满。

（10）佳茗敬客。将泡好之茶敬奉给各位嘉宾。

（11）赏色闻香。端杯欣赏茶汤橙黄、明亮的自然本色；然后细闻清冽的茶香悠然袭来，令人沉醉。

（12）细品茶韵。将茶汤含在口里细细品味，感受茶汤那丰富的层次感。从入口的苦涩、清冽到入喉的甘甜生津，齿颊留香，令人回味无穷。

（13）尽杯谢茶。喝尽杯中之茶，愿这美妙的茶香能让您体会到普洱生茶清新自然的味道，感受到云南民族的风情，品味到彩云之南的春天。

（二）普洱熟茶茶艺（紫砂壶泡法）

普洱茶适宜用高温来唤醒茶叶及激发内含物质，因而冲泡器具宜选用壁厚、质地古朴的紫砂壶，才能将普洱茶陈香陈醇的内质尽情展现。

1. 普洱茶熟茶冲泡器具选择

（1）冲泡器具。紫砂壶，玻璃公道杯，烧水炉组，玻璃品茗杯若干（或内壁纯白的紫砂品茗杯），茶道组，茶巾，奉茶盘，水盂，茶盘等。

（2）冲泡茶品。普洱熟茶饼。

（3）器具摆放。同乌龙茶单壶单盅冲泡法。茶席设计要体现自然古朴厚重的韵味。

2. 普洱茶熟茶茶艺（壶泡法）解说词

中国是茶的故乡，云南是茶树的发源中心。几千年来，勤劳勇敢的中国各民族同胞为茶而歌，为茶而舞，仰茶如生，敬茶如神，茶已深深地融入各民族的血脉。在漫长的茶叶生产发展历史中，我们创造出了灿烂的普洱茶文化，使之成为“香飘十里外，味酽一杯中”的历史名茶。

（1）静心凝神。泡茶前须心静，屏气静心，以求达到人茶合一的境界。

（2）煮水候汤。普洱茶讲究沸水冲泡，在备具前，应先烧热水。

（3）嘉木清影。唐代陆羽所著《茶经》奠定了中国茶文化的基础，其开篇之句便是“茶者，南方之嘉木也”，道出了古滇、蜀乃茶的发源地。普洱茶产于云南，其外形古朴，色泽深褐且形状各异，分砖、沱、饼、散四大类。

（4）淋壶烫杯。茶被视为一种灵物，泡茶时所使用的器具必须冰清玉洁、一尘不染。温具还可增加壶内外的温度，增添茶香，蕴蓄茶味。

（5）古木流芳。投茶量根据品饮者对茶汤浓度要求为依据，一般投茶量为壶身的 1/3 即可。

（6）玉泉高致，涤尽凡尘。普洱茶不同于普通茶，普通茶论新，而普洱茶讲究陈放后发酵。润茶让其充分湿润发散，以便冲泡迅速出味。

（7）水抱静山。冲泡普洱茶时勿直面冲击茶叶，需要逆时针旋壶注水冲泡。

（8）彩云南现。彩云南现是云南名称的由来。传说汉武帝刘彻站在未央宫向南遥望，一抹瑰丽的彩云出现在南方，即派使臣快马追赶，一直追到彩云之南，终于追到了这片神奇、吉祥的圣地。普洱茶冲泡后汤色唯美，红艳明亮，似醇酒，令人赏心悦目、浮想联翩。

（9）平分秋色。俗语说：“酒满敬人，茶满欺人。”分茶以七分为满，留有三分茶情。

（10）敬奉香茗。嘉宾们在拿到茶杯后，且莫急于品尝，可短时静观汤色变化，茶汤表面似有若无地盘旋着一层白色雾气，我们称之为“陈香雾”。

（11）暗香浮动。普洱茶香变幻莫测，有樟香、兰香、荷香、枣香、糯米香等等。即使同一种茶，因时间、地点、年份、场合、心境及人物的不同，其味道也会不同。

（12）心品奇茗。三口为品，第一口体会普洱茶特有的醇、顺、滑，第二口感受其特有的绵、厚、活，第三口体会其甘、柔、化感。

最后，借由一杯普洱茶，感恩大家的相遇，并期待下一次，再续茶缘。

思考题

1. 普洱生茶和熟茶的品质区别是什么？如何品饮普洱茶？
2. 普洱生茶和熟茶在冲泡上有何不同？冲泡的技术要领是什么？
3. 请根据你对普洱茶的了解，设计一套普洱茶茶艺。

第六节　黄茶的冲泡

黄茶是我国特有的茶类，属于轻发酵茶，工艺与绿茶接近，只是在绿茶加工的基础上增加了闷黄的步骤。黄茶加工的工艺流程是杀青、揉捻、闷黄和干燥。闷黄的过程导致茶叶中叶绿素遭到破坏，形成黄茶“黄汤黄叶”的品质特点。黄茶目前多产于安徽、湖南、湖北、浙江、四川、广东等地。

一、黄茶的特点

按照原料的嫩度和芽叶大小不同，可分为黄芽茶、黄小茶和黄大茶。

（一）黄芽茶

黄芽茶一般采用单芽或一芽一二叶初展制成。黄芽茶又分为银针和黄芽两种，前者主要有君山银针，后者主要有蒙顶黄芽、霍山黄芽和莫干黄芽等。

君山银针产于湖南岳阳的洞庭山，因洞庭山又称君山，当地所产之茶外形似针且满披白毫，故得名。君山银针成品茶外形芽头肥壮挺直，匀齐，满披茸毛，色泽金黄泛光，故有“金镶玉”之称，香气清纯，滋味甜爽，汤色橙黄明净，叶底嫩黄匀亮。

蒙顶黄芽产于四川省雅安市的蒙顶山。蒙顶茶栽培始于西汉，距今已有 2 000 年的历史，古时为贡品供历代皇帝享用，后曾被评为全国十大名茶之一。蒙顶黄芽外形扁平挺直，色泽黄润，芽毫显露，花香悠长，甜香鲜嫩，汤色黄亮透碧，滋味鲜醇回甘，叶底全芽嫩黄，为黄茶之极品。

（二）黄小茶

黄小茶的原料一般为一芽一二叶，如沩山毛尖、北港毛尖、鹿苑毛尖、平阳黄汤等。其中阳黄汤产于浙江省温州市平阳县。平阳黄汤茶是选用平阳特早茶或当地群体种等茶树品种优质鲜叶为原料，以特定加工工艺加工而成的具有地方特色的名优产品，其品质优异，风味独特，外形纤秀匀整，色泽黄绿多毫，香气清芬高锐，滋味鲜醇爽口，汤色橙黄明亮，具有“干茶显黄，汤色杏黄，叶底嫩黄”的“三黄”特征。

（三）黄大茶

黄大茶的原料一般为一芽三四叶或一芽四五叶，主要有霍山黄大茶和广东大叶青。

霍山黄大茶又称为皖西黄大茶，产于安徽霍山、金寨、大安、岳西等地。黄大茶以大枝大叶为特点，外形梗壮叶肥，叶片成条，梗叶相连形似钓鱼钩，金黄显褐，色泽油润，汤色深黄显褐，叶底黄中显褐，滋味浓厚醇和，具有高嫩的焦香。

（四）黄茶的茶性

黄茶为轻发酵茶，茶性与绿茶类似，因其独特的闷黄工艺，既保留了绿茶的大部分营养成分，又减少了绿茶的刺激，具有很好的保健功能，对脾胃刺激性弱，可帮助消除积食、祛痰止咳等。

二、黄茶冲泡及品饮技巧

（一）黄茶的冲泡

黄茶与绿茶的特点相似，所以在冲泡品饮时，可参照绿茶的冲泡方法。冲泡黄茶时，根据茶叶的老嫩程度选择茶具。一般芽茶可选用玻璃器皿冲泡。黄小茶类可用瓷壶、玻璃壶或盖碗冲泡，瓷器的釉色可用奶白或黄釉瓷为佳，黄大茶可用盖碗、瓷壶或紫砂壶冲泡，也可煮饮。

黄茶适宜的茶水比为 1∶50～1∶60，浸泡时间 3～5 分钟，一般冲泡 2～3 次。冲泡水温可比绿茶水温高些，原料细嫩的黄茶要求泡茶水温稍低。像君山银针，它是最具观赏性的黄茶之一，可用 95℃左右的水冲泡。原料成熟的黄大茶要求水温高，可用沸水冲泡或煮饮，可连续冲泡 3～4 次。

（二）黄茶的品饮技巧

品饮黄茶注重闻香和品味。黄茶具有或毫香、或嫩香、或清雅、或松烟、或独特的“锅巴香”等香气。品味时可区分其香型，以及浓郁和纯正程度。黄茶的滋味入口醇厚鲜爽，含汤在舌尖回旋细品，有回甘润喉之感。

芽茶类冲泡后，应注重对杯中茶芽的欣赏。如君山银针，由于全部采用未开展的肥嫩芽尖制成，冲泡后，随着茶芽的吸水，可以观察到茶叶浮在水面开始慢慢下沉，芽尖涌出气泡，犹如雀舌含珠。继而茶芽直立杯中，犹如群笋破土而出，缓升缓降，有“三起三落”的妙趣奇观，几番沉浮，最后茶芽落于杯底，芽影、汤色相映成趣。品后顿觉清香袭人，滋味醇和、甘甜，不觉使人联想到人生的起起伏伏，别有一番滋味。

三、君山银针茶艺

（一）冲泡器具与茶品

1. 冲泡器具

200 mL 玻璃杯 3 只，开水壶 1 把，茶叶罐 1 个，茶荷 1 个，茶道组 1 套，奉茶盘 1 个，水盂 1 个，茶巾 1 片。

2. 冲泡茶品

君山银针 9～12 g。

（二）基本程序及解说词

君山银针为黄茶中的极品，产于湖南岳阳八百里洞庭的君山，形细如针，雅称“金镶玉”。“金镶玉色尘心去，川迥洞庭好月来。”君山不仅产茶历史悠久，还沉淀了中华民族的无数故事。这里不仅有娥皇女英二妃墓、柳毅井，还留下了李白、杜甫、白居易、范仲淹、陆游的足迹。君山银针吸收了湘楚大地的精华，尽得气蒸云梦之灵气，风味独特，耐人品味。

（1）活火煮泉。水是生命之源，茶是灵魂之饮。君山银针精茗蕴香，借水而发。银针的冲泡宜用山泉水、纯净的溪水，也就是通常所说的“活水”。煮水时邀请各位茶友上座，耐心等待。以空明虚静之心，去体悟君山银针中所蕴含的大自然的气息。

（2）烹茶涤器。茶，至清至洁，是天涵地育的灵物。泡茶要求所用器皿也必须至清至洁。烹茶涤器，不仅是为了烫洗茶具、提高杯温，更重要的是在引导茶人心灵的自我澡雪。

（3）银针出山。看茶如观景，鉴茶如赏玉。用茶匙量取少许君山银针茶叶放到茶荷上，以供各位宾客鉴赏。君山银针芽身黄似金，茸毫白如玉，芽头壮实，紧结挺直，素有“金镶玉”之美称。

（4）金玉满堂。将君山银针投入玻璃杯，金黄闪亮的茶芽缓缓降落杯底，恰如洞庭湖中君山小岛的 72 座山峰，同时也象征着各位茶友幸福的家庭、美满的生活、辉煌的未来。

（5）气蒸云梦。向杯中注入 1/3 的热水，浸润茶叶。注水后，静心欣赏玻璃杯中热气形成的一团云雾，仿似君山岛上长年云雾缭绕的景象。

（6）雾锁洞庭。采用凤凰三点头的方法，往玻璃杯里注水至七分满。此时玻璃杯上方的浓浓热气犹如雾锁洞庭般唯美。

（7）列队迎宾。将冲好的君山银针敬献给客人。此时舒展后的君山银针，芽尖冲向水面，悬空竖立，表示欢迎各位领导、各位来宾、各位茶友的到来。

（8）三起三落。欣赏“茶舞”，茶芽充分吸水后，徐徐下沉，恰如天女散花般美艳绝伦。茶芽沉入杯底之后，忽升忽降，极具变化之能事，称为“三起三落”，正所谓“未饮清香涎欲滴，三浮三落见奇葩”。

（9）春笋出土。与客人一同观看汤色、赏叶底。茶芽直立杯底，如雨后才出土的春笋。

（10）玉液凝香。喝茶前先要闻取茶香。手捧玻璃杯，靠近鼻端，嗅闻君山银针玉液清纯的茶香。

（11）三啜甘露。小口品啜君山银针茶汤，分三次品尝，细细感受其醇厚、甘甜、鲜爽滋味，回味无穷。

（12）尽杯谢茶。“君山茶叶贡毛尖，配以洞庭白鹤泉。入口醇香神作意，杯中白鹤上青天。”醉翁之意不在于酒，而品茶之韵亦不在于茶，茶中有道，品茶是悟道。

君山银针茶艺表演接近尾声，愿各位伴随着这袅袅茶香去感悟更多的人生哲理。

思考题

1. 黄茶有哪些分类？品质特征是什么？
2. 黄茶的冲泡与品鉴要领是什么？
3. 黄茶与绿茶在冲泡上有何相似之处？
4. 试着设计一套黄茶茶艺。

第七节　花茶的冲泡

花茶（scented tea）又称香片，是中国特有的一类再加工茶，主要产于我国的福建福州、广西横县、湖南长沙、四川成都、云南等地。窨制花茶主要采用烘青绿茶，也有少量的炒青绿茶及红茶、乌龙茶、珠茶等为茶坯，配以能够吐香的鲜花作为原料，采用窨制工艺制作而成。常用的鲜花有茉莉花、白兰花、珠兰花、玳玳花、柚子花、桂花、玫瑰花、栀子花等，其中产量最多的是茉莉花茶。花茶的品质特征为既有鲜灵浓郁的花香，又有醇爽的茶味。

花茶是利用茶叶的吸附性能和鲜花的吐香性能来进行加工制作，经过多次窨制，让茶坯吸收花香，制成的具有鲜灵浓郁的花香和醇厚茶味的花茶。花茶的窨制工艺如下：茶坯处理（茶坯含水量要求控制在4%～4.5%）→鲜花维护（当开放率达85°～90°时可付窨）→拌和窨花（有三窨一提，四窨一提，五窨一提等做法）→通花散热（窨堆中温度上升至

40℃～50℃，窨制历时4～5小时，花态已转成萎软状时进行）→出花分离（又叫起花，应适时、快速、起净）→复火干燥（适当高温、快速）→转窨或提花（一般隔3天左右转窨；提花是指用少量优质茉莉鲜花短时窨制一次，中间不通花，及时起花，不复烘）→成品匀堆装箱。

一、花茶的分类及品质特征

花茶一般根据所用的香花来命名，根据窨制所用的鲜花不同，可分为茉莉花茶、白兰花茶、玫瑰花茶、柚子花茶、金银花茶、桂花茶等，也有的将花名和茶名一起命名，如茉莉毛峰、茉莉龙珠、桂花红茶、桂花乌龙、玫瑰红茶等。花茶外形与窨制所用的茶坯保持一致。茉莉银针外形呈针芽状，白毫显；茉莉珍珠螺外形紧卷呈盘花，白毫显；茉莉龙珠外形滚圆如珠，白毫显；茉莉凤眼外形呈凤眼形；茉莉白毛猴外形肥嫩卷曲，白毫显；茉莉银环外形呈小圆环状，白毫显。

（一）茉莉花茶

茉莉花茶是我国花茶中产量最多，也是最主要的产品。茉莉花茶香气清芬、浓郁、鲜灵，滋味醇厚；品啜之后唇齿留香，余味悠长。根据窨制的茶坯，又分为茉莉烘青、茉莉炒青（半烘炒）、特种茉莉花茶等。

1. 茉莉花茶的分类

茉莉烘青是茉莉花茶中的主要产品，具有香气浓郁芬芳、鲜灵持久纯正、滋味醇厚、汤色淡黄明亮的特征。茉莉炒青（半烘炒）内质香气鲜浓纯正，滋味浓醇。

特种茉莉花茶是指以单芽或一芽一二叶为原料制成的茶坯，经特别精细的加工窨制而成的茉莉花茶。其茶坯经烘青或炒青的方式加工后呈扁平、卷曲、圆珠、芽针形、兰花形或其他特殊造型。根据茶坯不同，又有茉莉银针、茉莉毛峰、茉莉春毫、茉莉银毫、茉莉香毫、茉莉绣球、茉莉虾针、茉莉银芽、茉莉毛尖、茉莉玉环等品名。特种茉莉花茶的品质特征优异，不仅造型美观，香气的纯度、鲜灵度和浓郁度亦好（见图5-9）。

2. 茉莉花茶的特点

茉莉花茶是诗一般的茶，有着“在中国的花茶里，可以闻到春天的气息”之美誉。宋代叶廷珪咏茉莉花茶道：“露华洗出通身白，沉水熏成换骨香。”茉莉花中含有酚酸类、黄酮类和脂质等非挥发代谢产物，以及芳樟醇、苯甲醇、吲哚、苯甲酸顺-3-己烯酯、乙酸苄酯等100余种香气成分。研究发现，茉莉花具有安神和抗抑郁的作用。《本草纲目》中说它“理气开郁、辟秽和中”，《本草纲目拾遗》中也说它“解胸中一切陈腐之气”。茉莉花的芳香油也被应用在香薰疗法中。

茉莉花茶吸收了花的功效，同时又兼有茶的保健功能，具有“去寒邪、助理郁”之功效，是春季饮茶之上品。

图 5-9 碧潭飘雪

（二）白兰花茶

白兰花茶主要是白兰烘青，以白兰、黄兰、含笑花等窨制而成，是仅次于茉莉花茶的又一大宗花茶产品，主要产地为广州、苏州、福州、成都等地。白兰花茶的品质为香气鲜浓持久，滋味浓厚尚醇，汤色黄绿明亮，叶底嫩匀明亮。含笑花香气清幽隽永，窨制高级烘青类名茶，其外形条索紧细匀整，色泽翠绿油润，香气清纯隽永，滋味鲜爽回甘，汤色黄绿清澈，叶底嫩黄柔软。

（三）玫瑰花茶

玫瑰花茶是以玫瑰花窨制的花茶，主要有玫瑰红茶和玫瑰绿茶，尤以玫瑰红茶最受欢迎。玫瑰花茶的品质特征包括香气浓郁、甜香扑鼻、滋味甘美、口鼻清新等。

玫瑰花具有极高的营养价值和药用价值，含有丰富的蛋白质、脂肪、氨基酸及维生素，其中有人体必需的不饱和脂肪酸，如亚油酸、亚麻酸和油酸，还具有排毒养颜、行气活血、开窍化瘀等效果，颇受女性的喜爱。其口感甜醇，清饮或加糖饮用，都有浓郁的甜香味。

（四）桂花茶

桂花茶是由桂花窨制而成的，以广西桂林、湖北咸宁、四川成都、浙江杭州、重庆等地产制最盛，具有香味馥郁、高雅、持久，汤色绿而明亮的品质特征。根据茶坯不同，又分为桂花烘青、桂花乌龙、桂花龙井和桂花红碎茶。

桂花烘青是桂花茶中的大宗品种，以广西桂林、湖北咸宁产量最大，并有部分外销日本和东南亚国家。桂花乌龙是“铁观音”的故乡福建安溪茶厂的传统出口产品，主销我国香港和澳门地区，以及东南亚和西欧国家。福建浦城丹桂是中国桂花的优良品种之一，浦城被誉为“中国丹桂之乡”。桂花茶具有温补阳气、美白肌肤、排解体内毒素、止咳化痰、养生润肺的功效。

二、花茶的冲泡及品饮技巧

冲泡花茶时，要体现其“鲜灵浓郁”的品质特征，依据茶坯特点，选择合适的冲泡技术。

（一）花茶的冲泡要领

1. 花茶冲泡器皿的选择

茉莉花茶重在闻香品味，在冲泡茉莉花茶时，应根据茶坯的细嫩程度及条型来选择器具及冲泡方法。盖碗有利于蓄香与闻香，通常选用瓷质盖碗冲泡，如青花瓷盖碗，或选用白瓷壶。如冲泡特种工艺造型茉莉花茶和高级茉莉花茶，为提高艺术欣赏价值，应采用透明玻璃杯或玻璃盖碗。

根据品饮方式又可分为直接品饮法和分杯品饮法。具体可参考玻璃杯和盖碗直饮法的操作技巧。

2. 冲泡要领

一般以红茶或乌龙茶为茶坯的茉莉花茶，冲泡可依据红茶或乌龙茶的冲泡要领进行。以绿茶为原料窨制而成的茉莉花茶，在品饮方法上与绿茶有共同之处。冲泡时通常茶水比例以 1∶50 为宜，即投茶量为 3 g 时加水 150 mL，第一泡冲泡时间为 15～30 秒，第 2 泡为 20～40 秒，第 3 泡为 25～45 秒，水温以 90℃～100℃为宜。其中，特种茉莉花茶宜用 85℃左右的水温冲泡，级型茉莉花茶水温宜高。

中档花茶主要是闻香尝味，一般选用洁净的白瓷杯或盖碗冲泡，水温 90℃～95℃；低档花茶也可采用白瓷杯或瓷壶冲泡，水温可 95℃～100℃。

（二）花茶的品饮要领

花茶融合茶味之精华与鲜花之美味于一体，通过“引花香，增茶味”，两者巧妙融合，使得茶汤适口、茶香有韵，相得益彰。品饮前先闻香、观色，再尝滋味，充分感受其“香飘千里外，味酽一杯中”的美味。品饮花茶讲究“一看二闻三品”。如冲泡的是高档花茶，可透过玻璃杯欣赏到芽叶在杯中徐徐展开、朵朵直立、上下沉浮、栩栩如生的景象，别有情趣。通过对茶汤进行闻香、品饮，充分领略茶味的鲜醇度和香气的鲜灵度、浓度和纯度。如果三香具备，称之为“全香”；茶形、滋味和香气三者全佳者，称之为花茶的上品。

三、花茶茶艺

（一）花茶冲泡器具选择

茉莉花茶的品质特征主要是香气鲜灵持久，滋味醇和鲜爽，汤色黄绿明亮。选用器具时，以玻璃器具或白瓷器具为主。

1. 冲泡器具

主茶器：青花瓷盖碗3套。

辅茶器：煮水壶、茶盘、水盂、茶荷、茶匙、茶罐各1个，可加配茶道组1套，茶席布、插花作品1件，杯垫若干。

2. 冲泡茶叶

茉莉毛峰9 g。

3. 器具摆放

同绿茶玻璃杯冲泡法的器具摆放位置。

（二）“小巷深情”茉莉花茶艺程序及解说词

福州，如茉莉花般淡雅，以低调无争的香韵气质，优雅娴静地享受着“茉莉花城”的美称。福城有着古老的三坊七巷，和着淡淡的茉莉花香，飘散着浓浓的茶乡情。黄昏雨幕里，我们点起小橘灯，为您泡一杯清清的茉莉花茶。

1. 洁具——一帘诗雨潜入巷，润净晶莹玲珑盏

打起油纸伞，在雨里深入坊巷，古香古色的老木屋说尽人世的沧桑变幻，而那高高翘起的墙角，以天为纸，描出山水画的色彩。雨滴落脸庞，心静了，恰如准备好了与你美丽的邂逅。

2. 赏茶、投茶——天赋仙姿逞芳菲，玉骨冰肌出香阁

茉莉花茶，心中天仙般的女子，闻见你的芬芳，便走进如画般碧沉香泛的意境。你的鲜灵有别于其他花茶，幽雅纯静，香而不浮，鲜而不浊。

3. 注水——细流翻飞茶身骨，相随露华展轻梢

佳人沏泡，冰清玉润，花影叠翠，却是香窨佳茗，流芳杯盏间，沁人心脾。

4. 润茶——新浴最宜纤手作，自古偏得人爱怜

孕着清雅、鲜灵的芬芳，茉莉含苞缓缓初展，吐香绽放。

5. 冲泡——花与茗情浸沉水，化作杯里暗香流

清澄的流水涓涓注入杯中，这水晶杯便成为你演绎的水榭戏台，你的秀姿飘飘舞，婀娜又潇洒，那曾经的花开花落，也随你的绽放如诗如画。

6. 奉茶——三坊馥郁会来客，七巷甘露相酬宾

繁华的三坊七巷，华丽辉煌在左伴右，喧闹声中取静时，一杯茉莉花茶，以诗歌的姿态氤氲着“人间第一香”的芬芳，以它的小承载包容来自四面八方人们的多样梦想。尊敬的来宾，愿您用心品这“看尽人间繁华，却确依然素洁”的馥郁甘露。

7. 闻香、品茗——醍醐兰芷若未感，福城待您再来时

捧杯茉莉在手，轻摇深吸，可感香薄兰芷，再摇细啜，可感味如醍醐，如若不得感受，待君得闲再到福城来，我们相约深巷，续品这杯茉莉花茶。

可喜别时晴月照，祝君合家多安好。还愿茉莉香久远，坊巷茶韵永流传。

补充链接

扫码观看视频 5-5：花茶盖碗茶艺

思考题

1. 花茶有哪些分类？
2. 花茶的特点是什么？花茶和花草茶有何区别？
3. 花茶冲泡的技术要点有哪些？
4. 用盖碗品鉴花茶的技术要领有哪些？
5. 试着设计一套花茶茶艺。

第八节 调饮茶的冲泡

调饮茶即指在茶汤中加入各种调料，以佐汤味的一种饮用方法，是一种古老的、传统的饮茶方式。我国调饮茶的历史悠久，茶叶自发现和利用以来，经历了煮饮、点茶到冲泡的历史演变。其中唐代以前的煮饮即为加入调料的调饮茶，目前在少数民族的茶俗中仍有保留。

如今，调饮茶以其独特的时尚、健康、文化等多元属性，深得年轻一族的追捧，迎合了新时代消费的需求。调饮师也作为一门新的职业，得到正式认证。

一、调饮茶的概念

现代的调饮茶一般是以茶叶为原料，或以经过萃取、稀释速溶茶粉（汁）等工艺制备的茶汤作为基底，按一定原则和工序加入花、果、糖、奶、酒等配料，通过色彩搭配、造型和营养成分配比等进行口味多元化调配，制成含有茶叶有效成分和风味的工业制成饮品或现配饮品。茶有六大类，绿茶、红茶、黄茶、白茶、黑茶和乌龙茶，还有再加工花茶类，可按不同的茶类和调味料进行调饮，在茶中加入调味品，如加入甜味、咸味、果味等，也可以加入营养品，如牛奶、果酱、蜂蜜，以及芝麻、豆子、柠檬、酒、花、水果等食物，或者陈皮、薄荷等药引调配，均会产生不同的品饮体验和保健功能。国内的调饮是以少数民族为主体的，其饮用方法具有强烈的民族、地域和时代的特点；汉族地区也有调饮的习惯。国外饮茶也喜调饮，多注重营养性和功能性。

（一）调饮茶的历史

三国时期，张揖《广雅》中记录，长江中游一带饮茶，人们用烤红捣碎的茶末与葱姜等煮成羹食。具体做法为："荆巴间采叶作饼，叶老者饼成，以米膏出之。欲煮茗饮，先炙令赤色，捣末置瓷器中，以汤浇覆之，用葱、姜、橘子芼之。其饮醒酒，令人不眠。"在茶叶中加入葱、姜、桂皮、茱萸烹而饮之的做法，属调饮茶范畴。

唐朝文成公主和亲到西藏，在她的嫁妆中就有茶。从此，西北地区兴起了饮茶之风。游牧民族将当地盛产的奶制品加入茶中一同煮饮，即成了奶茶。

自元代起，作为调饮奶茶的鼻祖，草原奶茶就已传遍世界各地。草原奶茶是用砖茶混合鲜奶加盐熬制而成，俗称咸奶茶，在北方游牧民族中用于日常饮用及待客。咸奶茶大多用的青砖或者茯砖。

由于陆羽对清饮法的倡导，到了明朝，虽然汉民族饮茶的主流变成了清饮，但是有很多少数民族依然保留着调饮的传统，而且在某些汉民族居住区也有调饮的方式。调饮法因地区和民族的不同而呈现出复杂多样的特点，其中最具代表性的包括：咸味调饮法有西藏的酥油茶和内蒙古、新疆的奶茶等；甜味调饮法有宁夏的三泡台；可咸可甜的饮茶法有居住在四川、云南一带山区少数民族的擂茶、打油茶等。此外还有纳西族的盐巴茶和加入酒的龙虎斗，以及白族三道茶、普洱青柑茶等等。

20 世纪 80 年代，便捷的调饮茶如泡沫红茶走红。泡沫红茶用浓缩的红茶汁调上糖和奶，再加"珍珠"，风靡一时。近年来，随着社会经济的发展和人们转向"时尚、健康"茶饮消费理念，调饮茶市场也在不断创新与升级，满足新一代年轻群体的消费需求。

（二）新式调饮茶

新式调饮茶简称新式茶饮，是指采用优质的茶叶，以不同的萃取方式（冷泡、热泡、真空高压等）提取的浓缩液为原料，加入新鲜牛奶、进口奶油、天然动物奶油或各种新鲜水果调制而成的饮料。

新式饮法是相较于传统饮法而言的，而又与传统奶茶不同。传统的喝茶方式传承文化源流，新式喝法更符合时代潮流。相较于传统奶茶，新式茶饮有两个显著的优势：一是选用新鲜茶底、水果、牛奶等原料，在产品维度驱动茶饮品质升级；二是变街边店为主题空间的体验店，新式茶饮定位于高端奶茶店，提供了消费者居家和办公室之外的第三空间，并结合烘焙、咖啡、零售食品等多品类元素，打造全新茶饮生活方式。

随着健康消费理念的升级和消费能力的提升，茶饮行业步入注重品质和空间体验的新阶段，新式茶饮开始作为“时尚、休闲”的代名词，以年轻的消费者为主要客群，成为年轻人接触茶的一个重要入口，其市场需求愈加旺盛。中国地大物博，又是茶叶原产地，我国茶叶品质之高、工艺之讲究、品类之丰富可谓世界之最。新式茶饮有条件采用上好品质的茶叶做茶底，并采用优质新鲜的原材料及配料，做出更高品质的调饮茶（见图 5-10）。

图 5-10 冰红茶（配料：正山小种、阿萨姆红茶、冰块）

二、调饮茶的特点

清饮，享受的是茶叶的原汁原味，是对茶叶品质的极致追求；调饮，则是让茶叶的优点更能得到彰显，让越来越多的人接触到真正的茶、乐于饮茶。不论清饮还是调饮，都是中国的“国粹”，它源自中国，进而传播和影响世界，形成了缤纷多彩的茶文化。

（一）调饮方式

好的调饮茶其实也是养生茶的代表，它除具有清饮茶的解渴与提神功能外，还具有营养和悦味等功能。如柠檬、蜂蜜与绿茶配合，既可排毒除便秘，又能止渴降温；红茶和牛奶配合，暖胃助吸收。

1. 加糖加奶加水果

牛奶红茶在欧洲、南亚、大洋洲、东南亚、北美十分流行。其中以英国最为典型，通称英式饮茶法。以“下午茶”最为隆重，喝茶、吃点心、聊天，成为一种便捷的社交方式。俄罗斯寒带地区人民，多用俄式茶炊煮水泡茶，于茶汤中加果酱、蜂蜜、奶油或甜酒调饮，可增加热量御寒。

传统奶茶大多都是用茶包冲泡茶汤后，加入糖和奶，为了让奶茶的口感更丰厚，还会加入其他配料，如布丁、仙草、椰果、红豆等。新式茶饮在注重茶汤品质的同时，添加的是鲜果、鲜奶、芝士、芋泥等，不仅花样多、颜值高，而且还风味可口，比传统奶茶更注

图 5-11　茉莉西柚（配料：茉莉花茶、西柚浓汁、柠檬）

重健康、时尚和感官体验，能满足年轻人对时尚、新奇的需求（见图 5-11）。

2. 茶与酒的调饮

茶，宁静清远；酒，醇厚热烈。两者融合，茶味酒香，口感丰富，层次感强，是最精妙的搭配。

将熬好的茶汁冲进盛酒的茶盅，茶盅中发出“啪啪”的响声，然后趁热饮下，香高味酽，提神解渴。这也是纳西族最喜爱的龙虎斗，被认为是解表散寒的一味良药。

3. 茶与药引的调饮

茶汤里不仅可以加奶、加糖，还可以添加具有保健功能的药材一起煮或泡，这样不仅能满足不同的口感需求，还能放大茶的保健功效。如墨西哥人和俄罗斯人喝绿茶、红茶的时候，会放干薄荷一起煮，这样煮过的茶汤口感清凉，这种习惯有很长的历史。

如今，我们很多地方在泡红茶、熟普洱、白茶等茶品时，往往会加入陈皮一起冲泡或煮饮。陈皮就有药引子的作用，能够增加茶的保健功效。陈皮配普洱熟茶，具有理气健脾、化痰祛湿等功效。此外，还有将两种及两种以上不同茶类按一定比例混合调制的。

随着经济的发展和人们生活水平的提高，人们对于调饮茶的品位和要求也逐渐提升。调饮茶的种类日益丰富，口感也愈发多样，推动了调饮茶产业的迅速发展。

（二）不同茶类的调饮

不同的茶类加入不同的风味物质调制，呈现出不同的调饮风格，也具有不同的保健功能，再加上丰富多样的茶具和饮用方式，体现着时尚，也丰富着茶艺的类型。

1. 绿茶的调饮

绿茶香气清新，滋味醇爽，含有茶多酚、氨基酸、维生素 C 等营养物质，具有抗氧化、防辐射和清除自由基等多种保健功效。在调饮时，根据绿茶的特性，为凸显其清爽的口感和保健功能，可搭配花草茶、水果、柠檬等。

绿茶搭配的花草茶不同，功效也就不同。像加入同样具有清热降火的茉莉花、菊花、金银花、薄荷等，就可以起到降火、润燥、明目、止咳、清热解毒的作用。若搭配性温或中性的桂花、玫瑰花、百合等，则具有开胃、生津、美容养颜的功能。绿茶也可搭配水果：若加入苹果汁，则婉约甜蜜；若加入同样富含维生素 C 的柑橘类水果柠檬，则清新酸凉，尤其适合夏天饮用，还能提高人体对儿茶素的吸收率。也可搭配性温的陈皮、姜丝、乌梅、百香果、山楂、桂圆等，还可加入酸奶，口味清香酸甜，而且营养丰富、低脂低热。最后可加入冰糖或蜂蜜进行调味，或冰镇后饮用。

2. 红茶的调饮

图 5-12 乌龙鸳鸯拿铁（配料：武夷岩茶、咖啡、牛奶）

红茶性温，滋味醇和，其包容性极强，能与大多数食物相容调饮，最常作为调饮茶的基底。调饮时可以加入牛奶、水果、花草茶，生姜、红枣、果酱等，还可加入烈酒。最常见的有牛奶红茶、柠檬红茶、加伏特加或朗姆酒的红茶酒等。

3. 乌龙茶的调饮

乌龙茶介于绿茶和红茶之间，属于半发酵茶，它既有绿茶的清香，也具有红茶的醇厚，可以与多种食物调制，如牛奶、水果、花草茶、果酱等，调制后的茶汤仍保有乌龙茶的香气，但口感更加丰富浓郁。如武夷岩茶加入牛奶，既有茶香又添奶味，营养与保健集于一体（见图 5-12）；也可加入桂花、玫瑰、菊花等制成花草茶，花香与茶香融合，别有一番韵味；还可加入水果，雪梨、柠檬或桂圆，茶汤果香味醇。

4. 黑茶的调饮

黑茶早在唐代就远贩西藏等地。西北少数民族饮茶，都会加入奶、盐、蜂蜜等调料。黑茶为后发酵茶，滋味醇和，也易与其他食物搭配。可以根据季节或保健功能的需要，加入相应的调料。例如：加入牛奶或酥油、蜂蜜，口感醇和润滑；加入陈皮或柑橘皮，化痰止咳；加入菊花，清热解毒；加入枸杞，清爽明目；加入柠檬，生津祛暑；加入玫瑰花、茉莉、桂花、薰衣草等，美容养颜，也可以在茶香的基础上增加花的芬芳；加入水果，如哈密瓜、西瓜、苹果等，果香醇美，非常可口。

（三）调饮茶的配制原则

随着消费观念的转变和信息多元化的发展，消费者的饮茶偏好日益多样化。在大健康时代，生态、养生和保健功能丰富的调饮茶深受新消费群体的欢迎，调饮茶的种类和口感也日益多样化。在调制茶饮时，应遵循协调性、创新性、健康性等原则。

1. 协调性

在调制茶饮时，可根据茶类搭配合适的配料，体现主、辅料在色泽和香气上的相融性，从而达到口感、色泽、香气、审美的和谐统一。例如：绿茶清新，适合搭配蜂蜜、花草茶等，既减少苦涩感又增进花香，还增加了保健功能；红茶甜醇，发酵度高，是六大茶类中最适合调饮的茶基底，可搭配的辅料非常丰富，可根据个人喜好调制。针对陈茶而言，可搭配具有提香效果的花草茶、果皮等，能淡化陈味，并有较好的保健功能。如普洱茶和老白茶等，搭配陈皮、橘皮、柚子皮，具有很好的化痰止咳、清热解毒等功效。

2. 创新性

调饮茶对不同的食材、文化背景、风格、质地等元素进行个性搭配，口味丰富，灵活多变，在制作上更加方便快捷，与传统茶饮的单一性以及饮用方式形成了鲜明对比，具有快捷、健康、新潮等特点，迎合了年轻人快节奏的生活方式和“求快、求异”的时尚特征，增添了品茗的乐趣。

调饮茶的魅力在于可以随着心性和味蕾的需求，寻觅更多变化，它开创了茶叶多元化的饮用方式，将传统的饮茶与现代的品位追求相结合，提升了饮茶的艺术性与多样性。例如，茶饮中可以添加淡奶油打发的奶盖，各种木薯粉圆、水果、花草、芝士等，有热饮、冷饮，甚至冻饮，风格自如转换，在色彩搭配上更加新潮、时尚、鲜艳，符合现代人的审美以及自主创意、个性张扬、创新多变的特性。

3. 健康性

调饮茶采用的食材天然，原料上等，制法精细，形象前卫，蕴含更多养生功能，品饮方式更显时尚、健康，鲜制的新茶饮让茶叶更适合不同体质的人群和时令，满足不同层次、不同类型消费者的需求。

茶叶中蕴含多种对人体具有保健功能的有效成分，将上等的茶叶搭配以优质的牛奶、奶油、新鲜水果、干花等食材，营养成分更加齐全。鲜奶的乳香、水果的酸甜经混合调配，也能中和、柔化清茶的苦涩，滋味更显丰富，口感更符合新生代的特征。

（四）饮用调饮茶的注意事项

1. 注意糖分的摄入不宜过多

由于调饮茶茶汤浓度比较高，为了调和口感，通常会加入大量的糖。糖分摄入过多，对不同年龄段的人的健康都是非常不利的，所以在选购或自制调饮茶时，宜选少糖或不加糖的茶饮，也可以用一些口感甘甜的新鲜水果汁来代替糖分。当然甜果汁的糖分也比较高，在饮用时，宜选用清淡一点的调饮茶才好。

2. 调饮茶是培养饮茶习惯的基础

调饮茶是培养年轻茶客饮茶习惯的基础，它为茶的普及做出了最大贡献。只有当人们接触茶、认识茶、了解茶后，才会发现，唯有清饮才能真正享受茶的原味带来的物质享受和精神愉悦，乃至更多的精神感悟。

调饮茶是饮茶的入门，清饮茶才是饮茶的归宿。年轻的群体，或者新入门饮茶的群体，不妨从调饮茶开始，重新认识茶，进而去发展对茶的兴趣和爱好。

三、调饮茶茶艺

（一）夏日柠檬茶制作方法

将茶叶冲泡后加入柠檬、冰块，或放冰箱冰镇，其汤色碧绿，滋味鲜爽可口，可谓清凉解暑的必备饮品（见图 5-13）。

图 5-13　夏日柠檬茶（配料：茉莉花茶、柠檬）

1. 备料

茉莉花茶 10 g，柠檬、方糖适量。

2. 步骤

（1）冲泡茶汤。将茉莉花茶置于玻璃壶中，加入 250 mL 60 ℃左右的温开水，浸泡 8～10 分钟。将茶汤过滤至加入冰块的壶中，或将茶汤冷却后放入冰箱冰镇。

（2）调制。取出茶汤后，加入适量方糖和柠檬调味，即可分杯品饮。

（二）樱花柠绿的调制

1. 备料

绿茶，干玫瑰，洛神花，白砂糖，柠檬。

图 5-14　樱花柠绿配料

2. 步骤

（1）冲泡茶汤。将绿茶 5 g 加入玻璃壶中，注入 150 mL 沸水，浸泡 5 分钟左右，将茶汤倒入玻璃杯。在绿茶的选择上，尽量选一些干茶不带毫的，这样泡出的绿茶会更清澈。

（2）将柠檬切片，大概需要 3～4 片，然后放到我们事先准备好的雪克杯里。如果家里没有柠檬锤的话，可以使用长柄勺，把柠檬挤出汁。

图 5-15　樱花柠绿

（3）调制。将泡好的茶汤倒入装有柠檬的雪克杯，加入一些冰块；根据自己的口味添加一些白砂糖；盖好雪克杯并充分摇动；将调好的茶倒入事先准备好的杯子；加入适量泡好的洛神花水；最后撒几片玫瑰干花瓣作为点缀即可。调好的樱花柠绿如图 5-15 所示。

（三）茉香果味调饮茶

以茉莉花茶为基底，加果汁调制而成。将茉莉花茶的清新和果香完美融合，冷饮清爽，热饮浓香（见图 5-16）。

图 5-16　少女芭乐冰冰（配料：粉红石榴浓浆、茉莉花茶）（陈毅祯供图）

1. 茶具

带茶滤的瓷壶或玻璃壶，带柄带托的玻璃杯或瓷杯，汤匙。

2. 用料

茉莉花茶，番石榴汁。

3. 步骤

（1）冲泡茶基底。称取 10 g 茉莉花茶，加入 300 mL 90℃左右的热水，浸泡、冲泡 6～7 分钟。将茶滤取出。

（2）加果汁。将番石榴汁加入玻璃杯或瓷杯。

（3）调制。待茶汤稍放凉，按照 1∶1 的比例将茉莉花茶汤加入杯中，饮用前可以在冰箱冷藏一段时间，口味更佳。也可以加入一些芦荟果粒或者椰果，会更有口感。

（四）桃花运奶茶调饮方法

甜味红茶调饮是红茶加水熬煮或开水冲泡后，加入白糖制成，部分国家或地区人们还习惯再加入牛奶、香料、蜂蜜、果酱、柠檬、甜酒等其他配料调和共饮。红茶甜味调饮经过英国人的规范和倡导，“英式奶茶”已成为国外普遍的调饮方式。英式奶茶一般选用红茶或红茶包冲泡或煮沸后装杯，调入淡奶和方糖搅拌均匀即可，饮用器具选择玻璃杯或欧式陶瓷杯。现以桃花运奶茶为例。

1. 备料

选择冲泡茶品，以及搭配的辅料。辅料根据个人喜好，可搭配牛奶或奶粉、新鲜水果或鲜榨水果汁。此处选择正山小种、全脂奶粉、玫瑰花酱、玫瑰干花、白砂糖、冰块（见图 5-17）。

图 5-17　桃花运奶茶配料

2. 泡茶

先冲泡茶水，一般调饮茶的茶水浓度要比清饮高。如可以用传统烟熏小种红茶，也可用工夫红茶或阿萨姆红碎茶 10 g，加入沸水 500 mL，茶水比为 1∶50，浸泡 5 分钟。这里选用的是正山小种 2 g，加水 100 mL，煮沸 12 分钟。

3. 预调

浸提茶水 360 mL，加入奶粉 36 g，奶粉和茶水比为 1∶10，茶与奶充分调匀。

4. 调配

预调混匀奶茶 360 mL，若需调高甜度则加入风味糖浆 12 mL，若需调中甜度则加入风味糖浆 7 mL，若需调低甜度则加入风味糖浆 5 mL。充分混匀即可。最后，加入玫瑰花酱，搅拌均匀。添加适量冰块，口感更佳。加入适量的玫瑰花瓣点缀（见图 5-18）。

图 5-18　桃花运奶茶

（五）柠檬红茶调饮方法

1. 配料

正山小种，白砂糖，柠檬（见图 5-19）。

图 5-19　柠檬红茶配料

2. 步骤

（1）冲泡茶汤。将 5 g 红茶注入 250 mL 水，浸泡 5 分钟。

（2）调制。准备 3～4 片柠檬放进雪克杯，用柠檬锤或长柄的勺子捣碎，直至柠檬的汁液全部挤出。按照个人口味加入适量的白砂糖，再加入 200 mL 的红茶和少许冰块，盖上雪克杯。摇至有白色的茶汁泡沫溢出，或听不到冰块与杯壁碰撞的声音即可。最后加一些柠檬做点缀，一杯非常简单的夏日清饮——柠檬红茶就做好了（见图 5-20）。

图 5-20　柠檬红茶

（六）黑糖珍珠奶茶调饮方法

1. 配料

正山小种，黑糖，奶粉，白砂糖，珍珠（见图 5-21）。

图 5-21　黑糖珍珠红茶配料

2. 步骤

（1）冲泡茶汤。将 5 g 红茶注入 250 mL 水，浸泡 5 分钟。

（2）预调。往 200 mL 的红茶汤中加入适量奶粉和少许白砂糖调味，白砂糖不要太多，因为还要再加入一些黑糖。搅拌均匀，预调奶茶就制好了。

（3）调制。取一个奶茶杯，加入两勺珍珠。然后再舀一勺黑糖，沿着杯壁边转勺子边往外倒黑糖，这样杯子就会有非常完美的挂浆效果。然后再倒入奶茶，加入适量的冰块，一款黑糖珍珠奶茶就做好了（见图 5-22）。

图 5-22　黑糖珍珠红茶

四、“醇香奶酒茶”茶艺解说词

在红茶中加入调料，使红茶的香味更加丰富、浓郁。茶性如人，坦洋工夫红茶性情温和，宽容善纳，能与美丽的花卉、清鲜的水果、牛奶，甚至浓烈的葡萄酒、高粱酒和谐交融。调制成的饮品具有别样的风味，异彩纷呈。请欣赏“醇香奶酒茶”的调饮（见图 5–23）。

图 5–23　调饮茶茶艺

（一）茶器

以西式带柄的瓷杯为宜。

（二）调料

坦洋工夫红茶，方糖，白酒，鲜牛奶，咖啡，柠檬片（切一小口，以便衔于杯口，并抹上少许砂糖备用）。

（三）调饮步骤

1. 洁杯温盏

用初沸的水烫洗茶具，洗去尘埃。同时为茶壶、茶盏升温。茶洗中的茶盏在沸水中滚动，动作轻巧、熟稔、流畅。

2. 红袖添香

按饮茶人的需要，用茶针将茶荷中的红茶轻轻地拨入茶壶。一般加入 5 g。入壶时，可以赏茶。坦洋工夫茶被誉为白云山中的红颜女子，身段苗秀匀整，白毫纤细，色泽乌润透红，恰似披着白云山间的佛光。

3. 水木交融

悬壶高冲，注入沸水，注水要一气呵成。盖好壶盖，让水和茶在壶中相互交融、激荡，充分地浸润。这是冲泡坦洋工夫的重要环节。水质要好，泡坦洋工夫最好用软水，所谓“精茗蕴香，借水而发，无水不可与论茶也”。水温一般在 95℃以上。要高冲，飞流直下，才能使红茶的色、香、味充分释放出来。大约浸泡 2～3 分钟，就可以轻轻将壶摇晃，使壶中茶水流转均匀。

4. 斟茶入杯

将泡好的红茶注入杯中。调和鲜奶和咖啡，搅匀后沿杯缓缓注入红茶中。

5. 方糖浴火

用茶夹夹起方糖，置于勺子上。以适量的高度醇酒浇淋方糖。用火柴点燃方糖，让蓝色火苗燃烧片刻，放入茶汤之中。

6. 柠檬衔月

夹起柠檬片，衔在奶茶杯沿，这是下午茶常见的做法，别有情调。俄国人喜欢在红茶里添加柠檬，英国人称添加柠檬的红茶为俄罗斯茶。

7. 奶茶敬客

这款红奶茶，汤色艳如晚霞，滋味鲜美，香气更加浓烈清芬，品饮此茶，口齿含香，别具意境，令人难以忘怀。

思考题

1. 调饮茶的概念是什么？什么是新式茶饮？新式茶饮与传统奶茶的区别是什么？
2. 如何自制调饮茶？品饮调饮茶时需要注意什么？
3. 你喜欢调饮茶吗？你如何看待时下流行的新式茶饮行业？
4. 你在品鉴新式茶饮时，最注重的是哪方面的体验？
5. 试着调制一杯新式茶饮，并做好项目记录卡。

新式茶饮制作记录卡

茶饮名称：______________________　　茶饮图片：

冲泡茶品：______________________

配料：______________________

茶具：______________________

调制比例：______________________

功效：______________________

口感：______________________

心得体会：______________________

补充链接

扫码进行练习 5-2：高级茶艺师理论题库 2

第六章　茶席设计

本章提要

中国饮茶历来注重意境和文化内涵。进入21世纪以来，随着茶文化研究的深入和饮茶文化的发展，茶席设计已成为现代茶事活动中的一项重要内容。茶席不仅成为现代饮茶的必备空间，更是作为一件独立的艺术品而存在。无论将茶席“物”化还是“事”化，当赋予其文化内涵和人文主题时，皆应体现茶席在空间中的故事性和艺术性，使参与者产生情感上的共鸣，从而更好地体现“天人合一”的哲学思想和茶道理念。本章主要从茶席设计的要素、原则、功能、内涵等方面进行介绍，从主题、茶类、器具、环境、空间氛围等诸多方面进行构思与考量，确定其功能规则，通过艺术呈现，表达其美学内涵。

第一节　茶席设计概述

近年来，“茶席”一词出现的频率颇高。茶席设计作为一项独特的文化活动形式在国内蓬勃发展，常常出现在各类茶事活动和茶艺大赛中。

一、茶席探源

茶席最早是由“席”字引申而来。《中国汉字大辞典》中指出，席是指用芦苇、竹篾、蒲草等编成的坐卧铺垫用具。后引申为座位、席位、酒席。在我国台湾地区，将茶会称为茶席，多指茶会或茶会环境的布置。日本将茶席称为茶屋、茶室，主要指喝茶、品茶的地方。韩国茶席多是指为了喝茶会友而摆放茶具、各式茶果及点心的席面。

中国古代茶文化史料中并无“茶席”一词，但茶席的历史却源远流长。早期的茶席是指宽泛的品茗环境，在古代一些关于茶的文学作品中，可以看到对茶席的描绘。

晋代文学家左思的《娇女诗》云：“止为茶荈据，吹嘘对鼎䥶。脂腻漫白袖，烟熏染阿锡。”诗中描写的是居家日常煮茶，两个小女孩急于饮茶，对鼎吹火的生动画面，说明当时饮茶已初具“茶席”的形式。

唐代随着饮茶活动在上流社会的普及，饮茶逐渐成为文人雅士、寺院僧侣和皇室君臣的风雅之事，对饮茶的环境和场所也有更多的要求。如唐代的《宫乐图》（见图 6-1）描绘了后宫嫔妃十人围坐于一张大型方桌四周品茗的场景，并有胡笳、琵琶与箫伴奏，悠然自得的氛围跃然纸上。

图 6-1 〔唐〕佚名《宫乐图》

宋代饮茶更注重意境和精神享受，并将各种艺术形式融入其中。插花、焚香、挂画与点茶合称为“四艺”，常常出现在各种雅集中。宋徽宗的《文会图》（见图 6-2）描绘了北宋时期文士在池畔园苑中品茗雅集的情景：四周栏楯围护，垂柳修竹，树影婆娑，树下设一大案，案上摆设有汤瓶、茶杓、带托茶盏、果盘、琴、香炉、插花等，八九位文士围坐案旁，意态闲雅。

明代散茶兴起，简洁的瀹泡法取代了唐代的煎茶和宋代的点茶，茶席的构架和器具便发生了翻天覆地的变化。明人崇尚清饮，更加追求饮茶意境。无论是丁云鹏的《玉川煮茶图》，还是陈洪绶的《停琴啜茗图》，均为人们呈现了具有美妙而深远品茗意境的画面。

二、茶席与茶席设计的内涵

图 6-2 〔北宋〕赵佶《文会图》

随着国际茶文化交流活动的频繁与深入展开，茶席设计重新成为中国茶文化界的一个热门课题，关于茶席概念的解读引发了茶学界的广泛关注。童启庆在《影像中国茶道》中对“茶席”进行了解释：“茶席是泡茶、喝茶的地方，包括泡茶的操作场所、客人的坐席以及所需气氛的环境布置。”蔡荣章认为：“茶席是为表现茶道之美或茶道精神而规划的一个场所。”他指出茶席有狭义、广义之分：“狭义的茶席是单指从事泡茶、品饮或兼及奉茶而设的桌椅或地面。广义的茶席则在狭义的茶席之外尚包含茶席所在的房间，甚至于还包含房间外面的庭园。”我们这里讲的茶席一般是指狭义的“茶席”，即泡茶席。

茶席设计可以定义为在茶事活动中，以茶品为核心，围绕特定的主题，以茶具组合为主要元素，在一定的饮茶空间，通过与其他艺术要素相结合，按照一定的布置规则，为饮茶需要而设计出的茶道艺术组合形式。概括来说，茶席是茶事活动的场所，是在符合茶道精神的原则下，运用设计学的方法，将茶和其他艺术有机地融合在一起，设计出的具有实用性、严谨性和艺术性的作品。因此，茶席设计并不是简单地将各种茶器拼凑和组合，也不是将各种艺术生硬地叠加在一起。要从主题的拟定、茶类的选择、器具的搭配和空间氛围的营造等方面进行构思与考量，确定其基本形式，通过艺术的方式呈现出来，同时表达茶席设计的美学内涵。

茶席是一种物质形态，是茶艺表演的基础，实用性是其第一要素；同时，它又是一种艺术形态，它为茶席内涵的表达提供了丰富的艺术表现形式，静态的茶席通过动态的演示，在泡饮过程中体现茶的魅力和精神。

茶席设计是茶艺表演的静态物象语言，也是茶道形式的重要组成部分，属于中国茶文化的一门新学科。其实操性强，实用性广，艺术表现空间大，符合现代人的审美需求。

第二节　茶席设计要素

茶席设计是在满足实用功能的前提下追求的艺术美感设计。茶席设计最基本的构成要素有茶品、茶具组合、铺垫、插花、焚香、相关工艺品、茶点茶果、背景等，其中，茶品、茶具组合和铺垫是核心要素。由于设计者的经验、文化修养、艺术美感等的差异，茶席设计的构成要素会有所不同，从而产生不同的茶席作品。

一、茶品——茶席设计的灵魂

茶是茶席设计的灵魂，也是茶席设计的基础和核心，决定着茶席设计的理念、主题和定位。

（一）根据茶品选择

茶是茶席设计的首要选择，因茶而产生设计理念，构成茶席设计的主要线索。我国茶类丰富，不同的茶类带来的品饮体验也不同，表现的主题和思想内涵也会不同。花茶花香怡人，给人以春天的气息；绿茶茶性偏凉，给人以清凉之感，适合夏天饮用；红茶汤色明艳，滋味甜醇，既可以清饮又可以调饮，给人以温暖、热情和时尚的感受，特别适合在寒冷的秋冬季节饮用。乌龙茶香高味醇，发酵较轻的台湾乌龙或闽南乌龙，金黄的汤色似秋季的落叶，幽雅的天然花果香给人以秋的丰实之感；发酵较重的武夷岩茶或凤凰单丛，温暖的橙黄汤色、醇厚的口感和焙火香，给人带来暖意。乌龙茶性平，不寒不热，有回甘，既能消除体内余热，又能生津止渴，适合在秋冬季节品饮。此外，乌龙茶的加工工艺最为复杂，历经多道工序加工而成，常被用以寓意人生，隐喻涅槃后的重生、历经磨难后的重振旗鼓。普洱茶厚重，可解油腻、消食化积、暖胃驱寒，适合在寒气袭人的冬季品饮。白茶清新淡雅，外形优美，给人一种纯天然的感觉；白茶性清凉，含有多种氨基酸，又有退烧祛暑的功效；而经过陈放的老白茶，则内敛含蓄，也能降燥、生津止渴，加上岁月的沉淀，给人以沉稳之感。

茶有千万状，香气、滋味丰富多样，均能带给人不一样的感受和体会，可以结合茶品特点，表现不同的主题。

（二）根据主题选择

茶席的主题确立后，还要借助合适的茶品来呈现。如第二届全国大学生茶艺技能竞赛团体创新一等奖作品《工夫茶・两岸情》，以茶表述海峡两岸血脉相承，一衣带水，同宗同源。独特的工夫茶品饮文化是两岸的纽带，习相通，缘相近，故选用的茶品是福建省的大红袍、铁观音和我国台湾地区的冻顶乌龙。团体创新三等奖作品《九曲问茶》以武夷山文士茶艺为主题，讲述董天工、陆廷灿、汪士慎在武夷山九曲溪畔品茗、赏壶、作画的场景，茶品选用的是武夷当家品种大红袍。第三届全国大学生茶艺技能竞赛团体创新一等奖作品《闽茶荟萃丝路香》，赞颂了先辈们筚路蓝缕的航线开拓之路，从闽茶海洋文化史繁盛的至高点一窥古代海上丝绸之路的辉煌，唤醒国人心中的海洋精神与文化自信，助力新时代下的“一带一路”建设，让世界重新认识中国茶、福建茶，作品选用了正山小种、大红袍、铁观音、石亭绿、白毫银针和茉莉花茶等六种福建典型茶品进行冲泡。

在设计茶席时，除了传统六大茶类中的名茶，还可根据主题需要，选用具有地域特色的茶品，以表现民俗主题的茶艺。白族三道茶，讲究“一苦二甜三回味”，成为白族的待客之道；擂茶，又叫三生汤，使用生茶叶、生姜、生米擂制成浆，然后冲上沸水；还有蒙古族的奶茶、藏族的酥油茶、土家族的油茶等。也可自行搭配或设计茶品，如桂花龙井、柠檬红茶等新式调饮主题的茶席，通常会加入水果、花草、蜂蜜等与茶叶调制。

二、茶具组合——茶席设计的主体

茶具组合是茶席设计的基础，也是茶席构成要素的主体。陆羽始创煮茶的二十四器，开创了饮茶器具实用性和艺术性的先河。历代茶人在茶具材质、釉色及功能上不断创新，融入人文精神，使茶具组合这一特定的艺术表现形式，在人们的物质和精神生活中发挥着积极作用。在茶席设计中，应着重考虑茶具的质地、造型、容量、色彩、内涵等，并使其在整个茶席布局中处于最核心的位置。

（一）根据茶具的材质、大小配置

茶具按质地一般分为陶土类、瓷器类、玻璃类、金属类和竹木类等。茶具的配置首先要符合冲泡茶叶的特性，以最能滋蕴茶叶的色、香、味，呈现优质的茶汤为择器的标准。可采用同一材质的茶具（见图 6–3），或者两三种材质的茶具混搭（见图 6–4）。例如，冲泡乌龙茶可选用一整套的紫砂茶具，也可以紫砂壶作为主泡器，搭配玻璃公道杯和白瓷品茗杯等。茶具的容量应满足茶席中茶客的品饮需要，根据人数选择合适容量的茶壶或盖碗，并确定相应的投茶量和茶水比等冲泡要素。翁辉东在《潮州茶经·工夫茶》中说：“茶壶，俗名冲罐……宜小不宜大，宜浅不宜深，其大小之分，更以饮茶人数定着。爰有二人罐、三人罐、四人罐之别。”

图 6–3　同一材质茶具

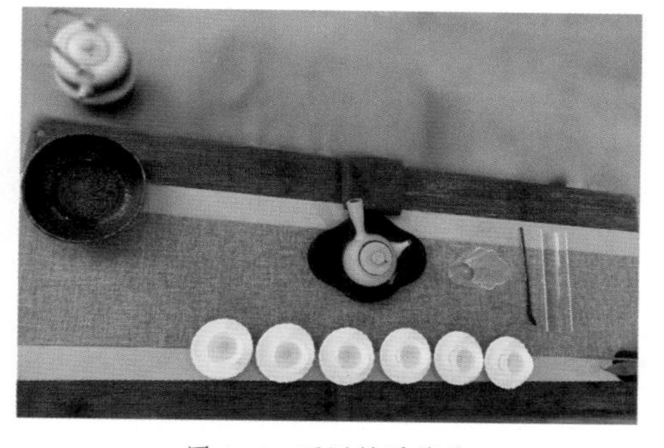

图 6–4　不同材质茶具

（二）根据茶席主题配置茶具

茶具本身具有一些特殊的造型或装饰花纹，此类茶具对于茶席主题的表达有一定的烘托作用。例如：梅桩壶或有梅花图案的茶具，可表达“蜡梅傲雪”或跟寒冬有关的主题；有荷花图案的茶具可表达“荷花”“和谐”“夏”或以禅为主题的茶席。莲花、莲瓣纹为佛教传统图样，莲瓣纹的装饰从宋代便已开始，在其后各个朝代的青瓷或青花瓷茶具中也都有出现。

（三）茶具的配置方式

茶具既可按传统样式配置，也可进行创意配置；既可基本配置，也可齐全配置。

传统样式配置在个件选择上一般比较固定（见图 6-5、图 6-6）。例如：宋代点茶需要用到黑釉盏、茶筅和汤瓶；台式工夫茶要用到紫砂壶、闻香杯和品茗杯；潮汕工夫茶一般要用茶房四宝等。基本配置是指泡茶过程中必须使用并且不可替代的茶具，如壶、杯、茶荷（罐）、则（匙）、煮水器等。齐全配置包括不可代替与可代替的个件：储茶用具，如茶瓮、茶叶罐等；备水用具，如水方（储水罐）、煮水器等；泡茶用具，如茶壶、茶杯、茶则、茶匙等；品茶用具，如茶海、品茗杯、闻香杯等；辅助用具，如茶荷、茶巾、茶针、茶夹、茶漏等。

图 6-5　传统样式配置：仿宋代点茶茶具
（福建省茶艺师协会供图）

图 6-6　传统样式配置：仿唐代煎茶茶具
（福建省茶艺师协会供图）

配置茶具时，一套茶具的质地、色泽、外形需要有统一性。尤其是品茗杯，因为数量较多，可以分组但不能杂乱：或花纹或釉色各异，但质地、形状统一；或形状各异，但质地、花纹或釉色统一。同时，品茗区几个茶杯的简单重复，与泡茶区交相呼应，疏密有致，可产生视觉上的韵律感和结构美，提升茶席的艺术美。

三、铺垫——茶席美的衬托

铺垫指的是茶席整体或局部物件下的铺垫物，是作为茶席铺垫的织品类和其他物品的统称。铺垫的作用一般有两种：一是使茶席中的器物不直接触及桌面或地面，以保持茶具之清洁；二是起烘托作用，通过铺垫的特征辅助器物共同完成茶席设计的主题。

在茶席的方寸之间，铺垫象征着大地，有厚重感，能承载安放茶具。铺垫不仅用于装饰茶席、确立茶席的色调，也是确定茶席空间中心区域的标志，对茶席器物的烘托和主题的体现起着不可低估的作用。在茶席设计中，可根据主题与立意，运用对称、不对称、烘托、反差、渲染等手段。

（一）铺垫的材质

常见的铺垫材质有织品类、非织品类等。

1. 织品类

织品类有棉布、麻布、化纤、绸缎等。

（1）棉布。棉布质地柔软，吸水性强，易裁易缝，不易毛边。新棉布较适合桌面铺，平整挺括，视觉效果柔和，不反光，常在茶席中表现传统题材和乡土题材（见图6-7）。棉布的缺点是清洗后易皱，易掉色，须及时烫平。

图6-7　棉布铺垫

（2）麻布。麻布有粗麻与细麻之分，均可在茶席设计中使用（见图6-8）。粗麻硬度高，柔软度差，不宜大片铺设，可作小块局部铺设，以衬托关键器物。细麻相对柔软，而且常印有纹饰，可作大面积铺设。麻布古朴、大方，极富怀旧感，常在茶席设计中表现古代传统题材、乡村题材及少数民族题材。

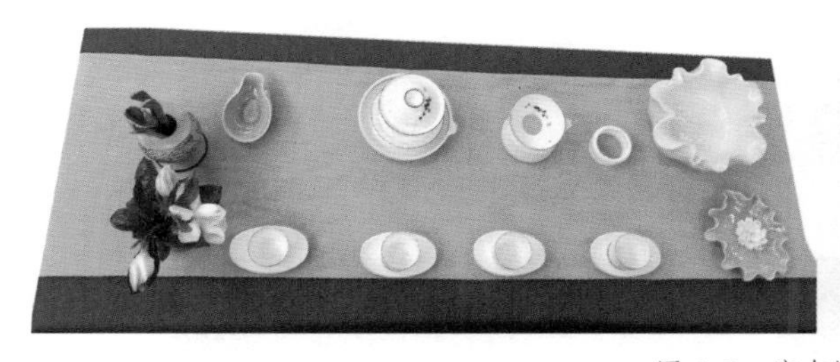

图6-8　麻布铺垫

（3）化纤。化纤是现代工业的产物。化纤织品花色艳丽，品种多样，色彩丰富，具有软、挺、薄、亮、艳的特点，为茶席铺垫提供了广阔的选择空间，在表达现代生活和抽象题材时成为上佳的选择（见图6-9）。但化纤也有不吸水、不透气、易燃、易脱丝等不足。

（4）绸缎。绸缎的特点是轻、薄、光质好，是茶席设计中桌铺和地铺的常用材料，常表达具有一定意象的事物，如风或流水等意象（见图6-10）。

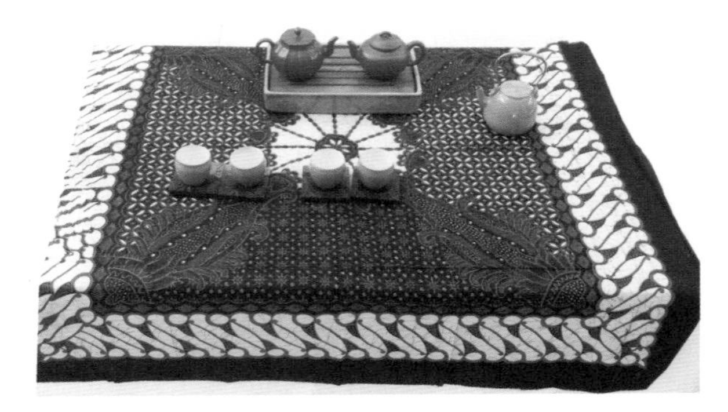

图 6-9　化纤底铺

图 6-10　绸缎底铺，纱布叠铺：《九曲溪》

茶席设计中，除了以上几种常用到的织品类铺垫，还有织锦、毛织等（见图 6-11）。

毛织底铺

织锦铺垫

纱布铺垫（表演者：肖婧仪）

金丝绒底铺（表演者：官晓倩）

图 6-11　其他织品类铺垫

2. 非织品类

非织品类是指除织品类以外的其他铺垫，如树叶、纸张、石铺、不铺等（见图 6-12）。

木板铺

竹帘铺

纸铺

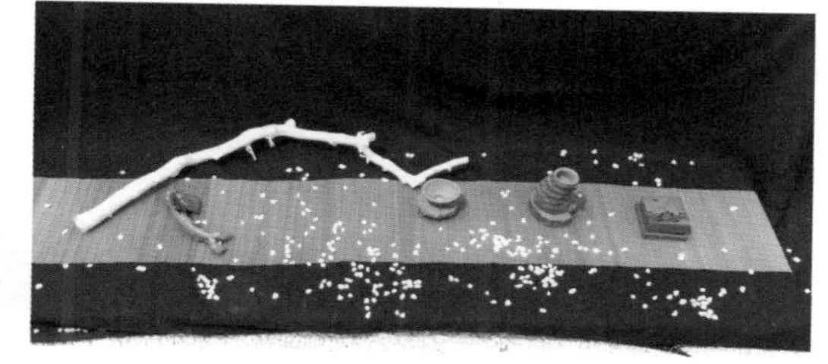

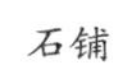

石铺

竹筛铺

石铺

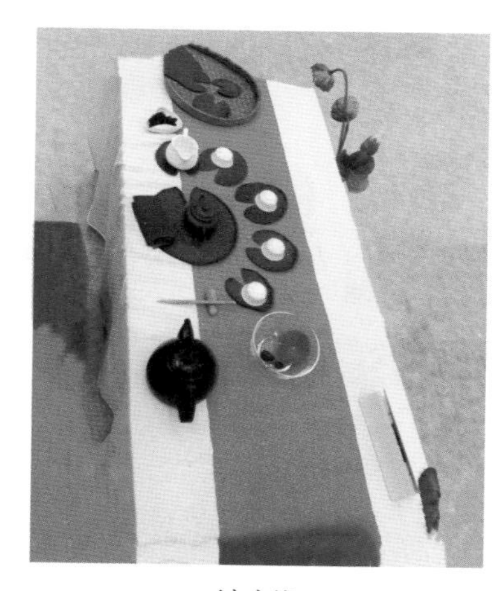

树叶铺

不铺

图 6-12　非织品类铺垫

（1）树叶。树叶铺垫指用荷叶、芭蕉叶等大而平的叶片，或枫叶、杨树叶等有叶型个性的树叶作为铺垫。常用树叶铺表现不同的季节题材。树叶铺的使用使茶席更具自然氛围，视觉效果好，还可适当加以绿色草株，呈现一派生机盎然的景象。

（2）纸张。纸张铺垫指用绘以书法或绘画作品的纸张作为铺垫，使茶席呈现浓重的书卷气和艺术感。纸铺在茶席中常以桌铺的形式出现，一般纸铺下还有织品类作底，使整个布局显得更为和谐，构图也显得富有层次。

（3）石铺。石铺也叫石围，多作地铺。常以平整的石头作铺垫，或以单个景观石作背景，许多小型鹅卵石随地铺开，石中布置茶器具及其他物件。选用石铺时，还应处理好背景环境，通常以竹、树桩、盆景相佐，以表达自然之态，否则会显得单调甚至杂乱。石铺处理得当，会起到其他铺垫所无法达到的良好效果。

（4）不铺。不铺之铺垫即以桌、台、几本身为铺垫，不再铺以其他铺垫物。不铺的前提是桌、台、几本身的具有质感和色感，如红木古朴而有光感，原木自然而现木纹。善用不铺，也往往最能体现茶席设计者的文化与艺术功底。

除了以上几种茶席设计中常用到的非织品类铺垫，还有花瓣、草秆编织等铺垫，可根据主题需要，选择合适的铺垫搭配。

（二）铺垫的形状

铺垫的形状一般有正方形、长方形、三角形、圆形、椭圆形和其他几何形等。

1. 正方形和长方形

正方形和长方形铺垫，多在桌铺中使用（见图 6-13、图 6-14）。根据铺垫物的大小，又分两种：一种为遮沿型铺垫，即铺垫物比桌面大，四面垂下，遮住桌沿；一种为不遮沿型铺垫，即按桌面形状设计，又比桌面小。正方形和长方形遮沿铺属桌铺形式中较大气的一种，许多叠铺、三角铺、纸铺等，都要依赖遮沿铺作为基础。从这个角度来说，遮沿铺往往又被称为基础铺。

图 6-13　正方形铺垫

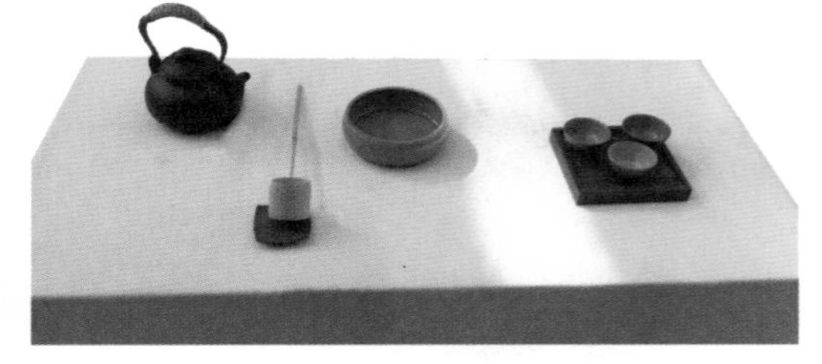
图 6-14　长方形遮沿型铺垫

2. 三角形

三角形在铺垫形状中很有特色，在铺垫造型中比较富有层次（见图 6-15）。三角形铺垫在桌面铺垫的基础上，将一块比桌面稍小的正方形织品移向而铺，正面使一角垂至桌沿

图 6-15　三角形铺垫

下。由于正面三角形的效果，整个茶席结构显得相对比较集中，如桌、台、几本身质感、色感好，也可不用基础铺。

3. 圆形

圆形一般在特定布局中使用。如在正方形桌、台、几或是个别地铺中出现。圆形铺垫还适合用于围绕中心、四周摆置器物的场合，如设计道家太极茶席或象征天圆地方的主题茶席时，圆形的图案正好构成类似太极图和天圆的意象，能达到较好的视觉效果。

4. 椭圆形

椭圆形一般只在长方形桌铺中使用，它会凸显四边的留角效果，为茶席设计增添想象的空间。

5. 其他几何形

几何形易于变化，富有较强的个性，适合桌铺和地铺，还可叠铺、多层铺，具有层次感（见图 6-16）。几何形在铺垫中最富想象力，可随着茶席设计者的意图而变化，最适合表达现代生活题材的茶席。

图 6-16　几何形铺垫

（三）铺垫的色彩

色彩是表达情感的重要手段之一。掌握各色彩之间的关系对色彩的搭配很重要，不同关系的色彩搭配会给人不同的心理感受。在茶席的铺垫中，色彩能在不知不觉中影响人的精神、情绪和行为。

1. 铺垫色彩搭配的基本原则

在茶席设计中，选择铺垫色彩的基本原则是：单色为上，碎花为次，繁花为下。

单色最能适应器物的色彩变化，突出主器物的显著位置。单色既属于无色彩（白、灰、黑），又属于有色彩（红、黄、绿），即便是最深的单色黑色也绝不夺器。可以说，茶席铺垫中运用单色，反而是最富色彩的一种选择。

碎花在茶席铺垫中，只要处理恰当，一般也不会夺器，反而更能恰到好处地点缀器物、发扬器物。碎花和纹饰会使铺垫的色彩复调显得更为和谐。碎花和纹饰的一般选择规律是，与器物同类色的需要更低调处理。

繁花由于花色纹饰较为繁杂，容易将茶席元素淹没其中，在一般铺垫中较少选用。但在某种特定条件下，灵活使用繁花铺垫，混搭色彩也能打造灵动出彩的茶席（见图 6-17）。如常见的东北红牡丹花棉布、少数民族的蜡染布料等，都具有明显的地域特征，对于表达相应的民俗和乡村题材的茶席，往往会带来出奇制胜的效果。总之，尽量减少铺垫错综复杂的色彩和图案对视觉造成的干扰，遵循视觉极简的原则。

图 6-17　繁花铺垫

2. 铺垫色彩的搭配方法

不同色系的茶席呈现出的意境也不相同，在实践过程中可以根据茶席的主题和茶品进行选择。

（1）以茶席主题选择铺垫色彩。不同的色彩会影响、调节和控制人们的心理和情绪，可以根据茶席主题表达的意境选择铺垫色彩。黑色系茶席意境沉稳、大方、幽邃；白色系茶席意境干净、纯洁、平淡；灰色系茶席意境平静、庄重、素雅；红色系茶席意境热情、喜悦、庄重；橙色系茶席意境温暖、甜蜜、热情；黄色系茶席意境干净、高贵、明亮；蓝色系茶席意境沉稳、雅致、幽邃；紫色系茶席意境浪漫、神秘、内敛；绿色系茶席意境生机、平和、平静。

（2）以季节和茶品选择铺垫色彩。

春天：铺垫以生发色为主，如绿色系列、水粉色系列、桃红色系列等，配以暖色系（如奶白色、姜黄色等）或碎花的辅助铺垫。适合冲泡花茶、白茶、铁观音、绿茶等（见图 6-18）。

夏天：铺垫以清爽淡雅为主，如白色系列、水蓝色系列、水绿色系列等，以上这三个色系可协调搭配。适合冲泡绿茶、花茶、白茶、黄茶等（见图 6-19）。

图 6-18　春日茶席

图 6-19　夏日茶席

秋天：秋天是饱满丰盛的季节，铺垫以湛蓝色系列、灰绿色系列、黄色系列等为主，配以竹席、陶片、瓷片等其他材质的物件，搭配出个性茶席。适合冲泡岩茶、老白茶、黑茶等（见图6-20）。

冬天：温暖厚重是这个季节的风格，以红色系列、深色（黑、棕、灰、蓝等）系列为主。铺垫主席为深色，辅助铺垫就容易搭配，铺垫和副铺垫可以根据天气温度、对坐饮茶茶友的喜好随心所欲地搭配。适合冲泡红茶、黑茶、老茶等（见图6-21）。

图6-20 秋日茶席

图6-21 冬日茶席

（四）铺垫的方式

铺垫的材质、形状、色彩选定之后，要想获得理想的铺垫效果，还要选择合适的铺垫方式。

1. 平铺

平铺又称基本铺，是指用铺垫对泡茶桌或泡茶台进行全部遮盖的方法。它是最常见也最传统的铺垫方法。平铺又分为遮沿铺（见图 6–22）和不遮沿铺（见图 6–23）。遮沿铺即用一块长、宽都比茶桌大的铺品将四边垂沿遮住的铺垫，可垂沿触地，也可不触地。不遮沿铺，即铺上比四边线稍短一些的铺垫。平铺适合所有题材的器物摆置，对于质地、色彩、纹饰、制作上有缺陷的茶桌，平铺还能起到某种程度的遮掩作用。

图 6–22 遮沿铺

图 6–23 不遮沿铺

2. 叠铺

叠铺是指在不铺或平铺的基础上，设置两层或多层的铺垫（见图 6–24）。叠铺是最富层次感和画面感的一种铺垫方法。常选用正方形、长方形、三角形、圆形、椭圆形等几何图形以及其他形状的铺垫物叠铺在一起，让器物随叠铺图案摆置，给人以画中画的审美享受。可将纸类艺术品（如书法、国画等）叠铺在桌面上；或将长条形的桌旗做局部叠铺，将泡饮主器具陈列其上；也可在铺垫物下先固定一些支撑物，以突出器物的摆放位置或构成某种物象的效果。叠铺的不同色块将茶席分成视觉上高、中、低不同的区域，无意中产生了某种分界感，这就为器物的摆置提供了分清主次的条件，主茶具和辅助茶具分别放置于不同区域，突出重点，视觉上更加集中，使设计者能够较为准确地把握中心位置。叠铺可采用同一质地的铺垫，也可采用多种不同质地的铺垫。铺垫的组织比较随意，但切忌因追求叠铺的效果而抢夺器物摆置的效果，以致喧宾夺主。

3. 延伸铺

延伸铺是指将茶席的铺垫从桌上延伸到地面空间的一种铺垫。延伸铺垫充分利用桌地结合的形式，增大了茶席的布置空间，视觉上的画面效果大气，富有变化与层次，具有很好的艺术欣赏效果，也避免了因装饰物的体积过大造成桌面空间的不足或茶席结构的不协调，增加了设计的空间和意境的表达（见图 6–25）。从茶席的主题和审美的角度设定物象环境，使观赏者按照营造的意象氛围去品味器物，能够很好地传达出茶席的设计理念，增加想象的空间与审美情趣。一些大件的工艺品、插花等，可以另立矮凳或支架放置；若表达风、流水等意象，也可将铺垫从桌面延伸到地下，再搭配相应的装饰物。

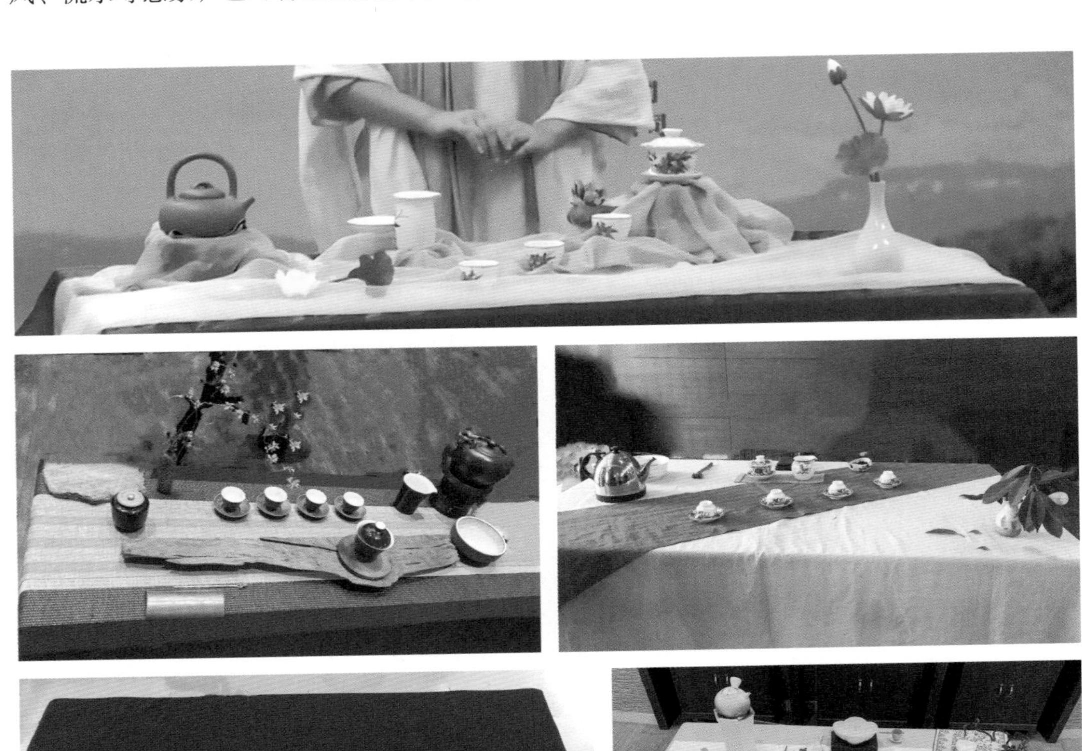

图 6-24 叠铺

图 6-25 延伸铺

四、插花——自然的点缀

茶席插花是茶席设计的重要组成元素。茶席插花的作用是：追求崇高自然、朴实秀雅的风格，提升内涵，体现茶的精神；烘托茶艺环境，深化茶艺主题。插花作为茶事环境的一部分，需要合理设计、摆放，运用和谐才能起到画龙点睛的效果。

（一）茶席插花的特点

插花花材的基本特征是简洁、淡雅、小巧、精致（见图 6-26）。宜选含苞待放、色彩素雅、当季的花材和植物进行装饰和搭配，从而拉近茶艺表演与自然的距离，营造清新脱俗的韵味。不宜选的花材有：香味过浓的花，如栀子花、玉兰花等，其香味会掩盖茶香；花大色艳的花，以免喧宾夺主；完全盛开即将凋零的花，以及过季的假花。

图 6-26　茶席插花

鲜花不求繁多，有时只插一两枝便能起到画龙点睛的效果；插花时，应注重线条、构图的美和变化，以达到朴素大方、清雅绝俗的艺术效果。可以运用传统的垂直式、倾斜式、下垂式，以及更为多样丰富的组合式和自由式花型（见图 6–27）。造型上有起有伏，高低错落，俯仰呼应，虚实相生。结构上以奇数、不对称为原则，花枝少而精巧，自然生动，简洁雅致。因此，在花的数量方面，不可过多，最好控制在三种以内，要善于运用“密不通风，疏能走马”的留白手法。

图 6–27　茶席插花类型

（二）茶席插花的花器选择

花器是插花的基础和依托。插花造型的构成与变化在很大程度上得益于花器的形与色，可根据实际空间需要或设计要求选择花器。

茶席插花可选用古典花器，如碗、盘、瓶、筒、篮、钵等。花器材质可选用铜、瓷、陶、竹、藤、玻璃、塑料等（见图 6-28、图 6-29），以丰富插花作品和适应时代发展潮流。当今茶席插花的器皿丰富多样，具有观赏性的精美盛水器都可以用来插花，与茶道器具组合应用，更能体现茶道和花道的意境之美。就花器的造型来说，它既限制了花体，也衬托了花体。茶席中的插花简约、精巧，也决定了花器相对小巧、简朴、雅致。在色彩上，竹、木、草、藤花器基本利用其原色，方显其原纹原质。陶质可选素面不添色的。瓷质宜为青色、白色。紫砂最好选深色。

图 6-28　清代豆青釉花觚

图 6-29　不同器型的花器

五、焚香——可赏可嗅的灵动与飘逸

焚香不仅作为一种艺术形态融于整个茶席中，而且它的香气弥散于品茗空间，能使人获得嗅觉上的舒适感。焚香是为了营造氛围，切忌喧宾夺主。在茶艺中选择香品时以不影响茶汤香气和滋味为原则，应选择淡雅、天然的香料，如檀香、合香、沉香等，而不应选气味太过于浓烈妖艳的香料。

（一）茶席用香

茶艺活动中，选择自然香品更符合现代人回归自然的精神追求。茶席中用香很讲究。香的种类及样式、焚香的时间、香炉的种类及摆放位置等方面，都需要精心挑选与调和，力求不夺茶香，亦能赏香，两者相辅相成，共同为茶席增色。

茶席中香料的选择应根据不同的茶席内容及表现风格来决定。表现宗教和古代宫廷类茶道的茶席，可选用香味相对浓烈一些的香料；表现一般生活内容的茶席，则可选择相对淡雅一些的香料。

（二）茶席中香器的选择

在选用香器时，应与茶艺主题、茶类特点和茶室空间等相搭配（见图 6-30）。如铜质茶炉，古风犹存，基本保留了古代香炉的造型特征，炉壁厚重，有历史的厚重感，一般用来表现宗教题材及古代宫廷题材。瓷质直筒高腰山水图案的焚香炉，形似笔筒，与白瓷茶具相配，与文房四宝为伍，可以用来表现现代和古代文人雅集茶席。瓷与紫砂类香炉或熏香炉，贴近生活，清新雅致，富有生活气息，可以用于表现一般生活题材的茶席。紫砂类香炉或熏香炉，常用于乌龙茶和普洱茶茶席；瓷质青花低腹阔口的焚香炉，可以用于绿茶、花茶等茶席。

图 6-30　线香与香器

（三）茶席中香器的摆放位置

对于香器在茶席中的位置，应把握不夺香、不遮挡、香宜远焚的原则（见图 6-31）。若非舞台表演，香器最好不要放于席面上，以免香烟飘忽不定，香味时浓时淡，影响宾客品

图 6-31　茶席中香器的摆放位置

茶。香器应放于品茗空间中气流流动的下游，可使香味更加舒缓地弥散在整个品茗空间。焚香时间最好与品茶时间错开，如果要与茶香同时出现，则香品的选择一定要与茶性、茶香相匹配，不夺茶香。比如：客人来到之前，在玄关或茶席中熏香，以清淡、若有似无的香气为佳；品完茶香之后，赏清雅的熏香更能提升品茗空间的感官享受。

六、相关工艺品——茶席的点睛之笔

茶席中常见一些工艺品的点缀。工艺品能在一定程度上起到烘托、深化茶席主题的作用。因此，茶席中相关工艺品的恰当选择与摆放常常会获得意想不到的效果。

（一）相关工艺品的种类

相关工艺品的范围很广，凡经人类以某种手段对某种物质进行艺术再造的物品，都可称为工艺品。茶席中工艺品可分为自然物品类、生活用品类和艺术品类。

1. 自然物品类

自然物品常反映自然之性，与茶的自然秉性格外和谐，如有自然纹理、形态各异的珍玉奇石，表现大自然千姿百态的植物盆景，自然界中的各种树枝花草，等等。

2. 生活用品类

生活用品是人们在日常生活、工作中用到的各种物件，它更能体现生活气息，如采茶、制茶用的各种农具，体现职业工种的各种穿戴，以及文娱玩具、体育用品等。

3. 艺术品类

用艺术品装饰，更能体现艺术风格，如乐器、民间工艺品、演艺用品等（见图 6–32）。除了上述使用较多的工艺品类，还有宗教法器、劳动用具、文玩古董等，只要能表现茶席的主题，都可运用。

图 6–32　茶席上的艺术品

（二）相关工艺品在茶席中的地位与作用

相关工艺品不仅能有效地烘托茶席的主题，还能在一定的条件下，对茶席的主题起到深化的作用。如一串红辣椒、几个玉米、一把麦穗、一顶草帽、一个采茶篓、一个摇青筛、一个斗笠、一件蓑衣等，非常适合表达乡土风情的茶席，充满了生活的气息。在茶艺节目《工夫茶·两岸情》的创新茶艺中，主泡茶席选用湛蓝色布，桌布中央放置三个木制帆船模型，呼应余光中先生《乡愁》一诗中的“窄窄的船票”与“浅浅的海峡”，更寓意两岸舟楫往返、生生不息。

相关工艺品选择、摆置得当，对茶席的主题、画面是有效的补充；反之，则会有损茶席的完美。因此，其在选择与摆置上，要避免衬托不准确、与主器具相冲突，或者“多而淹器、小而不见”。工艺品的选择可多可少，以能点题为原则，宜少而精。相关工艺品的质地、造型、色彩等，应与茶席中的主器物属于同一个基本类系。在色彩上，同类色最能相融，并且在层次上也更加自然与柔和。在摆放位置上，相关工艺品的位置应处于茶席的旁、边、侧、下及背景的位置，服务于主器物，也可根据工艺品的大小及主题表达的需要，由设计者做适当的位置调整。

七、茶点茶果

茶点茶果是饮茶过程中佐茶的点心和瓜果的统称。其主要特征是分量少、体积小、制作精细、样式清雅。

（一）茶点茶果出现的历史

饮茶佐以瓜果，历史悠久。“茶果”一词，最早出现在《晋中兴书》：“陆纳为吴兴太守，时卫将军谢安常欲诣纳，纳兄子俶怪纳。无所备，不敢问之，乃私蓄十数人馔。安既至，所设唯茶果而已。”这记载了陆纳以茶示俭的故事。《晋书·桓温列传》载：“温性俭，每宴惟下七奠柈茶果而已。”可见在晋代，已有茶果出现，与茶相配的瓜果传递了俭廉精神。

茶点是佐茶的点心、小吃。茶点比一般点心更小巧玲珑，口味更丰富，制作更精细，在茶席中的摆放也更有想象和创作的空间。饮茶佐以点心，最早出现于东晋时期。《世说新语》中有一则故事：“褚太傅初渡江，尝入东，至金昌亭，吴中豪右燕集亭中。褚公虽素有重名，于时造次不相识，别敕左右多与茗汁，少箸粽，汁尽辄益，使终不得食。褚公饮讫，徐举手共语云：‘褚季野。’于是四坐惊散，无不狼狈。”这里佐茶的是粽子，粽子是中国的传统食物，说明东晋时人们饮茶，以粽子为茶点。

唐代虽没有出现专门的茶点，但已有很多点心是与茶一同食用的。唐玄宗曾作诗云：“四时花竞巧，九子粽争新。”从玄宗的诗来看，宫廷的粽子花式品种丰富。唐代的面食制作十分精美，据《清异录》所载的“韦巨源烧尾宴食单”，可推断其中许多点心都是有可能用来佐茶的，如巨胜奴、婆罗门轻高面、七返膏、玉露团等，从名称上看就觉得很精美。五代时顾闳中的《韩熙载夜宴图》(见图6-33)中所绘食桌上有果品，包括柿子和一些干果，还有点心、茶碗和水注，但唯独没有夹菜用的筷子，所有的食物都用手取。

因此，可推测韩熙载的夜宴不是酒宴，而应该是茶宴，食桌上摆放的很可能是佐茶的茶点茶果。

图 6-33 〔南唐〕顾闳中《韩熙载夜宴图》

宋代的茶食达到高峰，制作精美，在茶宴和多种场合中经常被使用。宋徽宗赵佶所绘的《文会图》(见图 6-34）中，皇家茶宴上放置的茶点茶果，盘大果硕，制作已十分精美。

图 6-34 〔北宋〕赵佶《文会图》(局部)

明清时期的茶点茶果已不亚于今。仅在《金瓶梅》一书中，描写的茶果就有橘子、金橘、红菱、荔枝、马菱、橄榄、雪藕、雪梨、大枣、荸荠、石榴、李子及茶点火烧、寿桃、蒸角儿、冰角儿、顶皮酥、荷花饼、艾窝窝等四五十种。

（二）茶点茶果的种类

茶点茶果不仅讲究色香味形的感官享受，而且注重文化内涵。在佐茶的过程中，也形成了茶点茶果的应茶性、观赏性、品尝性、多样性等自身特点。目前，茶点茶果种类繁多，概括来讲，常见的茶点茶果可分为点心类茶点和水果类、干果类茶果等。

点心类茶点又分为糖果类、西点和中式点心等。其中，西点主要以面粉、糖、黄油、牛奶、香草粉、椰子丝等为原料，脂肪、蛋白质含量较高，味道甜而不腻。点心类茶点常见的有：凤梨酥、核桃糕、绿豆糕、饼干、酥糖、月饼、椰饼等包装类的点心；现做的蒸糕、糍粑、烧饼、馅饼、艾米果、粽子等；烘焙的面包、蛋挞、菠萝包、蛋糕、三明治、酥角等。

水果类茶果一般选应季的、气味不太浓的新鲜水果，如苹果、香蕉、西瓜、哈密瓜、荔枝、葡萄、龙眼、杨梅、梨子、圣女果等。橘子、橙子、榴莲等味道较浓的水果，一般不提倡在饮茶时食用，因为其气味较浓，容易影响品茶的效果。

干果类茶果，根据口味可分为咸、甜、酸甜、咸辣等。咸的干果常见的有花生、瓜子、开心果、蚕豆、松子、青豆、笋干等；甜的干果一般包括蜜饯或果脯，如葡萄干、加应子、话梅、香蕉片、蔓越莓干等。

现如今，茶点茶果已是茶馆的必备品，属于茶会的一部分，其品种丰富，制作精美，而且色、香、味、形俱佳，已成为中华茶文化的又一大景观。茶点茶果搭配得当，不仅不会降低茶汤的欣赏价值，还会与茶、器具、人、规程、环境在同一时空上形成统一的整体，以助茶趣。

（三）茶席中茶点茶果的搭配

品茶时佐以茶点茶果，能为品茗的体验增添变化，甚至凸显茶性的清苦，让品茶更有雅趣。茶席搭配相应的茶点茶果是很有讲究的，不仅要讲口感、讲养生、扣主题，还要因时、因地、因人而异进行搭配，做到形美、味美、意美，才能与茶相得益彰。

1. 根据茶类搭配

茶席上冲泡的茶类不同，茶性也就不同，要依据茶的特征来搭配茶食，更能体现以人为本的理念。如冬天或体寒者喝绿茶就应尽量避免选择寒性食物搭配，如西瓜、李子、柿子等。红茶性暖，体热者就不要选择荔枝、龙眼、桂圆等热性食物搭配。一般来说，品绿茶，可选择一些甜食；品红茶，可选择一些味甘酸的茶果，如杨梅干、葡萄干、话梅、橄榄等；品乌龙茶，尤其是武夷岩茶，特别容易消食，为避免低血糖，可选择一些补充能量的茶食，如饼干、糖果之类。

2. 根据季节搭配

只有当令食物，即生长成熟符合节气的食物，才能得天地之精气。若违背了“春生、夏长、秋收、冬藏”的寒热消长规律，就会导致食物寒热不调，气味混乱。一年四季，春夏秋冬，寒来暑往，人在不同季节里，体质和体能的需求也会发生变化。因此，茶食也要依据时令选择。

春季：春季的饮食调摄应当遵循春季养生的总原则：养阳气，助阳升发；避风寒，清解郁热；养脾胃，疏肝健脾。唐代医学家孙思邈说：“春七十二日，省酸增甘，以养脾气。”

甘味的食品能补益脾气，春季多吃食性甘的食物，有利于脾胃虚寒的人。茶食的搭配应考虑时令蔬果，同时可以吃些低能量、高植物蛋白、低脂肪的食物，如搭配以南瓜、芋头、红枣等作为材料的茶点。南瓜甘温无毒，有补中益气功效；芋头味甘、辛，性平，具有解毒消肿、益胃健脾、调补中气、止痛等功效；红枣有补虚益气、养血安神、健脾和胃等作用。用食性温甘的樱桃、卤豆腐干和易于消化且生津清热的桂花藕作为搭配也是不错的选择。在春季，这些茶点搭配花茶使用，可以散发冬季郁积于人体内的寒气，茶味香韵，利行气血，使人大脑清醒、思路敏捷，缓解“春困”。

夏季：盛夏酷暑，烈日炎炎，配些清凉的茶食便是锦上添花。夏季茶席应搭配清热、利湿的食物，可以补充蛋白质、维生素、水和无机盐，如西瓜、圣女果、绿豆等。西瓜性寒、味甘，具有清热解暑、生津止渴、利尿除烦的功效；圣女果性甘、酸、微寒，具有生津止渴、健胃消食、清热解毒、凉血平肝和增进食欲的功效；绿豆味甘、性凉，具有清热解毒、利尿、消暑除烦、止渴健胃、利水消肿之功效。其中，由绿豆制成的绿豆糕清香绵软，是清凉解暑的风味食品。

秋季：秋天气候干爽，燥气为主，应多增加酸性食物，以加强肝脏功能，有助于生津止渴。另外，秋天阳气渐收，阴气慢慢增加，不适合吃太多阴寒食物，尤其应避免瓜果，因为“秋瓜坏肚”。例如，西瓜、香瓜易损脾胃阳气，尽量少吃。可用梨、葡萄、柚子等滋阴润燥的食物作为茶席的主要食材。梨味甘微酸、性凉，具有生津润燥、清热化痰的作用；葡萄性平、味甘酸，有补气血益肝肾、生津液强筋骨、止咳除烦、通利小便的功效；柚子味甘酸、性寒，有健脾、止咳、解酒的功效。

冬季：冬季饮食的营养特点是增加热量、维生素的供给，应特别注意增加维生素 C 的含量，可多食柑橘、苹果、香蕉等水果，同时增加蛋类、豆类等，以保证身体对蛋白质的需要。茶席中适宜的食物有：玉米、红薯、大豆及其制品；蛋类、奶及其制品；橘、柑、苹果、橙子、香蕉、山楂、猕猴桃、木瓜等；核桃、芝麻、花生、栗子、枣、桂圆、枸杞、莲子等。冬季茶席用温暖的红茶、黑茶、老白茶为多，搭配这些滋养的茶食，为寒冷的冬季平添一份温润。

3. 根据体质搭配

人的体质不同，适合食用的茶点茶果也会不同，应依据个人体质选配。如脾胃虚寒的人，不宜大量吃西瓜、梨、柚子等凉性水果，可以选择荔枝、龙眼等温热性水果；内火大、痰湿盛者，少吃桂圆、荔枝等；过敏体质，慎吃芒果、菠萝等。胃酸多、易腹泻的人，少吃香蕉；苹果、芒果、西瓜等水果含糖量高，故糖尿病人慎食。

还可以根据茶艺主题搭配茶点。如《盛世闽茶，茗扬万里》所展示的，俄罗斯人用茶炊烧水煮茶，在茶汤中加入柠檬、蜂蜜，喝茶时辅以烤饼、面包等茶点。

此外，还可以根据茶点名称选择。一般精致的茶点名称也很雅致，这些名称对于茶席的主题可以起到烘托作用。例如，一款名叫“花红柳绿”的茶点，适合搭配春天的茶席，无论其颜色还是名字都展现了春天的气息（见图 6-35）。

（张晓鸥供图）

图 6-35　茶点：花红柳绿

（三）茶点茶果盛装器皿的配置与摆放

盛放茶点茶果的器皿，无论其质地、形状还是色彩，都应服务于茶点茶果和茶席的设计，与茶席主器具相协调。盛装器皿应精雅别致，大小不应超过主器物，并具有一定的艺术特色。

现今茶点茶果的盛装器皿形式多样，品种丰富。一般来说，干点、干果宜用碟，湿点、鲜果宜用碗。色彩上，可根据茶点茶果的色彩配以相对色。其中，除原色之外，一般以红配绿、黄配蓝、白配紫、青配乳为宜。此外，各种淡色均可配各种深色。有些盛装器皿里须垫以洁净的纸，特别是盛装有一定油渍、糖渍的干点、干果时，常垫以白色花边食品纸。切勿选择个大体重的食物，也勿将茶点茶果堆砌在盛装器皿中。摆放的位置一般在茶席的前中位或前边位。只要巧妙配置与摆放，茶点茶果也是茶席中的一道风景。茶点摆放位置如图 6-36 所示。

图 6-36　茶点摆放位置

八、背景

茶席设计不仅仅局限于方寸之间的泡茶席，而且涉及整个氛围的营造。茶席的背景是指为获得某种视觉效果，设定在泡茶席之外的艺术物态方式。茶席的背景在表现形式上由室外背景和室内背景构成。

（一）室外背景形式

1. 以树木为背景

从历代古画中看，以树木为背景的茶席不在少数。树木高大，枝叶蓬广，像一把巨大的伞，遮风、挡雨、蔽日。如正值开花时节，在树下摆置茶席，花香伴茶香，令人心旷神怡。

宜选择树龄适中的树木。成年老树树干太高，使茶席背景显得孤单；而幼树又缺乏树之风采，使茶席背景难以构成和谐的画面。最好选择邻近的两三棵成材树木作为背景，树下土地如再整理平坦，效果更佳（见图 6-37）。

以树木为背景（表演者：肖婧仪）

以草地为背景（表演者：林婉如）

图 6-37　以树木、草地为背景

2. 以竹子为背景

竹子是人们最喜爱的植物之一。它具有不惧严寒酷暑、虚心有节等特点，常被看作具有许多美好品德而广受赞扬。所以，选择竹子为背景，能使茶的内涵更加深厚。

以竹子作为背景时，可选一株两株，也可选成片竹林（见图 6-38）。但竹林前应有一定面积的空地，否则在茂密的竹林中布下茶席，不利于人们自由轻松地观赏。

图 6-38　以竹子为背景（无锡若然亭茶业有限公司供图）

3. 以假山为背景

假山属天然奇石类，具有丰富的艺术表现形式和文化内涵，将其作为背景，能使茶席显得厚实而庄重。宜选择那些瘦骨嶙峋、造型奇特并有一定高度的假山为背景，如其上还生有草木花枝则更佳。这样不仅使茶席的整体画面多姿多色，也给人以更加丰富的想象空间（见图 6-39）。

4. 以街头屋前为背景

将茶席置于街头屋前，在茶文化、茶贸易、茶产业活动极为活跃的今天，早已成为平常事。由于是近距离面对面地和观众交流，可以在茶席之后搭设背景物，以获得一个相对阻隔的空同，有利于集中观赏者的目光。所搭背景或设活动屏风，或以布帘、竹席垂挂。在背景物上，还可饰以宣传画片或工艺物件，使整体构图具有个性化的美感（见图 6-40）。

图 6-39　以山水为背景

图 6-40　以房屋为背景

（二）室内背景

首先，利用好茶室的窗子。窗子尽可能开大，把窗外的竹摇花颤、四时光影引入室内，可以营造“静窗闻细韵”的佳境。在茶席上造境，这就是所谓的“尺幅窗，无心画”。窗子上可挂半透光的竹帘，用于茶室内调节光线。悬挂的竹帘以呈现出均匀明显的竖向条纹为最佳，可与室内横向的茶席平面共同形成有节奏的层次感。

茶室里，应莳四季花卉，栽常绿竹木，以展现出狭小空间里的光阴流转。也可利用射灯，定点定向照明，用几竿绿竹、半树桃花、一截有形的枯木，在茶室的素壁上创造竹影婆娑、疏影横斜的光影，幽邃静寂的古意便会在茶空间里荡漾起来（见图 6-41）。

另外，还可用来做室内背景的有大型盆栽、装饰画、传统风格字画挂轴、屏风和工艺美术品，如竹匾、民族乐器、博古架、剪纸等，这些都能为茶席的空间营造出一份别致的韵味和闲趣。

图 6-41　室内背景

第三节 茶席设计技巧

茶席设计是实现人与茶、人与器、茶与器、人与人之间对话的一种物质和艺术的再创作过程，从而构建人、茶、器、境的茶道美学空间。因此，技巧的掌握和运用就显得非常重要。

一、茶席设计的主题

主题是茶席设计的灵魂。主题的确定有助于茶席各要素的统一与协调，也有助于对茶席设计意义的提炼，使茶席更具文化内涵与韵味。有了明确的主题，设计茶席时方能有的放矢。

（一）茶品

茶有绿、红、青、白、黄、黑之色，又具有啜苦咽甘之性，因产地、外形、特性的差异带给人不同的体验与感受。茶品中也包含着文化风情、历史典故等许多题材内容。在设计茶席时，可从茶产地的自然风貌、人文风情、茶园故土等，或茶叶的外形特点、汤色、滋味等方面入手设计主题。例如，可以根据茶类的生长环境表现不同的自然景观，以获得回归自然的感受。以茶类适宜品饮的季节表现不同的时令节日，以获得某种生活的乐趣，如设计表现春夏秋冬景致的季节茶席，表现中秋、春节等的节庆茶席。还可以根据饮茶后的感受，表现不同的心境，设计可以提供某种心灵慰藉的茶席。

（二）茶事

与茶有关的历史事件为茶席设计提供了丰富的题材。可以从历史悠久的茶文化史实中，选择有影响的历史事件以及自己感兴趣的茶事为题材，在茶席中进行艺术的表现。如神农尝百草、陆羽与《茶经》、万里茶路、毛主席与半壁江山的故事等，都可以作为茶席表现的题材。还可结合自己亲身经历的茶事活动为题材，这样也更具感染力，如探访茶山、修习茶艺、做茶、品茶、茶文化研学、茶艺师鉴定的体验等，都可以作为茶席设计的题材。

（三）茶人

凡爱茶之人、事茶之人、对茶有所贡献之人、以茶的品德作己品德之人，均可称为茶人。以茶人作为茶席的题材，对茶人不应苛求，古代茶人、现代茶人及我们身边的茶人都可以作为茶席主题的灵感来源。如茶圣陆羽、诗僧皎然、作《七碗茶歌》的玉川子卢仝、作千古奇文《叶嘉传》的苏轼、嗜茶如痴的赵佶、程朱理学集大成者朱熹、喜荷露茶的乾隆、为现代茶业复兴做出卓越贡献的当代茶圣吴觉农、“廉美和静”的庄晚芳，以及茶寿老人张天福、陈椽、王泽农等，他们为茶呕心沥血的事迹和无私奉献的精神都是茶席设计的好题材。

除了以上常见的三种题材，还可以将特殊纪念日，如生日、新婚等，结合自己的人生感悟，如“返璞归真”“人生百味”“啜苦咽甘”“家国情怀”“人与自然”“茶人匠心”等，作为茶席设计的主题。

二、茶席设计的结构

结构是物质系统内各组成要素之间相互联系、相互作用的规律方式。茶席的第一特征是物质形态，因此，茶席也必然拥有自身的结构方式。这种结构方式主要表现在空间距离中物与物的视觉联系与相互关系。

（一）主次分明

世间万物皆含矛盾，矛盾皆分主次。茶席设计是一门艺术，遵循主次原则可使其达到事半功倍的效果。

在茶席设计过程中，我们常常会有将所有精美的茶具一股脑儿都布置在茶席上的冲动，结果适得其反，使茶席整体凌乱，没有主次，处处皆美却失大美。依据事物形态的整体性原则，应着重考虑主次关系，局部要为整体服务。设计过程中，首先把握茶是灵魂、茶具是主体的原则，然后围绕主题再进行艺术环境的营造，要尽可能达到主次分明、相得益彰的效果。否则既显多余累赘又主次混乱，使主题不突出，彰显力不够。

（二）和谐统一

茶席是由具体器物构成的。铺垫与器物之间，器物与器物之间，器物与背景及相关工艺品之间，都存在空间距离上的结构关系，合理的结构体现着美的和谐。结构不仅表现为一般的构图规律，还是茶席各部位在大小、高低、多少、远近、前后和左右等比例中所表现的总体和谐美。

茶席首先要考虑其实用性，所以应根据冲泡的茶叶选择茶席主器物，而且应注意各器物之间的比例和谐。例如，应计算好主泡器与匀杯的容量、茶杯的容量与数量的比例关系。如果比例失衡，匀杯过小，冲泡好的茶汤盛装不下，或匀杯太大，茶汤热气散失过快，或每一泡的茶汤无法将每只茶杯均匀斟到七分满，不但会导致视觉上的不协调、不美观，更重要的是会影响茶汤的品质。做好准备及对器具功能的考量，可以更好地保证席主泡茶过程中的从容淡定。

（三）茶席构图

设计茶席时，在遵循实用性的基础上，应讲究其艺术性。为方便泡茶，应将茶具摆放在顺手的位置。茶具位置合理，操作时就会舒服顺畅，表演起来更具美感（见图 6-42）。

图 6-42　茶席构图

首先要布置铺垫物。铺垫确定了茶席空间的中心区域，用来承载安放茶具。应根据泡茶桌的大小，选择尺寸、颜色、材质合适的铺垫。

然后，将主泡器（盖碗或茶壶）居中，定位中正，距离桌沿 10 cm（大概一拳的距离），置于壶承上。以主泡器为中心定点，其他茶具在左右两边依次摆放，要求视觉平衡，不添加与茶无关的器具，理性地删繁就简，尽显简约和谐。

匀杯又称公道杯，置于主泡器右斜上方 45° 角或在主泡器左侧并列摆放，使匀杯不遮挡泡茶器，以方便行茶时不越物，同时出汤更流畅。泡茶器和匀杯构成泡茶区，位于席主正前方。由茶杯排列组合构成的品茗区位于泡茶区的前面，置于嘉宾方便拿取的位置，与泡茶区顾盼呼应着。茶杯放置在杯垫上，排列紧凑整齐，这种有规律的间隔重复会产生一种节奏感和韵律美，同时也便于就近分茶。

茶叶罐又称茶仓，置于席面右上方。

茶匙、茶则依次放在席面右下方，方便取用的最远处，开阔、舒展、没有阻碍，茶则在投茶之后应翻扣过来，不宜使正面长久暴露。

煮水器，置于左上方，席主左手执壶的最远处，以方便行茶，并使茶席显得舒展，壶口切忌朝向客人；如有副茶台（即低于主茶台 20 cm 左右的小茶台），则煮水器放置于席主左手边，更方便使用。

茶洗或称水盂，放置于席面左下方，与煮水器置于茶席的同一侧，方便刮沫淋盖。

茶巾，折叠整齐放置于席主正前方或偏右的位置，用于吸干泡茶器、匀杯和茶杯底部的余水。

盖置放于主泡器右侧，注水时暂时放置碗盖或壶盖，更加方便卫生。

茶席的布置要有层次、有节奏，让对坐饮茶的人可以清晰地欣赏所有器具，并且疏密得当。每一件器物都应有其固定的位置，壶有壶承、杯有杯垫、盖有盖置，各司其职，有条不紊。泡茶过程中，每一件器物取用后一定要物归原处，并照顾好彼此的距离。这就是关系的平衡。

以上介绍的是左手注水的茶席布置，若是右手注水的茶席，应将煮水壶和茶洗放于右侧，茶叶罐和茶则、茶匙放于左侧，其他器物位置不变。

在布置茶席时，除了注意茶席构图以外，还应对每一件入席的器物仔细选择，哪怕是一个小小的茶匙、一块毫不起眼的茶巾，都应从席面的整体和谐去考虑。茶席上的一器一物皆是入景的雅物，布席人对待器物的态度决定着一个茶席的成败，不能因为某件茶器的功能不重要便随意选择或马虎布置，而不做到尽善尽美。

三、茶席设计的原则

一个优秀的茶席作品应遵循以下几个原则：主题明确，立意深远；茶席结构完整，注重实用性；摆饰不求多，具有一定的艺术性。

（一）主题明确，立意深远

主题是对茶席所要表达内涵进行的高度、鲜明的概括。茶席主题的提炼是通过命名来体现的。通常来说，茶席主题的命名用字简洁、精练，一字、二字乃至三五字不等，取其含蓄隽永之趣。偶或也有多字者，似法无定式。

茶席设计时需要有一定的文化内涵和深远的立意，主题有高度的概括性，不期表达太多深奥的哲理。如茶席上有一盘秋天的果实或相关工艺品，使人一看便会联想到“收获”或“秋天”，在主题命名时可体现“秋收”或“硕果累累”之类的字眼。若要表达“童年”的主题，则可以借助能够体现无忧无虑的童年时光的物品来体现。

（二）结构完整，注重实用

茶席因茶而设，首要条件即满足茶的冲泡需求以及泡茶的要素和流程，在设计时应符合茶艺规范和人体工学的特点。要注意茶席画面的完整性，这样茶席布局才会统一，建构才会明确与协调，否则就易流于肤浅。

席面物品的摆放应契合人体的自然形态，使人在茶席空间里能够自如地操作而不受限制，而且身体的移动不因动作的改变出现大幅度的晃动，这些在茶席设计时都应加以考虑。同时，设计茶席时应将正面朝向泡茶人，而不是朝向客人。因为茶席是为泡茶服务的，彼此要能形成整体性，美感才会产生（见图 6-43）。

图 6-43 茶席结构完整

（三）摆饰精简，兼顾艺术

不同主题的茶席呈现的风格各不相同，典雅、远奥、精约、繁复等艺术风格都可以通过茶席的静态语言来表达。不论茶席是设在室内还是户外的空间，常被设计成可以随时改变的样子。有些茶人喜欢随着季节来改变茶席的陈设。茶席“日新又新”的行事规范是让茶道艺术性与道德部分不至于僵化、退化的机制。

设计茶席时的摆饰不求多，但求精，任何摆放在茶席上的物品都应在茶席中发挥其应有的功能。在设计茶席时，如遇到茶席的背后或侧面有干扰的壁面或景物，又难以改变的，应设法遮挡或减少其干扰，以符合茶席风格的器物或装饰品加以美化，如摆放插花或盆栽，或挂上一幅字画，摆上一件花瓶、雕塑等。茶席的画面感、时间与空间、听觉与视觉交融悦目方能赏心，茶席的美不是枯燥刻意的形式美，而是以人为本，借茶器育化茶汤，以杯为依托，在温馨如画的茶境中，塑造赏茶与品茶的美学空间。

四、茶席设计的文案表述

茶席设计的文案是以图文的形式对茶席设计作品进行主观表达和陈述说明的一种形式。它围绕茶席作品的设计理念、设计方法进行介绍，一般应包括主题名、设计理念、茶席要素的用意、结构说明、结构图、结束语、席主署名及日期等内容。

（一）茶席设计文案表述的内容

1. 主题名

茶席的命名应简洁、精练、意味深长，能直接点明主题，反映中心思想，如《春》《夏》《秋》《冬》《荷》《童趣》《且待》《盼・归》《忆・思》《海之路》《九曲问茶》《石乳留香》《暗香暖意》《外婆的茶》《工夫茶・两岸情》等等。从命名上，即可领会茶席的主题思想。

2. 设计理念

设计理念即茶席设计的主题思想，一般在标题下方，于正文开始前进行介绍。它包括作者的创作思路、主题的选择、情感基调的奠定以及茶席内涵的表达。设计理念应有一定的思想高度，撰写时要用高度概括、准确、简短、精练的文字来表述。

3. 茶席要素的用意和结构说明

对茶席设计中选用的器具、铺垫等要素进行介绍和说明，尤其是对主题有点睛之笔的要素。同时，应对各要素的摆放方式、意欲达到的效果进行说明介绍。

4. 结构图

可以画出茶席结构图，勾勒茶席中各物品的摆放位置，或使用茶席实物照片，有条件的话也可现场展示实物，以便直观感受茶席设计的意境。

5. 结束语

最后对茶席进行总结，可以进一步凝练升华主题，表达自己的展望。

6. 署名及日期

在正文结束后署下设计者的姓名及文案撰写的日期。

（二）茶席设计文案实例

此茶席是由武夷学院茶与食品学院2019级茶学本科生汤洁设计、王丽老师指导的作品，茶席主题为“禾下乘凉梦”。在设计茶席时，文案内容、措辞、格式等均可参考下例书写。

禾下乘凉梦

主题阐述：杂交水稻之父袁隆平曾经说过：“我有一个梦，叫禾下乘凉梦，我们的水稻有高粱那么高，穗子有扫帚那么长，籽粒有花生那么大，我看着好高兴，坐在稻穗下乘凉。”袁隆平是一位世界级的大科学家，同时也是一个爱做梦的平常人。从杂交水稻到超级杂交水稻，他40多年杂交水稻科研生涯也是一个不断创新、不断追梦的漫长过程。如今，袁老虽然远去，但禾下乘凉梦将永远留在我们的心底。“人就像一粒种子，要做一粒好的种子。”他的这句话时时勉励着我们，激励着我们为梦想前行。禾下乘凉梦，自有接棒人。播撒下心怀人民、爱党爱国的“种子”，用汗水浇灌这片充满希望的土地，就是对袁老最好的纪念。借由一杯茶，请袁老放心，梦的未来将由我们千千万年轻人接棒！

茶席解读：整个茶席采用多元结构的设置方式，在结构上，共分三部分，即背景、席面和席前。其中，背景通过展板的形式，展示了袁老和青年在稻田中探讨水稻的画面，高高的稻穗沉甸甸地弯下腰，袁老正认真地听青年讨论水稻，这代表着对袁老梦想的传承。茶席采用藏青色席布作为底铺，藏青色代表广阔、深邃且保持童真，如同袁老的性格沉稳而不失风趣可爱，同时也代表了袁老深爱的那片广袤的土地；手绘水稻桌旗，搭配简约朴素的杏色席布居中摆放，呼应背景展板，以水稻元素表达对袁老的思念；黑色系的茶具组合分布于稻穗间，造型简练大方，色彩淳朴古雅，像一粒粒种子；茶席的左前方摆一纸伞，上面手绘水稻，表达“禾下”之意。

整个空间结构错落有致，布局合理，水稻为整个茶席的重要元素，一笔一画皆是对袁老的感恩和怀念，并以此表达对袁老的慰藉：“我们会做一粒好的种子，在这片土地上生根发芽，茁壮成长。”

冲泡茶品：大红袍，代表袁老的精神代代相传。

音乐：选用唯美古风纯乐《棠梨花》，表达淡淡的别离之感。

结构图示：

席主：汤洁

2021 年 11 月 1 日

第四节　茶席设计案例

一、茶席设计的要求

茶席设计强调主题与艺术呈现的原创性、主题的突出与情感的表达、实用性和艺术性的统一，考量茶席的主题和创意、器具配置、色彩搭配、文本表达和背景等（见表 6-1）。

表 6-1 茶艺职业技能竞赛茶席设计赛评比标准

序号	项目	分值	要求和评分标准
1	主题和创意	35 分	要求主题明确，构思巧妙，富有内涵，个性鲜明，原创性、艺术性强。原创指作者首创，内容和形式都具有独特个性的成果
2	器具配置	30 分	茶具组合符合茶席主题，质地、样式选择符合茶类要求，器物配合协调、合理、巧妙、实用
3	色彩搭配	15 分	配色新颖、美观、协调、合理，有整体感
4	背景及其他	10 分	若设背景、插花、挂画和相关工艺品等，应搭配合理，整体感强
5	文本表达	10 分	针对主题、选茶、配器等进行准确、简洁的介绍，要求文辞优美，并有深度地揭示主题、设计思路与理念。茶席中可用主题牌，也可用其他文案设计

二、茶席设计的案例

（一）茶席作品：《静中芳·清韵出尘》，设计者：陈思彤

设计理念：“自李唐来，世人甚爱牡丹。予独爱莲之出淤泥而不染，濯清涟而不妖。”此茶席以莲为题，取其句之寓意，言人应追求高洁的品格，不浮于尘世的冗杂与名利，同时享受慢生活所带来的愉悦。

茶席结构：桌布以浅蓝为底，仿若潺潺湖水；桌旗映莲之图，浅褐色为泥沼，青莲悄然绽放；茶盘为木舟，茶杯为荷叶，浮于碧波之上；茶盘上的盖碗和公道杯如行舟于莲叶间的隐士，品茶对饮，为莲之化生，静酌浅茗。

莲之美，美在高洁纯粹；自然之物，唯有茶与之媲美。此茶席以信阳毛尖为茶品，纤细嫩绿，表达隐士莲间对饮时静谧安宁的心境。

莲是外在，茶为内修。一杯茶，一辈茶，茶从来不说话，宁静至此升华。

茶席结构如图 6-44 所示。

图 6-44 《静中芳·清韵出尘》

赏析：蓝色桌布和浅褐色桌旗营造出整体感，桌旗上寥寥几笔手绘出莲之神韵，突出“爱莲”主题；盖碗、品茗杯、干泡台呼应主题。尤其是品茗杯，款式相同，图案从花苞、花朵到莲蓬，进一步深化主题。桌旗与茶具的映衬体现出虚实相生的手法。在视觉表现方面，该茶席的空间感和整体的审美效果很好。

（二）茶席作品：《品啜春意》

设计理念：春天是万物复苏的季节，春回大地，冰雪消融，草长莺飞，百花盛开。偷得浮生半日闲，约上三两知己，赏花品茗，好不惬意。

茶席结构：春江水暖，万物复苏，梅枝绽放，暗香浮动。啜一口香茗，品一团春意。具体结构如图6-45所示。

图6-45 《品啜春意》

赏析：茶席以蓝色桌布和梅花象征春江水暖、百花盛开，切入主题，为春季茶席赋予了生命感。茶具布局总体合理，高低错落，疏密有致。在色彩搭配方面，可以降低桌布颜色的饱和度，以提高席面的整体感。

（三）茶席作品：《桃花源》

设计理念：绿茶之鲜，桃花之香，茶与花的和谐！一抹碧绿映上一抹桃红的美景，桃花轻浣云波水。在那桃林深处，雨雾缭绕，仿若世外桃源。茶人在桃花园里席地而坐，冲一壶桃花绿茶，感受古人“桃花源”的意蕴。

茶席设计：桃林葱郁，泉水潺潺，当绿茶与桃花相遇，是鲜与香的邂逅。一杯桃花绿茶在手，如进入陶渊明的桃花源中。茶席结构如图6-46所示。

图6-46 《桃花源》

赏析：诠释文学作品是茶席设计的一大主题。茶席《桃花源》试图将《桃花源记》的理想精神与茶的精神相融合。茶品是绿茶与桃花混合冲泡，并选择桃红色桌旗与粉梅插花，在整体感和色彩细节的平衡处理上颇具心思，以桃花的形与色作为符号呼应主题。该茶席表达的意境美与《桃花源记》如梦似幻的文化烙印相契合，其中的奥妙也如桃花源，“不足为外人道也”。

（四）茶席作品：《盼·归》，设计者：周晨薇

设计理念：“小时候，乡愁是一枚小小的邮票，我在这头，母亲在那头……”只因一湾浅浅的海峡，便搁浅了余光中老先生一辈子的乡愁。诗人已离世，其乡愁梦依旧未了。所有华夏儿女共同祈盼，纵有万水千山、万千险阻，也隔断不了两岸人民心心相印。我们一直在等你，无论风雨，因为我们是手足同胞亲兄弟，是同根相生、血浓于水的华夏儿女，民族的潜意识里早就镌刻了相同的基因。如今，我在福建，举起一杯武夷大红袍，你在海的那一边，举起一杯台湾高山乌龙，茶杯攥在手心，隔岸相望……

茶香四溢，吻烫日月精魂的茶汤，漫溢；带着无限的思念写下一纸信笺，交给远去的船帆，投递……

盼啊盼……期待那归来的身影！

茶席结构：本套茶席由主泡席和副泡席两部分组成，底铺为海蓝色系。其中主泡席为武夷山常用的盖碗茶具组合，冲泡茶品为武夷大红袍；副泡席为紫砂茶具组合，冲泡茶品为台湾高山乌龙茶。

主泡席桌角垂下白纱布，顺势而下，代表纯白色的浪沙，视觉上的蓝、白搭配，象征着两岸之间隔着的蔚蓝海水和汹涌的白色浪花；白纱之上，漂泊于海平面的船只中承载着源于祖国大陆的东方乌龙，它蕴含着对祖国大陆的怀想之情，烘托出同胞们举杯与国同饮的强烈之心！

副泡席上有一封手写书信，以寄相思，表达了盼望回归的心愿。

冲泡茶品：台湾高山乌龙、武夷大红袍。

背景音乐：《明月逐人归》。

（五）茶席作品：《凛冬散去，星河长明》，设计者：陈芳雅

主题理念：2020 年是不寻常的一年，全球新冠肺炎疫情肆虐，伊朗发生雪崩，澳大利亚的大火整整烧了四个月，全球变暖，冰川融化，北极熊没了住处，四处游荡，这一年全世界都在渡劫。“我们被困在家里，可有些人却被困在了冬天。”可是，冬天到了，春天还会远吗？抗疫的终点站，终究是温柔了岁月的碧海长空。一座城，因为有爱，所以温暖；因为温暖，才有力量。我们坚信，众志成城，同心战疫，疫情终将被击败，春天必会繁华烂漫。

今日，借一款花果香馥郁的肉桂，致敬那些在疫情防控期间冲锋陷阵的医护人员、鼎力相助的外邦友人、无数个平凡而伟大的陌生人。让我们举杯同饮，静待黎明破晓、山河无恙、人间皆安时，携手看那樱花烂漫、春暖花开（见图 6–47）。

冲泡茶品：肉桂。

背景音乐：《茶乐花香》。

图 6-47 《凛冬散去，星河长明》

（六）茶席作品：岩茶四季主题茶席

春山如笑、夏日岩岩、心若初秋、冬日恋歌

设计者：林婉如，柯佳雯

主题立意：“奇秀甲于东南”的武夷山，丹霞地貌，群峰相连，峡谷纵横，九曲溪萦回其间。“曲曲山回转，峰峰水抱流”，武夷山自古就有“岩岩有茶，非岩不茶”之称，武夷岩茶“臻山川精英秀气所钟，品具岩骨花香之胜”。“岩骨花香”的独特韵味就是在这沟壑纵横、云雾环绕、山泉鸣涧、沃土滋润的意境中演绎而成的，那至纯至清的山水意境正是岩茶与生俱来的生命基因。

宋代郭熙、郭思《林泉高致·山水训》云：“春山澹冶而如笑，夏山苍翠而如滴，秋山明净而如妆，冬山惨淡而如睡。”四季茶席的灵感取于此，四季轮回，季节变换，而岩韵不变。于春日茵茵的绿草地，夏日炎炎的午后，秋日明净的天地间，冬日静谧的暖炉旁，布上一席，或一人独饮，或邀三五好友，静品这“岩骨花香”。品味岩茶就像仰视一位伟丈夫，大气凛然，雄浑坚强，如武夷之岩；品味岩茶又像静观一位奇女子，清澈坦荡，层次丰富，似九曲之水。

在这里，一切都是安静的，没有城市的嘈杂，没有人群的熙攘。在这里，可以听到水流、山风的声音。在这里，静静地坐在岩石之上，放任自己被茶树的芬芳包裹。

具体茶席布置如图 6-48 所示。

之一：春山如笑

绿，是春天的颜色；淡淡的清甜，是春天的味道。湿润的空气中飘散着丝丝缕缕的花香和青草的气息。满目皆绿的大地上，伴随这股气息，在恰到好处的时机里，布上一席。

春山如笑

夏日岩岩

心若初秋

冬日恋歌

图 6-48　岩茶四季主题茶席

细碎的小花是漫山坡的点缀，亦与如天空般的浅蓝相互辉映，一股自然的恬淡弥漫开来。一方丝巾，与玻璃的通透清凉、白瓷的洁白无瑕，在茶人的纤纤细手中完美结合；一杯水仙，带着轻肌骨之势，平去一身燥闷。

在春光烂漫里，言笑晏晏。这轻轻浅浅的舒适之感，是一种淡雅，仿若时光美人，任时光荏苒，朗朗乾坤中，一身优雅清浅，不绚丽亦不失色。

之二：夏日岩岩

绿槐高柳咽新蝉，薰风初入弦。微雨过，小荷翻，榴花开欲然。

我说，夏天是岩石的味道！说起岩茶，奇山怪石，幽涧流泉，水帘顺着岩石往下飘散，是另外一片视野，便有一种清凉之感。

携一紫砂壶，与三两好友，寻一僻静之地，在岩石之间感受这种清福。不过要享这清福，首先必须有工夫。手执壶，深谙其道，真切地感受武夷工夫茶道所营造的这份宁静祥和的氛围。其次是练习出来的特别的感觉，无他，在山水户外之间，持一颗感恩的心，在尝滋味的同时，感受这片经受多道工艺辛苦而来的叶子。

透过最精简的席，去感受茶的精神世界，恍若游走在丛林幽壑之间，喝一壶武夷山水茶，享人生一大乐事。

一片天地，一方岩石，一壶乾坤。

之三：心若初秋

十月份的季节，开始有了几分凉意、几分萧瑟，连带着色彩亦黯淡了几分。以人来类比，便是一位试图放下的行者，渐渐荒凉的时候，目睹着一切，却留不住，那便开始学着放下。

在谁主沉浮的花花世界中，多少人在寻梦的途中迷失了自己？心中缺乏一份安定，也失了一份质朴，于是，仰仗在茶中寻回丢失的自己。

透过茶来领悟这一境界。在微凉的时候，烧水煮茶。质朴的木板，侧把壶，几个杯子，在腾波鼓浪中，慢慢浸润茶叶。茶叶在壶中激荡，丝丝的香气便散发开来，盈满了一室。香幽而长，便在这种宁静与质朴中去寻找初心，做最真切的自己，开始一段新的旅程。而这，便是茶所带来的精神力量，延续着它千年来不变的使命。

之四：冬日恋歌

在寒冷的冬日里谈一场恋爱吧！

如是，那么我选择茶这个对象。微醺的光晕里，静谧的紫砂壶，古朴又泛着光泽，浑身透露着一股神秘，引人意欲一探究竟。存三只白瓷杯，恰如其分地品尝滋味。岩茶的芬芳，带着一份“韵”，甘冽醇厚，正符合它的品性，让人不忍辜负这一道好茶。

一抹亮色的红，在古朴的茶桌上愈发鲜明，却难得地匹配，冲泡，淋壶，水汽慢慢上升，模糊了眼前，像是一份感动般盈满胸中。明明是寒冬，却处在这般的温暖宁静中，如一位冬日恋人，暖了人心，也似暖了一整个冬季。

思考题

1. 什么是茶席设计？
2. 茶席设计的主要构成要素有哪些？
3. 茶席设计的主题如何选择？
4. 茶席设计应遵循哪些原则？
5. 请试着设计一个茶席作品，取名并撰写茶席设计文案。

补充链接

扫码进行练习 6-1：高级茶艺师理论题库 3

扫码看补充材料 6-1：更多茶席设计

第七章　茶艺编创

本章提要

随着茶文化的发展，各类茶事活动日益增多，茶艺表演的主题和类型也愈发多样化。茶艺表演已发展成为一门综合的表演艺术，成为茶文化精神传承的重要载体。茶艺编创需要各要素间的相互融合，彼此和谐，才能成就一份完美的作品。

第一节　茶艺编创概述

随着弘扬中华优秀传统文化和增强文化自信受到人们的重视，茶文化也不断发展。作为茶文化和茶道精神传播的重要载体，茶艺编创与表演成为茶艺大赛和茶事展示活动的重要组成部分，茶艺表演的类型逐渐从传统走向多元化，优秀的创新茶艺作品不断涌现。

一、茶艺编创的概念

茶艺编创是茶艺表演的基础，是在科学泡饮的基础上，融入其他审美元素，通过茶艺表演艺术化地展示茶的品饮，给人带来美的享受和熏陶的创作过程。它以茶道精神为指导，融技术操作与艺术美感为一体，通过对茶艺的各要素进行创新设计与编排，呈现出具有特定主题内涵的茶艺表演。

茶艺编创是在长期的茶事活动中所形成的一种文化现象，是在茶艺的基础上产生的茶叶冲泡技艺和品饮艺术，是在坚持顺茶性、合茶理的同时，追求的一种艺术化的表现形式。它既是技术的成果，又是艺术的作品；它在空间中展开，又在时间中延续，随操作程序依次展开，每一招一式除了实用性还兼具写意性、内涵性。因此，编创茶艺要对茶文化蕴含的东方哲学与智慧、承载的生活美学和人文精神有一定的认知能力，能在各领域的跨界交叉中融合茶的元素，并能对其固有的文化、生活、艺术的深层内质进行分析，创作出立意新颖、意境高雅深远的创新作品来。

二、茶艺编创的要点

茶艺表演是以茶道精神和美学理论为指导而进行的茶的艺术性泡饮过程。它是将茶的泡饮技艺与其他艺术要素相结合，构成的一个具有主题内容的综合性艺术。由于茶艺表演是在茶艺基础上发展而成的，离开了茶艺，茶艺表演形式便不复存在。因此，茶艺编创不能搭建空中楼阁，让茶艺脱离了“喝”这一最简单的境界，也不能太过“生活化”，这样容易模糊艺术与生活的界限，使茶艺不再具有神秘之美感。所以编创茶艺时，在继承传统文化的基础上，还要运用知识构架与领悟能力，结合现有的多样化市场需求及大众品位，将从茶艺中提炼出的“源于生活，而高于生活”的精神内涵加以整合，在特定的时空中，以味觉的审美为旨归，又充实以其他感官的审美感受，通过静谧的气氛、优雅的环境和天籁般的声音使饮茶者实现生命的休歇。

茶艺编创是需要有灵魂的，虽然每个人对于茶的理解程度不同，但是要善于发现。朱光潜先生曾说：“慢慢走，欣赏啊！”这里的欣赏，也就是体验。从体验茶艺的过程中体验生命的艺术化，使茶艺既保持生活性，也具有艺术性、文化性以及感染力。在当今社会生态环境恶化、人文关怀淡漠、拜金主义泛滥、技术主义盛行的条件下，为人们实现心灵的净化和“诗意的栖居”。

第二节　茶艺编创要素

茶艺编创是为呈现特定主题的茶艺表演服务的。因此，在编创茶艺时，需要对茶艺的主题、茶品、茶席、解说、背景、音乐等诸多内容进行编排设计。

一、主题

茶艺编创的主题来源于生活又高于生活，需要多元素搭配、综合展示。主题应与茶艺紧密相扣，选题应新颖，立意应高远，能给人以启示。

1. 主题的作用

主题是茶艺编创的灵魂和核心，它渗透贯穿于作品的方方面面，体现着创作者的主要意图，茶艺作品中其他构成要素都要围绕主题来展开。

首先，主题决定了整个茶艺作品的格调，是整个茶艺的主心骨。其次，主题决定了其他茶艺要素的设计。主题一旦确定，茶品、器具、音乐、解说以及程序和操作方法等都要围绕主题来确定。最后，主题是审美作用的主要承载者，其服务的是人民群众的“大众审美”。茶艺从古代少数达官贵人或风雅之人欣赏的厅堂茶艺，发展到现代，成为走进广大人民群众生活的大众茶艺。茶艺表演因为编创者思想与情感的融入，使泡茶不仅有审美的价值，更具有深刻的思想性和艺术的教化作用。因此，好的茶艺作品，其主题具有文化内涵，意境高远，不仅能带给人一场视听盛宴，还能以情动人，启发人们去感悟、思考，达到情感的共鸣。

2. 主题的分类

根据茶艺表演的题材与内容，可将其分为仿古茶艺、民族民俗茶艺、宗教茶艺、外国茶艺与创新茶艺等类型。其中，受历史背景、习俗以及宗教仪轨的影响，前面四种茶艺的程式和表现形式相对固定，而创新茶艺则有更多创作的可能性。

创新茶艺的主题可以自由发挥与创作，表现形式也更加多样，有历史故事、亲情演绎、敬老敬祖、梦境哲学等。在确立主题时，应体现思想、意旨、哲思或情趣，通过人、事、情的叙述来凸显，切忌泛泛而谈，显得“大而空”，如“人生如茶”“宁静致远”“茶禅一味”“茶可清心”等主题。主题一旦确定，要想从众多作品中脱颖而出，唯有突出亮点与特色，在主题立意和表现形式上独树一帜、不落窠臼，能够触发观众的情感共鸣。

中国茶文化博大精深，底蕴深厚，主题的拟定可结合茶品、茶人、茶事等展开，也可连通古今和海内外，更可与当今时事结合进行创新，如当今国家的“一带一路”倡议、海峡两岸情、文化自信、时代楷模、乡村振兴、创新创业、精准扶贫等，都具有时代性。如2015年第二届茶奥会茶艺竞赛一等奖作品《和茶》，通过肉桂和水仙拼配出能够享誉海内外的大红袍，演绎“茶和”，体现“和”的力量，并结合当年习近平主席将茶带去英国与女王茶叙之事，借以表达“茶和天下”之主题思想。当然，在设计此类主题时，需要将相关事件或精神与茶找到一个巧妙的契合点，否则就会显得生拼硬凑、牵强附会。如在茶艺表演中加入舞蹈或功夫，其戏份远多于茶艺，或抢占了茶艺的风头，就会使整个表演显得缺乏韵味和文化内涵。

3. 主题拟定要求

茶艺编创的主题可以从自然界中获取灵感，也可以从茶叶本身、茶事活动、文学作品、历史典籍、人物传记、历史事件等中寻求灵感。一个好的主题应当满足五个方面的基本要求。

第一，主题应正确、真实。要合乎社会公序良俗、道德规范，要如实地反映历史、民族特色，表达真情实感。

第二，主题应集中。即作者的意图得以突出，择茶布具、茶艺演绎等才有准则。

第三，主题应具有新颖性和独创性。新颖性既可以体现在对时下一些社会现象的提炼，也可以表现为对传统主题结合时事创新。独创性体现在茶艺主题由作者独立创造，或在前人的基础上部分创新。

第四，主题应具有深刻性和时代精神。茶艺正确反映了客观世界的本质，揭示了事物发展的规律，主题就是深刻的。茶艺能深刻地反映现实，回答时代提出的问题，主题就具有时代精神。

第五，主题应植根传统茶艺，点亮地方特色。中国各地茶俗不尽相同，如广州早茶、潮州工夫茶、客家擂茶等，饮茶方法、器具各有特色，可在传承地方茶俗的基础上，凸显地方特色。

二、茶品

茶品的选择与主题的呈现是密切相关的，在充分展现其色、香、味的基础上，茶品应能体现并丰富主题。

根据主题确定茶品、冲泡方法与程式等。茶叶的选择有三种，即六大茶类、再加工茶以及调饮茶。一些民俗茶艺中，可以加入各种葱、姜、橘皮等佐料。茶品的冲泡方式在不同的时代、不同的民族与民俗中亦不同，既可以采用历史上的煮、煎、点、泡等法，也可以用现代的清饮法、新式调饮法，以及民族民俗的一些特殊手法等；既可用杯泡法、盖碗泡法和壶泡法，也可用碗泡法和煮饮法。具体的冲泡手法和程式依据茶品和主题而定。如《闽茶荟萃丝路香》节目，围绕海上丝绸之路主题选用了正山小种、大红袍、铁观音、石亭绿、白毫银针和茉莉花茶等六种福建典型茶品进行冲泡。

另外，选定好茶叶类型后，还应根据主题需要选择特征明显、品质好的茶品。创新茶艺表演是为了展示一泡优质的茶汤服务的，在掌握好冲泡技术的基础上，茶叶的品质将直接影响茶汤的质量。因此，茶品的选择尤为关键。

三、茶席

茶席是整个茶艺表演活动的中心，是冲泡器具、桌椅、席布、装饰物、道具及营造的意境或艺术氛围的总和，在空间布置上应考虑舞台效果。桌椅、道具等，应做到错落有致；器具、席布、装饰物等，应做到配色协调一致。所选茶具，应不仅具备实用性，更兼具观赏性，既能凸显茶品特征，又能展现主题特色。

以2016年第四届全国大学生茶艺技能大赛团体一等奖作品《盛世闽茶，茗扬万里》（见图7-1）为例，茶席依表演主题需要，设置三个席位，其中前面两个为独立的席位，分别代表中方和俄方。中方的男主泡选用漆器侧把壶冲泡，福州脱胎漆器造型别致、色彩瑰丽，是国家级非物质文化遗产；品茗杯选用质地厚实的建盏搭配纯黑漆器杯垫，沉稳大气，契合大红袍岩骨花香的铮铮风骨，而建盏的使用也有助于保持茶汤温度、散发茶香。建盏最早产自唐末五代建州水吉窑（今福建建瓯）。随着制作工艺的不断发展革新，漆器和建盏愈加实用精美，在茶席上大放异彩。俄方的男主泡选用了俄罗斯的特色茶具——茶炊，搭配精美的骨瓷茶具，混搭黑底红纹漆器茶叶罐，是茶席设计的点睛之笔。后排为副泡席，三个席位相连。三位女副泡选用五彩花悦盖碗、品茗杯，杯面勾勒繁花，传神生动；茶席间摆放白瓷玉颈瓶，将插花艺术融入茶席，高低错落间尽显器具之美。

图7-1 《盛世闽茶，茗扬万里》

四、解说

解说词是茶艺表演中最具表现力的要素，对茶艺表演起到点睛的作用，能有效地引导观众欣赏和理解茶艺的主题思想、程式步骤和作品特色。

1. 茶艺解说词的作用

茶艺解说词为茶艺表演中有声语言的重要组成部分，恰当的解说有助于茶艺意境的明确、程序的推进和主题的升华。

（1）建构氛围。茶艺表演时，随着解说词层层深入、步步推进的文字阐述，有声的语言将观众带入茶艺的意境空间，在情感上与观众产生共振，并在时空上得到无限延伸，使观众有身临其境的切身感受，建构出茶艺表演的现场氛围。如《闽茶荟萃丝路香》作品解说词分为四个部分，以散文的形式来撰写，情感递进，重点突出，最后表达了美好的期望，达到情绪共鸣的高潮。

（2）解读内涵。早在2000年前后，刚开始大力弘扬茶文化的时候，多数人存在茶类分辨不清、茶具不识用途、动作不知所以的现象，那时的茶艺解说词多围绕茶类的品质、茶具的用途、冲泡的程序展开介绍。随着茶文化传播的深入，茶艺表演也逐渐从表演舞台走进了人们的生活。随着茶艺的普及与推广，人们对茶艺和茶文化有了进一步的认识。茶艺表演围绕茶文化的内涵和创新进行设计，表现的形式更加多样，表演的内容也更加丰富。

茶艺的解说词围绕主题设定，在撰写上以记叙或散文的方式，融叙事与抒情为一体；内容上立意深远，内涵深刻。如茶艺节目《盛世闽茶，茗扬万里》的解说词不局限于对古代中俄贸易历史的单纯叙述，更是以2018年“一带一路”倡议迎来第五年的时点为契机，突出中俄两国友谊如同“羊肠小道”化为“万里通衢”般加宽加深、日益紧密。当中俄两国的茶人在万里茶路的起点福建相遇，两国不同的饮茶风俗同台呈现，两位男主泡分别用俄语、汉语表达“中俄两国饮茶方式不同，但都不可一日无茶”的心声，也展现了现代茶人牢记历史，肩负向世界传播精深本国文化的历史使命。

2. 茶艺解说词的内容

茶艺表演是当前弘扬和普及茶文化的重要方式。茶艺师在短短的十几分钟的时间里，通过展示表演程式、动作要领、冲泡技艺，阐述茶叶以及与之相关的人文故事，能够有效地引导品饮者在特定的时空品味茶香茶味，帮助人们理解甚至引领、拓展和深化茶之魅力，获得情感体验。因此，茶艺表演的茶艺解说词内容应该至少包含三个方面：一是阐述主题背景文化；二是展示冲泡茶叶的特点和冲泡技艺；三是讲述与冲泡茶叶相关的人文故事、艺术特色及表达意境等。

3. 茶艺解说词的创作

解说词应结合茶艺主题与意境，做到简练、精当、通俗、易懂。在文辞创作时应考虑专业用词、观演双方、节奏韵律、修辞手法等因素。

（1）专业用词。长期以来，在茶艺流程、冲泡手法、茶具名称和茶叶品质等方面，已形成了较为固定的描述角度和约定俗成的名称用语，使观众能够直观、准确地把握其要点。在实际创作中，应根据场合与观众的接受程度使用专业用词，可以使解说更为精练准确。但切忌过多地使用专业词汇，可依据主题表现和表演效果，恰当地引用古诗词、现代散文等优美的词藻，做到雅俗共赏、引人入胜。

（2）观演双方。为使茶艺表演达到预期效果，解说词还应关照观演双方。根据表演者的年龄、性别、民族，表演角色的地位、生活阅历，观众的人群特点、地域特征、文化差异，以及舞台效果等情况的不同进行设计。如表现亲情主题的茶艺，用词应朴实、充满温情；表达赞美颂德主题的茶艺，用词应坚定、激昂。如果观看对象为专业人士，解说词就应简明扼要，更多的是阐释、升华主题；观众以中老年人为主体时，用词宜朴实易懂，不宜用太多生僻词汇；观众以少年儿童为主体时，用词应轻松幽默、形象生动、浅显简洁、规范优美，培养少年儿童对茶艺的兴趣；观众以少数民族为主体时，应注意尊重其民族风俗。

（3）节奏韵律。茶艺是一种静的艺术，需要用有声语言来传达。节奏感强、韵律分明的茶艺解说词易记易读，如诗如歌，朗朗上口，悦耳动听，符合听觉审美，同时能够恰到好处地表达感情色彩，通过气息的运用、语调的变化，使声音得到修饰，营造柔和、温婉的表演氛围。例如："大红袍醇厚甘爽，香锐浓长，品具岩骨花香之胜；铁观音兰香馥郁，回味鲜甜，融萃七泡余香之韵。""汲来江水烹新茗，买尽青山当画屏。"

在通俗易懂的现代白话文里，也能够通过比喻、对仗、排比等修辞手法，突出语言的画面感和韵律美，读起来朗朗上口，观众在感受节奏韵律的美感时，能体会到清风拂面般的亲切感。

（4）修辞手法。善用修辞手法是茶艺解说词的亮点所在，也是体现茶艺师文学修养的重要途径。通过修辞手法的雕琢，合理使用比喻、排比、对偶、反复、顶针、设问、反问等修辞手法，能够让茶艺解说词句式凝练、形式优美，听起来更加形象生动，富有感染力。

解说时，可以现场解说，也可以提前录制好，将解说词融合到音乐中现场播放。如要现场解说，则须做到脱稿，有感染力。无论何种解说方式，优美、真诚、富有磁性声线的解说可让观众充分体会听觉上的艺术。

五、背景

背景包含茶艺表演中的字画、图片、幻灯片和视频等形式，应根据舞台表演的需要，合理设置尺寸、格式等内容。当然，受一些条件的限制，也可以不准备背景。如要制作背景，应根据舞台设备条件选择合适的类型。如舞台背景是活动宣传海报，不妨挂上些字画以表现闲情雅趣，相关的书法和绘画往往能起到画龙点睛、深远意境的作用。若有投影仪或 LED 屏，则可根据茶艺需要制作图片、幻灯片或者视频。图片背景可能会略显单调，幻灯片背景表现力较图片背景表现力稍强，最具表现力的背景当属视频背景，但其制作过程较为复杂，若把握不当，有可能会喧宾夺主，所以应根据具体情况来选择。

第三届全国大学生茶艺技能大赛团体赛一等奖作品《盛世闽茶，茗扬万里》，背景选用视频放映的形式，相较于普通幻灯片，增强了背景渲染力与连贯性。在转场处，采用中国古典水墨元素做衔接处理，使整体效果更为流畅协调。背景视频多选用古代武夷山与恰克图的风情风貌，穿插中俄茶贸的相关史料图片及影像，另配合当今中俄外交上重要事件的影像资料，如中俄跨境满洲里—西伯利亚号列车开通等。背景视频附有字幕，主要为作品的解说词文本，帮助评委老师和观众更好地理解节目所表达的主题与寓意。

六、音乐

音乐能够营造氛围，如同山涧细流一般，虽不见其声势浩大，但细水长流，缓缓潜入人心，达到共情。现行的茶艺配乐选择依据一般有根据表演形式及茶席设计选择配乐，根据茶品的需要选择配乐，以及根据民俗茶艺选择配乐。多数轻音乐与古典音乐没有新意，已造成审美疲劳，而且多种场合雷同的可能性很大。若为近现代题材，可适当引入一些空灵清新的新世纪音乐。新世纪音乐不同于一般轻音乐，更注重思想性与原创性。根据整个茶艺的主题，为人熟知的新世纪音乐创作人或创作组合有瑞士的班得瑞，爱尔兰的神秘园、恩雅，希腊的雅尼，中国的萨顶顶、林海，日本的喜多郎、久石让等。在选择背景音乐的时候，创作者不应拘泥于中国古典名曲，而是应该根据茶艺所要表现的主题，选择能与之契合的音乐。

以第二届全国大学生茶艺技能大赛团体赛一等奖作品《工夫茶·两岸情》为例，节目背景音乐选用多首纯音乐混合剪辑，为点明主题，选择以潮汐涨落之音配合《乡愁》的朗诵片段作为开场，迅速将在场观众带入情境。第一部分、第二部分选用日本神思者组合的*Wish*，乐曲风格大气，小提琴舒缓的旋律加上人声的吟唱，带上了宁静忧伤的韵味。第三部分是先抑后扬的安排中最重要的一部分，前两部分的铺垫蓄势已久，如何将主题宣扬开来至关重要。因此，选择了具有很强辨识度与代表性的钢琴版《鼓浪屿之波》，无须任何解释，就能使观众明白风格斗转、主题升华。正确地选择音乐来表达主题，宛如画龙点睛。如果音乐选择不当，观众不明所以，即使音乐转换也依然平铺直叙，无法唤起观众的共鸣，起不到转场的作用，那么意境营造上必然是失败的。

在茶艺表演过程中，背景音乐不仅是艺术形式的表达，更是茶艺构思的展现。音乐在茶艺表演中须与茶艺背景、解说词充分结合在一起，营造一种流动的环境氛围，起到起承转合的作用，使观众在观看表演时感受情感的起伏和生命的张力。

第三节　茶艺编创原则

茶艺具有美化生活、丰富精神文明、引导积极向上的生活态度的作用。茶艺表演的主题丰富多样，它可以是对茶品、茶具、茶文化的提炼，可以是对自然界花开花落的体会，也可以表达对师长的尊敬，或者亲情、友情、爱情等等。挖掘传统文化中的精髓，编创出更多经典的茶艺作品，须重视以下编创原则。

（一）继承与创新相统一

创新是一切文化艺术发展的动力与灵魂。任何事物都是在不断更新前进的，只有勇于创新，才能给作品注入新的血液。但创新不是无中生有，而是在继承传统茶艺优秀成果的基础上进行的创新。挖掘中国优秀的传统文化中的精华，并与当今时代发展相结合，与时俱进，实现茶艺与其他领域的跨界，融新的想法、形式于茶艺表演之中。

（二）实用性与艺术性相统一

茶艺是“来源于生活，而高过生活”的饮茶艺术，体现了人们心灵深处对审美理想的永恒追求。与其他艺术形式最大的不同是，茶艺除了使耳、目、心受到艺术感染外，还要满足口、鼻、舌的感官享受。这就要求茶艺走下舞台，走进千家万户，与生活相融。过度、夸张的茶艺表演就会违背茶艺的本质，如注水和斟茶时都将水流拉得极长，水花四溢，泡出来的茶泡沫极多，而且滋味不足。苏东坡说：“有道而不艺，则物虽形于心，不形于手。”“心识其所以然而不能然。”要立足于茶艺的实用性，再加上对茶的理解和对美的感知，编创出优秀的茶艺表演，才能引起观众的共鸣。

（三）感官体验与文化内涵相统一

茶艺可以将园林、美术、书法、插花、焚香、音乐、服装等诸多文化要素融合在一起。在科学泡饮的基础上，注重文化氛围的营造和精神的传播，在满足人们品味色、香、味俱美的茶汤感官体验的同时，使其也感受到精神的愉悦、心灵的释放，使饮茶从物质层面上升到精神层面，真正发挥茶作为中国文化的重要载体的文化传播作用。

例如：将茶和传说故事结合起来，可以让观赏者了解当地的历史文化；茶与书法结合，可以让观赏者既喝到了茶还欣赏了曼妙的书法；茶与香道结合，能让人平心静气，更容易进入空灵、物我两忘的境界。

第四节　茶艺编创案例

一、茶艺编创的要求

《茶艺职业技能竞赛技术规程》(T/CTSS 3—2009）中规定，自创茶艺是指参赛者自定主题、布设茶席，并将解说、沏泡、奉茶等融为一体的茶艺。要求题材、所用茶叶种类不限，但必须含有茶叶，比赛时间为 8～15 分钟。自创茶艺包括个人赛和团体赛。个人赛技能操作由个人现场完成；团体赛技能操作由小组团队（2～6 人）展示茶艺，包括设定主题、茶席，并将解说、沏泡、奉茶等融为一体，现场团队合作完成，可以设主泡、副泡、讲解等，若使用背景音乐，用电子媒介播放，也可以现场伴奏。比赛时间为 8～15 分钟。具体要求见表 7-1。

表 7-1 茶艺职业技能竞赛团体赛 / 个人赛自创茶艺评比标准

序号	项目	分值	要求和评分标准
1	创意	25 分	主题鲜明，立意新颖，要求原创；茶席设计有创意；形式新颖；意境高雅、深远、优美
2	礼仪、仪表仪容	5 分	发型、妆容、服饰与茶艺主题契合，形象自然、得体、优雅；动作、手势、姿态端庄大方，礼仪规范
3	茶艺演示	30 分	根据主题配置音乐，具有较强艺术感染力；编排科学合理，行茶动作自然、手法连贯，冲泡程序合理，过程完整、流畅。团队成员分工合理，协调默契，体现团体律动之美。奉茶姿态、姿势自然，言辞得当
4	茶汤质量	30 分	要求充分表达茶的色、香、味等特性，茶汤适量，温度适宜
5	文本及解说	5 分	内容阐释突出主题，文字优美精练，讲解清晰，能引导和启发观众对茶艺的理解，给人以美的享受
6	时间	5 分	在 8～15 分钟内完成茶艺演示

二、创新茶艺编创案例

（一）团体茶艺创新作品：《闽茶荟萃丝路香》

该作品获得 2016 年第三届全国大学生茶艺技能大赛团体赛一等奖，由福建农林大学茶艺队创作。该茶艺主题紧扣“一带一路”倡议的时代背景，致力于中国茶的对外传播，让世界重新认识中国茶、福建茶，立意较为深刻。

1. 主题与立意

福建自古海运发达，福建泉州是海上丝绸之路的起点之一。船队从泉州出发，沿着中南半岛和南海诸国海岸线航行，穿过印度洋，进入红海，抵达欧洲和东非。茶叶自古就是海上丝绸之路上重要的外销商品，茶文化作为中华文化传播于全世界的象征，也经由海上丝绸之路向外传播。

福建先民率先将茶叶销往世界各地。早在五代时期，闽王王审知就大力发展海外贸易。北宋朝廷在泉州设置福建路提举市舶司，使其在海上丝绸之路的地位迅速上升，彼时茶叶已成为出口商品。1662 年，葡萄牙公主凯瑟琳嫁与英王查尔斯二世，也将武夷茶带入英国皇室，饮茶风尚蔓延到王公贵族，并普及至百姓，引发了全球饮茶风尚。当时最好的红茶被称为武夷茶。明末清初，闽茶成为中国茶在欧洲的代称。清代，福建茶叶出口量上升至首位，海上丝绸之路被称为“丝茶之路”。福建至今保留的“海上丝绸之路”史迹遗产星罗棋布、不胜枚举，见证了曾经辉煌的海洋外交史，如郑和时期丝绸之路上盛行的福建南北绣艺“柳针连理”、泉州东门外圣墓旁的“郑和行香碑”、地域特色鲜明的妈祖文化等。因此，以茶为媒，探寻闽茶海上丝绸之路历史，站在世界大融合的角度立意，正契合“一带一路”建设的时代主旋律。

再现历史情景是许多舞台表演的切入方式，这也适用于主题茶艺。英国人偏好调饮红茶，有饮“下午茶”的习俗。一首英国民谣唱道：“当时钟敲响四下，世上的一切瞬间为茶而停。”节目以此为高潮的立意点，设计出远洋航船满载闽茶到达英国这一举世瞩目的场景。而后设计节目的切入点，以具象的出航场景开篇，通过男声朗诵“雄迈的出航号角已然响起……”，将评委老师和观众带入情境。闽式工夫茶冲泡茶艺赞颂了先辈们筚路蓝缕的航线开拓之路；航海日记无处可寻，却可以从闽茶海洋文化史繁盛的至高点，一窥古代海上丝绸之路的辉煌，唤醒国人心中的海洋精神与文化自信，回顾和纪念的同时，助力新时代下的“一带一路”建设，让世界重新认识中国茶、福建茶。

2. 要素设计

（1）茶品。明清时期，福建茶农首创了红茶、乌龙茶、茉莉花茶、白茶等茶类，乌龙茶加工工艺更是把闽茶推向了顶峰。溯源到海上丝绸之路上的相关史迹，选出了正山小种、大红袍、铁观音、石亭绿、白毫银针和茉莉花茶六种福建典型茶品进行冲泡。

（2）茶席设计。主题茶艺中设计的茶席为艺术茶席，较生活茶席而言更注重舞台美术，需要强有力地烘托和传达气氛。因此，茶席除了要服从茶具“不可缺少、干湿分区”等基本原则外，还需要对茶桌、桌布、道具、相关工艺品装饰等进行创新，这对创编者的审美提出更加严格的要求。

茶具的选择应凸显茶品特征，兼顾实用与美的功能。胭脂红釉于康熙年间从荷兰经丝绸之路传入，故又称“洋红”（见图 7–2）。选用胭脂水美人肩瓷壶进行冲泡，恰似正山小种在世界大放异彩，寓意茶人“海纳百川，有容乃大”的品质。第一冲茶汤选用锤目纹玻璃匀杯，以壶承架高置于茶席左上角备用，凸显汤色的红艳。乌龙茶香高味醇，最宜使用壁厚、保温性好的茶具以激发茶香，因此，节目选用朴实大气的银斑侧把壶；白毫银针、茉莉花茶和石亭绿则选用具有丝路意义的德化窑三才杯，青白相间、素雅端庄，玻璃材质的杯身能充分展现曼妙的叶形、叶色。源于英国的骨瓷下午茶茶具洁白透亮，可充分体现英式调饮红茶的汤色。

图 7–2 《闽茶荟萃丝路香》作品的茶具展示

在舞台设计上，茶席整体呈宝船船头右偏 15°状，船头不直冲评委与观众。整体台面包括六张泡茶席，八个表演位置，分为三阶。第一阶的主泡席选用矮桌，以跪坐的方式进行表演；第二阶的两位男士端坐表演，中高度的泡茶席相隔半米；第三阶选用较高的桌子，站立表演，三位副泡，泡茶席合并。解说员活动于舞台的左侧，矫正了整体茶席偏右的设计，平衡舞台重心。英国人扮演者端坐于主泡左侧进行调饮。舞台整体的设计和茶具的摆放既营造了高低错落的效果，又充分呼应了主题（见图 7-3）。

图 7-3 《闽茶荟萃丝路香》茶席设计

主泡茶桌为船头模型，根据南京宝船厂遗址公园仿古郑和宝船按比例制成，船艏正面有威武的虎头浮雕，模型四周海浪状蓝纱具有乘风破浪时代之势的寓意。主泡采用淡黄色桌旗将茶具分区，突出胭脂红的靓丽。五席副泡选用蓝薄桌布，呼应海上丝绸之路的主题。

（3）服装与配饰。服装除了要塑造茶艺表演者外部形象、体现演出风格外，还要求符合中式传统审美，素雅不花哨，与茶席颜色搭配。主泡身着绘有水墨山水的中式欧根纱茶服，寓意祖国山清水秀孕育好茶，再以呼应汤色的玫红色流苏修饰点睛，突出的现代元素寓意新时代祖国引领先锋的气概；男副泡身着浅蓝色中式服装，如同沉寂的大海给人以安定、深邃、稳重的思想意境；女副泡身着白丝绸底覆薄纱绣花旗袍，远看素雅，近看靓丽，寓意祖国特产荟萃，丝绸之路历史文化繁盛。女士编发造型年轻有活力，优雅从容；男士短发露额，温润儒雅，清爽自然。

3. 意境营造

（1）背景展示。目前，LED 屏幕背景已成为舞台设计的主要手段之一，烘托节目氛围效果显著。茶艺背景展示主要采用视频或幻灯片放映。本作品采用幻灯片放映形式，借鉴国画留白与书法落款盖印的方式进行设计。背景图多选用海上丝绸之路史料，如武夷山对外出口贸易的正山小种红茶包装箱、记载了海禁初弛后闽茶对外贸易的武夷山《郎氏族谱》等，再配合福建海洋风光与特色人文景观、英式下午茶油画等进行展示。背景将福建茶文化在海上丝绸之路上繁盛的史料依据列举而出，一览福建省海洋文化的历史遗产，并配合节目解说词全文，连贯性强，审美价值高，使评委老师和观众能更加直观地感受节目的意境美，引发共鸣。

（2）解说词朗诵。作品解说词以散文的形式来撰写，情感递进，重点突出。其主体可划分为四个部分。

第一部分是入场到翻杯的环节。海员为了把家乡的茶香带往世界，出行前手捧故乡的沙土祈求出航平安。他们甚至丢弃了峨冠博带，怀着对海洋的这股热情，在刺桐港（今泉州）加入出航的船队。曾经满腔热血的先辈铸就了海上丝绸之路的繁盛，并影响至今。

第二部分为茶品冲泡的环节，从温杯到出汤。这一部分介绍荟萃闽茶，展示福建茶文化在海上丝绸之路的传播，以正山小种为首的红茶是最早走出国门的茶品之一，因而天下之茶以武夷为先。

第三部分是整个节目的高潮，从英国人扮演者出场到退场。英国人与主泡使用英语交流，先品尝正山小种再进行调饮。与此同时，三位女副泡为评委老师奉上茶。以宝船为抽象载体的中国茶文化传播到了西方，茶与牛奶融合，历史上的惊鸿一瞥成就了名满天下的中国茶。接着，英国人以“When the clock strikes four, everything stops for tea.”发声，邀请主泡和男副泡将茶汤与调饮红茶分享给评委老师。

第四部分表达了美好的期望，达到情绪共鸣的高潮。随着奉茶完毕，重拾丝路印记，在新时代“一带一路”倡议的美好愿景下拥有了重振海洋文化的信心，这不仅是福建茶文化的魅力，也是中国文化的自信。闽茶绝响，荟萃中华，泱泱大国，何以不兴！

（3）背景音乐。背景音乐需要配合节目的整体意境和解说词的情节发展。因此，节目选用了近现代的音乐风格，以多首纯音乐曲目剪辑成型。首先以潮起潮落之声开篇入场，节目的第一部分与第二部分使用钢琴曲《孤独的巡礼》，节目的高潮部分选用 *The Poseidon* 曲目的高潮部分并渐出式缓缓落下。音乐转换也起到转场的作用，并营造意境。第四部分采用《空の涯まで》(《在天空的南端》)，为音乐的最高潮，塑造升华主题的意境。

（4）泡饮技艺说明。正山小种茶水比例为 1∶50，冲泡水温为 90℃左右。大红袍和铁观音属于乌龙茶类，使用的茶水比为 1∶22，使用沸水冲泡，因此，在陶壶底座燃烧酒精灯保证水温。石亭绿、茉莉花茶和白毫银针，润茶之后直接进行冲泡，茶水比例为 1∶50。

主泡和两位男副泡均采用壶泡法，三位女副泡都采用福建工夫茶泡法。在表演的过程中凸显静、雅、和的美感特性，强调自然。温杯程序使茶具的温度升高，能更好地激发茶香，促进茶叶品质的发挥。乌龙茶醒茶是指下茶后在茶壶中加入开水，浸没茶叶即可，然后快速出汤，可使第一泡茶汤的滋味和香气更佳。绿茶、白茶和茉莉花茶的润茶是指先加入少量水浸没茶叶，然后执杯轻摇，一方面使茶水充分接触，叶片舒展，另一方面可协调整体节目泡饮的步调。

冲泡时，乌龙茶、红茶采用高冲手法，充分激发茶香，而绿茶、白茶和茉莉花茶水流高度较低，避免毫浑。冲泡之后，三位女副泡依次展示三才杯中石亭绿、茉莉花茶和白毫银针的姿态。节目采用“先洗品茗杯后出汤”的方式，使盖碗中的各茶类在洗杯过程中充分浸润舒展。壶泡法出汤时直接使用壶斟入茶杯，采用来回斟茶法以均匀各杯茶汤。

调饮红茶使用正山小种红茶的第一泡茶汤和温牛奶进行调和，英式骨瓷茶具中的奶茶呈七分满，再夹入一颗方糖，略微搅拌促进融化。

4. 解说词

【进场】

大红袍冲泡者：雄迈的出航号角已然响起，清晨的海雾依然浩浩森森，缓慢弥散。（大红袍冲泡者半蹲，捧起故乡沙土状。）温厚的沙土夹带着刺桐叶从指缝滑下，那将行的船员用颤抖的双手将故土捧进行囊。

解说员：孟冬的风，势要将千帆云樯推向万顷碧波。问星宿罗盘，闽茶终将停在何方？是大洋苍穹的彼岸？还是万里无云的异邦？

【翻杯】故土闽茶，馥郁多彩，无邦不兴，无远不至。于是，他将峨冠博带抛向他方，这片土地上的茶香，便成了他眼中执着的汪洋。

【温杯】长风为水醒去暮烟微茫，船艭携着荟萃的闽茶，缓缓驶入世界视野所在的方向。鸥鸟掠过浪里氤氲的茶香，从此天下之茶以武夷为先。

【赏茶】三千里海岸线，阒静从容地期待着人们的目光。原产于武夷桐木关的正山小种，色泽乌润，细腻醇和，它运筹着吸引世界的松烟香，也裹挟着闽茶的精魂通江达海，在丝路绽放（正山小种冲泡者赏茶）。

【乌龙茶冲泡者赏茶】千江万流送来袅袅音韵岩韵，铁观音、大红袍接踵而至。

【石亭绿、茉莉花茶和白毫银针冲泡者赏茶】云帆高张取则缕缕清雅芬芳，石亭绿、茉莉花茶、白毫银针纷沓而来。

【乌龙茶醒茶/石亭绿、茉莉花茶和白毫银针润茶/正山小种第一冲】石壶含烟，茶香借水而发。大红袍醇厚甘爽，香锐浓长，品具岩骨花香之胜。铁观音兰香馥郁，回味鲜甜，融萃七泡余香之韵。千里古道，万丈东风，顷刻凝缩到了他们掌中那泓银斑侧把之上，此时的银斑，正砥砺着千万的浪子在天地间远航（主泡将装着第一冲茶汤的锤目纹匀杯置于茶席左上角备用）。

【冲泡】注流汲水，船艭巍巍荡荡，悬壶高冲，满船香气高扬。

【展示石亭绿】散落在莲花茶襟之上的石亭绿，雕刻着我们门庭光耀的时光。

【展示茉莉花茶】从佛国到中华，茉莉芬芳幽雅馥郁，又远渡重洋。

【展示白毫银针】白毫银针滋味清鲜，一针一芽的光阴，浸润着千秋百代的荣光。

【涤杯】柔荑的素手，淙动着如丝绸般的万顷碧波，瞭向天际的远方。手中的罗盘何曾错失一片莲洋？曾几何时，先辈们筚路蓝缕，出没万顷惊涛，栉风远航！宝舶所经之处，无痕无迹，无符无字，却被尺素往来的帆影铭记，莫敢遗忘！

【出汤、斟茶】海纳百川，盏育甘露。双桅船穿过南海、太平洋，驶向印度洋、波斯湾。终于，在遥远的大洋彼端，海岸线近在眼前，一声辽阔的笛声，让中国茶走进世界的目光。罗盘西指，杯盏无声，异邦的燕尾服循着香气而来。

【英国人扮演者上场】

英国人扮演者：Hi, guys. Welcome! Nice to meet you!

主泡：Nice to meet you, too!

解说员：一盏馨香早已超越语言的隔阂。

主泡：Would you like a cup of tea？（奉上一杯正山小种，英国人扮演者品尝）

英国人扮演者：Yes! Great. How delicious the tea is! I love it... Thank you for bringing me such delicious drink.（续杯、再品尝）

解说员：杯盏依旧是杯盏，然而此刻，却化作最柔和的茶香，付之于企盼，付之于赞颂，付之于名满天下！

英国人扮演者：I think putting some milk in it will make it more delectable.

主泡：Please.

【石亭绿、茉莉花茶和白毫银针冲泡者奉茶/英国人扮演者制作英式调饮红茶】丝缕扬动，送来八闽坊巷间的阵阵茶香。八闽茶人执着地认为，茶、瓷、丝绸三者的结合，方能传达中国式的声音。闽茶之美纷沓而至，在域外荡出涟漪与余韵。

【正山小种、大红袍和铁观音冲泡者奉茶】

英国人扮演者：The tea from China changes the lifestyle of people all over the world. When the clock strikes four, everything stops for tea.

解说员：当时钟敲响四下，世上的一切瞬间为茶而停。山海生，天地连，闽茶煌煌奏响历史颂章。水乳交融之中，芳醇与浓郁兼收，清饮与调饮并蓄。调饮红茶和而不同，却早已名动世界。

【奉茶完毕，折返舞台】当甘香萦绕在鼻尖，我们循着历史折身而返。五代闽王，宋时市舶，柳针连理，郑和行香，柔美的海丝滑过千年积累的醇韵悠长。

【品茗、熄火】潮起潮落，当时代的大潮再一次汹涌而来，强劲的海涛，日夜拍击着我们的心岸，唤醒我们尘封已久的记忆与满腔殷殷期盼。

【退场】只要大海长存，闽茶云帆屹立不倒，便总会有人血脉偾张，激昂勇敢地走向海洋。闽人“敢为天下先”的热血，永远不会被遗忘。闽茶绝响，荟萃中华，泱泱大国，何以不兴！

主题茶艺中有许多以历史为背景，需要注意不可扭曲历史，要表达真实情感。这需要编创者具有潜心研读历史的精神和具备一定的文化素养。茶艺节目面向大众，解说词更应字斟句酌，如实表现历史。在编创的过程中，在主题与形式的完美结合上，意境的营造最为重要。首先，要选择良好的切入点，将主题细化为表演过程中的具体细节，太过抽象的表演无法体现主题。其次，表演者需要融入意境，以诚挚之心表现主题。再次，解说员的普通话应该要标准，充分练习，投入感情，带动节目的节奏。最后，茶艺创编应回归到茶本身，茶艺的本质是品饮艺术，编者在编排表演程序时，在重视泡饮动作协调优美、不浮夸的同时，更应力求把茶泡好。

一台好节目需要经过千锤百炼方可面向观众，需要编创者和茶艺师的共同努力和默契配合。从确定主题、定位角色到动作操练、整体操练，每一次的训练都需要不断地在细节上提出改进方案。茶艺是一门“塑造形象、传达情感”的表演艺术。茶艺表演过程中的所有环节都需要打磨。首饰、发饰、服饰、入场和退场的注意事项等都需要与场景适配，符合礼仪。主副泡配合默契，各司其职，有条不紊，使整个茶艺表演如行云流水般和谐、自然地完成。

大学生作为时代文化的代表，茶艺创作时应弘扬主旋律，体现时代担当。应在茶文化的基础上挖掘和拓展茶艺主题的深度和广度，编创出有思想内涵的作品献给观众，传承并创新茶文化。

补充链接

扫码观看视频 7-1：《闽茶荟萃丝路香》

（二）团体茶艺创新作品：《工夫茶，两岸情》

该作品获得 2014 年第二届全国大学生茶艺技能大赛团体赛一等奖，由福建农林大学茶艺队创作。

1. 创作背景与主题确立

福建省是中国大陆离中国台湾地区最近的省份，仅一水之隔，一衣带水，是两岸联系的重要纽带。近些年，沟通日益紧密，海峡两岸的多种声音通过不同的渠道涌现出来。在这样的背景下，中国大陆渴望游子回归、中国台湾地区人民渴望归根溯源的心情也日益迫切，“乡愁”“回家”“寻亲”“认祖”成为当下社会的关键词。在海峡相连的诸多纽带中，“茶”占据着非同一般的地位。中国台湾地区现今所种植的茶与制茶技术均由福建移民带入，饮茶思源，两岸血脉相承，同宗同源，独特的小壶小杯工夫茶品饮文化也成为两岸纽带，习相通，缘相近。选择以何种方式切入主题对作品的情感基调至关重要。在两岸关系的主题中，家喻户晓的便是余光中的《乡愁》，截取此诗的高潮部分为切入点，由深沉的男声朗诵于表演开篇，在表演的开始便鲜明地点题，使观众迅速融入此情此景。以上便是创作主题的立足点，以茶表述海峡两岸亲情脉脉、骨肉情长的主题，引经据典，娓娓道来。

2. 作品要素设计

（1）茶品。作品共选用茶品三种。舞台左侧主泡部分使用武夷山岩茶名品的代表大红袍，其品质特征馥郁隽永，岩韵悠长；三位副泡选用安溪铁观音，音韵隽永、清雅、悠长，令人回味无穷。舞台右侧主泡则选用台茶之圣冻顶乌龙，其汤色清亮，香气高、清、雅，而且冻顶乌龙种质源于武夷山水间，呼应两岸同根同族的主题立意。铁观音的清芬雅韵、大红袍的馥郁隽永、冻顶乌龙的甘厚浓醇，在同一时间交融，两岸之情由茶而生，茶又因为此情此景而分外香醇、美妙。台湾游子最终向大陆母亲缓缓走来，饱含深情，母子间互奉佳茗、举杯对饮，表达了我们对祖国早日统一的美好期许。

（2）茶席与茶具。茶席分为两个部分，分别代表祖国母亲与台湾游子。两台主泡席均选用矮桌，以营造高低错落的整体舞台效果。主泡茶席选用湛蓝色布，桌布中央放置三只木制帆船模型，呼应余光中先生《乡愁》一诗中“窄窄的船票”与“浅浅的海峡”，更寓意两岸舟楫往返、生生不息。在茶具的选用方面，大红袍主泡茶具选用哑光白瓷，绘有水墨晕染山水，寓意祖国地广物博，武夷山山清水秀；副泡则以中国红桌旗与白瓷木托相衬，取吉祥之意，寄托无限期望；冻顶乌龙以高香著称，最宜双杯泡法，因而选用哑光白瓷闻香杯、品茗杯，与大红袍的冲泡茶具遥相呼应。

（3）服装与配饰。代表大陆母亲和台湾游子的主泡在服装与配饰选择上有所不同。代表大陆母亲的女主泡身着中式上衣和下裙，图案颜色清雅，以淡蓝、淡绿、白色为主色调，绘有山水，寓意祖国山清水秀；头饰以点点珍珠相连，呼应解说词“珍珠初醒，滨海茫茫”，也寓意中国台湾地区是祖国不可缺少的海上明珠。代表台湾游子的男主泡也身着中式服装，以民国素色为主色调，突出游子的儒雅稳重，与《乡愁》一诗所描绘的意境呼应。同时，男主泡以竹骨纸扇为道具出场，呼应解说词中寓意思念故土的《南乡子》，体现游子思乡之深、渴望回归之切。

3. 意境营造

（1）背景展示。作品主背景采用幻灯片放映形式，以水墨画风格开篇，山水之中几只小船缓缓驶出，从标题“工夫茶”驶向“两岸情”。背景图多选用福建武夷山、安溪和中国台湾地区茶乡山水风光与茶席设计的图片，以及表达游子期盼回归的相关图片，最终上升到两岸茶香汇成一处、向心力永存的高度。背景图一张张变换的放映形式，使解说词得以全部呈现于屏幕上，可加深观众与评委的印象与理解，将观众与评委迅速带入情景，引发共鸣。

（2）背景音乐。主题茶艺选用的创意为近现代题材，所以音乐选择也以新世纪音乐风格为主，由多首曲目剪辑成型。现阶段茶艺音乐选择仍以十大名曲为主，多数轻音乐与古典音乐没有新意，已造成审美疲劳，而且多种场合雷同的可能性很大。新世纪音乐不同于一般轻音乐，更注重思想性与原创性。突破原来固有的几首歌曲进行创新，也是茶艺表演发展的要求。为点明主题，选择以潮汐涨落之音配合《乡愁》的朗诵片段作为开场。第一部分、第二部分选用日本神思者组合的*Wish*，乐曲风格大气，小提琴舒缓的旋律加上人声的吟唱，带上了宁静忧伤的韵味。第三部分是先抑后扬的安排中最重要的一部分，创编者选择了钢琴版《鼓浪屿之波》。

（3）泡饮技艺。代表大陆母亲的主泡与副泡皆选择传统工夫茶的盖碗泡法。代表台湾游子的主泡为突出茶品特色，选择使用双杯壶泡法。泡茶三要素方面，由于冲泡全部选择乌龙茶类，所以使用的茶水比全部为1∶22，而水则选择100℃的沸水，现场烧开以保证水温。浸泡时间方面，选择的铁观音、冻顶乌龙都属于紧结型茶叶，清洗茶之后第一泡浸泡时间约为45～50秒，而条形的大红袍浸出效率较高，第一泡约20～25秒便可出汤。具体冲泡技法与工夫茶基本一致。对于乌龙茶类来讲，最主要的是展示其悠长馥郁的香气与“观音韵”“岩韵”等乌龙茶特征。因此，从温杯这一步起就在为后续茶汤品质和滋味品质做准备。温杯不仅是清洗茶具，最主要的目的是提升温度，便于冲泡，激发茶香。后温润泡，一方面使叶片充分舒展开来，另一方面也是为继续激发茶香，同时加入了摇香动作。接下来，冲泡采取乌龙茶惯用的高冲手法，高冲之后，采用先洗品茗杯后出汤的方式，使盖碗中的乌龙茶在洗杯过程中充分浸润。同时，代表台湾游子的主泡使用闻香杯，更是为了突出乌龙茶“高香”的特征。

（4）解说词。茶艺应用于文化意境，这是茶艺活动最广泛的领域。本主题茶艺作品解说词以散文的形式来撰写，欲扬先抑，抑扬顿挫。其主体可划分为三个部分。入场到洗杯是第一部分，游子带着思乡的惆怅入场，站在狭长的海岸线边静静凝望，在茶具的拿起放下与水汽薄雾之中，这份感情发酵得更加浓烈，在悬壶高冲之际达到高潮。第二部分为斟茶奉茶的环节，嗅到来自大陆的茶香，让他思乡的心绪在达到顶点之后慢慢平静下来，祖辈们薪火相传、生生不息的茶缘让这些痛彻的思念变得平缓，这份情感也从浓烈激昂变得深沉。最后一部分则表达了我们美好的祝愿，使用同一种语言、书写同一种文字的我们相信，终有一日，武夷茶会与冻顶茶香汇成一处，千秋烟祀，万古长青。

茶艺解说词全文及表演步骤：

（序）《乡愁》：小时候，乡愁是一枚小小的邮票，我在这头，母亲在那头。……而现在，乡愁是一湾浅浅的海峡，我在这头，大陆在那头。

【出场】十八根竹骨旋开成一把素扇，那清瘦的闽人用浑圆的字体，录一阕《南乡子》，朱子所填。那落款的日期，是寅年的立秋，而今历书却说，小雪已过了，台湾却依旧下着细雨，吹着萧萧的风。挥着扇子，问风，从何处吹来？从大陆的海岛尽头，还是谁的故乡？君问归期，布谷青鸟催过了多少遍，海峡却依旧寂寞着未有答案。

【侍茶】这是让他魂牵梦萦的那片土地，我们血脉相承，法缘相循，同根同族，茶犹如此。冻顶乌龙被称为台茶之圣，其种质溯源于福建武夷山；而同样源于山水间的大红袍，古朴淳厚，品质优良，为不可多得之精品。

【烫杯】滚烫热泪涤去素杯凡尘，而残山剩水犹如是，皇天后土犹如是，纭纭黔首纷纷黎民从北到南犹如是。那里面是中国吗？那里面当然还是中国。只是杏花春雨已不再，牧童遥指已不再，剑门细雨渭城轻尘也都已不再。

【赏茶】作为北苑贡茶基地的武夷山脉与秀丽的冻顶山隔着一道海峡遥遥相对，犹如我们的茶席一样，海峡两岸一衣带水，不分不离。福建武夷山大红袍馥郁隽永，如母亲一般胸怀宽广，一泡心宁；冻顶乌龙奇香清雅，沁人心脾。它们在两山之上遥相呼应，唱不尽亲情脉脉、骨肉情长。

【温润泡】于是，他们叫这一片海为中国海，世上再没有另一个海有这样美丽沉郁的名字。而现在，素瓷生烟，他隔着水汽薄雾静静凝视。一个中国人站在中国海的沙滩上遥望祖国，身畔身后，皆是故土。

【冲泡】注流汲水，悬壶高冲。心潮涌动，云起如翼。乡愁如黄昏之暮霭，挥之不散，愈积愈浓。伸手触及，沾湿掌心和霜发。

【洗杯】山峦蜿蜒重叠，如美人肩。铁观音原产于福建安溪西坪，叶起白霜，兰香皓齿，音韵隽永，犹如我们的三位姑娘，只言这大陆山中翘首企盼的款款茶香。曾在马山看对岸的岛屿，曾在湖井头看对岸的何厝。望着那一带山峦，望着那曾使东方人骄傲了几千年的故土，心灵便脆薄得不堪一声海涛、一声鸥鸣。那时候，便忍不住想到自己为什么不是一只候鸟，可以在每个莺飞草长的春天回到旧日的大陆；又恨自己不是这手中杯盏，物有所归，源有所属，拳拳赤子之心可以尽数倾洒于水盂归所之中。

【斟茶】玉液满，清盏滑，水声轻快泠泠，蹙踏浪花舞。然则，他日思夜梦的那片土地，究竟在哪里呢？只有一百二十四海里。可一百二十四海里又有多远，就算再远，也抵不过银河的迢遥啊。

【奉茶】珍珠初醒，滨海茫茫，微凉清风送来阵阵盈袖兰香，它植根于那古老的大陆，那所有母亲的母亲，所有父亲的父亲，所有祖先的摇篮。历史上的源流与分隔，让茶文化在台湾的土地上生根发芽。家里的老人常说，真正当泡茶喝的，是清朝引进的武夷和乌龙茶种。台湾先民饮水思源，供奉茶郊妈祖祈求平安，所以今日，我们才能在此，用工夫茶来继承先人的血液与根脉，万世不朽不散。

【敬茶,《鼓浪屿之波》音乐起】海水在远处澎湃，海水在近处澎湃。五千年薪火相传，千百年来闽台两地的先辈们舟楫往返，生生不息。那些所有的所有都超越了游子超载的乡愁，超越了那份日日夜夜难以抹去的茕独。历史潮流如海峡之水潺潺向前，思乡之水的波浪送来冻顶乌龙的一缕缕茶香。无论神州也好，中国也好，变来变去，只要仓颉的灵感不灭，美丽的中文不老，袅袅的茶香不散，大陆仍然翘首企盼，那磁石般的向心力当必然长在。

【谢场】如露如泉透清风，似梦似镜遐迩迷。大陆两端鸱尾伸展的厝脚依旧轩昂，宗祠庙宇门楣上的桃木剑依旧崭新，终有一日，大河南北、中华九州终将与冻顶茶香汇成一处，千秋烟祀，万古长青！

《工夫茶，两岸情》作品的编创以引人深思的主题、动人的情景设置、一气呵成的表演和感人至深的意境，传达了高校莘莘学子对茶文化的深厚理解与慷慨激昂的爱国精神，为社会各界主题茶艺的编创与发展提供了参考。愿立志投身于茶文化事业的工作者们能更上一层楼、精益求精，在表演与传播之中带人前行，弘扬茶文化正能量。

补充链接

扫码观看视频 7-2：《工夫茶·两岸情》

（三）团体茶艺创新作品:《和茶》

该作品获得2015年第二届中华茶奥会大学生茶艺技能大赛一等奖，由武夷学院茶艺队创作。

1. 主题的立意与缘由

武夷山是乌龙茶的发源地，以大红袍最负盛名，由于其生长环境得天独厚，品质优异，被誉为“茶中之王”，闻名海内外。生长于九龙窠岩壁上的六棵大红袍母树，于2012年通过福建省农作物品种委员会审定为省级良种，并作为古树名木录入武夷山世界自然遗产；2019年11月18日，大红袍入选中国农业品牌目录。除了母树大红袍、纯种大红袍、纯料大红袍外，作为商品的大红袍多为拼配产品。拼配大红袍按照一定比例将多个茶叶品种调和，使滋味和香气更符合市场需求，促进了产品质量稳定和优化，实现了资源互补。

本茶艺正是基于武夷岩茶大红袍拼配的特点，通过程序的设定演绎拼配过程，并将主题定为“和茶”，旨在表现两方面的内容：一方面传达武夷岩茶拼配的工艺特点，体现制茶之“匠心”；另一方面传达“中庸、和谐”的茶道精髓，借以抒发“茶和天下”之思想内涵。

2. 茶艺要素的选择与设计

（1）茶品。“以体现地方茶文化内涵为主题”是近些年茶艺比赛中创新茶艺的设计要求，结合主题需要，本次茶艺作品选择了武夷水仙和武夷肉桂作为冲泡茶品。这主要是基于三种考虑。一是武夷岩茶山场众多，品种丰富，素有“香不过肉桂，醇不过水仙”之说，武夷水仙和武夷肉桂为武夷山两大当家品种，市场认可度和辨识度高，选择这两款茶更能体现地域特色。二是水仙茶汤滋味醇厚，肉桂香气高锐，市场上的大红袍常选择这两者进行拼配，能综合茶叶的高香和醇厚的滋味，提升品质。三是肉桂茶气足，桂皮香显，与男生的阳刚之气相契合，而水仙茶汤顺滑具兰花香，体现出了女性的柔美，一柔一刚更能体现“中和”之美。充分考虑以上几点，最终选择了慧苑坑的水仙和牛栏坑的肉桂，这两款茶是武夷岩茶核心产区的代表，山场气息浓，品质特征显，更能诠释本次作品的主题。冲泡时为了呈现大红袍香高水醇的滋味特点，采用肉桂与水仙投茶量1∶3的比例进行冲泡。

（2）茶器。在茶器选择上，优先考虑器具的实用性。考虑男生和女生的动作区别和冲泡茶品的不同，在配置茶具时，男生选用绿泥侧把紫砂壶。紫砂壶对于武夷肉桂来说，更能激发茶的香气和底蕴，而侧把壶的握拿较为霸气，更能展现男士的阳刚。女生选用的是手工纯白瓷盖碗，具有素雅、温润之感，更能体现女士的柔美。公道杯选用透明的玻璃材质，可以更好地展示岩茶汤色。

（3）茶席设计与服饰。茶席的作用在于盛放器具、烘托主题，如从右到左的中国水墨画长卷，具有时空的美感。茶人服是茶席的延伸，要与茶席色彩搭配协调。冈仓天心曾说过，如同艺术品，茶也需要一双大师的巧手，才能泡制出最高贵的质地。当在茶艺作品表演中达到传神达韵时，真正动人的，是茶艺师的灵魂和风采，而非双手和技术。

本作品的茶席共分两个主泡席，分别位于舞台中央的一左一右，“一”字形摆开。其中左侧为男生冲泡武夷肉桂茶席，浅棕色桌旗底铺叠放蓝色桌旗，蓝色代表男性的沉稳，浅棕色与绿泥紫砂壶遥相辉映；男生着白色中式茶服，深棕色裤子，分别与底铺和桌旗呼应；茶席左上角的花器中插入的是竹子，清新淡雅，契合茶道精神。右侧为女生冲泡武夷水仙茶席，以白色的桌旗打底，上方叠铺一浅绿色桌旗，白色的桌旗与女生的白色茶服色调一致，清新的浅绿色调体现出女性与水仙的柔美。茶席选择荷花插花器。荷花有“和”之意，又称莲花，与男生的竹呼应，寓意“竹莲”璧合，契合茶艺主题。

3. 意境的编创与构思

意境的营造在茶艺表演中具有烘托茶艺主题的作用，在创新茶艺作品中，意境包括茶艺表演的背景、音乐、解说词以及其他辅助要素。背景主要采用视频或者幻灯片放映的形式，一般需要借助LED屏幕来展示。本作品在创编时，采用的是幻灯片自动播放的形式，通过图片背景展示、解说词的滚动字幕和音乐的配合，突出茶艺主题。

（1）背景设计。在设计背景时，既要能体现配图和解说的统一，还要能展示冲泡的步骤和程序。因此，武夷山的自然风貌、武夷岩茶独特的生长环境、武夷岩茶水仙和肉桂冲泡器具是背景设计的重点。采用艺术留白与书法落款的设计方式配图和解说字幕，背景图逐张播放。随着冲泡程序的展开和解说词的层层递进，最后在品饮环节，借茶性之“和”，并通过一组习近平主席带茶访英、与当时的英国女王握手的合照，上升到“茶和天下”的主题。

（2）音乐选择。在茶艺表演中，借助背景音乐渲染意境，增加作品的感染力。背景音乐的选配以及是否合适，对茶艺表演的成功与否非常重要。常用的古典名曲使用频率较高，容易产生审美疲劳。近现代作曲家创作的音乐不拘于传统，敢于革新，注重思想性和原创性，极大地丰富了音乐作品的表现力。本主题选用了中国新世纪音乐作曲家林海的作品《茶凉了》，此曲恬静、自然，淡淡流露的文学况味让乐曲飘散着朴素、恬静的风格，音调没有大的起伏，自始至终都像丝绸一样，平滑、柔顺，让心情像湖一样平静，带人渐入佳境。结尾部分升华主题，选用《岁月静好》钢琴曲，流畅的旋律使人沐浴在幸福的音乐氛围中，心情为之放松，思绪也变得缥缈，如逢一股暖流，感受久违的安宁与平和，与“茶和天下”的主题相呼应。

（3）茶艺程序的编排与设计。合理科学的茶艺程序编排是茶艺创编的亮点，对于推进主题的演绎和升华也起着至关重要的作用。为了表达主题的需要，在程序安排上，分为两节来完成。

第一节为茶叶冲泡环节。这一部分是由男、女生茶艺师分别完成从翻杯、烫壶（盏），到赏茶、投茶和冲泡的全过程。依照程序推进，在翻杯环节介绍了茶品“中和”的属性，奠定了茶艺主题的基调。烫壶（盏）时分别介绍了男生使用的紫砂器具和女生使用的白瓷盖碗，为冲泡的茶品做铺垫。赏茶、投茶和冲泡时分别对茶品的品质特性做了介绍，进一步说明两泡茶作为武夷当家茶的代表，其品性的差异性和互补性，为“拼合”做铺垫。

第二节为茶汤拼合环节。拼合环节是创新茶艺的亮点和高潮。拼合时，由男生茶艺师端起冲泡好的肉桂茶汤，走至女生茶艺师茶席前就座，将泡好的肉桂茶汤和女生茶艺师泡好的水仙茶汤倒入到一起，然后再分杯敬客。

（4）解说词。解说词在茶艺表演中，具有引导观者进入茶艺意境和阐明茶艺主题的作用，解说词以散文的形式铺陈，由学生录制后与背景音乐一起合成，同步播放。通过音乐渲染背景，借助茶艺师演绎流程，最终形成一杯茶汤，敬奉茶客。随着音乐响起，解说开始，男女生茶艺师分别从舞台左右两侧缓缓入场，礼毕坐定，开始茶艺冲泡程序的演示。

【入场】茶，一杯至清至淡至和之物，不偏不倚，均衡持平。

【翻杯】壶承为圆，茶桌为方，预示着天圆地方。一壶茶在手，如天人合一，如抚日托月，如捧千山万水。

【烫壶、烫盏】一盏拙朴的侧把壶具，古朴大方，如粗砂月落，亦如大漠空旷的星野。温润如玉的白瓷盖碗，精致小巧，光滑圆润，晶莹剔透中难掩冰清玉洁。半雅半粗器具，半华半实庭轩；酒饮半酣正好，花开半时偏妍。

【赏茶】香气辛锐似桂皮，齿颊留香有“岩韵”，武夷肉桂恰似一位血气方刚的男子，积极热情。香若幽兰，滋味醇厚，爽口回甘，齿颊生津，武夷水仙宛若一位温文尔雅的少女，耐人寻味。

【投茶】她，钟山川之灵秀，优雅温婉。他，养日月之精华，豪放霸气。她，条索丰腴，油润有光。他，条索重实，掷地有声。武夷当家茶，一半是她，一半是他。把她请入碗中，用水浸润……把他送入壶中，千锤百炼……

【冲泡】她婉约清新，杯壁缓流，叮咚涌泉如是……他豪放霸气，悬壶高冲，疾风暴雨一般……轻与重，缓与急，同一个产地，风格各异的一半。

【拼合】“香不过肉桂，醇不过水仙。”他的香郁，必须倚赖她的醇厚，让她的包容舒展他的性情。水必须热，甚至沸，彼此才能相溶。

【分茶】大红袍，正是吸收了水仙的醇厚、肉桂的香高。一半她，一半他，你中有我，我中有你，成就了香气，成全了汤水，一半一半，自有一片天。

【奉茶】半杯茶，遍尝千般滋味。一辈子，淡观云舒云卷。如今，茶不再是改变世界的商品，它回归本原，成为一种艺术化的生活方式、一种沟通心灵的饮品。

【品尝】在品味的时候细细感受其真气、真香、真味的微妙变化，达到的是一种内外和谐的境界，人与人、人与自然之间相互统一包容。

【谢礼】习主席沿“一带一路”跨越英吉利海峡，白金汉宫的下午茶会上，武夷茶再登大雅，大红袍重显辉煌，其高香醇厚将会弥漫整个中国，走向全世界。

创新茶艺以历史文化为背景，展现了现代茶艺主题多样性的创新之美，在表演中感悟中华茶文化的博大精深。茶艺的发展离不开茶产业的进步和茶经济的繁荣；反过来，茶艺又必须服务于茶产业和茶经济。实践证明，茶艺作为茶文化的一种外在表现形式，是推动茶产业、活跃茶经济、宣传茶产品的重要手段。

2021 年 3 月，习近平总书记在武夷山调研时指出，武夷山这个地方物华天宝，茶文化历史久远，气候适宜、茶资源优势明显，又有科技支撑，形成了生机勃勃的茶产业，要把茶文化、茶产业、茶科技统筹起来[1]。我们要特别重视挖掘中华五千年文明中的精华，弘扬优秀传统文化。在舞台表演艺术上，如何充分挖掘优秀传统文化融入茶艺表演，进一步提升茶艺的观赏性和艺术性，是值得每个茶艺工作者思考的问题，以便在今后的茶艺创新中，挖掘更深厚的中国传统文化，创编出更多优秀的茶艺作品，让茶中蕴含的精神内涵为更多的人们带来前进的动力和智慧。

（四）团体茶艺创新作品：《九曲问茶》

《九曲问茶》创新茶艺作品获得 2014 年第二届全国大学生茶艺技能大赛团体三等奖。该作品表演者为武夷学院茶艺队成员。

1. 创作主题构思

《九曲问茶》以唐代陆羽“饮茶，最宜精行俭德之人”的茶道思想为内涵，以武夷“碧水丹山”为舞台，以“岩骨花香”之佳茗为载体，以陆廷灿在九曲溪之畔邀董天工出席作陪会扬州八怪之一汪士慎为情节，通过席间赏壶、作画、品茗为一体的文人茶会，演绎武夷茶道“以茶会友，以文叙情，品茗雅志”的高尚情怀，充分表达武夷茶道“天人合一”的崇高理想。

2. 茶艺主题简介

陆廷灿，上海人，字幔亭。少时师从王世祯等深得作诗之趣，后以诸生贡例，康熙五十六年（1717）选任福建崇安知县，官声颇佳，因病退隐，著有《南村随笔》《艺菊法》《咏武夷茶》及《续茶经》，其寿春堂本《续茶经》收于四库全书文渊阁本。

汪士慎，安徽休宁人，清代著名书画家，为扬州八怪之一。他一生嗜茶，并把饮茶、赏梅、赋诗、作画紧密结合，在书法与绘画上多有建树，并被友人金农称为“茶仙”。

董天工，福建崇安（今武夷山市）人，清雍正元年拔贡。曾任观城知县，因治蝗立功受封任安徽池州知府。因丁内忧，返乡守孝，居住九曲溪畔留云书屋，关心家乡建设，不辞劳苦，实地考察，于乾隆十六年（1751）编成《武夷山志》24 卷，著有《台湾见闻录》4 卷、《春秋繁露笺注》17 卷及《澄心小草》等多部著述留世。

---

［1］ 习近平察看武夷山春茶长势：把茶文化、茶产业、茶科技这篇文章做好［EB/OL］. (2021-03-23). politics.people.com.cn/n1/2021/0323/c1024-32057957.html.

茶艺主题为陆廷灿在九曲溪之畔会扬州八怪之一汪士慎，茶会邀董天工出席作陪。汪在茶会即兴绘梅花一幅赠陆，董天工则以武夷岩茶之上品当场演绎武夷茶道，席间三人赋诗作画，并有琴童弹奏古琴助兴，相谈甚欢。

3. 茶艺要素的选择与设计

（1）茶品选用。茶品首选当地特色茶品武夷岩茶。结合人物特点和时代背景，选择了四大名丛的两个品种，即铁罗汉和大红袍。这两款茶均来自武夷山核心产区，山场气息浓，品质特征明显。

（2）茶器。煮水茶壶选用老铁壶，铁壶可软化水质，使水软滑、甘甜。冲泡器具选用侧把壶，由陆廷灿和董天工的饰演者演绎，侧把壶更能展现男士的阳刚之美，同时紫砂壶的材质具有很好的通透性，能够更好地将岩茶的色香味浸泡出来，让观者真正领悟武夷茶岩骨花香的真谛。

（3）背景设置。以归隐在九曲溪畔董天工的留云书屋为背景，通过落地的大幕布播放九曲溪图片的形式展现。在背景前设置茶席，营造置身其中的感觉，于溪前屋外招待友人，潺潺水流中，细品一杯香茗，静静感受武夷茶的魅力。一个泡茶席，一个摆有字画架的书桌。泡茶席置舞台中央，左侧置书桌，书桌前侧置古琴；右侧靠后置火炉和紫砂提梁壶，台侧有一现场解说人员，整个舞台以泡茶席为中心呈对称结构，整个画面看起来完整、和谐。

（4）茶席设计。茶席营造一个泡茶的氛围，为体现主题服务。本次茶席选用藏蓝色茶席布作为底铺，代表着成熟、稳重、智慧，没有华丽的色彩和装饰，体现的是待客式茶席的简约，也体现了董天工的身份（见图 7-4）。茶席布将长约三米的桌子铺成整体，两把侧

图 7-4 《九曲问茶》创新茶艺

把壶置于粗陶壶承之上，分别放在茶桌左右 1/4 处，一排白瓷品茗杯，能够更好地鉴赏汤色。两人共用一茶席，以便交流茶品。茶席一端放插花瓶，丹桂在静静地散发出淡淡的甜香。一端放一盘桂花糕，花香、茶香相互辉映，映衬了季节也应了景。

（5）服饰搭配和音乐选择。陆廷灿、汪士慎、董天工的演绎者均着棉布长袍。为突出陆廷灿曾任知县的身份，着枣红色长袍，汪、董分别着藏蓝色长袍，与茶席色相搭。书童和琴童身着白色蓝边上衣、蓝色裤子，是古代书生汉服装。

音乐由琴童扮演者现场弹奏古琴名曲《平沙落雁》，乐曲通过秋高气爽、风静沙平、鸿鹄飞鸣的描摹，写逸士之心胸。这也正符合宴请的主角汪士慎高洁、不染世俗之情。

4. 茶艺的编排与解说词

本套茶艺采用话剧和茶艺相结合的形式进行，共分三幕完成。第一幕为友人汪士慎初到董家，三人初见面时寒暄的场景。第二幕为汪即兴作画，陆、董为汪冲泡武夷茶，这是整套茶艺的核心环节，将作画与茶艺融为一体，具体展现文士茶艺过程。第三幕为三人品茶赏画的场景，汪将作好的《老树梅桩图》赠予陆，陆、董分别邀请汪品铁罗汉和大红袍，通过旁白解说升华茶艺主题。整个茶艺编排节奏有序、情节连贯、一气呵成。茶艺表演过程中，通过适当的茶艺解说能引领观者进入茶艺之境。

第一幕：友人会面

入场，董身旁跟着书童、琴童，在门口静候客人的到来，通过询问的方式，董向书童和琴童介绍汪、陆二者身份。汪、陆进场，董向前迎接，三人寒暄。

董邀二人入座，陆取出偶得的陈鸣远的老树梅桩壶，三人共赏。汪钟爱梅花之高洁，今见梅桩壶，一时兴起，即兴泼墨一幅梅花图，以和陆兄之梅花壶。琴童引汪至舞台左侧摆有字画架的书桌前，帮忙整理纸砚。董取出自家所产铁罗汉，陆也随身带了大红袍，在汪作画之余，准备前往茶桌泡茶。

第二幕：作画泡茶

为助兴，董命善古琴的琴童弹奏一曲，随着琴童弹奏《平沙落雁》声起，汪开始作画，董、陆于茶席前行礼，礼毕坐定泡茶。

【涤器】解说：茶壶以砂者为上，盖既不夺香，又无熟汤气。紫砂壶的本真之趣，正好契合了武夷岩茶追求茶本身的自然之性的精神。

【赏茶】（董与陆对视，将茶荷拿起赏茶。）

董：我今所泡铁罗汉，为武夷最早之名枞，色泽绿褐鲜润，香气馥郁，具幽兰之胜。

陆：我所冲泡大红袍，也是武夷山四大名枞之一，正所谓“条索结实蛤蟆背，叶片扭曲宝色堂”。

【洗茶】解说：“汤色清橙明又亮，气息馥郁幽兰香。”武夷岩茶历史悠久，皆请雷而摘，拜水而和。盖建阳丹山碧水之乡，月涧云龛之品，慎勿贱用之。

【冲泡、分茶】解说：“山茗煮时秋雾碧，玉杯斟处彩霞鲜。”武夷岩茶臻山川精英秀气所钟，品具岩骨花香之胜，汤色橙黄清澈，一种风流气味，如甘露，不染尘凡，泉味与茶香，相和有妙理。

【奉茶】解说：“乳花翻碗正眉开，时苦渴羌冲热来。枯肠未易禁三碗，人间有味是清欢。”武夷岩茶品时，先嗅其香，再试其味，徐徐咀嚼体贴之。一杯之后，再试一二杯，令人释躁平矜，怡情悦性。

第三幕：品茶交谈

汪作完画，将画作赠予陆，三人边品茶边赏画，交谈甚欢，各自赞叹。

解说：文士们品茶，意在逍遥适意，与天地之气自由往来，进而超越自身，体认生命存在的意义，以此超脱世俗而获得心灵自由，这不正是陆羽所倡导的“茶之为用，味至寒，为饮，最宜精行俭德之人”吗？

5.《九曲问茶》的文化解读

（1）展示武夷文化。参赛节目在编创时就要考虑体现当地特色，而我们正处在武夷山这一得天独厚的地理位置。武夷岩茶以其独特的韵味和魅力吸引着众多茶叶爱好者，不论达官贵人还是平民百姓，皆为之倾倒。作为表演茶艺，最具有表现力和感染力的莫过于文人之间高雅的品茗艺术，为展现这一特点，我们通过演绎或渲染文人之间的文化活动，达到宣传武夷茶文化的目的，同时也是对传统茶文化的继承和弘扬。

（2）展现精行俭德的茶道精神。茶和梅皆是山中高洁之物。茶能涤荡心怀，醇香流韵；梅能傲寒怒放，孤傲谦虚。通过文人之间品茗作画，融入自然、契合自然、回归自然的高雅活动，达到追求超凡脱俗、天人合一的精神境界。这正是茶道精神的精髓，也是陆羽所倡导的茶道品格。

补充链接

扫码观看视频 7-3：《九曲问茶》

（五）个人茶艺创新作品：《暗香暖意》

该作品获得 2014 年第二届全国大学生茶艺技能大赛个人创新赛一等奖，由武夷学院茶艺队成员裴煜演示。

1. 主题立意

冬雪初寒，扫雪煮茶，三两素花，配一盏暖茶。实乃冬日之妙趣也。收到远方友人寄茶于我，欣喜不已。佳茗，最宜清雪烹茶。寻觅清雪之时，又偶遇冬梅盛放之景，体悟草木之间的至清至美。悠悠岁月，茶香氤氲。寒冷的冬日里，你和我围在暖暖的茶炉边，手中擎一盏甘醇温润的骏眉红，静静地煮雪、品茶、寄情、谈心。花味渐浓，茶味渐醇，让我们饮尽红尘，只待邀陪明月，面对朝霞。

忆武夷桐木寄情，闲情偶寄，暖意融融。梅之高洁，茶之真味，且让我们慢慢斟酌，感恩。

2. 茶艺要素的选择与设计

（1）茶品。武夷山是世界红茶的发源地，产自桐木关的正山小种是红茶的鼻祖。2005年，由正山小种的传承人研发出的金骏眉成为福建高端红茶的代表。金骏眉外形紧秀，香气优雅；冬日的梅花，香气清雅，“凌寒独自开”，具有傲雪的风骨，高洁的品性与金骏眉之茶性相呼应。本茶艺冲泡的茶品正是产自福建武夷山桐木关的金骏眉，它茶性温和，适合冬天品饮，金黄的汤色也能给寒冷的冬天带来一丝暖意。

（2）茶器。本茶艺在择器上为了衬托金骏眉金黄的汤色，选用白瓷盖碗和品茗杯，搭配玻璃公道杯作为主泡器，以观赏其金黄透亮的茶汤。同时搭配茶炉和玻璃提梁煮水壶，可以与友人在寒冷的冬日一同围坐茶炉旁，听雪候汤，等待水沸的过程。插花器为白色的梅瓶，斜插几枝红梅，营造一种品茗的意境，也给寒冷的冬天增添一丝色彩。

（3）茶席设计。本茶席选用的茶席巾以白色细麻布为底铺，布置红色桌旗，几只红梅疏影横斜，在素白如雪的布衬下，于一片苍茫中洋溢着春意盎然。白瓷瓯搭配骏眉红，任暗香浮动，云水过往。金色与红色席布的衬托增添了冬日里的温馨烂漫（见图 7-5）。

图 7-5 《暗香暖意》创新茶艺（表演者：裴煜）

（4）茶人服。表演者身着纯白色长袍，与茶席和白色的席布相映衬，也象征着女子的品性纯洁。头发盘束，斜插一两枝红梅的头饰，既能映衬主题，也可点缀服饰。

3. 意境的编创与构思

意境对于茶艺主题的表达起着关键的作用，融合了茶艺表演的背景、音乐以及其他辅助要素的设计。

（1）背景设计。纤纤玉指抚瑶琴，炉火初红照暖心。万里飞来骏眉情，清雪烹茗暗香来。在背景设计时，为了达到人物与背景的和谐统一，突出冬日品茗的主题，整个背景以幻灯片的形式显示，以雪和红梅为背景，将人、茶、席与背景融为一体，营造一种人入茶境的意境。

（2）音乐选择。本茶艺选用的背景音乐为古筝名曲《云水禅心》和哈辉的《茶香》，似天籁一般的绝妙之音漫卷漫舒，营造出空灵悠远的意境。冲泡的过程中播放音乐《云水禅心》，从奉茶开始，直至品茶、谢茶，切换为《茶香》的背景音乐。

4. 茶艺的编排与解说词

本茶艺为个人独立完成，采用边冲泡边解说的形式进行。在开始冲泡之前，现场进行插花。

（1）入场。入场背景：武夷九曲溪、玉女峰风光，古琴曲引入。

入场独白：冬日晴暖，早间收到千里之外的友人寄茶于我，欣喜不已，便随手取了竹篮，出去寻觅清雪烹茗。怎知晓又偶遇冬梅盛放之际，忍不住采撷三两枝丫，梅花瓣撒落，七八片翩翩起舞，惊喜带回。

【插花】一抹浅浅的红，一缕幽幽的香。体会草木之间的至清至朴。

【起身】纤纤玉指抚瑶琴，炉火初红照暖心。万里飞来骏眉情，清雪烹茗暗香来。

（2）礼毕入座、翻杯。三两素花，配一盏暖茶。请允我以茶为友，与茗邀约，静坐聆听我这杯中茶的故事。

（3）备茶。我是一片树叶，盛满诗样的芳华来到你的面前。武夷茶人赋予了我一个灵雅的名字——金骏眉。我有梅的灵性。

（4）取茶。我生于武夷山桐木峻岭之上，集山川之灵气，汇日月之精华，每当谷雨时节，或者寒风冷雨，我都翘首以盼，静待茶人灵动的手在曲折攀岩中把我精心采撷。

（5）赏茶。近观。我条索紧秀、隽茂。色泽金、黄、黑相间，一个个芽头鲜活灵秀，形似伊人清婉俊秀，一眉嫣然。

（6）润茶。我虽出生尊贵，却有红梅傲雪的性格。唯有在高温沸水的磨炼中，果甘甜，花幽香。

（7）闻香。独特的高山雅韵，似花似蜜，又透着温暖的薯香，圆柔而悠长。

（8）冲泡、温杯。（此步骤为润完茶后，注水浸泡茶汤。在浸泡的同时，烫洗品茗杯，此处无解说。）

（9）赏汤、分汤。汤色橙黄明亮，晶莹剔透，宛如白雪晶莹里的一点红，于沧海之中洋溢着春意盎然。

（10）奉茶。悠悠岁月茶香悠悠，原来是一杯茶让我们相遇，在寒冷的冬日里，手中擎一盏温润甘甜的骏眉红，任暗香浮动，暖意浓浓。

品茶后，表演者起身致谢，结束程序。

补充链接

扫码观看视频 7-4:《暗香暖意》

（六）个人茶艺创新作品:《匠心》

《匠心》作品获得 2016 年第三届全国大学生茶艺技能大赛个人创新茶艺节目二等奖。表演者为武夷学院茶艺队成员林婉如。

1. 主题的立意与缘由

武夷岩茶制作技艺起源于明末清初，历史悠久，工序繁杂，主要的程序有采摘、倒青、做青、炒青、揉捻、复炒、复揉、走水焙、扬簸、拣剔、复焙、归堆、筛分、拼配等。技艺高超，劳动强度与耗时量大，制约因素多，需要制茶人的匠心。2006 年，武夷岩茶（大红袍）制作技艺被列入首批国家级非物质文化遗产名录，凸显它的特殊与重要。本茶艺将主题定为“匠心”，也基于此，意在表现两方面的内容：一方面表现制茶者对传统制茶工艺的坚守，从内心到茶品，把茶品做到极致；另一方面表现泡茶者的匠心，他们视茶艺为艺术，以一以贯之的技艺修养将茶品完美地呈现。《匠心》创新茶艺作品以茶艺师演绎武夷茶为主题形象，再现制茶人与泡茶人的匠心，以此表达对制茶人的崇敬和对专注精神的传扬，同时也倡导对传统手工艺的重视，并抒发饮茶时满怀感恩之情（见图 7–6）。

图 7–6 《匠心》创新茶艺（表演者：林婉如）

2. 茶艺要素的选择与设计

（1）茶品。茶品以武夷岩茶为目标，然而武夷岩茶山场众多，品种丰富。在选择时有三种考虑：一是选择武夷岩茶的当家品种，岩茶制作工艺复杂，对技艺要求高，当家品种更能体现茶人匠心；二是选择以传统手工制作的岩茶，体现的是岩茶制作工艺的匠心；三是选择三坑两涧的茶品。充分考虑以上几点，最终选择状元肉桂，该茶鲜叶来自武夷山核心产区，滋味醇厚，岩韵足。同时，此茶曾获得武夷山斗茶赛的肉桂状元。由于坚持传统手工摇青和传统炭焙，更能彰显制茶人的匠心和本作品的立意。

（2）茶器。本茶艺为了衬托汤色，茶器选用手工纯白瓷盖碗茶器一套，具有素雅、洁净之感。另备一玻璃公道杯，以盛放醒茶冲洗的茶汤。在品完第一泡茶汤时，再品醒茶之茶汤，以示对茶人的敬重和对茶品的感恩。茶壶选用老铁壶。铁壶可软化水质，使水软滑、甘甜。

（3）茶席设计。本茶席选用的茶席巾为一米色细麻布，其上手书乾隆的《冬夜煎茶》诗片段："清夜迢迢星耿耿，银檠明灭兰膏冷。更深何物可浇书，不用香醅用苦茗。建城杂进土贡茶，一一有味须自领。就中武夷品最佳，气味清和兼骨鲠。"乾隆可谓饮茶皇帝，他于茶诗中不断抒发自己的感触，吐露人生哲学，高度赞誉武夷茶，感叹制茶技艺的高超，凸显茶艺"匠心"主题（见图 7-7）。布置棕色桌旗，映衬茶汤颜色；茶席左上角摆文竹盆栽，清新淡雅，契合茶道精神。

图 7-7 《匠心》茶席

（4）茶人服。茶人服要能体现茶艺表演的主题，是茶席的延伸。表演者选择一席棉麻材质的白色长袍，旗袍竖领和腰身，上半身为斜襟，下半身为袍裙。裙摆处手绘武夷山水和松树，一伸长脖颈的仙鹤从左肩探出，嘴衔一茶花，从衣领处垂向胸前。仙鹤象征着圣洁、清雅、长寿，寓意着茶人的品行，以及喝茶之养生。

3. 意境的编创与构思

本作品在创编时，意在从背景、音乐、相关物品及程序编排上来突出“匠心”的理念和主题。

（1）背景设计。在设计背景时，既要达到人物与背景的和谐统一，更要表现制茶和泡茶的匠心。因此，制茶的精湛工艺和泡茶的专注情境是背景设计的重点。为此，我们专门对制茶艰辛的过程和泡茶人用心的事茶活动取景，拍摄了手工摇青、传统炭焙的过程，泡茶人行走茶山的场景，还特别录制了亲手制作竹质茶则、寻茶器、手绘茶席工艺品等视频。从中，制茶和泡茶的匠心可见一斑。

（2）音乐选择。在茶艺表演中，背景音乐有助于营造表演的意境和氛围，增加作品的表现力和感染力。常用的茶艺背景音乐有中国古典名曲、现代专为茶艺谱写的曲目、大自然中的声音等，还有的为了表现主题需要而选择当代轻音乐名曲。本主题茶艺选用了巫娜改编的曲目《空山寂寂》，此曲既有古琴的古朴悠远，又有箫的幽静典雅，禅乐古韵，淡远虚静，如入山林。

（3）其他要素。茶席的要素不在多，更要避免“多余”，而适当的添加，可添乐趣与写意，点明主题。一盆文竹，协调茶席的色彩搭配，营造自然的氛围；一盏陶瓷灯具，用于茶汤的保温；置一透明玻璃杯，既可观看汤色，又保留了第一泡醒茶茶汤。

4. 茶艺的编排与解说词

本茶艺由一位女生独立完成。无论在茶艺表演上，还是程序设置上，都要能体现茶人的用心。先以乾隆《冬夜煎茶》开篇，随着解说开始，茶艺师缓缓入场。坐定，开始冲泡程序的演示。本茶艺共分为四节进行：开篇、入场；坚持、专注；敬畏、入魂；恭谦、自省。这体现了一名茶艺师对茶和茶人敬畏的心路历程。在冲泡习惯上，一般认为岩茶要洗茶，而本次茶艺设计保留了第一泡茶汤，目的在于品尝茶汤后，可回味第一泡醒茶茶汤的滋味，以表达对每一泡茶汤的感恩。敬茶时，连同第一泡茶汤一起奉给各位坐客品赏。整个冲泡程序节奏舒缓有序，冲泡时专心投入，引人进入茶艺意境。

茶艺表演中，借助适当的解说，引导坐客进入茶艺的意境。随着茶艺程序的演进、解说词的介入，最终形成一杯茶汤，敬奉茶客。

【开篇、入场】解说：“清夜迢迢星耿耿，银檠明灭兰膏冷。更深何物可浇书，不用香醅用苦茗。建城杂进土贡茶，一一有味须自领。就中武夷品最佳，气味清和兼骨鲠。”寥寥数笔，谱写武夷茶的清香与甘甜、最具风骨的岩韵。而我们秉着工匠的精神，在找寻。

表演者进场，礼毕后入座，开始演绎。

解说：世界嘈杂，匠人的内心是安静的。面对大自然赠予的恩泽，我们成就它，它才有可能成就我们。我们保留对茶纯净、热爱的心态。青影重重的茶则，墨染的笔架，手工切削、打磨，尚还粗糙，但质朴。量少、缓慢，正如事茶的心，是要耐得住性子、守得住时间；但所有亲手制作的器物，是最珍贵的，不可替代的。而使用时的满足与震撼，发现、找寻物件的乐趣，尤其强烈，无以言表。

【坚持、专注】解说：每一泡茶汤里，浸润着制茶工匠们的专注、对完美的追求。因摇青而微驼的后背，高温炭焙下的大汗淋漓……被茶渍浸透的双手，布满老茧却如时光般透着熠熠光彩，正是这一双手，匠心筑梦，倾注了青春。

表演者将泡好的茶汤奉给各位评委和观众。

【敬畏、入魂】解说：茶人的匠心在茶里，在路上。走进茶山，穿过零露雨雾，丈量烂石沃土，轻抚丛丛茶叶，倾听茶树低语，感受茶在自然的伸展。幽涧泉流，丛林鸟叫，花香馥郁，这是自然的馈赠。此时，内心恭谦、自省。茶人有情怀，有信念，有态度，在各种变数之中，仍然做到最好，将山场气息注入杯里。茶人的匠心在器里，每一件器物有其独特的灵魂。茶汤的光泽将之浸染，在二十四节气中传递、分享。茶，让人贴近自然，更能贴近自己。

表演者回到座位，完成最后闻香品饮等流程。

【恭谦、自省】解说：茶珍贵，贵在自身，贵在其赋予制茶人和泡茶人的所有技艺、辛劳与情感。世界流转、纷繁，心中有执念而坚持；坚持传统，又出新；一生专注做一事，专注做事。

表演者起身致谢，结束程序。

5. 小结

茶艺表演，以艺术的手法传达深刻的内涵，不但带给人以视觉享受，还能给人启迪，引起思想共鸣。本创新茶艺《匠心》，在背景设计、茶艺要素选择、茶境构思、茶艺与解说词的编排上，挖掘出了“工匠精神”的深刻内涵，一方面传达了茶人精益求精的工匠精神，另一方面展现了现代茶艺主题多样性的创新之美。在茶艺表演内涵上，从泡茶的用心回溯到制茶的匠心上，是时空的联结，给人以想象与领悟的空间；茶艺表演不能拘泥在“和”“静”“真”等主题上，也不能漂浮于某些大主题，要言之有物，多维度地展现茶的不同面貌。

（七）个人茶艺创新作品：《外婆的茶》

该作品获得2014年第二届全国大学生茶艺技能大赛个人创新赛三等奖，由武夷学院茶艺队成员江萍萍演示（见图7-8）。

1. 主题立意

大四毕业来临之际，迷茫常常困扰着我。偶然间又听到《天黑黑》中用闽南语唱出的童谣“天黑黑，欲下雨”，唱出了外婆的爱和做人的道理，也把我带进了对外婆的回忆。想起小时候和外婆一起喝茶的情境，那时的我什么都不懂，外婆常常教我怎么泡茶。随着我对茶的学习和认识，现在脑海中再泛起外婆教我泡茶的情形，我渐渐明白，外婆把她对我的爱和做人的道理，融入了一杯茶汤。

时光飞逝，而茶依旧，用它的品性来感染我，在我迷茫、不知所措时，为我点燃一盏明灯。外婆的茶就是这样，淳朴而真实。创作《外婆的茶》主题茶艺，借一泡茶汤，表达

图 7-8 《外婆的茶》创新茶艺（表演者：江萍萍）

对外婆的思念之情；也通过这一泡茶的演绎，重新静心思考，好好思考自己未来的路。

2. 茶艺要素的选择与设计

（1）茶品。武夷山产茶历史悠久，茶叶种类丰富。结合主题表达需要，冲泡茶品选择了老丛水仙。武夷山素有“香不过肉桂，醇不过水仙”的说法。老丛水仙的树龄较老，经历了岁月的沉淀，滋味醇厚，有特殊的丛味，与外婆的气质契合。

（2）茶器。为了更好地培育茶汤，也为了跟乡村题材的元素相搭配，体现出朴素的风格，茶器选用紫砂壶及陶制茶杯。

（3）茶席设计。本茶席以米色棉麻布料为底铺，以枣红色棉布叠铺，营造一种温馨的农家品茶的氛围。以黄旧的木桩为茶船，将紫砂壶置于其上，也是为了突出主器物的存在。茶席的左上角，一个藤编带盖零食筐，蓝白蜡染布料做内衬，装满了家乡的零食——花生，这是外婆常常在茶桌上备着的我爱吃的零食，也是给客人用茶后补充能量的点心。与零食筐并排的左侧，是一个小方桌、两把小座椅的工艺品，就像小时候和外婆喝茶时那样。茶席的色调和元素整体呈现出乡村的题材和风格，与主题匹配。

（4）茶人服。表演者身着蓝白蜡染上衣，黑色裤子与布鞋，与茶席的席布相映衬，表明了作者的身份。一条粗粗的麻花辫上，蜡染的布条格外明显，就像小时候在外婆家，不小心弄丢了橡皮筋，外婆随手扯下一块布料，为我的辫子打结。整体色调再次映衬主题。

3. 意境的编创与构思

在设计意境时，主要从背景设计、音乐选择等方面进行考虑。

（1）背景设计。外婆家住在武夷山的乡下，为了还原与外婆品茶的场景，体现乡村的主题，在背景设计时，以视频的形式显示。先是我入镜，手捧一本书，满脸愁容，配以解说，表达处于人生的迷茫阶段。随着一声喊叫，将我从现实过渡到小时候与外婆喝茶的场景。画面切换到一处幽静的乡下小屋，屋后有竹，屋前有鸡鸭，屋侧有菜园，而我和外婆曾经就在这样的一个小院子里，慢慢喝茶，听外婆讲泡茶如做人以及他们那代人的故事。

（2）音乐选择。背景音乐为钢琴和箫的合奏《绿野仙踪》，从奉茶开始，直至品茶、谢茶，切换为《外婆的澎湖湾》（片段），再次点明主题。

4. 茶艺的编排与解说词

本茶艺为个人独立完成，采用边冲泡边解说的形式进行。

入场前，背景中解说：时光如流水，岁月本无声。大学四载，一晃而过，对于迷茫的未来，彷徨不安。一打咧（武夷山语：喝茶啦）。一个喊声打断我的思绪，曾几何时，我的外婆也这样温柔地唤我喝茶。

（1）入场、敬茶。外婆对茶很尊敬。她常说，山水是上天赐给武夷山的礼物，岩茶是老祖宗留给我们的宝贝，要珍惜，要感恩。

（2）温壶。小时候，我曾偷偷地打开茶壶，感受几缕清芬。可外婆总不允许调皮的我碰她的宝贝。她说，壶中有乾坤。紫砂壶质朴，武夷茶浓郁，相得益彰。

（3）赏茶、投茶。每年四五月份，外婆都会上山采茶。她一手挎着茶篓，一手牵着我。看，这乌褐起霜不平整的茶条，像外婆布满老茧的双手，温暖、坚毅，一路扶持着我成长。

（4）冲泡、润茶。外婆的一生都与茶相处，沸水如时光，时间长了便是一味浓香。静心感受，才能泡出茶最真的滋味。

（5）候汤。等一个人回家，等一杯茶浓郁。每每回家，外婆早就准备了好茶等着我。等待是相互的，满怀期待，才能收获惊喜，茶汤也更为珍贵。

（6）奉茶。我记忆里外婆最开心的时候，就是与人一同品茶的时候。小时候的我并不明白，而现在慢慢懂了：应与人分享，才有双倍的幸福。

（7）品茶。外婆不许我大口牛饮，让我细细品啜，不要辜负好茶。人生如茶，多一片或浓，少一片或淡，无论浓烈或者清淡，都要去细细品味，苦乐都是一种回甘的滋味。

（8）谢茶。外婆要告诉我的道理，全都融在了茶事里；外婆给我的爱就在茶里，句少，味长。喝完这杯茶，我的心慢慢平静，不再迷茫。

品茶后，表演者起身致谢，结束程序。

补充链接

扫码观看视频 7-5：《外婆的茶》

（八）个人茶艺创新作品：《海之路》

《海之路》作品获得2018年第四届全国大学生茶艺技能大赛个人创新茶艺节目一等奖。表演者为武夷学院茶艺队成员陈文琼。

1. 主题的立意与缘由

在新世纪海上丝绸之路的背景下，海洋对于国家经济的重要性不言而喻。《海之路》有感于泉州港碳九泄漏事故，以“岩骨花香”之老丛水仙为载体，借这一古老的东方树叶，传达保护海洋、节俭节约的环保意识。

茶，一片神奇的东方树叶，是中国献给世界的一份礼物，千百年来，构建了一幅巨大的贸易地图。海上丝绸之路，又被称为茶叶之路，在这片蓝色大海上，见证了许许多多与茶叶有关的大国盛况。然而，随着人类活动的加剧，海洋生态被逐渐破坏，泉港碳九泄漏事故再次敲起警钟。当我们手握一杯茶汤时，无法忘却海上丝绸之路的重要力量，也许我们能做的是微薄的，但却是必要的。

2. 茶艺要素的选择与设计

（1）茶品。茶品选择武夷老丛水仙，老丛水仙品种特征明显，具有明显的粽叶香，滋味醇厚，令人口齿生津、回味无穷。这符合体现当地茶文化和地方特色的要求。

（2）茶器。茶器选用底部绘有蓝色浪花的白瓷盖碗、公道杯和品茗杯茶器一套，符合海洋的茶艺主题。另备一玻璃公道杯，用于承装第一泡茶汤，并用以观色。茶壶选用透明玻璃提梁壶，下置一酒精灯加热保温。

（3）茶席设计。以蓝色茶席为底铺，上铺一白色网纱，将垂到地面的网纱营造出白色浪花的感觉。在茶席右前方放置一茶枝的插花，茶席左侧放置一帆船工艺品。整个茶席设计简单，围绕海的元素进行设计。

（4）茶人服。茶服选用茶绿色棉质斜襟上衣，搭配白色长裤，宽松、舒适，有利于茶艺动作的舒展。

3. 意境的编创与构思

本作品在创编时，意在从背景切换、图片展示、音乐及程序解说上突出环保的理念和主题。

（1）背景设计。背景采用幻灯片播放的方式进行，根据主题需要，配以相应的图片和文字说明，并随着内容的层层递进升华主题。

（2）音乐选择。赵海洋的钢琴曲《海的思念》，音乐舒缓，又扣人心弦，优美的旋律伴随着海浪声，营造出大自然的气息，既引导着聆听者探索自己内心深处，反思人与自然之间的关系，也表达了对大海的向往与追求。

4. 茶艺的编排与解说词

本茶艺由一位女生独立完成。随着音乐响起，表演者缓缓步入并进行解说。其饱含深情的解说一下子引起了人们的关注，将观众带入茶艺之境。

（1）入场。我来自美丽的滨海省份，她有一个美丽的简称：闽。这里有青山绿水孕育自然万物，生生不息；这里有碧海蓝天承载无数梦想，扬帆远航。

（2）翻杯。这里有一片小小的东方树叶，带着家乡山川的气息。

（3）温杯。茶叶是中国献给世界的礼物，千百年来，改写了全球人类的生活方式，也构建了一幅巨大的贸易地图。当土耳其人最早尝到了茶叶的滋味，阿拉伯人大约在公元 850 年，通过海上丝绸之路闻到了茶香，商船上的常客，带一箱箱茶叶从泉州港漂洋过海去迎接沸腾之水的洗礼。

（4）赏茶、投茶。我，不曾走到海的那一头，但手中这份茶，它到过了。习茶几载，深知海上丝绸之路对闽茶文化的重要性，我对这片大海呀，愈发爱得深沉。

（5）醒茶。“闽中茶品天下高，倾身事茶不知劳。”古往今来，有着 1 600 多年悠久历史的闽茶，以其独特的韵致与魅力，引得无数海内外友人尽情讴歌，我多想让闽茶的芳香，在这条古老的航线上，长长久久地飘去呀……

可是……（暂停下手中动作，让评委、观众关注背后大屏幕播放的内容）

这些年，由于人类活动的加剧，过度、非法捕捞，原油泄漏，海洋生态遭到破坏，每年约有 800 万吨塑料制品等垃圾被倒入海洋，几乎需要几百年才能完全降解，这片美丽的海洋，正渐渐被淹没……为这，我们能做些什么呢？

（6）泡茶。21 世纪海上丝绸之路如火如荼，海洋的重要性不言而喻。作为微小个体的我们，应加强环保意识，从小事做起，从点滴做起。当我们饮茶时，减少茶叶不必要的包装，采用环保材料，善待每一泡茶，将叶底埋于花下，也许我们能做微薄，但这些等等皆是善举。

（7）分茶、奉茶。每每赤脚踩在沙滩上呀，那份柔软就像母亲的双手轻轻地将我托着，海边的日出和日落，就像手边常有的一盏温暖茶汤，永远都伴着我们的欢喜。

（8）结语。海洋拥有心跳，地球才有脉搏。我希望呀，在很久很久之后，在这壮美辽阔的大洋之上，百舸争流，千帆竞发。手中的这盏闽茶，在新世纪海上丝绸之路上，越走越远。在海的那一边，茶香氤氲。

补充链接

扫码观看视频 7-6：《海之路》

思考题

1. 什么是创新茶艺？编创茶艺时应注意哪些要素？
2. 茶艺编创的原则是什么？
3. 要让创新茶艺更加出彩，应在哪些方面下工夫？
4. 现在创新茶艺表演已成常态化，请归纳目前常见的创新茶艺类型。
5. 结合你对创新茶艺的认识和人生阅历，试着编创一套创新茶艺。

补充链接

扫码进行练习 7-1：高级茶艺师理论题库 4

第八章　茶空间设计

本章提要

茶空间是对茶席器物、人与茶、人与自然进行陈设的综合空间，它是在极其有限的空间内体现回归本质之美，唤醒人们对品质生活的追求，具有自然、恬静、和谐等特征的饮茶场所。茶空间是以饮茶空间为载体，融入中国美学思想，表现出的另一种文化韵味。在设计茶空间时，须考虑多方面的元素，确定其功能，遵循设计原则，从形态、空间氛围等诸多方面进行构思与考量，体现文化与艺术并重的风格、内涵，通过意境呈现，表达审美理念。

第一节　茶空间的概念

茶席构建了品茗的平面空间，是为泡茶服务的；而茶空间则是将茶席包括在内的立体空间，更多是为品茶服务的。无论是在室内，还是在室外的大自然中，都有着独特的宜茶氛围。

一、茶空间的概念

茶空间就是宜茶并且具备饮茶功能的人文环境与自然环境。其中包含着品茶的主体内容，又包含着影响品茶过程的空间内独特的审美取向。

从饮茶发展到饮茶艺术时起，对茶空间的追求就相伴而生了。茶本身有着独特的欣赏价值，与之相关的品饮过程，包括器物、用水、环境，甚至品茶人，都渗透着对美的追求。茶独特的品味方式，以及饮茶的特殊效用，都导引着饮茶过程趋向于内外一致的宁静，外在的和谐与内在的平和，让茶空间有着不可或缺的重要地位。

茶空间可大可小（见图 8-1、图 8-2）。它的最小单元可视为泡茶席，多数时候，它又是包含着泡茶席在内的，一个更宽广并且内容更丰富的空间。譬如，专门用于饮茶活动的一间屋子，可称为茶室。其中不仅有泡茶桌椅，而且有很多表现茶室主人品位和格调的空间装置。它还可以是一整座的建筑，包含每个房间以及屋外的庭院，围绕着茶事活动的需要，进行系统有序的分工，可称之为茶屋。至于茶人们携带着简便的器具，近则到花园之中，远则到山水之间，品茗之际，与天地万物相往来，则茶空间就是整个心灵接纳的宏大自然空间。

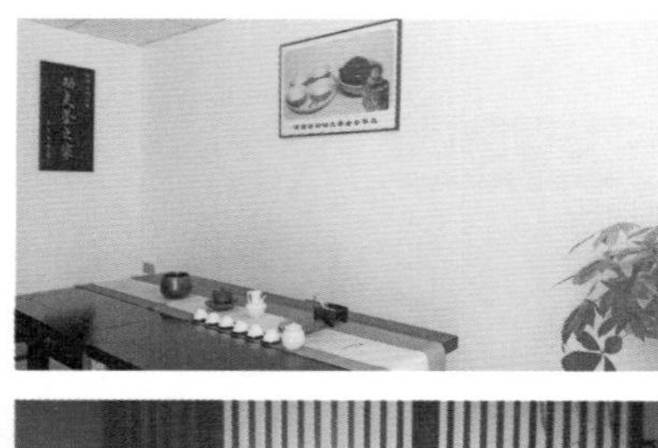

图 8-1　室内品茶空间

图 8-2　室外品茶空间

茶空间存在于历代茶人的茶事生活之中，其重要性就像是茶人的精神家园。一处茶空间，安顿品茶时的心境，更让品茶本身精致化，让茶人与自我、与世界、与友人之间，借由品茗的过程提升生命体验的质感。因此，历代的茶诗词曲赋中、茶事绘画里，留下了当时茶空间的唯美写照。在当今的茶艺发展中，茶空间依然是茶人们必然要守护的一方净土。

二、茶空间的形态

茶空间成为历代茶文化发展的重要载体，其中包含着以品茶为中心的饮茶艺术的精致表现，融合着诗词歌赋、书法绘画等高雅文艺活动，创造着人类生活的独特品位，推动着天人合一哲学观的实践，构造了每一个时代以茶为媒介的美学水准。

（一）古代文人茶空间形态及其功能

1. 室内茶空间

古代文人的室内饮茶空间非常凸显饮茶的主体性，对器物的完整性与完善性要求很高。“但城邑之中，王公之门，二十四器阙一，则茶废矣。”这是陆羽在《茶经》中对室内茶器的严格要求，二十四器就是完整的煮饮茶器具，缺一不可，方能构成合格的室内茶空间。至明代，出现了专门的茶空间，称“茶寮”。许次纾在《茶疏》中有一章“茶所”：“小斋之外，别置茶寮。高燥明爽，勿令闭塞。壁边列置两炉，炉以小雪洞覆之，止开一面，用省灰尘腾散。寮前置一几，以顿茶注、茶盂。为临时供具，别置一几，以顿他器。旁列一架，巾帨悬之，见用之时，即置房中。斟酌之后，旋加以盖，毋受尘污，使损水力。炭宜远置，勿令近炉，尤宜多办，宿干易积。炉少去壁，灰宜频扫。总之以慎火防热，此为最急。”这是一间专门用于饮茶活动的房间，作者详细描写了服务于茶事的茶具及其位置与日常维护。

此外，文震亨也在《长物志》中描绘了这样的茶空间：“构一斗室，相傍山斋，内设茶具，教一童专主茶役，以供长日清谈，寒宵兀坐。”茶空间的内容，包含专门准备茶汤的斗室，还包含饮茶的场所。可见古人对于茶汤品质的要求极高，好茶待客，还要专业的技术与设备来呈现高品质的茶汤。陆树声在《茶寮记》中详细描写了品茶的细致体验：“园居敞小寮于啸轩埤垣之西，中设茶灶，凡瓢汲罂注濯拂之具咸庀。择一人稍通茗事者主之，一人佐炊汲。客至，则茶烟隐隐起竹外。其禅客过从予者，每与余相对，结跏趺坐，啜茗汁，举无生话。”还有更极致的体验，是身心俱融入了品茶的过程之中，明代罗廪在《茶解》中说：“山堂夜坐，手烹香茗，至水火相战，俨听松涛。倾泻入瓯，云光缥缈。一段幽趣，故难与俗人言。”此中幽趣，也正是专门的茶空间所带来的纯粹品茗体验。

在品茗的基础上，室内茶空间也是完成多种文化艺术交流与创作的平台，如弹琴听琴、赏画绘画、赏书运笔、吟诗作赋，为后人留下了丰富而有质感的文化积淀（见图 8-3）。

图 8-3 〔明〕唐寅《事茗图》

2. 户外茶空间

对于以农耕文明为主体的中国古代社会，大自然与物候对人的影响特别深远，中国人从思想上深刻地体悟着天人合一的自然观，由此也深刻地影响了文人饮茶空间的走向。文人们将饮茶活动迁移至大自然的怀抱中，与山水相依，同松竹作伴，在品茶活动中，体验茶的功用："茶之为物，可以助诗兴而云山顿色，可以伏睡魔而天地忘形，可以倍清谈而万象惊寒，茶之功大矣。"（朱权《茶谱》）因为茶带来的是身心的畅然，与天地相往来的心境就在饮茶之中很容易地实现了。"或会于泉石之间，或处于松竹之下，或对皓月清风，或坐明窗静牖，乃与客清谈款话，探虚玄而参造化，清心神而出尘表。"（朱权《茶谱》）而在户外的饮茶活动中，还有鲜明的季节与物候的特性，呈现着大自然鲜活的生命感："饮不以时为废兴，亦不以候为可否，无往而不得其应。若明窗净几，花喷柳舒，饮于春也。凉亭水阁，松风萝月，饮于夏也。金风玉露，蕉畔桐阴，饮于秋也。暖阁红垆，梅开雪积，饮于冬也。僧房道院，饮何清也。山林泉石，饮何幽也。焚香鼓琴，饮何雅也。试水斗茗，饮何雄也。梦回卷把，饮何美也。"（黄龙德《茶说》）饮茶的空间可以无限延伸到山水之间，而对于器具的要求，便也少了些苛责。"若松间石上可坐，则具列废。"（陆羽《茶经·九之略》）但饮茶的功能是需要满足的："士人登山临水，必命壶觞，乃茗碗薰炉置而不问，是徒游于豪举，未托素交也。余欲特制游装，备诸器具，精茗名香，同行异室。茶罂一，注二，铫一，小瓯四，洗一，瓷合一，铜炉一，小面洗一，巾副之，附以香奁、小炉、香囊、匕箸，此为半肩。薄瓮贮水三十斤，为半肩足矣。"（许次纾《茶疏·出游》）许次纾对出游时的茶具装备考虑周全，甚至还细致到了负重时的平衡感，利于出行时携带。

对于文人来说，亲近山水的时候，茶就是一种接天引地的独特信使。于山水之间饮茶，或在大自然茂林修竹的掩映下，户外茶空间展现出的是人与自然和谐相处的最美画面。历代的茶画为我们留下了珍贵的画面，山水、林石、花木、茶人、童子、凉亭等等，构建了唯美的茶空间，折射出茶人们一种珍贵的生命主体意识。

（二）现代茶空间形态及其功能

在快节奏的现代社会，室内茶空间的营造是现代茶空间的主体。由于现代社会生产生活方式的巨大变迁，人们对于户外茶空间的依赖与重视比起古人来说，明显会少许多。现代茶空间在继承传统茶空间理念的同时，表现出了巨大的时代性与多元包容性，为现代人提供了品茶、休闲、会友、文化体验等多种功能。

1. 传统风格茶空间

这类茶空间很有代表性，对于热爱茶文化的人们来说，传统茶空间是一种重要的心理传承与精神寄托。其传统性表现在对茶氛围的营造上，具有鲜明的传统美学特征。风格上倡导清淡、简约、古朴、雅致，重视器物的质感与泡茶功能，注重意境的营造，在泡好茶的基础上会融入宜茶的文化元素。

其中，有一种做法是改造老建筑。如传统民居，在建筑风格中融入泡茶、品茶的功能，从厅堂，到小院，或者单独的主题茶室，传递的就是一种典型的中国茶气息。这种环境有浓郁的怀旧情结，也是一种现代茶文化的本土情怀，有很好的传播传统茶文化的功能。也有在现代建筑里，借助装修，营造出既有中国风又有时代特性的茶空间，称为“新中式”茶空间，其中使用亲近大自然的原木、棉麻等材料，布置出富有自然气息的室内景观，让人见之忘俗，也是现代人体验饮茶文化精髓的不错选择（见图 8–4）。

图 8–4　传统风格茶空间

2. 纯现代式茶空间

改革开放之后，西方的审美与生活理念也逐渐影响着国人，尤其是年轻一代。纯茶沏泡的方式与舒缓的品饮体验，与快节奏的生活方式产生了某种隔阂。西方的花样茶饮则纷纷进入了都市，不需要太大的空间就能获得快速、便捷的茶饮，进行各种调味，冷热均可，使原本相对单一的茶汤有了无数的可能性，满足了年轻人的好奇心，从而也扩展了现代茶饮空间的理念，这也是茶文化发展多元性的表现之一（见图 8–5、图 8–6）。

图 8-5　现代茶空间

图 8-6　新式茶空间“ITEAMO”（福州馥源餐饮服务有限公司　傅晓萍图）

3. 自助式茶空间

伴随着“共享经济”的普及，自助式茶空间即“共享茶空间”也应运而生。这种具有鲜明风格并且功能齐全的茶空间的出现有两大益处：一方面，可以减少茶空间的闲置，将可利用的茶空间借助网络的渠道公开出来；另一方面，可以让注重茶空间私密性和氛围的人们根据自身条件与地理位置，获得一个便捷而理想的品茗交流平台。

自助式茶空间，在氛围营造上，往往能凸显出宁静清雅的秩序美，适合三五友人或客商进行不受干扰的交流；比起自己打造的空间，自助式茶空间按使用时长计酬，显然更实惠，并且有专人打理与日常维护，其便捷性符合现代都市人的理念（见图 8-7）。

4. 居家茶空间

茶空间的存在让家庭生活更有质感，其中包含着日常饮茶的健康理念、奉茶品茶的长幼天伦、收拾摆置的空间更新等，是增进家人情感交流的很好平台（见图 8-8）。

5. 户外茶空间

对于热爱茶的人们来说，只要有合适的机缘，还是更向往户外茶空间的体验活动。携带简便的泡茶设备，利用便捷的交通设施，很容易到达大自然的某一处僻静清爽地，喝上半日茶，听听大自然的声音，呼吸新鲜空气，看看自然风光，是身心很好的放松方式。户外茶空间对现代人的最大意义，就是获得闲适（见图 8-9）。

图 8-7　共享茶空间

图 8-8　居家茶空间

图 8-9　户外茶空间

第二节　茶空间的要素

构成茶空间的要素是为更好地品茶以及凸显出茶的美学特性而存在的，按照人在构造茶空间中的参与程度，可以分为室内茶空间与户外茶空间，其具体的构成要素会有区别。

一、室内茶空间的要素

室内茶空间依托房屋建筑，为了实现品茶的功能性与表现出茶的美学特性，有意识地融入较多品茶要素。

（一）泡茶台

泡茶台也就是泡茶席，这是茶空间之所以成为茶空间的必需与首要因素（见图 8-10）。泡茶台包含桌椅等家具，符合人体工程学的标准，让泡茶者自如、品茶者舒适，席面整洁美观，水电设备安全方便。若是茶具与茶叶类别丰富，还可以在泡茶台外加上收纳柜，随时取用与收拾。

图 8-10　泡茶台（重庆舍予茶舍供图）

（二）建筑空间布局

茶空间所需要的空间特点在于“空”，也就是中国传统艺术讲究的适当“留白”。空间的存在，营造出一种令人回味的意境感，这种留白是茶的美学特性在空间里的折射。拥挤凌乱的空间是无法让人享受品茶乐趣的。在有限的建筑空间里，基于泡茶、品茶的功能性，进行恰到好处的空间组合并由此产生留白，是茶空间的重要部分（见图 8-11）。

图 8-11　建筑空间布局（右图由无锡若然亭茶业有限公司供图）

（三）建筑材料

构成建筑的材料，应能够凸显茶空间特有的清新、自然、质朴的格调。诚如古代哲人所言，朴素而天下莫能与之争美，意思就是最美的感觉来自大自然的本真。从建筑的角度来说，借助的材料要尽可能保持或者营造出接近自然的感觉，如墙壁、屋顶、门窗、地板、隔断等，可以采用石头、砖、原木、竹材、棉麻、陶瓷等质朴天然的材料（见图 8-12）。

图 8-12　建筑材料

（四）自然要素

在茶空间里，生命的感觉是很重要的存在。着力打造的茶空间，往往在人为之中又能使人感受到仿如置身于大自然的感觉。这便需要自然要素的融入，植物是最普遍的，适合室内生长并且符合茶的风格，富有生机。可以种植，也可以结合插花艺术，让茶空间里充满生机。此外，还可以设置石头与水流的造景，流淌的水也能营造一种接近自然的感觉。

（五）光线

茶空间要让人感到放松、舒适，光线的恰到好处也是很重要的。柔和亮堂的感觉带给人以安心感。在茶空间里，可以通过装置合适的光源，再结合门窗透进来的自然光线，形成茶空间特有的温馨、舒适的光线氛围（见图 8-13）。

图 8-13　自然要素与光线（重庆舍予茶舍供图）

（六）艺术装饰

在茶空间里，往往会有比较鲜明的风格走向。有人偏爱古典的风格，有人偏爱现代简约的风格，有人偏爱富有禅意的风格，还有人偏爱田园清新的风格，等等。这些风格的营造，除了泡茶席、建筑本身、自然要素之外，其他的艺术装饰也是很有必要的。譬如乐器，既可以在品茗时配合演奏，也可以安静地成为茶空间的陪衬；而恰到好处的书法绘画作品，则是营造茶空间的文化氛围、增进主客默契的重要手段；装饰不在多，在于巧妙，在于恰如其分（见图 8-14）。

图 8-14 艺术装饰

（七）声响

茶空间的美感可以带来六觉的完整体验。来自茶空间和谐的声响，让人一进入就容易静心：可以是刻意营造的流水声，来自山水的造景；可以是取材于大自然的主题，符合空间风格的背景音乐，无论民乐还是西洋乐，都有着神奇的魅力；可以是静谧的环境中随着泡茶的开始而产生的“听茶”，和缓有序；也可以是擅长弹奏乐器者，为茶事而精心准备的一场弹奏。

二、户外茶空间的要素

在大自然中品茗，特别能体验古人所向往的天人合一的状态。因此，从古至今，户外茶空间一直是茶人们乐此不疲的饮茶取向。人们要在亲近大自然的地方享受饮茶的乐趣，也需要具备一些条件。

图 8-15　户外茶空间

（一）泡茶平台

户外的泡茶平台与室内的泡茶平台有所区别，陆羽在《茶经・九之略》中有详细的说明，省略各种可以省略的器物，带上能喝上茶的器物就可以。主要泡茶器和品饮器物是需要的，其他辅助茶器都可以省略。泡茶用的水，可以直接携带保温壶装好开水，也可以取山泉水，用风炉现烧。简便而有趣，是户外泡茶平台的主要特点。

（二）自然风光

既然在户外，即与自然相伴，构成茶空间氛围的就是自然本身了。近者在庭院或者花园中，以应季的花木为背景，假山水池都是很好的空间延伸；远者在山水之间，以巨石为桌椅，以古木为屋顶，以远山飞瀑为背景，一切浑然天成，连饮茶的人都成了风景中的一部分（见图 8-15、图 8-16）。

图 8-16　以树木、房屋为背景的户外茶空间

（三）声响

来自大自然的声响，被人们称为"天籁"。风吹过树林、鸟儿在枝头鸣唱、雨水打在芭蕉叶上、泉水叮咚、昆虫交响，仿佛大自然演奏的乐曲，非常动听。这些声响的存在，让茶空间的品茶过程和谐、愉快；而茶人经常携带琴箫至茶空间里，空旷缥缈的器乐之音与

大自然的声响交织在一起，更是一种惬意美好的听觉享受。

第三节　茶空间的设计

设计专门的茶空间是一件需要费心思的事情。如果能掌握茶空间的共性并遵循其具体的设计思路，设计的过程还是有章可循的。

图 8-17　茶空间的风格（重庆舍予茶舍供图）

一、茶空间设计的思路

先确定茶空间的共性，无论其属于何种状态下，泡茶、品茶的功能性以及与茶相宜的审美取向，让所有的茶空间整体呈现清爽、雅致、整洁、有序的精神面貌。

然后确定茶空间的风格，因为风格决定了后续的物品选择（见图 8-17）。茶空间的风格是很多样的。按照时代特性，可以有复古式、仿古式、现代式、复合式等；按照地域特性，可以有中式、欧美式、日式、韩式等；按照美感特性，可以有清新质朴田园式、厚重古雅贵族式、清雅淡远文人式、空寂静谧禅意式等。

二、茶空间设计的分类

（一）茶室的设计

在确定好基本风格之后，围绕着泡茶席而展开整体的布局（见图 8-18）。泡茶席可以是桌椅式的，也可以是席地

图 8-18　茶室的设计

式的。茶室空间可以分担茶席的部分功能：可以有与茶席格调一致的独立储物架，摆置各种泡茶相关物品，并方便随时取放；可以有单独的花架，置放插花作品或者盆栽，装点茶室；可以有挂画，也可以设置主题背景墙，延伸茶席的空间。茶室中的电源也可以与泡茶功能结合，烧水、照明方便且美观；巧妙设置窗户，可以与窗外形成很好的“借景”效果；如果空间足够，还可以设置屏风，在茶室内“造景”。一间茶室就是一个单独而完善的茶世界，在其中能感受到瓦屋纸窗下的半日悠闲，可抵十年尘梦。

（二）茶屋的设计

茶屋是为品茶或者举办茶会活动而专门设计的一整座屋子（见图 8-19）。比起茶室来，它的功能更齐全、鲜明，活动空间与活动领域更广阔，按照房间的功能来分，可分为以下四种房间。

图 8-19　茶屋的设计

1. 主茶室

其中有一间满足品茶活动需求的主要茶室，泡茶功能一应俱全，可以容纳较多人同时参与品茶活动。

2. 等待室

按照客人参加茶会的进场顺序，先到物品存放与会前等待室，里面有放置客人物品的柜子和衣帽架，还有摆放整齐的桌椅，供提前到场的客人等待休息。这间屋子的设置是为了让正式茶会流程按照主办方的预想顺利进行，让茶会更有可控性和仪式感。

3. 水房和休息室

在茶室旁边有一间水房，作为热水供应与茶具清洁专用；有一个供泡茶师休息的小房间，有舒适的桌椅，布置温馨雅致，让泡茶师在会前、会中、会后可以安心休息不受干扰，这是为了表示对泡茶师的尊重。

4. 主人的收藏室

有一间第二主题空间，里面布置得很有文化氛围，有茶屋主人的收藏品，如书画、美石、乐器等，可以根据茶会的流程安排，引导宾客到此欣赏，从而延伸品茗的意境，增进文化交流。

此外，茶屋的外围，如果环境允许，可以设置成亲近自然的庭院，保持清新、洁净的状态，种植些四季常青的树木，高低错落，搭配自然，让来宾到此便进入一种轻松惬意的状态，更容易感受品茶活动的美感与意境。

（三）茶馆的设计

茶馆与茶屋在布局上有较多的相似之处，都是房间多，并且又形成一个整体的主题风格。不过，茶屋一般不进行经营活动，只是作为纯粹的茶事活动空间；茶馆则是用于经营的茶空间。所以在茶馆设计上，除了基本的泡茶、品茶功能外，还应尽可能把空间有效地与经营结合，体现营销上的价值。

1. 茶馆的空间布局

一般的茶馆空间会设置以下区域：迎宾区，能让宾客到来时感到心情愉悦；泡茶品茶区，包含大堂散座、包厢等，满足不同顾客的品茶会客需求；工作区，包含茶水间、茶点间、收银台等，满足日常工作所需，服务于茶馆的茶事经营；辅助设施，如职员更衣室、储藏间、洗手间等。茶馆各处风格应保持一致，从细节处可以看出茶馆的水平。

2. 茶馆的设计原则

茶馆设计整体宜遵循“风格统一、基调典雅、布局疏朗、点缀适度、功能全面、舒适实用”的原则。鲜明的风格会带来“名片”效应，容易让人记住；温馨的环境、得体的服务、有“茶味儿”，更容易凸显茶馆的亲和力；用心与恰好的装饰点缀，应力求表现出雅俗共赏的茶馆文化；恰到好处的产品展示与陈列，能有效服务于营销。茶馆是古老而新兴的茶空间，是中国茶文化发展的重要平台，在设计上，既要表现出经营的决心，又要有自觉的文化意识。

（四）户外茶空间的设计

户外茶空间，与其说是设计，不如说是应用。在园林的造园艺术中，称之为“借景”，将大自然的风景与气象融入当下的品茗之中。

一般有专门的户外泡茶设备，结合泡茶所需，将茶具打包妥当携带到庭园之中或者山水之中。如户外有合适的桌椅，直接使用，布置泡茶席；如户外无桌椅，但有巨大的石头，或者草地，则可以席地泡茶。

欲和大自然的树木、花草、天空、云彩、苍石、土地等融合，器物需要简洁、自然，一壶一杯或若干杯，保温壶装水或起炭现烧。清晨的高山上，日出朝霞与云海，夜晚的凉亭里，月亮晚风与荷塘，或是竹林清风蝉鸣，或是松下枯藤古琴，都与杯中茶同在。

思考题

1. 什么是茶空间设计？茶空间有哪些形态？
2. 设计茶空间时应考虑哪些要素？
3. 文人茶空间形态和功能对当今茶空间设计有何参考价值和指导意义？
4. 如果有间茶室需要布置，你会布置何种形态或主题的茶空间？

补充链接

扫码进行练习 8-1：高级茶艺师理论题库 5

第九章　茶会组织

本章提要

随着茶文化的发展，各类茶事活动日益增多，茶会的类型和规模日渐壮大，茶会的组织工作也逐渐引起人们的重视。本章重点围绕茶会的类型、如何策划与组织茶会等内容展开介绍。

第一节　茶会的概念

茶会是把一种文化意蕴融入烹茶、饮茶的过程，使其赋有一定的精神与美学内涵的社会活动。作为一种聚会形式，茶会是伴随着饮茶观念在人们生活中的普及而逐渐形成的，它既是饮茶风气兴盛的产物，同时又推动了饮茶生活的深入与多样化。

茶会活动的环境和场地是很讲究的。历代茶人都十分讲究品茶环境，通过品茶使自己的精神在茶事当中得到升华，这些心境与品茶环境都是分不开的。茶道表演者可选择在风景优美的大自然中，也可选择在茶馆或专门的茶道表演场内进行表演，场所一定要洁净。

在中国古代的不同阶段，茶会都呈现着丰富的时代风貌，成为茶文化演进的一个有机组成部分，其中众多文人的参与，让古代茶会充满浓郁的文化气息与美学内涵。“茶会”一词广泛见于唐代的茶诗题之中，也叫“茶宴”“茶集”，如钱起的《过长孙宅与朗上人茶会》《与赵莒茶宴》、武元衡的《资圣寺贲法师晚春茶会》、鲍君徽的《东亭茶宴》等。与之相应，这些茶诗记载了唐代文人茶会的基本面貌，表现了文人墨客在品饮好茶的过程中神游物外、身心俱欢的独特况味。

古代茶会有着厚重的底蕴，在茶会中出现的人、茶、器、水、空间都要随着品茶的需要而有别于日常生活的随性。这些茶会让茶与相关的要素凸显分量，也升华了与会者的精神高度，从而成为茶文化高度发展的时代里的宝贵财富。

茶会以其特有的体验过程，促进了茶叶本身、与茶相关的物质与文化知识的普及，其中蕴含的礼仪文化又促进了人与世界相处的和谐之道，也给人们体验美好生活创造了空间。在当代茶产业发展的过程中，茶会成为展示品牌内涵与品牌形象的重要平台。在中国走向世界的和平之路上，茶会成为展示民族文化自信、传递民族文化内涵的重要渠道。随着饮茶艺术的深入与细致，高水平的纯茶会显现出现代茶会朝气蓬勃而底蕴深厚的综合实力。

第二节　茶会的类型

现代茶会在传承历史的基础上，融入新的时代元素，形成了多种类型，具有完整的策划体系、文化背景、举办要领，在社会上的推广面也比较大，应用比较广泛。按照茶会的性质、模式与社会普及度，可分为以下几种类型。

一、坐席式茶会

茶会为客人提供专门的座位，用于茶会中较长时间舒适地品茶交流。在人数较多的茶会，会设置多个茶席，每个茶席供一定数量的客人同时品茗，设置对应数量的座位。

从品茶交流本身的特性来说，人们更倾向于舒适而惬意的品茶环境，固定的座位显得很重要。因此，在现代社会中，但凡品鉴目的明确的茶会，即侧重茶汤体验的茶会，一般都会选择坐席式。在坐席的基础上，按照茶会的目的，又可以分出小的类别。

（一）名茶主题品茗会

名茶主题品茗会一般是以某种名茶品鉴或者系列相关茶品的品鉴为目的，经过周密的准备，依托一定的场地，邀约或吸引爱茶人士前来参与。茶会重点凸显对茶的品鉴与交流，知识性与体验性兼具，适用于产品推广和专业交流。

（二）文化主题品茗会

文化主题品茗会是以一定的地域文化和传统节日文化或者艺术形态相结合，举办的茶会呈现明显的文化特性，从茶类的选择到茶席的设计，从场地布置到流程的导引，从客人邀约到品茗后活动，都扣紧某一文化主题。茶会具有很强的仪式感和感染力：如四海一壶茶地域茶会，以地域文化为载体，通过主题茶席呈现浓郁的地域风情；如二十四节气茶会，以茶会解读节气文化；如端午节茶会、七夕茶会、中秋茶会、重阳茶会、新年茶会等，具有浓厚的传统文化气息；如母亲节茶会、父亲节茶会，有深刻的寓意；如茶与乐的对话、茶与书的对话、茶与画的对话等，在对话中挖掘茶的内涵，增加艺术表现的空间。这种文化类型的茶会是当代社会人们喜闻乐见的茶会形式，内容丰富而主题鲜明。在品茶中领会文化的魅力，是传承与体验民族文化的很好途径。

（三）茶汤作品欣赏会

茶汤作品欣赏会也叫纯茶会，以泡茶、奉茶、品茶为茶会的核心，由专业的茶道艺术家进行设席与泡茶，有严格的流程，席间基本不进行语言交流，重在感受茶汤创作的过程与体验茶汤之美。后面将有专门的案例分析。

（四）茶话会

以茶为媒，以茶会友，借助茶会的平台，搭建人们交流与联谊的平台，人们围坐一起，边品茶边交流，如入学茶话会、新年茶话会、两岸青年茶话会等，一般针对非专业人士以及初见面的人士，为增进交流的氛围而举办，茶的比重相对较弱，交流性质比较明显。

坐席式茶会的优点是可以在固定的座位品尝较完整的茶汤并较舒适地体验茶会的完整过程，但从维护茶会秩序的角度来说，一般不主张随意换座。坐席式茶会一般会按照时长设置场次，可以有两场或三场，每位客人有机会到两个或三个茶席品茶，可以在会前抽签或由司仪指挥在休息时间自行换座。其缺点就是无法全部体验会上的茶席与茶品。

二、游走式茶会

当茶会规模较大且茶会的目的偏向交谊性质时，会在会场设置较多数量的茶席，同时供应茶汤，但不设置座位，客人可以在会场中自由走动，品尝各种茶汤，并与其他茶友交流。游走式茶会适合氛围宽松、场地宽阔的场合，如大型学术研讨会的欢迎茶会、间歇茶会，公司或机构的周年庆典或者年会，大型茶文化活动的开幕茶会，等等。

游走式茶会的优点就是茶友不受座位的限制，可以自由地品尝现场的所有茶汤，并可以与其他茶友广泛交流。其缺点是品茗杯的准备与使用都会给主办方带来较大的困扰，并且现场供水与供茶的条件要比较理想，否则人流量较多，较难满足茶汤需求。此外，茶会的秩序相对不容易掌控。

三、流觞式茶会

流觞式茶会是历史上“曲水流觞”活动的延续与发展，借助缓慢的水流，人们列坐水畔，手持茶杯，待羽觞将茶汤顺水送至面前，各自取饮，其间还有现场的吟诗作赋、泼墨挥毫等文化活动助兴。

四、无我茶会

无我茶会是围坐一圈，人人泡茶、人人奉茶、人人品茶的茶会形式。茶会严谨、有序，以最精简的茶具，让每个与会者在茶会中放空自我与找寻生命的美好。

五、仪轨式茶会

仪轨式茶会是有着既定的严格的茶会结构，以中国古代优秀的传统文化为背景，茶人们在茶会中实现群体修行的茶会形式。以四序茶会为代表，融合茶席、泡茶、奉茶、品茶、香道、花道、挂画、音乐、解说等诸多内在统一的艺术形态，将茶与五行哲学、四季二十四节气的变迁有机结合，令与会者产生深刻的文化共鸣。

第三节　茶会的组织

一、茶会的策划

为了保证一场茶会有序而温馨地进行，达到甚至超过预期目标，需要对茶会进行有效的策划，以便在会前进行周密的准备。茶会是古老的客来敬茶习俗的延续与发展。围绕着“处处为他人着想”的原则，预先对茶会进行有效的设计与规划，一般需要从以下方面进行考虑，最后形成完整的茶会策划案。

（一）茶会的目的

茶会的目的引导我们依照其性质思考茶会的需要，梳理各项要准备的工作。人们举办茶会，多数有其目的性。目的不同，茶会的性质也不同，呈现的茶会格调也是不一样的。茶会的性质决定了茶会的需要，从而可以据此梳理各项要准备的工作。通常人们举办茶会的目的可以分为以下六种。

1. 为庆祝

有些茶会是为了庆祝某些重大的节日，包括传统节日、国庆节、元旦、劳动节等，有鲜明的庆祝的色彩。也可能涉及公共的纪念日，如建立城市的周年日等，或者私人的纪念日，如生日、毕业周年纪念日、结婚纪念日等。

2. 为追思

在某些特定的日子，如清明节、端午节、国难日等，会举办茶会追思共同的人，或某些有特别的纪念价值的人，包括伟人、先人、某一领域的独特贡献者等。

3. 为游兴

传统文化中，有些特别的出游活动，可以将茶会的内容很好地融合，如上巳节的户外曲水流觞、清明节的踏青、中秋节的户外赏月、重阳节的登高等。

4. 为社交

为社交的茶会是以社交为主要目的的茶会，多用于产品的推广、品牌的推广，借助茶会的方式，吸引众多的消费者现场体验，增进了解与信任。亦有纯社交的茶会，为结识朋友而进行。

5. 为修习

为修习的茶会是为表现大自然的运行规律而创作的特定形式的茶会，庄严、缜密，富有启发性，也可以在茶会中获得自我成长。

6. 纯茶会

纯茶会是以品茶和识茶为目的的茶会，没有其他任何项目的加入，直入品茶的主题。

（二）茶会的类型

根据茶会举办的目的，可以选择合适的茶会类型。详见上一节。

（三）茶会参与的对象

茶会的性质与参与对象有密切的联系。按照茶会中对饮茶的关注度以及茶会的综合效益（是否圆满、和谐、融洽、有序等），大概可以把与会对象的身份分为三种。

（1）茶专业人士，即较长时间从事茶事业的人，对茶有较深入的认识，对茶文化有较浓厚的情感。

（2）社会上的爱茶人士，他们对茶与茶文化有热情，喜欢品茶，有较好的修养。

（3）潜在的爱茶人群，他们虽然对茶接触不多，但喜欢传统文化，有意愿学习与亲近茶文化，如广大的青年学生。

因为举办茶会的目的在于某种预期，故而不限制与会者的身份。明确参与对象并提前邀约，对茶会规模的掌控有直接的影响。

（四）茶会的规模

茶会的规模是按照茶会要达到的目的以及可能具备的举办条件而设定的，如供茶能力、场地特性、其他相关的接待条件等。一般可以分为以下四种规模。

1. 超大型茶会

人数达数百人甚至上千人，如国际无我茶会经常有“千人无我茶会”，对茶会举办方的工作就提出了很高的要求。

2. 大型茶会

人数在60～300人，不少机构都可以胜任，并且在统筹规划之后获得不错的效益。

3. 中型茶会

人数在20～60人，往往是特别精致的品茗会或涉及重要的接待，有理想的茶会场所时，会选择这样的规模。

4. 小型茶会

人数在20人以内，可以在一般的泡茶空间进行，也可能是家庭茶会，举办的难度相对最小。

客人数的确定直接决定了茶会的供茶方式，即需要准备多少茶席，需要邀请多少泡茶师现场设席泡茶，以及选择什么样的场地适合举办茶会的需要。

（五）茶会的场地

茶会的场地即举办茶会的地方，包括举办茶会所需要具备的一些特殊条件，如宜茶的环境，含水电供应、空气、光线、植物、声响等。一般可分为室内和户外两大类。

1. 室内

室内茶会不容易受到天气的制约，相应的水电桌椅设施也比较齐备。大型茶会可以利用高级的酒店，大型的展馆、体育馆等；中小型的茶会可以利用茶道教室、会议室、茶馆厅堂、茶室等。

2. 户外

在交通比较便捷的地方，场地空旷，风景秀丽，借助旅行式泡茶法举行户外茶会，是超大型茶会很好的选择，“千人无我茶会”一般都需要提前勘察好户外场地，如公园、大学校园中的大草坪等。

（六）茶会举办时间

茶会的举办时间，一般选择人们比较有空参与的时间与时段，如节假日、周末，当然也可以是主办方决定的特定时间。茶会也经常作为大型文化活动的一部分，如学术研讨会期间的特色活动、文化节的一个环节等，时间上就配合主办方的需要。

（七）茶会工作人员安排

从确定了茶会规模与场地之后，举办茶会的相关工作就需要有序安排并推进。根据茶会举办时各个环节的需要，一般可以进行分工。

1. 宣传工作

茶会前，确定邀请的对象与邀请方式，邀请对象包含两部分，一是泡茶师，二是品茗的茶友。结合现代媒体的传播途径，制作质优形美的茶会预告与邀请函，以及相应的与会凭证如品茗券、签条等，在茶会前至少三天送至茶友手中，确认与会人员并及时登记。

茶会当天的迎宾与导引会场工作，包含来宾登记、抽签（坐席式茶会确定座位）、洁手净心（茶汤作品欣赏会和其他强调仪式感的茶会），给客人宾至如归的感觉，并应提前熟悉茶会的细节，有助茶会的顺利进行。

茶会后的宣传报道。

2. 泡茶工作

确定好茶会需要设置的茶席数量，邀约相应的泡茶师，并提前做好准备工作，按照主办方的需求，准备泡茶需要的用品，以及配合主办方安排好工作进度，如提交个人信息、熟悉场地、提前熟悉茶会用茶、制作茶谱、现场试摆茶席、按茶会的性质进行现场泡茶等。

3. 场地工作

茶会场地的规划与布置，包括报到区、入场区、茶席区、茶会准备区、泡茶师休息区、来宾物品存放区。茶会前布置好所有茶席电源、线路，检查茶席用水水质，以及热水供应。

4. 泡茶师助理

助理需要与泡茶师提前对接，协助泡茶师于茶会前设席、备水，于茶会中场协助其整理茶席、备水等。

5. 现场司仪

现场司仪需要提前了解主办方的需求，准备好茶会导引词，茶会前到现场熟悉设备，茶会中掌控进程并提示，语言表达应干脆清楚。

6. 摄影人员

茶会前，主要拍摄场地工作的细节，记录场地工作的重点与值得学习的地方；记录茶会场地布置后的完整面貌；拍摄茶会的茶席静态照片、主题区照片以及其他相关的独特场景照；茶会中，主要拍摄茶会的流程，包含整体场景和特写，如客人入场、泡茶师入场、本场茶会的专属品茗证、泡茶师的泡茶、品茗者的品茶、茶汤、叶底、茶会中主客交流、品茗后活动等；茶会后，主要拍摄茶会合影、场地恢复中值得记录的细节等。茶会的影像应在会后及时整理，打包发给需要的人员，或者在网络上存放，公布链接与下载方式，需要的人可以自行下载。

茶会中的其他的工作根据茶会的具体情况可以酌情安排。茶会的琐碎工作较多，需要事先明确工作内容并具体落实，才能确保茶会活动的有序开展。

（八）茶会的成本估算与经费来源

茶会的举办需要依托很多物质的成本，必须事先估算才能让物品和人员及时到位。大体包含五个项目。

1. 场地费用

场地费用包含场地租借和场地布置所需要的物品，如花材、挂画、条幅等。

2. 人员费用

人员费用包含各个项目工作人员的劳务、食宿、交通等产生的费用，具体根据茶会的实际情况来预算。

3. 茶叶、茶具、茶食与用水费用

茶叶、茶具、茶食与用水费用，以上项目如果事先已确定让泡茶师自行准备，则费用应包含在人员费用中。

4. 纸质材料费用

纸质材料费用含邀请函、入场券、签条、指示牌、海报等的制作费用。

5. 纪念品费用

纪念品的费用根据茶会实际情况来设置。

作为茶会的主办方，必须先确定经费来源，才能有效地推进茶会。一般经费需要在预算后向相关负责部门申请，或者提前申请赞助，也可以自筹经费，或根据茶会收费来开支。

二、茶会的流程设计

茶会有别于其他集会的地方，是茶会的时长需要有所限制，因为饮茶有节制才有益于身心健康。根据人们对茶量的普遍接受程度以及审美的持续长度，茶会的总长度在两小时以内比较合宜，太长的茶会容易让人感觉疲劳。根据茶会的类型不同，其长度与流程的设计也是有区别的。具体可以分为以下四种情况。

（一）根据茶会类型设计流程

1. 坐席式茶会

坐席式茶会，因为有座椅和专门的泡茶人员，又考虑到品茶的完整性，不宜随意走动，扰乱茶会的秩序，所以设置成若干环节：报到→（抽签）→观摩茶席与会场，联谊→（对号）入座→茶会上半场→中场休息→茶会下半场→（品茗后活动）→合影留念，结束。

每个环节的时段根据茶会总长度来设定，以泡茶为主体。

2. 游走式茶会

游走式茶会没有固定座位，客人可以携带固定的品茗杯在各茶席间自由品茶交流。一般流程如下：报到，领取品茗杯并登记→观摩茶席与会场，联谊→茶会品茗交流→归还品茗杯，结束。

游走时间也不宜过长，以一个小时以内为宜。

3. 流觞式茶会

流觞式茶会是文化色彩与参与性都很强的茶会形式，一般是与会人员轮流泡茶，依次上台表演，流程设计如下：报到→（抽签）→观摩会场，联谊→（对号）入座→茶会第一轮供茶，同时第一轮节目表演→茶会第二轮供茶，同时第二轮节目表演……→合影留念，结束。

供茶的次数与时长依据与会人数来设定。

4. 无我茶会

无我茶会的与会者自带旅行茶具，事先约定泡茶道数，联谊时间较长，泡茶的时间在半个小时以内，一般流程如下：报到→抽签→对号入座→设置茶席→观摩茶席与会场，联谊→茶会泡茶、奉茶、品茶→品茗后活动→合影留念，结束。

5. 仪轨式茶会

仪轨式茶会有既定的流程，一般遵照执行即可。

流程设计为所有茶会参与者（包括工作人员与茶友）提供了准备的重要依据，并能确保各方在茶会中有序推进。

（二）茶会余兴节目安排

茶会虽以品茶为主体，但也是很重要的文化活动。对于一年四季在各种节日背景下举办的主题茶会，相关文化活动的融入会成为茶会的点睛之笔。为了保证茶会的完整性，一般采用“茶会＋文化活动”的方式，有先后顺序，而不是同时叠加。品茶时用心于茶，欣赏艺术时专注于艺术，如此会让人们印象更深刻。一般的余兴节目可以在茶会前导入，在中场休息时帮助氛围的切换，或在茶会后段作为延伸，有音乐、香道、书法、朗诵等艺术氛围浓厚的形式。在茶会策划时按照主题烘托的需要进行准备，力求格调与茶会一致，表现形式富有美感，自然雅致，长度适中，不喧宾夺主，而是有效烘托和延伸，让人有余音绕梁之感。

（三）茶会公告事项

在茶会的基本信息都确定之后，可以制作一份表格式的“公告事项”，包含茶会名称、时间、地点、主办方、与会人士、茶会流程与注意事项、茶会负责人与联系方式等，提前发布在相关平台，或者通过海报呈现，让与会人员事先了解茶会的注意事项，便于其在茶会时主动配合，有助于茶会秩序的掌控，保障茶会的顺利进行。

（四）茶会总结报道

一场成功的茶会，现场感觉美好、难忘，宾主尽欢，画面和谐。专门的摄影人员记录珍贵的茶会过程，事后由擅长文字的人进行整理，编制成图文并茂的文案，即时发布于相关的平台，让更多的人了解茶会的信息，分享专业、美好的内容，这是茶会产生的另一种重要的宣传效应。

三、茶会举办的要领

一场茶会举办成功与否，能否实现既定的目标，取决于以茶为中心的关键技术要领是否做到位。

对于一场茶会来说，喝到了什么茶，喝到了多少茶，经历了怎样的喝茶与交流过程，结束后回想起来是不是觉得对茶文化的喜爱与认识又加深了一些，涉及茶会的重大使命，也是评判一场茶会的水平的重要依据。茶会的供茶能力主要取决于五个方面。

1. 茶会的泡茶师

泡茶师也就是掌席人，在茶会举办中有主宰茶席的能力，包括：选茶、择器、择水、布置茶席空间、看茶泡茶；在泡茶过程中，引导客人进入茶文化的独特意境。其专业的素养、恰当的礼仪就显得尤为重要。

泡茶师是训练有素的专业人士，能根据茶会的特性设置茶席，并在茶会有限的时段中泡好每一道茶，以最快的速度为客人奉上一杯美味的茶汤，并能恰到好处地引导客人关注茶与茶文化，让人们在品茗中获得真善美的体验。

2. 茶会的供茶方法

茶会上的泡茶模式与茶会的性质有直接关系。譬如：曲水流觞茶宴，适合个人旅行式的简便泡茶法或者浓缩式的简便兑茶法，从上游统一分段供应茶汤；无我茶会，适合多人的旅行式简便泡茶法；室内的正式茶会，无论是游走式还是坐席式的茶会，都比较倾向于表现出茶的完整面貌，尤其是茶汤在不同阶段的层次感，如此，工夫式的泡法便比较得宜，使用壶或者盖碗等泡茶器具，按照得当的冲泡方法，一道道去呈现茶的风格特性，是最好的选择，并且也有利于人们在整个过程中增加关于茶的谈资。按照茶席上的客人数量，决定使用泡茶器具的容量大小。一般一席在 6 人以内时，可使用 200 mL 左右的小壶或者盖碗；超过 6 人、在 12 人以内时，可使用 400 mL 的大壶进行冲泡。

3. 茶会的热水供应

对于坐席式茶会和游走式茶会，热水供应是保障茶汤供应的重要前提，是茶会上供茶的重要环节，提升供茶速度与供茶的质量。热水的供应可以大大缩短泡茶时的等待时间，在持续较长时间的茶会中，能够让客人在适当的环节喝到一杯恰好的茶汤。当然，供应的热水，前提也是符合泡茶的水质。

一般较大型的茶会，都要在备水区准备大功率的烧水桶，以满足茶会前对煮水器和保温壶的需要，以及茶会中随时的热水补充。在煮水器和保温壶中，应提前装满热水，在茶会开始时，根据茶类的需要，升温至所需。

每个茶席的热水量，应按照泡茶器物大小与泡茶方法的需要进行准备。一般煮水器（1 L 左右）中要加六分满的热水，加上一只 1.5 L 的保温壶，使用小壶冲泡连续泡半个小时是够用的；若是 400 mL 的大壶，则需要准备两只保温壶。中间水不够的话，由茶席助理协助及时补进。

4. 茶会用茶的准备

茶会用茶，需要注重品质特性，并有一定的欣赏价值，才能让宾客在茶会中印象深刻，增强茶会的质感。

茶会用茶，可以开展集中的茶品主题鉴赏，品鉴某类茶，甚至某种茶或者某个系列的茶，一般针对较专业的人士。也可以体验各种茶，甚至六大茶类都有，主要针对非专业的人群，增加其对茶的认知。

茶会用茶的量主要依据茶会上茶席的供茶方式与茶会的持续时间而定。一般茶会上的供茶要求速度快，但时间适当。两个小时以内的茶会，要让与会人员精力充沛地饮适量的茶，可以按照泡茶的方法来推算需要准备的茶叶量。

5. 茶会的品茗杯

品茗杯是客人参加茶会必需的器物，它决定了能否让每位客人在茶会第一时间品尝茶汤。茶会上的用杯包含两种情况。

（1）举办方统一提供。由举办方统一提供茶杯又分三种情况。

一是于入场处领取并登记个人信息；茶杯只作茶会使用，结束时须回收至“杯子回收处”并登记确认。

二是茶杯作为纪念品，茶会结束后可以直接带走。

上述两种情况多见于大型的“游走式茶会”，便于大家带着杯子四处品茶交流。

三是每席单独供应，一般需要准备两场的茶会所需杯量。这种情况以坐席式茶会多见。泡茶师所准备的茶杯于品赏某种茶有独特的功效，故而需要使用特定品茗杯。茶席上的专属品茗杯也有助于茶会进行中茶席的美观与秩序。

（2）茶友自备品茗杯。可以在公告事项中提前告知。这种方式可以减少主办方在来宾数量太多时的工作量与需要准备的物资，形成茶会的多样品茗杯风格，扩展品茗杯的欣赏视野，一般不限制茶会的性质，各类茶会均适用。缺点是破坏了茶席的完整性，并会造成来宾的困扰，如其没有比较理想的品茗杯，或者容易遗忘该事项。

出于茶会的整体美感、茶汤品质的呈现以及环保的考虑，不主张使用一次性纸杯或塑料杯。

四、茶会氛围的营造

茶会的本质是“人会”，传递出恭敬与友善的精神，因此，空间与细节的美化显得很重要。

（一）茶会的场地布置

茶会场地空间的布置是为了便于茶会的进行，并营造出某次茶会特有的空间特性，有较强的感染力。

由于茶会的性质不同，场地布置的风格也各异。譬如依季节或者时令，茶会的空间便可以借由植物、书法、绘画的布置，呈现特有的时空，让人们感受到美与珍惜。

无论哪种茶会，其基本的空间特点都应该是疏朗有序、宁静祥和、美好温馨的，在人们步入会场时，能感受到有别于他处的细腻温雅，令人不由升起敬意，这有助于茶会中人对茶会的拥护。

（二）茶会的音乐应用

音乐可以起到烘托茶会氛围的作用，人们在茶会中可以选择与主题相宜的音乐。茶会上音乐的应用主要表现在三个方面。

1. 同时播放

茶会进行的同时播放音乐，以音乐作为背景衬托茶会气氛。音乐的加入会引起人们听觉的关注，这时要特别选择旋律感较弱、情感色彩较弱的背景音乐，并且音量较低，若有似无，既让人感觉轻松自在，又维护了泡茶、品茶的氛围。

2. 茶乐分离

在茶会前，来宾进场时播放与茶会主题风格契合的音乐，渲染气氛，茶会进行时则停止播放音乐。在茶会中场休息时可再次播放一段合适的音乐，让人轻松舒适，茶会中不安排音乐以便安心品茶。茶会结束前，有专门的音乐欣赏，最好是现场的演奏或演唱，有强烈感染力，成为对茶会的有机延伸，从而烘托茶会的整体主题氛围。

3. 无声音乐

茶即乐，以泡茶过程中茶、水、器的有机碰撞而形成的独特声响为乐，静心“听茶”，这是茶会上独特的音乐欣赏形式。

选用音乐与否，取决于茶会的性质以及主办方对茶会的把控能力。

（三）茶会的茶食应用

茶食是佐茶之食物，最初是在较长时间的饮茶活动中，为避免因茶助消化的功效而导致人体的过度饥饿感而出现的，其作用类似点心。随着饮茶艺术的精致化，不仅茶、茶器、水、操作流程要兼顾实用与美感的双重要求，茶食也要兼具实用性与美感，以及宜茶性。因此，茶食又有增进茶会的氛围与质感的独特作用。恰到好处的茶食是茶会主人以及茶席主人良好的个人修养的重要组成部分。

茶食供应可以分为统一供应和分散供应两种方式。

1. 统一供应

统一供应是在茶会会场设茶食供应区，在茶会进行中由茶友自行取用。一般应用在较大型的交谊型茶会，如餐前茶会、公司年会或者庆祝茶会中。

2. 分散供应

分散供应是指茶会进行到某个环节，按照预定计划分席供应茶食：一种是由专门的工作人员同时呈上主办方备好的统一茶食；另一种是由各个茶席的泡茶师自行事先按照所泡的茶的特性准备好特色茶食，美观与可口并重。

茶食的使用得当，要求宜茶、美观、卫生，考虑客人的方便，又维护茶席的整洁，所以提倡一人一份，品尝完后将相关物品收好，继续品茶，如此便能很好地凸显茶会中茶的地位，同时适时增色，从而成为茶会的加分点。

五、主题茶会案例

“浓情端午 • 茶香满溢”主题茶会是由武夷学院茶学专业学生举办的“茶文化学”课程交流茶会，结合课程教学内容，以茶会的形式展示学习成果。正值端午时节，借茶会感受传统文化，传承家国情怀，也是本次茶会的初衷。

（一）茶会的主题

门前艾蒲翠绿，
粽叶飘香，
溪边波光粼粼，
龙舟竞渡。
端午时节，
吃粽，品茶，祭贤良。

茶性清芬高洁，被作为祝福、温馨、吉祥、圣洁的象征，以茶祭祀，古已有之。在端午民俗文化中，借课程茶会，以一盏清茶纪念伟大的爱国诗人屈原。

（二）茶会的时间、地点

1. 茶会时间：2021 年 6 月 4 日 19:00—22:00。
2. 茶会地点：武夷学院茶与食品学院茶学中心茶艺室。

（三）茶会规模

茶会共设 9 席，其中班级同学共设 7 席，另设一品鉴组和嘉宾组。每个席位 6～7 人，共 60 人。

（四）茶会形式

本次茶会为坐席式茶会。

（五）茶会准备

1. 茶席准备

按照既定的茶席数与参会人数，班级提前进行分组，优先选出茶艺队成员作为席主，以“端午”为主题设计茶席。制作席卡，席卡上应体现茶席主题、设计理念、冲泡茶品、茶点、小组成员等。

2. 茶品准备

每席配相同的茶品 6 款。

3. 茶席助理

班委提前确定茶席助理 9 人，协助会前茶席的布置、会中茶品的分发、茶水的补充等事务。

4. 茶会场地的布置

安排 9 人进行茶会场地的布置，包括围坐式席位的布置，展示区布置，烧水区布置，签到、入场区布置等。

布置茶席时，茶艺师位置在内，客人位置在外，围绕茶艺室设置一圈，9 席的中间靠前位置，设置主题区。主题区展示班级同学的作品，包括茶包装设计、茶画作品、茶旅纪念品、茶书推荐等。茶会的旁边设置准备室与休息室。

5. 入场签到布置

安排 2 人负责入场签到、净手，采用抽签的方式对号入席，提前准备好抽签桶和签号牌。

6. 茶会主持

安排 2 人主持茶会，介绍茶会流程，引导茶会环节，推进茶会进程。

7. 茶会摄影与报道

安排 1 人负责现场的摄影，以及会后的文稿撰写与发布。

（六）茶会流程

主题茶会流程（3 小时）		
时间	内容	备注
19：00—19：10	入场签到、净手、入席	播音乐、听茶歌，进入茶会意境
19：10—19：35	端午茶席鉴赏、评分	各小组介绍展示茶席，拍照
19：35—19：45	朗诵屈原的《离骚》	古琴曲《离骚》，全体诗朗诵
19：45—20：15	茶会上半场（静心品茶、无我茶刻）	播放茶会音乐《琵琶语》等
20：15—20：25	茶会下半场：品茗与课程交流	品鉴学生制茶实习做的茶品

续表

主题茶会流程（3小时）		
时间	内容	备注
20：25—20：40	茶艺表演、才艺展示	茶歌、茶舞、茶画、书法展示
20：40—21：00	茶品竞猜	每组分发茶品，猜品类与品名
21：00—21：10	茶书推荐、分享课程感想	各小组代表进行发言推荐
21：10—21：25	茶诗词接龙环节	统计获胜小组得分
21：25—21：45	制茶实习交流、展示	可拍照，小组代表对制茶实习期间的感受进行发言交流
21：45—21：55	颁奖、总结	对进行表演、茶席设计、参与游戏的获胜小组分发奖品，教师点评、嘉宾发言、学生发言
21：55—22：00	合影、收场	小组合影、全体合影，整理卫生
温馨提示： 1. 着装得体，大方，以中式服装或茶服为宜。 2. 提前10分钟入场，品鉴过程中保持安静，静静品茗。 3. 注意茶会秩序，服从茶会工作人员安排。		

（七）茶会总结

课程主题茶会是围绕教学内容、教学大纲而开展的以茶会为主要形式的课程实践活动，目的在于考查学生对于课程内容的掌握与应用，以及茶会的组织与策划、人员的统筹与安排等能力，使得参与者能够明白自身的职责和使命，获得团队间协作与分工的荣誉感，课程茶会的实施过程也是对学生进行德育的过程。

“浓情端午·茶香满溢”主题茶会是以端午特色文化为主题的坐席式茶会，是“茶文化学”课程教学实践内容的结课茶会。茶会举办的时间正值端午时节，便以展现端午传统民俗文化为契机，感受传统文化，传承家国情怀。

主茶席展示了同学们设计的茶叶包装作品、茶画、茶书法、茶香包、茶具、茶品等，还有茶企赞助的茶叶。7个茶席围绕主茶席分列两边，围成一圈，以不同的元素呈现端午主题文化以及对屈原的歌颂与纪念。每个席位分发武夷肉桂、武夷水仙、武夷大红袍、小种红茶、建阳小白茶、政和白茶六款茶，还有学生到茶企进行为期3周的制茶实践制作的各种岩茶。

茶会的流程设计合理、安排紧凑，空间布置用心，氛围感强，茶会具有仪式感而不刻意。学生在茶室张贴了端午挂饰卡片，茶席上摆放手工制作的各式“龙舟”、粽子茶点、端午席卡，再次衬托茶会主题。签到后净手，抽签决定席位，先对各茶席进行评分，茶席鉴赏后入座，一首屈原《离骚》的集体朗诵，将大家带入茶会意境。接着，茶艺师提壶注水，在袅袅茶香中静品、感悟。待六款茶品鉴结束，下半场的课程交流茶会便开始了。课程交流融入学生的茶艺、才艺展示，盲猜茶品，茶书推荐，分享课程感想，茶诗词接龙，制茶实习茶品、经验的交流与展示，等等。

本次茶会圆满举办，整个茶会氛围融洽，文化气息浓郁，主题凸显，茶会得到了与会老师与嘉宾的一致好评，这与几位班委的分工明确、前期的方案策划与紧密的跟进，以及各位同学的积极响应与配合是分不开的。

思考题

1. 茶会有哪些类型？
2. 组织茶会时，需要掌握哪些流程和注意事项？
3. 结合茶会组织的要点，试着举办一场茶会。

补充链接

扫码进行练习 9-1：高级茶艺师理论题库 6

扫码观看高级茶艺师理论题库答案

第十章　常见茶艺用语英语对照翻译

第一节　茶艺基础 The Basis of Tea Art

一、茶 Tea

绿茶 green tea
黄茶 yellow tea
红茶 black tea
乌龙茶 oolong tea
武夷岩茶 Wuyi rock tea
普洱茶 pu'er tea
茉莉花茶 jasmine tea
造型花茶 ornamental floral tea
西湖龙井 West Lake Longjing tea
祁门红茶 Keemun black tea
正山小种 lapsang souchong
白毫银针 white pekoe silver needle tea
白牡丹 white peony tea
君山银针 Junshan silver needle tea
铁观音 Tie guanyin

二、茶具 Tea Ware

陶制茶具 pottery tea ware
瓷质茶具 porcelain tea ware
漆器茶具 lacquer tea ware
竹制茶具 bamboo tea ware
玻璃茶具 glass tea ware
金属茶具 metal tea ware
炭炉 charcoal stove
随手泡 instant electrical kettle

酒精炉具组合 alcohol heating set
酒精灯 alcohol burner
陶壶 pottery kettle
瓷壶 porcelain teapot
盖碗 lidded tea bowl
紫砂壶 purple clay teapot
公道杯 fair mug
白瓷公道杯 white porcelain fair mug
品茗杯 tea-sipping cup
茶荷 tea holder
茶滤 tea strainer
茶巾 tea towel
茶匙 tea spoon
茶碗 tea bowl
茶漏 tea funnel
茶夹 tea tongs
茶则 tea scoop
茶叶罐 tea canister
闻香杯 aroma cup
茶道六君子 six helpers in the art of tea
飘逸杯 glass concentric cup
茶托 saucer
茶盘（茶船）tea tray
水盂 tea basin
奉茶盘 tea serving tray

三、茶艺六要素 Six Elements of Tea Art

茶艺包括茶、水、器、人、艺、境六大要素。这六大要素的完美组合，可以使茶艺达到尽善尽美的超凡境界。

The six elements of tea art are tea, water, utensil, people, skill and environment. A good combination of these six elements could be perfectly extraordinary.

茶是茶艺所表现的主角，水、器、人、艺、境的选择与安排，都是为了展现出茶的美。茶之美体现在茶名、茶形、茶色、茶香与茶味五方面。

Tea is the leading part of tea art, while all selection and arrangement of water, utensil, people, skill and environment are for the purpose of showing the beauty of tea which is embodied by the name, shape, color, fragrance and flavor.

中国自古就有"好水泡好茶"的说法。水质能直接影响茶汤的品质。如果烹茶之水的水质不好的话，那么茶的清香甘醇就不能发挥出来。烹茶的水要活、甘、清、轻，茶才能甘鲜爽口。

The saying "good water brews good tea" has existed since ancient times. The water quality is extremely important to the quality of tea. Less−than−good water can't bring the clean aroma and pure mellow out of tea leaves. Water suitable for tea has to be live, sweet, clear and light.

器指茶具，是茶文化的重要载体。随着饮茶的发展，茶品种不断增多，饮茶方法不断改进，茶具也经历了一个从无到有、从粗糙到精致的过程。

Utensils herein refer to the tea ware, which are important carriers of the tea culture. With the development of tea drinking, the continuous increase of tea varieties, and the continuous improvement of the tea brewing technique, the tea ware also witnessed a course of developing from nothing and from coarse to delicate.

人是指茶艺师，是茶艺的表演者。好的茶艺师要做到仪表美、风度美、语言美和心灵美。

People here refer to tea servers, i.e., the performers who demonstrate tea art. A good tea server should display the beauty in appearance, grace, words and soul.

艺是茶艺师展示的动作技巧，优美的动作是茶艺引人入胜的绝招。茶艺中有一些基本手法，在一举一动之间体现出茶道的境界。这些手法所遵循的共同的要领是：柔和优美，不死板僵硬；简洁明快，无多余的动作；圆融流畅，不直来直往；连绵自然，不时断时续；寓意雅正，不故弄玄虚。

Skills refer to the means and techniques adopted to perform tea art. Elegant movements are the marvelous tricks that make tea art attractive and enchanting. There are some basic techniques that exemplify, through every movement of them, the lofty level of Teaism. These techniques all follow some common principles: to be gentle and elegant instead of stiff and rigid, succinct and swift instead of tedious and redundant, winding and smooth instead of straight and linear, continuous and natural instead of disjointed and broken, refined and positive instead of deliberately mystifying.

中国茶艺讲究环境、艺境、人境、心境俱美。

The art of Chinese tea emphasizes the beauty of physical, artistic, humanistic and mental environments.

（1）环境，即品茶的场所。中国茶艺追求幽野清净的自然美，大自然的竹林中、松荫下、小溪旁、翠岩边都是绝佳的品茗之地。在这种自然环境中，茶人最易洗净尘心。但是现在，人们更多是在室内饮茶。良好的室内品茶环境要做到窗明几净、装修简朴、格调高雅、气氛温馨。

The physical environment refers to the place where tea is tasted. Chinese tea art pursues the serene and quiet beauty of nature. Some of the best places for appreciating tea are in bamboo forests, under shadows of pine trees, along creeks and beside green rocks. These natural environments are the most appropriate sites for tea guests to get rid of their secular distractions. Yet nowadays, people drink tea mostly indoors. A fine indoor environment for appreciating tea should have clear and clean windows and tables with plain and simple decorations, a decent and refined style and a warm atmosphere.

（2）艺境，即以六艺助茶。六艺指琴、棋、书、画、诗和金石古玩的收藏鉴赏。用音乐来营造艺境有助于陶冶情操。无论是古典名曲，还是近代茶曲，乃至山泉飞瀑、小溪流水、秋虫鸣唱、松涛海浪等大自然之声，都能为茶艺表演和品茶创造美好的艺境。名家字画、金石古玩等也能为茶艺提供高雅、传统的艺境。

The artistic environment refers to the merry making of the six arts: lyre playing, chess, calligraphy, painting, poetry and collection and appreciation of cultural relics and antiques. Creating an artistic environment with music helps people to cultivate taste. Classical pieces, modern tea melodies, or natural sounds like mountain springs and waterfalls, flowing creeks, tweeting autumn bugs and waving pines like sea waves, can create a nice artistic environment for tea art performance and tea appreciating. Besides, calligraphies and paintings by masters as well as antiques and archaic articles can also help to provide a decent and traditional artistic environment.

（3）人境，即品茶的人数和品茶者构成的人文环境。茶艺不忌人多，但忌人杂。一人品茶，独品得神；两人品茶，对啜得趣；三人或三人以上品茶，众饮得慧。

The humanistic environment refers to the cultural and social atmosphere influenced by the number and quality of tea guests. Tea art allows for quite some people present together, but doesn't welcome many people with different backgrounds. One person appreciating tea reads the essence and spirit; two people appreciating tea find fun while drinking to each other; and three or more people appreciating tea get wisdom together.

（4）心境，基于茶人对人生的彻悟，好的心境会相互感染，饮茶应该进入安静优雅的心境。

The mental environment relies on the guest's understanding of life. A fine mental state may affect other people. One should come into a quiet and refined mental state when tasting tea.

第二节　茶艺礼仪 Tea Art Etiquette

一、姿态 Posture

（一）坐姿 Sitting Posture

一个标准的坐姿应该是这样的：正坐于椅子上，只坐约一半椅子的位置，双腿拉近，双肩自然放松，下颌微微收起，平视前方或微微向下看，面部表情自然。

A standard sitting posture should be like this: Sit upright on a chair and only take half of the chair, with legs close to each other, shoulders relaxed naturally, and lower jaw slightly retracted, looking at the front horizontally or slightly looking downward, with a natural facial expression.

女性将右手交叉放在左手上，放在桌子的边缘或下腹前。

For female, hands should be crossed with the right one over the left one and be put on the edge of the desk or in front of her lower abdomen.

男性的双手呈半拳状，与肩同宽放在桌沿或腿上。

For male, hands should be separated in a distance as wide as his shoulders' width and be put on the edge of the desk or on the legs in semi-fist.

（二）站姿 Standing Posture

在站姿方面，女性和男性有不同的要求。

In terms of the standing posture, there are different requirements for male and female.

男性双脚分开，脚尖向外，双手交叉，左手置于右手之上，掌心向内，放在下腹部。

A male should have his feet separated in toe-out gait; his hands should be crossed with the left one over the right one and the palms inward and be put in front of his lower abdomen.

女性双脚直立呈 T 字形，双手交叉，左手置于右手之上，掌心向内，置于下腹部。

A female should stand upright with her feet in T-shaped gait; her hands should be crossed with the left one over the right one and the palms inward and be put in front of her lower abdomen.

（三）跪姿 Kneeling Posture

跪姿的姿势有三种：跪坐、盘腿坐、单膝下蹲。

There are three types of kneeling postures: sitting knee to knee, sitting with legs crossed, and squatting with one knee down.

跪坐时，茶艺师应双腿靠拢，膝盖跪在垫子上，脚尖接触垫子，臀部由脚后跟支撑。

When sitting knee to knee, a tea server should have his or her legs drawn close with knees down on the cushion, tiptoes touching the cushion, and the hip supported by the heels.

此外，茶艺师应腰部挺直，肩部放松，下颌微收，双手放在膝上。

In addition, the tea server should have his or her waist upright, shoulders relaxed, lower jaw held back, and hands put on the laps.

盘腿坐时，双腿向内交叉，两手分别放在两膝上，其他要求与跪坐相同。

When sitting with legs crossed, a tea server should have his or her legs crossed inward and his or her two hands put on two knees respectively. Other requirements are the same as those for sitting knee to knee.

单膝下蹲时，茶艺师应左膝下蹲，左脚踩地成直角，同时右膝和右脚尖同时触地。

When squatting with one knee down, a tea server should have his or her left knee down in a right angle with the left foot on the ground, while the right knee and the right toe touch the ground at the same time.

（四）行姿 Walking Posture

在站姿的基础上，行姿要求茶艺师走直线，上身不能摆动。

Based on the standing posture, the walking posture requires that a tea server walk in a straight line, without swinging his or her upper body.

当到达客人面前时，如果茶艺师不能面对面看到客人，就需要将身体调整到面对面的位置。

When arriving at the front of a guest, if the tea server cannot see the guest face-to-face, he or she needs to adjust his or her body to a face-to-face position.

离开时，茶艺师应先退两步，然后转身离开，仍面对客人时不能直接转身。

When leaving, the server should first retreat in two steps and then turn around to leave. The server cannot directly turn around when still facing the guest.

二、茶艺礼仪 Tea Art Etiquette

茶艺中的礼节有鞠躬礼、伸掌礼、寓意礼等。

The way of showing courtesy in tea art includes the gesture of bowing, the gesture of indicating by palm, and the gesture with implied meaning.

（一）鞠躬礼 Gesture of Bowing

鞠躬礼包括站式、坐式和跪式，其中常用站式和坐式。

The gesture of bowing can be finished in a standing, sitting or kneeling manner, among which the manners of standing and sitting are popular.

鞠躬礼要求双手在腹前相互交叉，上半身向下弯腰，保持弯腰在要求的位置上稍作停顿后再慢慢直起。

Bowing requires that the hands cross with each other in front of the abdomen. The upper part of the body should bend down and then straighten up slowly after a short pause of keeping bending in the required position.

（二）伸掌礼 Gesture of Indicating by Palm

伸掌礼是表示“请”或“谢谢”意思的行为，也是茶艺表演中常见的一种礼节。

The gesture of indicating by palm is a behavior indicating the meaning of “please” or “thank you,” which is also a common way of showing courtesy in tea art performance.

伸掌礼要求茶艺师将手斜伸至所敬之物，拇指和手掌微微向内弯曲，四指靠拢，手腕应暗中发力。

This way of etiquette requires that a tea server stretch out the hand obliquely to the front of the object he or she pays tribute to, with the thumb and the palm slightly bent inward and the other four fingers drawing close. The wrist should exert power implicitly.

在表示礼貌时，茶艺师应微微抬起身子，面带微笑，一气呵成。

When showing courtesy, the tea server should raise himself or herself slightly, smile and do all things at one stretch.

（三）寓意礼 Gesture with Implied Meaning

寓意礼是指在与茶有关的活动中形成的表示祝福的行为。

The gesture with implied meaning refers to the behaviors of etiquette formed in tea-related activities to indicate happiness and blessings.

在煮茶或泡茶时，主客双方不用语言就能交流。

When boiling or brewing the tea, the host and the guest are able to communicate without using words.

常见的寓意礼有五种。

There are five most common types of gesture with implied meaning.

1. 凤凰三点头 Three Nods of Phoenix

凤凰三点头：茶艺师举起水壶上下注水三次，表示向客人行三鞠躬欢迎之礼。

Three nods of phoenix: The tea server raises the kettle up and down to pour water for three times, indicating three welcoming bows to the guest.

举起水壶上下注水是指茶艺师右手提着水壶在茶杯（或茶碗）边缘倒水，然后抬起手腕将水壶举起，再次放下手腕使水壶靠近茶杯（或茶碗）边缘注水。反复做三次，倒出所需水量，然后悬腕停止注水。

Raising the kettle up and down to pour water means that the tea server has his or her right hand carrying the kettle to pour water at the edge of the tea cup (or tea bowl), then lifts the wrist to raise the kettle, and again lowers the wrist to make the kettle get closer to the edge of the tea cup (or tea bowl) to inject water. Do this repeatedly for three times to pour the required amount of water, and then stop pouring by hanging the wrist.

2. 回旋注水 Rotating Water in Inward Circle

回旋注水：如果在注水、倒水、温杯、温壶时采用单手，则要求左手按顺时针、右手按逆时针方向做相关动作。这种行为类似于打招呼的手势，意思是“欢迎、欢迎、欢迎”，反之，这种手势就会成为拒绝别人的标志。当两只手同时旋转时，以主手的旋转方向为准。

Rotating water in inward circle: If single-hand water-rotating is adopted in injecting water, pouring and warming up the tea cup and tea pot, it is required that the right and left hand do relevant work in the counter-clockwise and clockwise direction respectively. This behavior is similar to the gesture of greetings, meaning “welcome, welcome, welcome”; conversely, the gesture will become a sign of rejecting someone. When both hands are rotating at the same time，the rotating direction of the main hand shall prevail.

3. 茶壶侧置 Placing Tea Kettle

茶壶侧置：壶口不能直接指向他人。否则，意味着要求面对壶口的人马上离开。

Placing the tea kettle: The mouth of the kettle cannot point to others directly. Otherwise, it means that the one who faces the mouth is asked to leave at once.

4. 斟茶七分满 Pouring Tea to Seven-tenths

"七分茶，三分情。" seven-tenths of tea, three-tenths of affection

斟茶时，茶斟七分满，表示"七分茶，三分情"。

When pouring, it is enough that the tea water covers 7/10 of the tea cup, indicating "seven-tenths of tea, three-tenths of affection".

5. 叩指礼 Bend Knuckles in Respect

当有人为你敬茶或倒茶时，将右手的二三指并拢，微微弯曲，轻敲两下桌子，表示感谢。

When someone offers tea or pours tea for you, join the second and third fingers of the right hand together, bend them slightly and lightly knock the table twice in thanks.

第三节　不同茶类的冲泡技艺 Art of Brewing Different Types of Tea

一、绿茶的冲泡技艺 Art of Brewing Green Tea

绿茶是不发酵茶，具有清汤绿叶的品质特征。为了表现绿茶冲泡后茶叶的舒展姿态，可以使用透明的玻璃杯来冲泡茶叶。

Green tea is non-fermented and features clear liquid and green leaves. To exhibit the stretching out of green tea leaves after being brewed, a transparent glass can be used to perform the art of tea brewing.

（一）玻璃茶杯冲泡绿茶的艺术 Art of Brewing Green Tea with Glass Teacups

玻璃杯适合冲泡名优绿茶，因为透明的玻璃可以让我们欣赏到茶叶的美姿美态和茶汤的细微差别。

Glass cups are appropriate for brewing famous and fine green tea, for the transparency of glass makes it possible to appreciate the beauty of tea leaves and the nuance of tea liquid.

根据茶叶的紧实程度，可采用上投、中投、下投三种方式将茶叶投入杯中。

Three methods, i.e., top-adding, middle-adding and bottom-adding, can be adopted to put tea leaves into the glass, according to the degree of tightness of tea leaves.

1. 玻璃杯上投法 Top-adding Method of Brewing Tea with Glass Cups

用这种方法泡茶时，先将热水倒入杯中，再投入茶叶。这样，可以避免茶叶被热水烫熟。

When brewing tea with this method, enough hot water is first poured into a glass before adding the tea leaves. This way, the leaves can avoid being damaged by the hot water.

2. 玻璃杯中投法 Middle-adding Method of Brewing Tea with Glass Cups

泡茶时先在杯中注入一部分热水，接着投入茶叶，再注入热水。这种投茶方式在一定程度上避免了水温偏高对茶叶的伤害。

When brewing tea with this method, some hot water is first poured into a glass, then the tea leaves are added in, and finally more hot water is poured in.

This method can help avoid to some extent the harm to the leaves brought about by hot water.

3. 玻璃杯下投法 Bottom-adding Method of Brewing Tea with Glass Cup

泡茶时先往杯中投入茶叶，然后注入热水。这种投茶方式冲泡出来的茶叶舒展较快，茶香充分散发，茶汤浓淡均匀。

When brewing tea with this method, tea leaves are first poured into the glass cup. Tea leaves brewed in this way stretch themselves faster than otherwise, and the fragrance is fully emitted, with the tea liquid evenly tasted.

（二）碧螺春杯泡法 Art of Brewing Biluochun Tea with Glass Teacups

1. 备具 Arrange Tea Set to Begin Brewing

水壶、玻璃茶杯、茶巾、茶荷、茶匙、茶洗。将适量的水倒入水壶中煮沸，待温度降至 75℃时再使用。

Kettle, glass teacup, tea towel, tea holder, teaspoon and basin. Pour the appropriate amount of water into the kettle and boil the water. Let the temperature drop to 75℃ before use.

2. 温杯 Warm Glass Teacups

将少量热水倒入杯中，温热茶杯。

Pour a small amount of heated water into the teacup. Warm the teacup.

3. 注水 Pour Water

直接将水倒入杯中至 7/10 满。

Directly pour the water into the teacup until it is 7/10 full.

4. 赏茶 Appreciate Tea Leaves

用茶匙从茶叶罐中取出适量的碧螺春置于茶荷中，双手持茶荷观赏茶叶。

Scoop out some biluochun tea leaves from the tea canister with a teaspoon, place the tea leaves into the tea holder, and hold it with two hands to appreciate the leaves.

5. 投茶 Add Tea Leaves

将干茶投入玻璃茶杯。

Gently sweep the dry tea leaves into the glass teacup.

6. 欣赏“茶之舞”Admire the “Dance of the Tea Leaves”

茶芽吸水后慢慢沉入杯底。当茶芽沉入杯底时，茶汤变成黄绿色。透过玻璃杯看到的效果，叫作“茶之舞”。

The tea buds slowly sink to the bottom of the cup upon absorbing the water. As the tea buds sink to the bottom, the liquid turns yellow-green. The effect, seen through the glass cup, is called “dance of the tea leaves.”

7. 奉茶 Serve Tea

将泡好的碧螺春奉给客人。

Serve the freshly brewed tea to the guests.

二、乌龙茶茶艺 Art of Brewing Oolong Tea

（一）冲泡乌龙茶的四大要点 The Four Key Points in Making Oolong Tea

冲泡乌龙茶对投茶量、水温、浸泡时间和冲泡次数的要求相当高。

Oolong tea making is rather demanding in terms of the amount of tea leaves, water temperature, waiting time and infusion times.

1. 投茶量 Amount of Tea Leaves

与其他茶类相比，冲泡乌龙茶需要更多的茶叶。半球形的乌龙茶下茶量约占茶壶1/4～1/3 的空间，条形的乌龙茶约占 1/2 的空间。

Compared with other kinds of tea, making oolong tea needs more leaves. Hemispherical oolong leaves take up one-third to one-fourth space of the teapot, and the loose-bar oolong leaves take up half the space.

2. 茶水比 Tea Leaves to Water Ratio

铁观音：1∶13～1∶20；tie guanyin: 1∶13～1∶20

武夷岩茶：1∶10～1∶22；Wuyi rock tea: 1∶10～1∶22

3. 水温 Water Temperature

100℃的沸水能将乌龙茶特有的浓郁口感和香气激发出来。

Boiling water at 100℃ brings out the rich taste and fragrance that is unique to oolong tea.

4. 浸泡时间 The Waiting Time

冲泡时间随浸泡频次延长。闽南和台湾乌龙，第一泡 20～30 秒，第二泡 30 秒，之后每次浸泡时间增加 10 秒。闽北、广东乌龙则更快，第一泡 15 秒。

The brewing time becomes longer with each infusion. For south Fujian and Taiwan oolongs, wait 20～30 seconds after the first infusion and 30 seconds after the second, after which add 10 seconds for each infusion. North Fujian and Guangdong oolongs reguire less brewing time — 15 seconds for the first infusion.

5. 冲泡次数 Number of Infusions

乌龙茶可多次冲泡，一般可冲泡 5～6 次。所谓“七泡留香”，如果冲泡得法，乌龙茶可以冲泡 7 泡以上。

Oolong tea endures repeated infusions, usually 5-6 times. As the saying goes, “Fragrance remains at the seventh infusion.” Properly made, oolong tea can endure more than seven infusions.

不同的工夫茶有不同的侧重点和操作方式，其中以潮汕、闽式、台式工夫茶最具特色。

Different “gongfu tea” making methods have different focuses and steps, among which Chaoshan, Min and Taiwan gongfu tea are the most distinctive.

（二）武夷岩茶茶艺 Art of Wuyi Rock Tea

武夷岩茶大红袍是“中国茶王”，产于福建武夷山。

“Big Red Robe” (Da Hong Pao in Chinese), a king of Wuyi rock tea, is also known as the “king of tea” grown in Wuyi Mountain, Fujian Province.

1. 备器 Arrange Tea Set

烧水，备器，如茶壶、茶杯、茶盘、茶叶、茶巾等。

Boil water and prepare the tea set, including the teapot, cups, tea tray, tea leaves and tea towel.

2. 温壶 Warm Teapot

将热水倒入壶中温壶。

Pour the boiling water into the pot to warm it.

将水沥干。这些水也可以用来温杯。

Drain the water out. The water can also be used to warm the cups.

3. 置茶 Add Tea Leaves

取 8 g 左右的茶叶放在茶荷里。将茶叶倒入壶中。

Put about 8 g of tea leaves on a tea holder. Tip the tea leaves into the pot.

4. 醒茶 Soak Tea Leaves

将热水注入壶中至满壶。

Pour hot water into the pot. Fill the water to the rim.

5. 刮沫 Remove Foam

用壶盖刮去表面的泡沫，并用热水洗去泡沫。

Use the pot cover to remove the foam on the surface. Wash off the foam with hot water.

6. 烫杯 Warm Cups

迅速将壶中的茶汤倒入杯中，直到最后一滴。

Quickly pour all the tea liquid in the pot into the cups.

旋转茶杯，将烫杯的水倒入水盂。然后把杯子放回托盘上，再温另一个杯子。

Rotate a cup around, and pour the liquid in the cup into the tea basin. Then put the cup back on the tray and warm another cup.

可以将温杯的水倒在紫砂茶壶上，然后用刷壶笔轻轻刷壶。

You can pour the liquid for warming cups over the purple-clay teapot and gently brush the pot with a brush pen.

7. 冲泡 Brew

向茶壶中注入开水，盖上壶盖。

Add boiling water into the teapot, and cover the pot.

茶叶浸泡后可立即出汤。后续浸泡需要延长时间。

The tea is ready immediately after infusion. Longer time is needed for subsequent infusions.

8. 分茶 Distribute Tea

将茶汤分入每个杯子至七分满。

Pour the tea liquid into every cup up to 70% full.

壶在杯上移动，叫“关公巡城”。

Move the pot over the cups. This is called “Guan Gong Xun Cheng” (“General Guan inspecting the city walls”).

等到壶里的茶汤快倒尽时，将最后几滴茶汤均匀地倒入每个杯子。这就是所谓的“韩信点兵”。

When the pot is nearly empty, pour the last drops evenly into every cup. This is called “Han Xin Dian Bing” (“Han Xin inspecting the troops”).

9. 奉茶 Offer Tea

按顺时针方向，向客人敬茶。

In a clockwise direction, offer tea to the guests.

10. 品茶 Taste Tea

嗅香、观色、品味。

Hold the cup under your nose. Inhale the fragrance and appreciate the color before tasting.

唇齿留香，回甘持久。

The fragrance fills the mouth, and the sweet aftertaste lingers around the tongue.

三、红茶茶艺 Art of Brewing Black Tea

（一）红茶 Black Tea

红茶属于全发酵茶，武夷山是红茶的发源地。

Black tea is a kind of completely fermented tea. It originated from Wuyi Mountain.

具有色泽红艳、滋味醇厚、兼容性好的特征。

It is bright red in color, mellow in taste, and has good compatibility.

既可清饮，也可以加入牛奶、方糖、香料、果汁或者酒，调制成美味可口的浪漫饮料。

You can drink it directly or mix it with milk, sugar, spices, juice, or wine, turning it into a delicious romantic drink of your choice.

（二）正山小种红茶茶艺 Art of Lapsang Souchong Tea

正山小种红茶被誉为“茶中皇后”，深得英国皇室珍爱。

Reputed as “queen of tea”, lapsang souchong tea is the British royal family’s favorite tea.

1. 备具 Arrange Tea Set

玻璃壶、公道杯、品茗杯、水壶、茶巾、茶荷、茶匙、水盂。

Glass tea kettle, fair mug, tea-sipping cup, kettle, tea towel, tea holder, teaspoon and basin.

将适量的水倒入水壶中煮沸，待温度降至 90℃时再使用。

Pour the appropriate amount of water into the kettle and boil the water. Let the temperature drop to 90℃ before use.

2. 温杯 Warm Glass Tea Kettle

将少量热水倒入玻璃壶。

Pour a small amount of heated water into the glass tea kettle. Warm the glass tea kettle.

3. 赏茶 Show Tea Leaves

端起茶荷，鉴赏干茶。

Take the tea holder, and appreciate the lapsang souchong tea leaves.

4. 投茶 Add Tea Leaves

将干茶投入玻璃壶。

Add the lapsang souchong tea leaves into the glass tea kettle.

5. 润茶 Moisturize Tea Leaves

向玻璃壶中注入热水至浸没茶叶，盖上壶盖轻轻转动一周。

Fill the tea kettle with heated water until the tea leaves are immersed. Then cover the lid and gently rotate the kettle around once.

6. 注水 Pour Water

向玻璃壶中注入热水，并盖上壶盖。

Fill the tea kettle with heated water, and cover the tea kettle properly.

7. 出汤 Pour Tea Liquid

将泡好的茶汤注入公道杯中。

Pour the tea liquid into the fair mug。

8. 分茶 Distribute Tea

将茶汤分入每个杯子至七分满。

Pour the tea liquid into every cup up to 70% full.

9. 奉茶 Offer Tea

将刚泡好的茶水双手奉上给客人。

Offer the freshly brewed tea to the guests with both hands.

10. 品茶 Taste Tea

嗅香、观色、品味。

Hold the cup under your nose. Inhale the fragrance and appreciate the color before tasting.

四、茉莉花茶茶艺 Art of Brewing Jasmine Tea

花茶是最富有诗意的茶类，具有香气馥郁、鲜灵的特点。

Scented tea is considered to be the most poetic tea. It has a strong and rich fragrance.

（一）备具 Arrange Tea Set to Begin Brewing

水壶、盖碗、茶巾、茶荷、茶匙、水盂。将适量的水倒入水壶中煮沸，待温度降至90℃时再使用。

Kettle, white porcelain lidded tea bowl, tea towel, tea holder, teaspoon and basin. Pour the appropriate amount of water into the kettle and boil the water. Let the temperature drop to 90℃ before use.

将适量的茉莉花茶倒入茶碟中。

Scoop some jasmine tea leaves into the tea plate.

（二）温杯 Warm Tea Bowl

将少量热水倒入盖碗中。

Pour a small amount of heated water into the tea bowl. Warm the tea bowl.

（三）投茶 Add Tea Leaves

将干茶投入盖碗中。

Put the jasmine tea leaves into the tea bowl.

（四）润茶 Moisturize Tea Leaves

向盖碗中注入热水至浸没茶叶，盖上杯盖轻轻转动一周。

Fill the tea bowl with heated water until the tea leaves are immersed. Then cover the lid and gently rotate the kettle around once.

（五）注水 Pour Water

向盖碗中注入热水至七分满，并盖上碗盖。

Fill the tea bowl with heated water up to 70% full and cover the tea bowl properly.

（六）奉茶 Offer Tea

将刚泡好的茶水双手奉上给客人。

Offer the freshly brewed tea to the guests with both hands.

（七）品茶 Taste Tea

一手托住碗托，另一只手倾斜碗盖，轻轻嗅茶香。

Hold the tea saucer with one hand and tilt the cover with the other to gently breathe in the fragrance.

用碗盖轻轻撇去茶汤表面的浮叶。

Before drinking, gently use the lid of the tea bowl to brush across the surface of the tea to sweep away the tea leaves.

倾斜碗盖，嗅香，从开口的缝隙中啜饮茶汤。

Tilt the lid of the tea bowl and breathe in the fragrance. Sip the tea through the opening gap.

附 录

附录一 茶艺师国家职业技能标准

GZB

国 家 职 业 技 能 标 准

职业编码：4-03-02-07

茶 艺 师

（2018 年版）

中华人民共和国人力资源和社会保障部 制定

说 明

为规范从业者的从业行为，引导职业教育培训的方向，为职业技能鉴定提供依据，依据《中华人民共和国劳动法》，适应经济社会发展和科技进步的客观需要，立足培育工匠精神和精益求精的敬业风气，人力资源社会保障部组织有关专家，制定了《茶艺师国家职业技能标准》(以下简称《标准》)。

一、本《标准》以《中华人民共和国职业分类大典（2015年版）》为依据，严格按照《国家职业技能标准编制技术规程（2018年版）》有关要求，以“职业活动为导向、职业技能为核心”为指导思想，对茶艺师从业人员的职业活动内容进行规范细致描述，对各等级从业者的技能水平和理论知识水平进行了明确规定。

二、本《标准》依据有关规定将本职业分为五级/初级工、四级/中级工、三级/高级工、二级/技师、一级/高级技师五个等级，包括职业概况、基本要求、工作要求和权重表四个方面的内容。本次修订内容主要有以下变化：

——在确保茶艺师应掌握知识的整体性、规范性的前提下，进一步突出工作技能的实用性、可操作性，同时根据社会发展需要留有创新的灵活性。

——对于茶艺师的各个等级，有了更为明确的界定，五级/初级工、四级/中级工、三级/高级工为技能型人才，二级/技师、一级/高级技师为高端技能型和技能管理型人才。

——根据近十几年来茶科技、茶文化的发展状况，对茶艺师的工作内容、技能要求、相关知识要求进行了适当充实和调整。

——根据人民群众对美好生活的追求与健康中国建设的要求，对茶艺与相关文化、茶健康服务有了更为明晰的界定和细分。

——根据中外茶文化交流的实际与需要，明确与强化了茶艺师应掌握的相关知识和技能。

三、本《标准》起草单位有：江西省社会科学院、万里茶道（中国）协作体茶艺国际传播中心、中国民俗学会茶艺研究专业委员会、中华茶人联谊会、江西省茶艺师职业技能培训中心、江西省民俗与文化遗产学会职业技能鉴定站、南昌市第一中等专业学校。主要起草人有：余悦、张卫华、程琳、曾添媛、龚夏薇、龚凤婷、赖蓓蓓。

四、本《标准》审定单位有：中国农业科学院茶叶研究所、六悦河茶学堂、江西中和茶艺文化传播有限公司、中国茶叶博物馆、浙江农林大学茶文化学院、潭州科技学院、北京老舍茶馆、云南弘益大学堂、和静茶修、中国茶叶学会、中华茶人联谊会、中国国际茶文化研究会、全国茶业标准化委员会、浙江大学、江苏农林职业技术学院、广东省电子商务技师学院。审定人员有：鲁成银、吴晓力、王旭烽、蔡烈伟、尹智君、李乐骏、王琼、周智修、孙蔚、朱家骥、张士康、王岳飞、王润贤、胡小苏。

五、本《标准》在制定过程中，得到了人力资源社会保障部职业技能鉴定中心荣庆华、葛恒双、宋晶梅，江西省职业技能鉴定指导中心王海江、李玉亭、何鸣，浙江省职业技能鉴定指导中心王晨、吴蔺等专家的指导和大力支持，在此一并感谢。

六、本《标准》业经人力资源社会保障部批准，自公布之日起实施。[1]

茶　艺　师

国家职业技能标准

（2018 年版）

1　职业概况

1.1　职业名称

茶艺师

1.2　职业编码

4-03-02-07

1.3　职业定义

在茶室、茶楼等场所[2]，展示茶水冲泡流程和技巧，以及传播品茶知识的人员。

1.4　职业技能等级

本职业共设五个等级，分别为；五级 / 初级工、四级 / 中级工、三级 / 高级工、二级 / 技师、一级 / 高级技师。

1.5　职业环境条件

室内，常温，无异味。

1.6　职业能力特征

具有良好的语言表达能力，一定的人际交往能力，较好的形体知觉能力与动作协调能力，较敏锐的色觉、嗅觉和味觉。

1.7　普通受教育程度

初中毕业（或相当文化程度）。

---

［1］2018 年 12 月 26 日，本《标准》以《人力资源社会保障部办公厅关于颁布中式烹调师等 26 个国家职业技能标准的通知》（人社厅发〔2018〕145 号）公布。

［2］茶室、茶楼等场所包括：茶馆、茶艺馆，及称为茶坊、茶社、茶座的品茶、休闲场所；茶庄、宾馆，酒店等区域内设置的用于品茶、休闲的场所；茶空间、茶书房、茶体验馆等适用于品茶、休闲的场所。

1.8 职业技能鉴定要求

1.8.1 申报条件

具备以下条件之一者，可申报五级 / 初级工：

（1）累计从事本职业或相关职业[1]工作 1 年（含）以上。

（2）本职业或相关职业学徒期满。

具备以下条件之一者，可申报四级 / 中级工：

（1）取得本职业或相关职业五级 / 初级工职业资格证书（技能等级证书）后，累计从事本职业工作 4 年（含）以上。

（2）累计从事本职业或相关职业工作 6 年（含）以上。

（3）取得技工学校本专业[2]或相关专业[3]毕业证书（含尚未取得毕业证书的在校应届毕业生）；或取得经评估论证、以中级技能为培养目标的中等及以上职业学校本专业或相关专业毕业证书（含尚未取得毕业证书的在校应届毕业生）。

具备以下条件之一者，可申报三级 / 高级工：

（1）取得本职业或相关职业四级 / 中级工职业资格证书（技能等级证书）后，累计从事本职业或相关职业工作 5 年（含）以上。

（2）取得本职业或相关职业四级 / 中级工职业资格证书（技能等级证书），并具有高级技工学校、技师学院毕业证书（含尚未取得毕业证书的在校应届毕业生）；或取得本职业或相关职业四级 / 中级工职业资格证书（技能等级证书），并具有经评估论证、以高级技能为培养目标的高等职业学校本专业或相关专业毕业证书（含尚未取得毕业证书的在校应届毕业生）。

（3）具有大专及以上本专业或相关专业毕业证书，并取得本职业或相关职业四级 / 中级工职业资格证书（技能等级证书）后，累计从事本职业或相关职业工作 2 年（含）以上。

具备以下条件之一者，可申报二级 / 技师：

（1）取得本职业或相关职业三级 / 高级工职业资格证书（技能等级证书）后，累计从事本职业或相关职业工作 4 年（含）以上。

（2）取得本职业或相关职业三级 / 高级工职业资格证书（技能等级证书）的高级技工学校、技师学院毕业生，累计从事本职业或相关职业工作 3 年（含）以上；或取得本职业预备技师证书的技师学院毕业生，累计从事本职业或相关职业工作 2 年（含）以上。

具备以下条件之一者，可申报一级 / 高级技师：

取得本职业二级 / 技师职业资格证书（技能等级证书）后，累计从事本职业或相关职业

---

[1] 相关职业：在茶室，茶楼和其他品茶、休闲场所的服务工作，以及评茶、种茶，制茶、售茶岗位的工作，下同。

[2] 本专业：茶艺、茶文化专业，下同。

[3] 相关职业：茶学、评茶、茶叶加工、茶叶营销等专业，以及文化、文秘、中文、旅游、商贸、空乘、高铁等开设了茶艺课程的专业，下同。

工作4年（含）以上。

1.8.2　鉴定方式

分为理论知识考试、技能考核以及综合评审。理论知识考试以笔试、机考等方式为主，主要考核从业人员从事本职业应掌握的基本要求和相关知识要求；技能考核主要采用现场操作、模拟操作等方式进行，主要考核从业人员从事本职业应具备的技能水平；综合评审主要针对技师和高级技师，通常采取审阅申报材料、答辩等方式进行全面评议和审查。

理论知识考试、技能考核和综合评审均实行百分制，成绩皆达60分（含）以上者为合格。

1.8.3　监考人员、考评人员与考生配比

理论知识考试中的监考人员与考生配比不低于1∶15，且每个考场不少于2名监考人员；技能考核中的考评人员与考生配比为1∶3，且考评人员为3人以上单数；综合评审委员为3人以上单数。

1.8.4　鉴定时间

理论知识考试时间为90 min；技能考核时间：五级/初级工、四级/中级工、三级/高级工不少于20 min，二级/技师、一级/高级技师不少于30 min；综合评审时间不少于20 min。

1.8.5　鉴定场所设备

理论知识考试在标准教室内进行；技能考核在具备品茗台且采光及通风条件良好的品茗室或教室、会议室进行，室内应有泡茶（饮茶）主要用具、茶叶、音响和投影仪等相关辅助用品。

2　基本要求

2.1　职业道德

2.1.1　职业道德基本知识

2.1.2　职业守则

（1）热爱专业，忠于职守。

（2）遵纪守法，文明经营。

（3）礼貌待客，热情服务。

（4）真诚守信，一丝不苟。

（5）钻研业务，精益求精。

2.2　基础知识

2.2.1　茶文化基本知识

（1）中国茶的源流。

（2）饮茶方法的演变。

（3）中国茶文化精神。

（4）中国饮茶风俗。

（5）茶与非物质文化遗产。

（6）茶的外传及影响。

（7）外国饮茶风俗。

2.2.2　茶叶知识

（1）茶树基本知识。

（2）茶叶种类。

（3）茶叶加工工艺及特点。

（4）中国名茶及其产地。

（5）茶叶品质鉴别知识。

（6）茶叶储存方法。

（7）茶叶产销概况。

2.2.3　茶具知识

（1）茶具的历史演变。

（2）茶具的种类及产地。

（3）瓷器茶具的特色。

（4）陶器茶具的特色。

（5）其他茶具的特色。

2.2.4　品茗用水知识

（1）品茗与用水的关系。

（2）品茗用水的分类。

（3）品茗用水的选择方法。

2.2.5　茶艺基本知识

（1）品饮要义。

（2）冲泡技巧。

（3）茶点选配。

2.2.6　茶与健康及科学饮茶

（1）茶叶主要成分。

（2）茶与健康的关系。

（3）科学饮茶常识。

2.2.7　食品与茶叶营养卫生

（1）食品与茶叶卫生基础知识。

（2）饮食业食品卫生制度。

2.2.8　劳动安全基本知识

（1）安全生产知识。

（2）安全防护知识。

（3）安全生产事故申报知识。

2.2.9　相关法律、法规知识

（1）《中华人民共和国劳动法》的相关知识。

（2）《中华人民共和国劳动合同法》的相关知识。

（3）《中华人民共和国食品安全法》的相关知识。

（4）《中华人民共和国消费者权益保护法》的相关知识。

（5）《公共场所卫生管理条例》的相关知识。

3　工作要求

本标准对五级 / 初级工、四级 / 中级工、三级 / 高级工、二级 / 技师、一级 / 高级技师的技能要求和相关知识要求依次递进，高级别涵盖低级别。

3.1　五级 / 初级工

职业功能	工作内容	技能要求	相关知识要求
1. 接待准备	1.1　仪表准备	1.1.1　能按照茶事服务礼仪要求进行着装、佩戴饰物 1.1.2　能按照茶事服务礼仪要求修饰面部、手部 1.1.3　能按照茶事服务礼仪要求修整发型、选择头饰 1.1.4　能按照茶事服务礼仪规范的要求进行站姿、坐姿、走姿、蹲姿 1.1.5　能使用普通话与敬语迎宾	1.1.1　茶艺人员服饰、佩饰基础知识 1.1.2　茶艺人员容貌修饰、手部护理常识 1.1.3　茶艺人员发型、头饰常识 1.1.4　茶事服务形体礼仪基本知识 1.1.5　普通话、迎宾敬语基本知识
	1.2　茶室准备	1.2.1　能清洁茶室环境卫生 1.2.2　能清洗消毒茶具 1.2.3　能配合调控茶室内的灯光、音响等设备 1.2.4　能操作消防灭火器进行火灾扑救 1.2.5　能佩戴防毒面具并指导宾客使用	1.2.1　茶室工作人员岗位职责和服务流程 1.2.2　茶室环境卫生要求知识 1.2.3　茶具用品消毒洗涤方法 1.2.4　灯光、音响设备使用方法 1.2.5　消防灭火器的操作方法 1.2.6　防毒面具使用方法

续表

职业功能	工作内容	技能要求	相关知识要求
2. 茶艺服务	2.1 冲泡备器	2.1.1 能根据茶叶基本特征区分六大茶类 2.1.2 能根据茶单选取茶叶 2.1.3 能根据茶叶选用冲泡器具 2.1.4 能选择和使用备水、烧水器具	2.1.1 茶叶分类、品种、名称、基本特征基础知识 2.1.2 茶单基本知识 2.1.3 泡茶器具的种类和使用方法 2.1.4 安全用电常识和备水、烧水器具的使用规程
	2.2 冲泡演示	2.2.1 能根据不同茶类确定投茶量和水量比例 2.2.2 能根据茶叶类型选择适宜的水温泡茶，并确定浸泡时间 2.2.3 能使用玻璃杯、盖碗、紫砂壶冲泡茶叶 2.2.4 能介绍所泡茶叶的品饮方法	2.1.1 不同茶类投茶量和水量要求及注意事项 2.2.2 不同茶类冲泡水温、浸泡时间要求及注意事项 2.2.3 玻璃杯、盖碗、紫砂壶使用要求与技巧 2.14 茶叶品饮基本知识
3. 茶间服务	3.1 茶饮推介	3.1.1 能运用交谈礼仪与宾客沟通，有效了解宾客需求 3.1.2 能根据茶叶特性推荐茶饮 3.1.3 能根据不同季节特点推荐茶饮	3.1.1 交谈礼仪规范及沟通艺术，了解宾客消费习惯 3.1.2 茶叶成分与特性基本知识 3.1.3 不同季节饮茶特点
	3.2 商品销售	3.2.1 能办理宾客消费的结账、记账 3.2.2 能向宾客销售茶叶 3.2.3 能向宾客销售普通茶具 3.2.4 能完成茶叶、茶具的包装 3.2.5 能承担售后服务	3.2.1 结账、记账基本程序和知识 3.2.2 茶叶销售基本知识 3.2.3 茶具销售基本知识 3.2.4 茶叶、茶具包装知识 3.2.5 售后服务知识

3.2 四级 / 中级工

职业功能	工作内容	技能要求	相关知识要求
1. 接待准备	1.1 礼仪接待	1.1.1 能按照茶事服务要求导位、迎宾 1.1.2 能根据不同地区的宾客特点进行礼仪接待 1.1.3 能根据不同民族的风俗进行礼仪接待 1.1.4 能根据不同宗教信仰进行礼仪接待 1.1.5 能根据宾客的性别、年龄特点进行有针对性的接待服务	1.1.1 接待礼仪与技巧基本知识 1.1.2 不同地区宾客服务的基本知识 1.1.3 不同民族宾客服务的基本知识 1.1.4 不同宗教信仰宾客服务的基本知识 1.1.5 不同性别、年龄特点宾客服务的基本知识

续表

职业功能	工作内容	技能要求	相关知识要求
1. 接待准备	1.2 茶室布置	1.2.1 能根据茶室特点，合理摆放器物 1.2.2 能合理摆放茶室装饰物品 1.2.3 能合理陈列茶室商品 1.2.4 能根据宾客要求，有针对性地调配茶叶、器物	1.2.1 茶室空间布置基本知识 1.2.2 器物配放基本知识 1.2.3 茶具与茶叶的搭配知识 1.2.4 商品陈列原则与方法
2. 茶艺服务	2.1 茶艺配置	2.1.1 能识别六大茶类中的中国主要名茶 2.1.2 能识别新茶、陈茶 2.1.3 能根据茶样初步区分茶叶品质和等级高低 2.1.4 能鉴别常用陶瓷、紫砂、玻璃茶具的品质 2.1.5 能根据茶艺馆需要布置茶艺工作台	2.1.1 中国主要名茶知识 2.1.2 新茶、陈茶的特点与识别方法 2.1.3 茶叶品质和等级的判定方法 2.1.4 常用茶具质量的识别方法 2.1.5 茶艺冲泡台的布置方法
	2.2 茶艺演示	2.2 1 能根据茶艺要素的要求冲泡六大茶类 2.2.2 能根据不同茶叶选择泡茶用水 2.2.3 能制作调饮红茶 2.2.4 能展示生活茶艺	2.2.1 茶艺冲泡的要素 2.2.2 泡茶用水水质要求 2.2.3 调饮红茶的制作方法 2.2.4 不同类型的生活茶艺知识
3. 茶间服务	3.1 茶品推介	3.1.1 能根据茶叶，合理搭配茶点并予推介 3.1.2 能根据季节搭配茶点并予推介 3.1.3 能根据茶叶的内含成分及对人体健康作用来推介相应茶叶 3.1.4 能向宾客介绍不同水质对茶汤的影响 3.1.5 能根据所泡茶品解答相关问题	3.1.1 茶点与各茶类搭配知识 3.1.2 不同季节茶点搭配方法 3.1.3 科学饮茶与人体健康基本知识 3.1.4 中国名茶、名泉知识 3.1.5 解答宾客咨询茶品的相关知识及方法
	3.2 商品销售	3.2.1 能根据茶叶特点科学地保存茶叶 3.2.2 能销售名优茶和特殊茶品 3.2.3 能销售名家茶器、定制（柴烧、手绘）茶具 3.2.4 能根据宾客需要选配家庭茶室用品 3.2.5 能为茶室、茶庄等经营场所选配销售茶商品	3.2.1 茶叶储藏保管知识 3.2.2 名优茶、特殊茶品销售基本知识 3.2.3 名家茶器、柴烧、手绘茶具源流及特点 3.2.4 家庭茶室用品选配基本要求 3.2.5 茶商品调配知识

3.3 三级/高级工

职业功能	工作内容	技能要求	相关知识要求
1. 接待准备	1.1 礼仪接待	1.1.1 能根据不同国家的礼仪接待外宾 1.1.2 能使用英语与外宾进行简单问候与沟通 1.1.3 能按照服务接待要求接待特殊宾客	1.1.1 涉外礼仪的基本要求及各国礼仪与禁忌 1.1.2 礼仪接待英语基本知识 1.1.3 特殊宾客服务接待知识
	1.2 茶事准备	1.2.1 能鉴别茶叶品质高低 1.2.2 能鉴别高山茶、台地茶 1.2.3 能识别常用瓷器茶具的款式及质量 1.2.4 能识别常用陶器茶具的款式及质量	1.2.1 茶叶品评的方法及质量鉴别 1.2.2 高山茶与台地茶鉴别方法 1.2.3 瓷器茶具的款式及特点 1.2.4 陶器茶具的款式及特点
2. 茶艺服务	2.1 茶席设计	2.1.1 能根据不同题材，设计不同主题的茶席 2.1.2 能根据不同的茶品、茶具组合、铺垫物品等，进行茶席设计 2.1.3 能根据少数民族的茶俗设计不同的茶席 2.1.4 能根据茶席设计需要进行茶器搭配 2.1.5 能根据茶席设计主题配置相关的其他器物	2.1.1 茶席基本原理知识 2.1.2 茶席设计类型知识 2.1.3 茶席设计技巧知识 2.1.4 少数民族茶俗与茶席设计知识 2.1.5 茶席其他器物选配基本知识
	2.2 茶艺演示	2.2.1 能按照不同茶艺演示要求布置演示台，选择和配置适当的插花、薰香、茶挂 2.2.2 能根据茶艺演示的主题选择相应的服饰 2.2.3 能根据茶艺演示主题选择合适的音乐 2.2.4 能根据茶席设计的主题确定茶艺演示内容 2.2.5 能演示 3 种以上各地风味茶艺或少数民族茶艺 2.2.6 能组织、演示茶艺并介绍其文化内涵	2.2.1 茶艺演示台布置及茶艺插花、薰香、茶挂基本知识 2.2.2 茶艺演示与服饰相关知识 2.2.3 茶艺演示与音乐相关知识 2.2.4 茶席设计主题与茶艺演示运用知识 2.2.5 各地风味茶饮和少数民族茶饮基本知识 2.2.6 茶艺演示组织与文化内涵阐述相关知识

续表

职业功能	工作内容	技能要求	相关知识要求
3. 茶间服务	3.1 茶事推介	3.1.1 能够根据宾客需求介绍有关茶叶的传说、典故 3.1.2 能使用评茶的专业术语，向宾客通俗介绍茶叶的色、香、味、形 3.1.3 能向宾客介绍选购紫砂茶具的技巧 3.1.4 能向宾客介绍选购瓷器茶具的技巧 3.1.5 能向宾客介绍不同茶具的养护知识	3.1.1 茶叶的传说、典故 3.1.2 茶叶感观审评基本知识及专业术语 3.1.3 紫砂茶具的选购知识 3.1.4 瓷器茶具的选购知识 3.1.5 不同茶具的特点及养护知识
	3.2 营销服务	3.2.1 能根据市场需求调配茶叶、茶具营销模式 3.2.2 能根据季节变化、节假日特点等制订茶艺馆消费品配备计划 3.2.3 能按照茶艺馆要求，初步设计和具体实施茶事展销活动	3.2.1 茶艺馆营销基本知识 3.2.2 茶艺馆消费品调配相关知识 3.2.3 茶事展示活动常识

3.4 二级 / 技师

职业功能	工作内容	技能要求	相关知识要求
1. 茶艺馆创意	1.1 茶艺馆规划	1.1.1 能提出茶艺馆选址的建议 1.1.2 能提出不同特色茶艺馆的定位建议 1.1.3 能根据茶艺馆的定位提出整体布局的建议	1.1.1 茶艺馆选址基本知识 1.1.2 茶艺馆定位基本知识 1.1.3 茶艺馆整体布局基本知识
	1.2 茶艺馆布置	1.2.1 能根据茶艺馆的布局，分割与布置不同的区域 1.2.2 能根据茶艺馆的风格，布置陈列柜和服务台 1.2.3 能根据茶艺馆的主题设计，布置不同风格的品茗区	1.2.1 茶艺馆不同区域分割与布置原则 1.2.2 茶艺馆陈列柜和服务台布置常识 1.2.3 品茗区风格营造基本知识
2. 茶事活动	2.1 茶艺演示	2.1.1 能进行仿古（仿唐、仿宋或明清）茶艺演示，并能担任主泡 2.1.2 能进行日本茶道演示 2.1.3 能进行韩国茶礼演示 2.1.4 能进行英式下午茶演示 2.1.5 能用一门外语进行茶艺解说	2.1.1 仿古茶艺展演基本知识 2.1.2 日本茶道基本知识 2.1.3 韩国茶礼基本知识 2.1.4 英式下午茶基本知识 2.1.5 茶艺专用外语知识

续表

职业功能	工作内容	技能要求	相关知识要求
2. 茶事活动	2.2 茶会组织	2.2.1 能策划中、小型茶会 2.2.2 能设计茶会活动的可实施方案 2.2.3 能根据茶会的类型进行茶会组织 2.2.4 能主持各类茶会	2.2.1 茶会类型知识 2.2.2 茶会设计基本知识 2.2.3 茶会组织与流程知识 2.2.4 主持茶会基本技巧
3. 业务管理（茶事管理）	3.1 服务管理	3.1.1 能制订茶艺流程及服务规范 3.1.2 能指导低级别茶艺服务人员 3.1.3 能对茶艺师的服务工作检查指导 3.1.4 能制订茶艺馆服务管理方案并实施 3.1.5 能提出并策划茶艺演示活动的可实施方案 3.1.6 能对茶艺馆的茶叶、茶具进行质量检查 3.1.7 能对茶艺馆的安全进行检查与改进 3.1.8 能处理宾客诉求	3.1.1 茶艺馆服务流程与管理知识 3.1.2 茶艺人员培训知识 3.1.3 茶艺馆各岗位职责 3.1.4 茶艺馆庆典、促销活动设计知识 3.1.5 茶艺表演活动方案撰写方法 3.1.6 茶叶、茶具质量检查流程与知识 3.1.7 茶艺馆安全检查与改进要求 3.1.8 宾客投诉处理原则及技巧常识
	3.2 茶艺培训	3.2 1 能制订并实施茶艺人员培训计划 3.2.2 能对茶艺人员进行培训教学工作 3.2.3 能组建茶艺演示队伍 3.2.4 能训练茶艺演示队伍	3.2.1 茶艺培训计划的编制方法 3.2.2 茶艺培训教学组织要求与技巧 3.2.3 茶艺演示队伍组建知识 3.2.4 茶艺演示队伍常规训练安排知识

3.5 一级 / 高级技师

职业功能	工作内容	技能要求	相关知识要求
1. 茶饮服务	1.1 品评服务	1.1.1 能根据宾客需求提供不同茶饮 1.1.2 能对传统茶饮进行创新和设计 1.1.3 能审评茶叶的质量优次和等级	1.1.1 不同类型茶饮基本知识 1.1.2 茶饮创新基本原理 1.1.3 茶叶审评知识的综合运用
	1.2 茶健康服务	1.2.1 能根据宾客的需求向宾客介绍茶健康知识 1.2.2 能配制适合宾客健康状况的茶饮 1.2.3 能根据宾客健康状况，提出茶预防、养生、调理的建议	1.2.1 茶健康基础知识 1.2.2 保健茶饮配制知识 1.2.3 茶预防、养生、调理基本知识

续表

职业功能	工作内容	技能要求	相关知识要求
2. 茶事创作	2.1 茶艺编创	2.1.1 能根据需要编创不同类型、不同主题的茶艺演示 2.1.2 能根据茶叶营销需要编创茶艺演示 2.1.3 能根据茶艺演示的需要进行舞台美学及服饰搭配 2.1.4 能用文字阐释编创茶艺的文化内涵，并能进行解说	2.1.1 茶艺演示编创知识 2.1.2 不同类型茶叶营销活动与茶艺结合的原则 2.1.3 茶艺美学知识与实际运用 2.1.4 茶艺编创写作与茶艺解说知识
	2.2 茶会创新	2.2.1 能设计、创作不同类型的茶会 2.2.2 能组织各种大型茶会 2.2.3 能组织各国不同风格的茶会 2.2.4 能根据宾客需要介绍各国茶会的特色与内涵	2.2.1 茶会的不同类型与创意设计知识 2.2.2 大型茶会创意设计基本知识 2.2.3 茶会组织与执行知识 2.2.4 各国不同风格茶会知识
3. 业务管理（茶事管理）	3.1 经营管理	3.1.1 能制订并实施茶艺馆经营管理计划 3.1.2 能制订并落实茶艺馆营销计划 3.1.3 能进行成本核算，对茶饮与商品进行定价 3.1.4 能拓展茶艺馆茶点、茶宴业务 3.1.5 能创意策划茶艺馆的文创产品 3.1.6 能策划与茶艺馆衔接的其他茶事活动	3.1.1 茶艺馆经营管理知识 3.1.2 茶艺馆营销基本法则 3.1.3 茶艺馆成本核算知识 3.1.4 茶点、茶宴知识 3.1.5 文创产品基本知识 3.1.6 茶文化旅游基本知识
	3.2 人员培训	3.2.1 能完成茶艺培训工作并编写培训讲义 3.2 2 能对技师进行指导 3.2.3 能策划组织茶艺馆全员培训 3.2.4 能撰写茶艺馆培训情况分析与总结报告 3.2.5 能撰写茶业调研报告与专题论文	3.2.1 茶艺培训讲义编写要求知识 3.2.2 技师指导基本知识 3.2.3 茶艺馆全员培训知识 3.2.4 茶艺馆培训情况分析与总结写作知识 3.2.5 茶业调研报告与专题论文写作知识

4. 权重表

4.1 理论知识权重表

项目		五级／初级工（%）	四级／中级工（%）	三级／高级工（%）	二级／技师（%）	一级／高级技师（%）
基本要求	职业道德	5	5	5	5	5
	基础知识	45	35	25	22	12
相关知识要求	接待准备	15	15	15	—	—
	茶艺服务	25	30	40	—	—
	茶间服务	10	15	15	—	—
	茶艺馆创意	—	—	—	20	—
	茶饮服务	—	—	—	—	20
	茶事活动	—	—	—	35	—
	茶事创作	—	—	—	—	40
	业务管理（茶事管理）	—	—	—	20	25
合计		100	100	100	100	100

4.2 技能要求权重表

项目		五级／初级工（%）	四级／中级工（%）	三级／高级工（%）	二级／技师（%）	一级／高级技师（%）
相关知识要求	接待准备	15	15	20	—	—
	茶艺服务	70	70	65	—	—
	茶间服务	15	15	15	—	—
	茶艺馆创意	—	—	—	20	—
	茶饮服务	—	—	—	—	20
	茶事活动	—	—	—	50	—
	茶事创作	—	—	—	—	45
	业务管理（茶事管理）	—	—	—	30	35
合计		100	100	100	100	100

附录二　中国茶叶学会团体标准

ICS 67.140.10
X55

T/CTSS

中　国　茶　叶　学　会　团　体　标　准

T/CTSS 3—2019

茶艺职业技能竞赛技术规程

Technical regulation of occupational skills competition in tea ceremony

2019-08-05 发布　　　　2019-08-06 实施

中 国 茶 叶 学 会　　　　发布

前　言

本标准按 GB/T 1.1—2009 给出的规则起草。

本标准由中国茶叶学会茶艺专业委员会提出。

本标准由中国茶叶学会标准化工作委员会归口。

本标准起草单位：中国茶叶学会茶艺专业委员会。

本标准主要起草人：周智修，刘伟华，薛晨，刘畅，曹藩荣，朱海燕，张星海。

茶艺职业技能竞赛技术规程

1　范围

本标准规定了茶艺职业技能竞赛的术语和定义、竞赛形式、命题依据、竞赛项目、技能操作评分规定、名次排定。

本标准适用于以茶艺为考察对象的技能竞赛。

2　规范性引用文件

下列文件对于本文件的应用是必不可少的。凡是注日期的引用文件，仅注日期的版本适用于本文件。凡是不注日期的引用文件，其最新版本（包括所有的修改单）适用于本文件。

GB/T 5749 生活饮用水卫生标准

GZB 4-03-02-07 茶艺师

3　术语和定义

下列术语和定义适用于本文件。

3.1

茶艺 tea ceremony

呈现泡茶、品茶过程美好意境、体现形式和精神相融合的综合技艺和学问。

3.2

茶艺职业技能竞赛 occupational skills competition of tea ceremony

依据国家职业技能标准，以茶艺理论知识和茶艺中的茶席设计、茶艺演示、茶汤呈现等作为比赛项目的竞赛活动。

3.3

茶席 tea mat

以茶、茶器等要素构成，用于泡茶饮茶并表达人的思想与情感，传递茶道之美和茶道精神的一种空间艺术。

3.4

茶艺演示 demonstration of tea ceremony

参赛者在茶席空间内以泡好一杯茶、展示茶道之美和茶道精神为目的，动态地呈现茶艺的过程。

3.5

规定茶艺 required tea ceremony

比赛时，统一茶样、统一器具与茶席的茶艺。

3.6

自创茶艺 self-created tea ceremony

参赛者自定主题、布设茶席，并将解说、沏泡、奉茶等融为一体的茶艺。

3.7

茶汤质量比拼 quality competition of tea infusion

以冲泡一杯高质量的茶汤为目的，考量参赛者冲泡茶汤的水平、对茶叶品质的表达能力以及接待礼仪水平的一种茶艺比赛形式。

4 竞赛形式

4.1 个人赛

分理论和技能操作两部分。

4.2 团体赛

分理论和技能操作两部分。

4.3 茶席设计赛

茶席作为独立的作品参赛。

5 命题依据

应符合《CZB 4-03-02-07 茶艺师》国家职业技能标准的规定。

6 竞赛项目

6.1 个人赛

6.1.1 理论考试

理论考试成绩占竞赛总成绩的 20%，采取闭卷考形式，一人一桌，考试时间为 120 分钟，满分为100分，60分为合格。

6.1.2 个人赛技能操作

6.1.2.1 技能类型及成绩占比

技能操作成绩占竞赛总成绩的80%，包括规定茶艺、自创茶艺、茶汤质量比拼三项。其中规定茶艺占操作成绩的30%、自创茶艺占操作成绩的30%、茶汤质量比拼占操作成绩的40%。以展示规范的操作方式、艺术地表现茶的冲泡过程、强调技能的发挥、呈现茶的最佳品质为目的。参赛者若使用背景音乐，统一使用电子媒介播放，现场不设伴奏。要求个人在现场独立地完成包括演示、讲解等操作，不设副泡。

6.1.2.2 规定茶艺

6.1.2.2.1 本项目指定绿茶玻璃杯泡法、红茶盖碗泡法、乌龙茶紫砂壶双杯泡法3套基础茶艺，所使用设备及器具清单参见附录A表A.1。

6.1.2.2.2 从组委会提供的绿茶、红茶、乌龙茶3种茶样抽取一种进行冲泡，时间为6～10分钟。

6.1.2.2.3 绿茶规定茶艺竞技步骤：备具—端盘上场—布具—温杯—置茶—浸润泡—摇香—冲泡—奉茶—收具—端盘退场；

6.1.2.2.4 红茶规定茶艺竞技步骤：备具—端盘上场—布具—温盖碗—置茶—冲泡—温盅及品茗杯—分茶—奉茶—收具—端盘退场；

6.1.2.2.5 乌龙茶规定茶艺竞技步骤：备具—端盘上场—布具—温壶—置茶—冲泡—温品茗杯及闻香杯—分茶—奉茶—收具—端盘退场。

6.1.2.2.6 参赛者抽签确定茶样后，提前15分钟时间熟悉茶样。赛前5分钟自行备具、备水（不计入比赛时间内），演示过程不需要解说。

6.1.2.3 自创茶艺

题材、所用茶叶种类不限，但必须含有茶叶，比赛时间为8～15分钟。

6.1.2.4 茶汤质比拼

6.1.2.4.1 比赛所用的茶样质量等级相当，为绿茶、白茶、乌龙茶、红茶、黄茶、黑茶。比赛时间为10～15分钟。所使用的设备及器具清单参见附录B表B.1。

6.1.2.4.2 参赛者抽签确定茶样后，提前15分钟时间熟悉茶样，再从组委会提供的茶具中选择与所泡茶相匹配的茶具，布置茶席后进行冲泡，冲泡3次，服装以简洁为主，不需要设置主题、背景音乐和解说词，但应与裁判有适当的语言交流。

6.2 团体赛

6.2.1 理论考试

同本标准6.1.1，且年龄18岁以下及60岁以上参赛者可以免考理论。

6.2.2 团体赛技能操作

技能操作成绩占竞赛总成绩的80%。团体赛技能操作只设团体自创茶艺项目，即以小组团队（2～6人）展示茶艺，包括设定主题、茶席，并将解说、沏泡、奉茶等融为一体，现场团队合作完成。可以设主泡、副泡、讲解等，若使用背景音乐，用电子媒介播放，也可以现场伴奏，比赛时间为8～15分钟。

6.3 茶席设计赛

强调主题与艺术呈现的原创性、主题的突出与情感的表达、实用性和艺术性的统一，考量茶席的主题和创意、器具配置、色彩搭配、文案表达、背景等。

7 技能操作评分规定

7.1 个人赛技能操作评比项目、分值及要求

7.1.1 规定茶艺

7.1.1.1 成绩占比及考核内容

总分100分，占个人赛操作技能总分的30%，评分符合附录C表C.1的规定。重点考量参赛者的茶艺基本功，包括礼仪、仪表仪容、茶席布置、茶艺演示、茶汤质量等方面。

7.1.1.2 礼仪、仪表仪容（15分）

礼仪规范、仪表自然端庄，发型服饰适当，泡茶与奉茶姿态自然优雅。

7.1.1.3 茶席布置（10分）

选择器具合理，席面空间布置合理、美观，色彩协调，突出实用性，符合人体工学。

7.1.1.4 茶艺演示（35分）

动作大气、自然、稳重，程序设计科学合理，全过程流畅。

7.1.1.5 茶汤质量（35分）

充分表达茶的色、香、味等特性，茶汤适量，温度适宜。

7.1.1.6 时间（5分）

6～10分钟。

7.1.2 自创茶艺

7.1.2.1 成绩占比及考核内容

总分100分，占个人赛操作技能总分的30%，评分符合附录D表D.1的规定。自创茶艺项目从作品的原创性、礼仪、仪表仪容、茶艺演示、茶汤质量、文本及解说等方面，全面考量参赛者的茶艺技能。

7.1.2.2 创意（25分）

立意新颖，要求原创。茶席设计有创意，形式新颖，意境高雅、深远、优美，与主题相符并突出主题。

7.1.2.3 礼仪、仪表仪容（5分）

妆容、服饰与主题契合。站姿、坐姿、行姿端庄大方，礼仪规范。

7.1.2.4　茶艺演示（30 分）

编创科学合理，行茶动作自然，具有艺术美感。

7.1.2.5　茶汤质量（30 分）

充分表达茶的色、香、味等特性，茶汤适量，温度适宜。

7.1.2.6　文本及解说（5 分）

内容阐释突出主题，能引导和启发观众对茶艺的理解，给人以美的享受。文本富有创意，文字优美精练，讲解清晰。

7.1.2.7　时间（5 分）

8～15 分钟。

7.1.3　茶汤质量比拼

7.1.3.1　成绩占比及考核内容

总分 100 分，占个人赛操作技能总分的 40%，评分符合附录 E 表 E.1 的规定。茶汤质量比拼从茶汤质量、礼仪、仪容、神态、说茶及冲泡过程等方面对参赛者进行考量。

7.1.3.2　茶汤质量（60 分）

每个茶泡三道茶汤，要求每一泡茶汤适量，充分表现所泡茶叶的色、香、味等特性。汤色深浅适度；汤色高，滋味浓淡适宜，茶叶品质特色凸显。三泡茶汤均衡度、层次感好，温度适宜。

7.1.3.3　礼仪、仪容、神态（5 分）

仪容、神态自然端庄，站姿、坐姿、行姿大方，礼仪规范。

7.1.3.4　说茶（10 分）

表达清晰，色、香、味品质特征描述准确，亲和力、感染力强。

7.1.3.5　冲泡过程（20 分）

茶具准备有序，茶席布置合理；冲泡程序契合茶理，动作自然，冲泡过程完整、流畅；收具有序、干净。

7.1.3.6　时间（5 分）

10～15 分钟。

7.2　团体赛技能操作评比项目、分值及要求

7.2.1　成绩占比及考核内容

团体赛技能操作竞赛总分 100 分，评分符合附录 F 表 F.1 的规定。

7.2.2　创意（25 分）

立意新颖，要求原创；茶席设计有创意；形式新颖；意境高雅、深远、优美。

7.2.3　礼仪、仪表仪容（5 分）

妆容、服饰与茶艺主题契合，站姿、坐姿、行姿端庄大方，礼仪规范。

7.2.4　茶艺演示（30分）

编排科学合理，行茶动作自然，具有艺术美感。团队成员分工合理，协调默契，体现团体律动之美。

7.2.5　茶汤质量（30分）

要求充分表达茶的色、香、味等特性，茶汤适量，温度适宜。

7.2.6　文本及解说（5分）

内容阐释突出主题，文字优美精练，讲解清晰，能引导和启发观众对茶艺的理解，给人以美的享受。

7.2.7　时间（5分）

8～15分钟。

7.3　茶席设计赛评比项目、分值及要求

7.3.1　成绩占比及考核内容

茶席设计竞赛总分100分，评分符合附录G表G.1的规定。茶席设计强调主题与艺术呈现的原创性、主题的突出与情感的表达、实用性和艺术性的统一；考量对相关素材的选择和布局技巧、对茶艺的理解及审美水平。

7.3.2　主题和创意（35分）

要求主题明确，构思巧妙，富有内涵，个性鲜明，原创性、艺术性强。原创，指作者首创，内容和形式都具有独特个性的成果。

7.3.3　器具配置（30分）

茶具组合符合茶席主题，质地、样式选择符合茶类要求，器物配合协调、合理、巧妙、实用。

7.3.4　色彩措配（15分）

配色新颖、美观、协调、合理，有整体感。

7.3.5　背景及其他（10分）

若设背景、插花、挂画和相关工艺品等，应搭配合理，整体感强。

7.3.6　文本表达（10分）

针对主题、选茶、配器等进行准确、简洁的介绍，要求文辞优美，并有深度地揭示主题、设计思路与理念。茶席中可用主题牌，也可用其他文案设计。

8　名次排定

8.1　个人赛名次排定

竞赛总成绩由理论考试、规定茶艺、自创茶艺、茶汤质量比拼4部分的加权成绩组成，合计100分。计算方式：总分＝理论 ×20%＋技能操作（规定茶艺 ×30%＋自创茶艺 ×30%＋茶汤质量比拼 ×40%）×80%。从高分到低分排名，在总成绩相同的情况下，技能成

绩较高者排名在前；在成绩依然相同的情况下，以茶汤质量比拼成绩较高者排名在前；在成绩依然相同的情况下，以茶汤质量比拼中的茶汤质量单项成绩较高者排名在前。

8.2 团体赛名次排定

总成绩由理论考试、自创茶艺两部分加权成绩组成，合计 100 分。计算方式：总分 = 理论 × 20%＋自创茶艺 × 80%。从高分到低分排名，在总成绩相同的情况下，以自创茶艺成绩较高者排名在前；在成绩依然相同的情况下，以自创茶艺中的茶汤质量单项成绩较高者排名在前。

8.3 茶席设计赛名次排定

从高分到低分排名，在总成绩相同的情况下，以“主题和创意”单项成绩较高者排名在前。

附录 A

（资料性附录）

规定茶艺使用设备及器具清单

表 A.1　规定茶艺使用设备及器具清单

种类	设备名称	规格型号	每组数量
茶艺桌、凳	茶艺桌	长：1 200 mm，宽：600 mm，高：650 mm	1
	茶艺凳	长：400 mm，宽：300 mm，高：400 mm	1
绿茶	盛放茶具：茶盘	长：500 mm，宽：300 mm	1
	盛水用具：玻璃壶	容量：1 200 mL	1
	泡茶用具：绿茶玻璃杯	高：85 mm，口径：70 mm，容量：200 mL	3
	泡茶用具：玻璃杯垫	直径：120 mm	3
	盛水用具：玻璃水盂	容量：600 mL	1
	盛茶用具：竹茶荷	长：145 mm，宽：55 mm	1
	盛茶用具：茶叶罐	直径：80 mm，高：160 mm	1
	拨茶用具：茶匙	长：165 mm	1
	辅助用具：茶巾	长：300 mm，宽：300 mm	1
	备选用具：奉茶盘	长：300 mm，宽：200 mm	1
乌龙茶	盛放茶具：双层茶盘	长：500 mm，宽：300 mm	1
	盛放茶具：奉茶盘	长：300 mm，宽：200 mm	1
	泡茶用具：紫砂壶	容量：110 mL	1
	品茶用具：紫砂闻香杯	容量：25 mL	5
	品茶用具：紫砂品茗杯	容量：25 mL	5
	泡茶用具：紫砂杯垫	长：105 mm，宽：55 mm	5
	煮水用具：随手泡	容量：1 000 mL	1
	盛茶用具：白瓷茶荷	长：100 mm，宽：80 mm	1
	盛茶用具：茶叶罐	直径：75 mm，高：90 mm	1
	辅助用具	茶道组	1
	辅助用具：茶巾	长：300 mm，宽：300 mm	1
红茶	盛放茶具：茶盘	长：500 mm，宽：300 mm	1
	泡茶用具：白瓷盖碗	容量：150 mL	1
	品茶用具：白瓷品茗杯	直径：65 mm，高：45 mm，容量：70 mL	3

续表

种类	设备名称	规格型号	每组数量
红茶	泡茶用具：杯垫	长：75 mm，宽：75 mm	3
	盛汤用具：白瓷茶海	容量：220 mL	1
	盛水用具：瓷壶	容量：600 mL	1
	盛茶用具：白瓷茶荷	长：100 mm，宽：80 mm	1
	盛水用具：瓷水盂	容量：500 mL	1
	盛茶用具：茶叶罐	直径：75 mm，高：110 mm	1
	拨茶用具：茶匙	长：170 mm	1
	辅助用具：茶匙架	长：40 mm	1
	辅助用具：茶巾	长：300 mm，宽：300 mm	1
	备选用具：奉茶盘	长：300 mm，宽：200 mm	1

附录 B

（资料性附录）

茶汤质量比拼使用设备及器具清单

表 B.1　茶汤质量比拼使用设备及器具清单

种类	设备名称	规格型号
茶艺桌、凳	茶艺桌	长：1 800 mm，宽：900 mm，高：650 mm
	茶艺凳	长：400 mm，宽：300 mm，高：400 mm
泡茶用具	白瓷壶	容量：140 mL、160 mL、200 mL
	玻璃壶	容量：140 mL、160 mL、200 mL
	紫砂壶	容量：110 mL、130 mL、160 mL
	白瓷盖碗	容量：140 mL、160 mL、180 mL
	玻璃盖碗	容量：140 mL、160 mL、180 mL
盛汤用具	白瓷茶海	容量：200 mL、250 mL、300 mL
	玻璃茶海	容量：200 mL、250 mL、300 mL
	紫砂茶海	容量：200 mL、250 mL、300 mL
品茶用具	白瓷品茗杯	容量：25 mL、30 mL、50 mL、70 mL
	玻璃品茗杯	容量：25 mL、30 mL、50 mL、70 mL
	紫砂品茗杯	容量：25 mL、30 mL
	紫砂闻香杯	容量：25 mL、30 mL

续表

种类	设备名称	规格型号
盛茶用具	茶叶罐	直径：75 mm，高：110 mm
	茶荷	长：100 mm，宽：80 mm
盛水用具	水盂	容量：500 mL
过滤用具	茶滤	直径：65 mm
煮水用具	随手泡	容量：1 200 mL
辅助用具	茶道组	茶匙、茶则、茶针、茶漏、茶夹、茶匙筒
	茶巾（白色、茶色）	长：300 mm，宽：300 mm
	茶匙架	长：40 mm
	盖置	高：40 mm
	杯垫	圆形和方形（尺寸不限）
	壶承	圆形和方形（尺寸不限）
	茶篮	长：450 mm，宽：310 mm，高：200 mm
	奉茶盘	长：300 mm，宽：200 mm
	电子秤	可精确到 0.1 g
泡茶用水	应符合 GB 5749 生活饮用水卫生标准	
其他茶具	不限	

附录 C

（规范性附录）

茶艺职业技能竞赛规定茶艺评分表

表 C.1 茶艺职业技能竞赛规定茶艺评分表

参赛者号码： 总分：

序号	项目	分值分配	要求和评分标准	扣分标准	扣分	得分
1	礼仪仪表仪容15分	5	发型、服饰端庄自然	（1）发型、服饰尚端庄自然，扣 0.5 分 （2）发型、服饰欠端庄自然，扣 1 分 （3）其他因素扣分		
		5	形象自然、得体，优雅，表情自然，具有亲和力	（1）表情木讷，眼神无恰当交流，扣 0.5 分 （2）神情恍惚，表情紧张不自如，扣 1 分 （3）妆容不当，扣 1 分 （4）其他因素扣分		
		5	动作、手势、站立姿、坐姿、行姿端正得体	（1）坐姿、站姿、行姿尚端正，扣 1 分 （2）坐姿、站姿、行姿欠端正，扣 2 分 （3）手势中有明显多余动作，扣 1 分 （4）其他因素扣分		

续表

序号	项目	分值分配	要求和评分标准	扣分标准	扣分	得分
2	茶席布置10分	5	器具选配功能、质地、形状、色彩与茶类协调	（1）茶具色彩欠协调，扣0.5分 （2）茶具配套不齐全，或有多余，扣1分 （3）茶具之间质地、形状不协调，扣1分 （4）其他因素扣分		
		5	器具布置与排列有序、合理	（1）茶具、席面欠协调，扣0.5分 （2）茶具、席面布置不协调，扣1分 （3）其他因素扣分		
3	茶艺演示35分	15	冲泡程序契合茶理，投茶量适宜，水温、冲水量及时间把握合理	（1）冲泡程序不符合茶性，洗茶，扣3分 （2）不能正确选择所需茶叶，扣1分 （3）选择水温与茶叶不相适宜，过高或过低，扣1分 （4）水量过多或太少，扣1分 （5）其他因素扣分		
		10	操作动作适度，顺畅，优美，过程完整，形神兼备	（1）操作过程完整顺畅，尚显艺术感，扣0.5分 （2）操作过程完整，但动作紧张僵硬，扣1分 （3）操作基本完成，有中断或出错二次以下，扣2分 （4）未能连续完成，有中断或出错三次以上，扣3分 （5）其他因素扣分		
3	茶艺演示35分	5	泡茶、奉茶姿势优美端庄，言辞恰当	（1）奉茶姿态不端正，扣0.5分 （2）奉茶次序混乱，扣0.5分 （3）不行礼，扣0.5分 （4）其他因素扣分		
		5	布具有序合理，收具有序，完美结束	（1）布具、收具欠有序，茶具摆放欠合理，扣0.5分 （2）布具、收具顺序混乱，茶具摆放不合理，扣1分 （3）离开演示台时，走姿不端正，扣0.5分 （4）其他因素扣分		
4	茶汤质量35分	25	茶的色、香、味等特性表达充分	（1）未能表达出茶色、香、味其一者，扣5分 （2）未能表达出茶色、香、味其二者，扣8分 （3）未能表达出茶色、香、味其三者，扣10分 （4）其他因素扣分		
		5	所奉茶汤温度适宜	（1）温度略感不适，扣1分 （2）温度过高或过低，扣2分 （3）其他因素扣分		
		5	所奉茶汤适量	（1）过多（溢出茶杯杯沿）或偏少（低于茶杯二分之一），扣1分 （2）各杯不均，扣1分 （3）其他扣分因素		

续表

序号	项目	分值分配	要求和评分标准	扣分标准	扣分	得分
5	时间 5分	5	在6～10分钟内完成茶艺演示	（1）误差1～3分钟，扣1分 （2）误差3～5分钟，扣2分 （3）超过规定时间5分钟，扣5分 （4）其他因素扣分		

裁判签名：　　　　年　　月　　日

附录D

（规范性附录）

茶艺职业技能竞赛个人自创茶艺评分表

表D.1　茶艺职业技能竞赛个人自创茶艺评分表

参赛者号码：　　　　总分：

序号	项目	分值分配	要求和评分标准	扣分标准	扣分	得分
1	创意 25分	15	主题鲜明，立意新颖，有原创性；意境高雅、深远	（1）有立意，意境不足，扣2分 （2）有立意，欠文化内涵，扣4分 （3）无原创性，立意欠新颖，扣6分 （4）其他因素扣分		
		10	茶席有创意	（1）尚有创意，扣2分 （2）有创意，欠合理，扣3分 （3）布置与主题不相符，扣4分 （4）其他因素扣分		
2	礼仪 仪表 仪容 5分	5	发型、服饰与茶艺演示类型相协调；形象自然、得体，优雅；动作、手势、姿态端正大方	（1）发型、服饰与主题协调，欠优雅得体，扣0.5分 （2）发型、服饰与茶艺主题不协调，扣1分 （3）动作、手势、姿态欠端正，扣0.5分 （4）动作、手势、姿态不端正，扣1分 （5）其他因素扣分		
3	茶艺 演示 30分	5	根据主题配置音乐，具有较强艺术感染力	（1）音乐情绪契合主题，长度欠准确，扣分0.5分 （2）音乐情绪与主题欠协调，扣1分 （3）音乐情绪与主题不协调，扣1.5分 （4）其他因素扣分		

续表

序号	项目	分值分配	要求和评分标准	扣分标准	扣分	得分
3	茶艺演示30分	20	动作自然、手法连贯，冲泡程序合理，过程完整、流畅，形神俱备	（1）能基本顺利完成，表情欠自然，扣1分 （2）未能基本顺利完成，中断或出错二次以下，扣3分 （3）未能连续完成，中断或出错三次以上，扣5分 （4）有明显的多余动作，扣3分 （5）其他因素扣分		
		5	奉茶姿态、姿势自然，言辞得当	（1）姿态欠自然端正，扣0.5分 （2）次序、脚步混乱，扣0.5分 （3）不行礼，扣1分 （4）其他因素扣分		
4	茶汤质量30分	20	茶汤色、香、味等特性表达充分	（1）未能表达出茶色、香、味其一者，扣2分 （2）未能表达出茶色、香、味其二者，扣3分 （3）未能表达出茶色、香、味其三者，扣5分 （4）其他因素扣分		
		5	所奉茶汤温度适宜	（1）与适饮温度相差不大，扣1分 （2）过高或过低，扣2分 （3）其他因素扣分		
		5	所奉茶汤适量	（1）过多（溢出茶杯杯沿）或偏少（低于茶杯二分之一），扣1分 （2）各杯不匀，扣1分 （3）其他因素扣分		
5	文本及解说5分	5	文本阐释有内涵，讲解准确，口齿清晰，能引导和启发观众对茶艺的理解，给人以美的享受	（1）文本阐释无深意、无新意，扣0.5分 （2）无文本，扣1分 （3）讲解与演示过程不协调，扣0.5分 （4）讲解欠艺术感染力，0.5扣分 （5）解说事先录制，扣2分 （6）其他因素扣分		
6	时间5分	5	在8～15分钟内完成茶艺演示	（1）误差1～3分钟，扣1分 （2）误差3～5分钟，扣2分 （3）超过规定时间5分钟，扣5分 （4）其他因素扣分		

裁判签名：　　　　　　　　　　年　月　日

附录 E

（规范性附录）

茶艺职业技能竞赛茶汤质量比拼评分表

表 E.1　茶艺职业技能竞赛茶汤质量比拼评分表

参赛者号码：　　　　　　　　　　　　　　　　　　　　总分：

序号	项目	分值分配	要求和评分标准	扣分标准	扣分	得分
1	茶汤质量60分	10	汤色明亮，深浅适度	（1）过浅或过深，扣1分 （2）欠清澈、混浊或有茶渣，扣1分 （3）欠明亮、暗沉，扣1分 （4）三泡之间汤色差异过大，扣1分 （5）其他因素扣分		
		20	汤香持久，能表现所泡茶叶品质特征	（1）香低不持久，扣1分 （2）茶汤不纯正、有异味，扣1分 （3）茶品本具备的香型特征不显，扣2分 （4）沉闷不爽，扣2分 （5）其他因素扣分		
		20	滋味浓淡适度，能突出所泡茶叶的品质特色	（1）略浓或略淡，扣1分 （2）过浓或过淡，扣2分 （3）茶品本具备的滋味特征表现不够，扣2分 （4）三泡之间滋味差异大、均衡度或层次感差，扣2分 （5）弃汤，扣1分 （6）三泡混合，扣1分 （7）其他因素扣分		
		7	所奉茶汤温度适宜	（1）过高或过低，扣3分 （2）略高或略低，扣2 （3）其他因素扣分		
		3	所奉茶汤适量	（1）过多（溢出茶杯杯沿）或偏少（低于茶杯二分之一），扣1分 （2）各杯不匀，扣1分 （3）其他因素扣分		
2	礼仪仪容神态5分	5	仪容、神态自然端庄，站姿、坐姿、行姿大方，礼仪规范	（1）发型、服饰欠自然得体，妆容过浓，扣1分 （2）动作、手势、姿态欠端正，扣1分 （3）动作、手势、姿态不端正，扣2分 （4）其他因素扣分		

续表

序号	项目	分值分配	要求和评分标准	扣分标准	扣分	得分
3	说茶 10分	10	表达清晰、色香味描述准确，亲和力、感染力强	（1）茶品辨认错误，未能准确介绍，扣1分 （2）茶品色、香、味描述不准确，扣1分 （3）亲和力或感染力不强，扣1分 （4）其他因素扣分		
4	冲泡过程 20分	5	茶具准备有序，茶席布具合理	（1）茶具准备不全，扣1分 （2）茶席布具无序、不合理，扣1分 （3）其他因素扣分		
		12	冲泡程序契合茶理，动作自然，冲泡过程完整、流畅	（1）冲泡不符合茶性，洗茶，扣2分 （2）未能连续完成，扣1分 （3）冲泡姿势矫揉造作，不自然，扣0.5分 （4）奉茶姿态不端正，扣0.5分 （5）其他因素扣分		
		3	收具动作干净、简洁	（1）顺序混乱，茶具摆放不合理，扣0.5分 （2）动作仓促，出现失误，扣0.5分 （3）其他因素扣分		
5	时间 5分	5	在10～15分钟内完成演示	（1）误差1～3分钟，扣1分 （2）误差3～5分钟，扣2分 （3）超过规定时间5分钟，扣5分 （4）其他因素扣分		

裁判签名：

年　　月　　日

附录F

（规范性附录）

茶艺职业技能竞赛团体赛自创茶艺评分表

表F.1　茶艺职业技能竞赛团体赛自创茶艺评分表

参赛者号码：

总分：

序号	项目	分值分配	要求和评分标准	扣分标准	扣分	得分
1	创意 25分	15	主题鲜明，立意新颖，有原创性；意境高雅、深远	（1）主题有原创性，意境欠佳，扣1分 （2）主题尚有立意，但欠新意，扣3分 （3）主题立意无原创性，缺乏意境和文化内涵，扣5分 （4）其他因素扣分		

续表

序号	项目	分值分配	要求和评分标准	扣分标准	扣分	得分
1	创意25分	10	茶席有创意	（1）布置合理，尚有新意，扣1分 （2）布置欠合理，欠新意，扣2分 （3）布置与主题不相符，扣3分 （4）其他因素扣分		
2	礼仪仪表仪容5分	5	发型、服饰与茶艺主题相协调；形象自然、得体、优雅；动作、手势、姿态端正大方	（1）发型、服饰欠高雅得体，扣0.5分 （2）发型、服饰与主题不协调，缺整体感，扣1分 （3）动作、手势、姿态尚端正，扣0.5分 （4）动作、手势、姿态欠端正，扣1分 （5）其他因素扣分		
3	茶艺演示30分	5	根据主题配置音乐，具有较强艺术感染力	（1）与主题尚协调，欠艺术感染力，扣1分 （2）与主题不协调，扣2分 （3）其他因素扣分		
		20	动作自然、手法连贯，冲泡程序合理，过程完整、流畅；各成员分工合理，配合默契，技能展示充分	（1）完整协调，技能展示充分流畅，尚具艺术感，扣1分 （2）完整协调，技能展示欠充分流畅，欠艺术感，扣3分 （3）未能基本顺利完成，中断或出错二次以下，扣5分 （4）未能连续完成，中断或出错三次及以上，扣10分 （5）分工不合理，配合不默契，扣3分 （6）其他因素扣分		
		5	奉茶姿态、姿势自然，言辞得当	（1）姿态欠自然端正，扣0.5分 （2）次序、脚步混乱，扣0.5分 （3）不行礼，扣1分 （4）其他因素扣分		
4	茶汤质量30分	20	色、香、味等特性表达充分	（1）未能表达出色、香、味其一者，扣2分 （2）未能表达出色、香、味其二者，扣3分 （3）未能表达出色、香、味其三者，扣5分 （4）其他因素扣分		
		5	所奉茶汤温度适宜	（1）与适宜饮用温度略有相差，扣0.5分 （2）过高或过低，扣1分 （3）其他因素扣分		
		5	所奉茶汤适量	（1）过多（溢出茶杯杯沿）或偏少（低于茶杯二分之一），扣1分 （2）各杯不匀，扣1分 （3）其他因素扣分		

续表

序号	项目	分值分配	要求和评分标准	扣分标准	扣分	得分
5	文本及解说5分	5	文本阐释有内涵，讲解准确，口齿清晰，能引导和启发观众对茶艺的理解，给人以美的享受	（1）没有文本，扣2分 （2）文本阐释无深意、无新意，扣1分 （3）讲解与演示过程不协调，扣0.5分 （4）口齿不清晰，扣1分 （5）讲解欠艺术感染力，扣0.5分 （6）解说事先录制，扣3分 （7）其他因素扣分		
6	时间5分	5	在8～15分钟内完成茶艺演示	（1）误差1～3分钟，扣1分 （2）误差3～5分钟，扣2分 （3）超过规定时间5分钟，扣5分 （4）其他因素扣分		

裁判签名：

年　　月　　日

附录G

（规范性附录）

茶艺职业技能竞赛茶席设计赛评分表

表G.1　茶艺职业技能竞赛茶席设计赛评分表

参赛者号码：

总分：

序号	项目	分值分配	要求和评分标准	扣分标准	扣分	得分
1	主题和创意	35	立意新颖，富有内涵，具有原创性、艺术性	（1）主题明确，有内涵和原创性，尚具艺术性，扣2分 （2）主题较明确，有内涵，原创性或艺术性不明显，扣3分 （3）主题欠明确，尚有内涵，缺乏原创性或艺术性，扣4分 （4）主题平淡，缺乏内涵，无原创性和艺术性，扣8分 （5）无主题，无原创性和艺术美感，扣12分 （6）其他因素扣分		
2	器具配置	30	茶的核心主体地位突出；符合主题；配置正确美观，兼具实用性	（1）符合主题，配置尚巧妙，具实用性。扣2分 （2）较符合主题，配置尚协调，实用性欠缺，扣5分 （3）与主题相左，配置错误，实用性较差，扣10分 （4）其他因素扣分		

续表

序号	项目	分值分配	要求和评分标准	扣分标准	扣分	得分
3	色彩搭配	15	茶席配色美观、协调，有整体感，并有创意和个性	（1）较美观、协调，有整体感，尚有创意，扣2分 （2）尚美观、基本协调，创意个性不明显，扣3分 （3）不美观、不协调、不合理、无个性，扣6分 （4）其他因素扣分		
4	背景及其他	10	插花挂画等相关艺术元素与主题吻合，搭配合理，整体感强	（1）符合主题，整体感较强，搭配尚完美，扣2分 （2）尚符合主题，整体感欠强，搭配欠完美，扣3分 （3）游离主题，搭配错误，扣6分 （4）其他因素扣分		
5	文本表达	10	设计美观协调；主题阐述简洁、准确、深刻；文辞准确、优美	（1）设计较美观，阐述有一定深度，文辞尚有美感，扣2分 （2）设计一般，文辞表达一般，扣3分 （3）设计欠美观，表达不恰当或错误，扣6分 （4）其他因素扣分		

裁判签名：　　　　　　　　　　　　　　　　　　　　年　　月　　日

参考文献

论著类：

[1] 范增平. 中华茶艺学［M］. 北京：台海出版社，2000.

[2] 王玲. 中国茶文化［M］. 北京：九州出版社，2020.

[3] 丁以寿. 中华茶道［M］. 合肥：安徽教育出版社，2007.

[4]《中国科学家辞典》编委会. 中国科学家辞典（现代第四分册）［M］. 济南：山东科学技术出版社，1985.

[5] 陈香白. 中国茶文化［M］. 太原：山西人民出版社，1998.

[6] 陈彬藩. 中国茶文化经典［M］. 北京：光明日报出版社，1999.

[7] 丁文. 中国茶道［M］. 西安：陕西旅游出版社，2000.

[8] 梁月荣. 茗水盏居话茶艺［M］. 福州：福建科学技术出版社，2005.

[9] 江用文，童启庆. 茶艺技师培训教材［M］. 北京：金盾出版社，2008.

[10] 刘勤晋，李远华，叶国盛. 茶经导读［M］. 北京：中国农业出版社，2015.

[11] 艾伦·麦克法兰，艾丽斯·麦克法兰. 绿色黄金：茶叶帝国［M］. 扈喜林，译. 北京：社会科学文献出版社，2016.

[12] 周国富. 世界茶文化大全［M］. 北京：中国农业出版社，2019.

[13] 吴觉农. 茶经述评（外六种）［M］. 北京：中国农业出版社，2020.

[14] 刘勤晋. 茶文化学［M］. 3 版. 北京：中国农业出版社，2014.

[15] 冈仓天心. 茶之书［M］. 谷意，译. 济南：山东画报出版社，2010.

[16] 老子. 道德经［M］. 徐澍，刘浩，注译. 合肥：安徽人民出版社，1990.

[17] 郭绍虞. 中国历代文论选（第二册）［M］. 上海：上海古籍出版社，1979.

[18] 施兆鹏. 茶叶审评与检验［M］. 4 版. 北京：中国农业出版社，2010.

[19] 蔡荣章. 茶席·茶会［M］. 合肥：安徽教育出版社，2011.

[20] 茶艺师（技师技能、高级技师技能）［M］. 北京：中国劳动社会保障出版社，2008.

[21] 裘纪平. 中国茶画［M］. 杭州：浙江摄影出版社，2014.

[22] 廖宝秀. 历代茶器与茶事［M］. 北京：故宫出版社，2017.

[23] 乔木森. 茶席设计［M］. 上海：上海文化出版社，2005.

[24] 周新华. 茶席设计［M］. 杭州：浙江大学出版社，2016.

[25] 李草木. 茶席插花：茶席花设计与插制 [M]. 北京：化学工业出版社，2019.
[26] 蔡荣章，许玉莲. 茶道艺术家茶汤作品欣赏会 [M]. 北京：北京时代华文书局，2016.
[27] 池宗宪. 一杯茶生活的哲学 [M]. 北京：中国友谊出版公司，2005.
[28] 王绍梅，宋文明. 茶道与茶艺 [M]. 3 版. 重庆：重庆大学出版社，2021.
[29] 潘薇. 乌龙茶（英文版）[M]. 苏淑民，译. 北京：五洲传播出版社，2010.
[30] 艾敏. 中国茶艺 [M]. 合肥：黄山书社，2013.
[31] 滕军. 日本茶道文化概论 [M]. 上海：东方出版社，1992.
[32] 黄友谊. 茶艺学 [M]. 北京：中国轻工业出版社，2021.
[33] 单虹丽，唐茜. 茶艺基础与技法 [M]. 北京：中国轻工业出版社，2021.
[34] 桑田忠亲. 茶道六百年 [M]. 李炜，译. 北京：北京十月文艺出版社，2016.
[35] 朱自振，沈冬梅，增勤. 中国古代茶书集成 [M]. 上海：上海文化出版社，2010.
[36] 李远华，叶国盛. 茶录导读 [M]. 北京：中国轻工业出版社，2020.
[37] 叶国盛. 武夷茶文献辑校 [M]. 福州：福建教育出版社，2022.
[38] 张渤，侯大为. 武夷茶路 [M]. 上海：复旦大学出版社，2020.
[39] 关剑平. 文化传播视野下的茶文化研究 [M]. 北京：中国农业出版社，2009.
[40] 孙洪升. 唐宋茶业经济 [M]. 北京：社会科学文献出版社，2001.
[41] 郑培凯，朱自振. 中国茶书（唐宋元，明上下册，清上下册）[M]. 上海：上海大学出版社，2022.
[42] 袁涤非，朱海燕，陈枳齐. 中国礼仪：餐饮礼仪 [M]. 沈阳：东北大学出版社，2018.

论文类：

[1] 丁以寿. 中国饮茶法源流考 [J]. 农业考古，1999（02）：120-125.
[2] 郭雅玲. 茶道与茶艺简释 [J]. 茶叶科学技术，2004（02）：40-41.
[3] 滕军. 论日本茶道的若干特性 [J]. 农业考古，2009（02）：240-248.
[4] 叶国盛. 武夷茶的对外传播与文化交流意义 [J]. 中华文化与传播研究，2019（05）：379-389.
[5] 王丽，林婉如. 中国茶艺的分类与特点 [J]. 大众文艺，2017（06）：280-281.
[6] 王丽，叶国盛，林婉如.《匠心》主题茶艺创编实践 [J]. 武夷学院学报，2019，38（01）：83-86.
[7] 王丽. “九曲问茶”主题茶艺编创实践 [J]. 大众文艺，2018（23）：240-241.
[8] 陈香白，陈再粦. “茶艺”论释 [J]. 农业考古，2001（02）：30-32.
[9] 乐素娜. 非遗视野下中国茶艺的传习 [J]. 农业考古，2019：58-63.
[10] 陈传照，李友仕. 论新时代中国茶道精神 [J]. 文化创新比较研究，2020，4（07）：181-182.

[11] 程晓中. 古代白瓷发展概述 [J]. 中国陶瓷，1988（03）：48−57.
[12] 王静. 当代中国茶艺馆的兴起 [J]. 农业考古，2012（05）：124−133.
[13] 刘伟华. 传承与创新规则与自由——兼论创新茶艺之本质与内涵 [J]. 农业考古，2019（05）：51−57.
[14] 胡景涛. 茶具的形态研究 [D]. 长春：吉林大学，2007.
[15] 杨祖福. 黄艺辉. 浅谈茶叶品评中用水的问题 [J]. 茶叶科学技术，2006（01）：35.
[16] 邱恋芳. 茶室家具设计研究 [D]. 南京：南京林业大学，2012.
[17] 叶国盛，杜茜雅，陈泓蓉，张渤. 生态文明视野下武夷山茶叶地理研究 [J]. 农业考古，2019（02）：89−93.
[18] 马守仁. 茶艺美学漫谈 [J]，农业考古，2006（04）：96−98，101.
[19] 肖正广，陈悦沁，章传政. 生活视域下茶艺美学的品性和特征探析 [J]. 蚕桑茶叶通讯，2019（01）：20−23.
[20] 肖京子. 茶艺表演服饰的研究 [D]. 长沙：湖南农业大学，2011.
[21] 付鑫慧. 中国茶艺中的道家美学思想 [J]. 美与时代（下），2019（08）：53−55.
[22] 刘晓婷. 中国古典茶道及其美学精神研究 [D]. 杭州：浙江大学，2018.
[23] 胡长春，龙晨红，真理. 从明代茶书看明人的茶文化取向 [J]. 农业考古，2004（02）：119−123，126.
[24] 王从仁. 中国“茶艺”源流论析——兼论中日韩茶风异同 [J]. 东疆学刊，2009，26（03）：22−27.
[25] 黄光武. 工夫茶与工夫茶道 [J]. 中山大学学报（社会科学版）. 1995（04）：126−133.
[26] 谷禹秀，邓婷婷，林浥，等. “工夫茶，两岸情”主题茶艺编创的思考 [J]. 中国茶叶加工，2017（02）：61−65.
[27] 林浥，谷禹秀，刘芷君，等. “闽茶荟萃丝路香”茶艺编创探研 [J]. 中国茶叶加工，2018（02）：50−60，67.
[28] 毛贻帆，吴晴阳，赵梦莹，等. “盛世闽茶，茗扬万里”茶艺创编探研 [J]. 茶叶学报，2021，62（02）：100−105.
[29] 陈学娟，单虹丽. 论舞台茶艺创作中主题的提炼与表现 [J]. 茶叶，2015，41（04）：227−231.
[30] 覃聪聪. 茶艺表演解说词创作规律的研究 [D]. 长沙：湖南农业大学，2018.
[31] 傅延龄，陈传蓉，倪胜楼，张林. 论方寸匕、钱匕及其量值 [J]. 中医杂志，2014，55（07）：624−625.
[32] 程汝. 中日茶文化之比较 [D]. 延吉：延边大学，2009.

图书在版编目(CIP)数据

茶艺学/王丽主编. —上海：复旦大学出版社，2023.2
茶学应用型教材
ISBN 978-7-309-16604-0

Ⅰ.①茶…　Ⅱ.①王…　Ⅲ.①茶文化-中国-教材　Ⅳ.①TS971.21

中国版本图书馆 CIP 数据核字(2022)第 204439 号

茶艺学
CHAYIXUE
王　丽　主编
责任编辑/李　荃

复旦大学出版社有限公司出版发行
上海市国权路 579 号　邮编：200433
网址：fupnet@fudanpress.com　http://www.fudanpress.com
门市零售：86-21-65102580　团体订购：86-21-65104505
出版部电话：86-21-65642845
上海盛通时代印刷有限公司

开本 787×1092　1/16　印张 23.75　字数 519 千
2023 年 2 月第 1 版
2023 年 2 月第 1 版第 1 次印刷

ISBN 978-7-309-16604-0/T · 727
定价：78.00 元